帝國、氣象、科學家

從政權治理到近代大氣科學奠基，奧匈帝國如何利用氣候尺度丈量世界

黛博拉・柯恩 ■ 著
翁尚均 ■ 譯

CLIMATE IN MOTION

DEBORAH R. COEN

SCIENCE, EMPIRE, AND THE PROBLEM OF SCALE

Courant 書系總序

楊照

進入二十一世紀，「全球化」動能沖激十多年後，我們清楚感受到最快速、最複雜的變化，其實發生在觀念的交流與纏捲上。來自不同區域、不同文化傳統、不同生活樣態的各種觀念，在「全球化」的資訊環境中無遠弗屆到處流竄，而且彼此滲透、交互影響、持續融會混同。面對這些新的、雜混的觀念，每個社會原本視之為理所當然的價值原則，相對顯得如此單純無助，失去了穩固的基礎，變得搖搖欲墜。

我們不得不面對這樣的宿命難題。一方面「全球化」瓦解了每個社會原有的範圍邊界，擴大了社會的互動領域，因而若要維持社會能夠繼續有效運作，就需要尋找共同價值，讓大家能在共同價值的追求下，發揮集體力量。但另一方面，現實中與價值觀念相關的訊息，卻正在急遽碎裂化。不只是觀念本身變得多元複雜，就連傳遞觀念的管道，也變得越來越多元。一種管道聚集一種人群，也就同時形成了一道壁壘，將這群人和其他人在觀念訊息上區隔開來。

過去形塑社會共同價值觀的兩大支柱，最近幾年都明顯失能。一根支柱是教育，共同的教育內容讓大家具備同樣的知識，接受同樣的是非善惡判斷標準。然而在世界快速變化的情況下，臺灣的教育完全跟不上步伐，只維持了表面的權威，孩子還是不能不取得教育體制所頒給的學歷證書，但骨子裡落後僵化的內容則和現實脫節得越來越遠，以至於變成了純粹外在、形式化的過程，無法碰觸到受教育者內在深刻的生命態度與信念。

另一根支柱是媒體。過去有「大眾媒體」，大量比例的人口看同樣的報紙或廣播、電視內容，流行的名人、現象、事件，可以藉由「大眾媒體」的傳播進入每個家戶，也就會從中產生主流的是非善惡判斷標準。現在雖然媒體還在，「大眾」性質卻瓦解了。媒體分眾化，在接收訊息上每個人都多了很大的自由，高度選擇條件下，每個人所選的訊息和別人的交集也就越來越少。於是賴以形成社會共同價值的共同知識都不存在了。

在特別需要冷靜判斷的時代，偏偏到處充斥著更多更強烈的片面煽情刺激。以前所說的「潮流」，一波一波輪流襲來的思想與觀念力量，現在變成了湍急且朝著多個方向前進的奔流、狂流。當下迫切需要的，因而不再只是新鮮新奇的理論或立場，而是要在奔流或狂流中，尋找出一塊可以安穩站立的石頭，讓我們能夠不被眩惑、不被帶入無法自我定位的漩渦中，居高臨下看明白周遭的真切狀況。

這個書系選書的標準，就是要介紹一些在訊息碎裂化時代，仍然堅持致力於有系統地將訊息整合為知識的成果。每一本納入這個書系的書，都必然具備雙重特性：第一是提出一種新的思想見地或主張，第二是援用廣泛的訊息支撐見地或主張，有耐心地要說服讀者接受乍看或許會認為突兀、基進的看法。也就是說，書裡所提出來的意見和書中鋪陳獲致意見的過程，同等重要。因而閱讀這樣的書，付出同樣的時間，就能有雙重的收穫——既吸收了新知，又跟隨作者走了一趟扎實的論理思考旅程。

推薦序
令世人驚嘆的氣候治理遺產

范玫芳
陽明交大科技與社會研究所特聘教授
英國蘭開斯特大學環境變遷與政策博士

當前人們日漸察覺到氣候有了巨大的變化，而且災害頻繁的發生。氣候異常現象儼然成為每天新聞固定出現的報導，也成為日常生活的話題。然而不同的群體與個人如何著眼、思考與認定氣候變化的標準和方式都會不一樣，要如何尋找出能夠橫跨所有群體都能接受的共通行動方案，不僅是政治問題，同樣也是科學問題。

我們看到無數科學家、政治人物和各界的意見領袖為氣候議題進行永無止盡的辯論和相互質疑；有成立已久的國家研究部門和專責的國際機構針對氣候變化執行無數的研究、觀測、實驗調查、管理評估和定期舉辦國際會議，各國走上談判桌協商並制定出期許能夠共同達成之目標；更有無數的產業、工作和生活模式正圍繞著氣候變化做各項積極嘗試或是勉為其難的轉型，這一切都仰賴著所有人對氣候科學的共通知識基礎。然而，儘管人類文明面貌由古至今深受氣候環境所制約，姑且不論至今人類尚未能真正準確掌握關於氣候的全部變化和實相，那在一百五十年前，當世界都尚未出現共通的氣候科學標準時，試圖架構、探究和表述氣候的科學家們在想與在做的又是什麼呢？本書作者帶著我們回到十九世紀至二十世紀初，揭開現代氣候知識在歷史起源上的真正面容，詳細考察出當年研究氣候動態的科學家們，是如何在一個既一統又高度分歧的特定帝國脈絡中，建立起具備現代特徵的氣候科學。

本書作者黛博拉・柯恩教授是美國耶魯大學科學史名家，在現代物理、環境科學史和中歐智識與文化史的研究領域中，都有著非常精湛的研究成果，本書是第一本聚焦在人類尚無法以電腦運算模擬、演算與推論氣候動力時代的近代氣候學科學史研究，原書的主副標題鮮明表達出作者想要探究的三位主角是：科學、帝國和尺度。在這裡科學指的是氣候科學、帝國指的是奧匈帝國，然而最重要的則莫過於「尺度」這個相當抽象的科學概念。

對遠在東亞的臺灣來說，本書有幾個獨到之處值得介紹。首先，奧匈帝國或許是比較經常現身在近代國際關係和外交史上的熟悉名字，她出現在歷史舞台的廣泛形象，通常是作為一個與當時風頭一時無兩的德意志帝國利害關係極為密切，又有所對比的古典保守強權，然而奧匈帝國的開始和結束不僅是歐洲歷史上的大事，意外的土崩瓦解更是牢牢地連結著近代史上衝擊全人類文明的極重要事件，因此在大眾作品和傳統理解中，對於其充滿戲劇性結局的興趣和研究產量，可能遠超過於深入考察其如何維持國祚、內部的自然風土民情與流竄其中各種觀念的運行。本書的問世則正好從科學史和文化史的角度，有力地填補了對此理解的空白之處，引領讀者看到奧匈帝國中的科學工作者們在其特定的時空地理環境條件下，留給往後全人類的科學貢獻與智識遺產。

其次，由於「奧匈二元帝國」幅員廣大，境內包含有十數個不同民族之多，每一個民族皆未能占得過半以成為絕對優勢群體，這不但使得設法調和境內各個民族關係與利益成為帝國最首要的任務，也讓奧匈帝國將多數心力投置在國內和歐陸本身、中南東歐地區乃至於對俄國的事務上，因此在海外版圖競逐的殖民者形象上，其色彩也相對於其他列強顯得淡了許多。奧匈帝國內部的民族和地域多元性雖使其疲於奔命，然而也正是這個特徵對應了現今國際政治和複雜多變的局勢，因此能提供適切的洞見與深刻反思。

第三，當前豐碩的科學史研究成果已讓我們意識到：即使是再抽象的科學概念和與之相聯的成套觀念，都難以脫離它的使用背景、認識架構、策略目標、技術媒介以及出於一連串實作過程中的考量因素而被單獨理解。有來自無數個不同專業領域的科學工作者們遭遇到如何認識氣候動力的挑戰，他們絞盡腦汁設法處理的研究對象既非一個問題明確、方法範圍早已被界定好的學科領域，也不是一個穩定、有限、擁有恆常秩序的客體，同時也需要回答帝國所出的棘手政治功課與難題。他們是如何打造與協商出一套能夠彈性調整收放多元內容的共通衡量標準，並要能跨尺度地整合帝國內部自然多樣性，繼而滿足收納整體和局部的期待，如此一來，氣候科學方法就有了與國政問題相互接聯的可能性。

這是一本值得所有關心地球上所發生各種環境與氣候變化的人士，仔細閱讀品味的好書。篇幅和主題涉及到的知識質與量雖然浩繁縝密，但仍富有相當生動的情節書寫、內容架構紮實完整、題材選擇具有新意、理念洞見蘊含深刻，並有著緊密貼合當代關懷的問題意識。本書不僅是科學史、環境史、科技與社會研究、環境政治的學者和學生必讀的經典巨作，也值得推薦給探索氣候知識奧秘的愛好者，不論是對人文歷史、自然科學或是社會科學感興趣的讀者，相信皆能從本書獲得相當豐厚的啟發。

推薦序 情動的氣候

洪廣冀
臺灣大學地理環境資源學系

截稿前夕，我搜索枯腸，不知該如何推薦耶魯大學歷史系教授黛博拉・柯恩這本書（直譯為《運動中的氣候：科學、帝國與尺度的問題》）。突然間，我注意到一則外電消息。十月五日，瑞典皇家科學院（Royal Swedish Academy of Sciences）宣布，美籍日裔學者真鍋淑郎與德國科學家哈塞爾曼（Klaus Hasselmann），因其提出「地球氣候之物理模型，量化變異性，且可靠地預測全球暖化」，榮獲二〇二一年的諾貝爾物理學獎。消息一出，氣候學界奔相走告；因為，這是諾貝爾物理學獎自一九〇一年設立以來，首度頒給氣候學者。

我讀著相關新聞，心想這是天賜良機。有了諾貝爾獎的加持，說不定更多讀者會對柯恩這本好書感興趣。柯恩目前任教於耶魯大學歷史系。哈佛大學物理學系出身的她，先至劍橋大學攻讀科學史與科學哲學碩士，再至哈佛大學取得科學史博士學位。極可能是因為其文理兼修的雙重背景，讓她在從事氣候學史研究時，既能為讀者解說氣候模型背後的邏輯，也能信手捻來小說、戲劇、隨筆、繪畫等材料，論證氣候是如何誘發人們的想像力、野心、焦慮與激情。本書於二〇一八年出版後，廣受好評；不僅《自然》（*Nature*）這樣的學術期刊，包括《紐約書評》（*The New York Review of Books*）、《大西洋》（*The Atlantic*）也都專文推薦。二〇一九年，柯恩以該書獲得科學史學會（History of Science Society）頒給學術書籍的最高榮譽：輝瑞獎（Pfizer Award）。得獎理由為：「科恩以一種引人入勝的語言，適當地將在地細節與綜合概述聯繫起來，且令人信服地讓我們思考，氣候最初已經與政治密不可分」。

回到今年的諾貝爾物理學獎。即便此書成書於真鍋與哈塞爾曼教授得獎之前，柯恩要回答的問題正是，讓當代氣候研究如此獨樹一幟的理論與實作，即多尺度的分析、人類活動之於大氣系統的影響、為全球氣候建立模型等，究竟是在何時、又在何處出現的？她的回答出人意料。當既有氣候史研究者多把重心放在二次戰後以計算與測量技術領先全球的美國，不然就是十九世紀末期在各殖民地設置氣象觀測站的大英帝國，柯恩主張，研究者得把目光移往陸上，且把時間更往

前挪移；她希望研究者多多關注一個曾在中歐叱吒風雲、然於一次世界大戰後分崩離析的陸權帝國：奧匈帝國。

為何是奧匈帝國？又為何在奧匈帝國？柯恩指出，對帝國統治者哈布斯堡王朝而言，「氣候學的目的不在探索某一片黑暗大陸，而是要在變革的陣痛中重新想像一片已知的大陸」。她寫道，「在長達七個世紀的歲月中，透過政治婚姻與戰爭，哈布斯堡王朝獲得了許多龐雜相連的王國、公國與侯國」。在全盛時期，她寫道，王朝的領土跨越九條經度，地形錯綜複雜；從福拉爾貝格（Vorarlberg）的阿爾卑斯山高峰，至第拿里阿爾卑斯山脈（Dinaric Alps）的塔峰；從阿爾卑斯山和喀爾巴阡山的高山草原，至亞得里亞海（Adriatic Sea）的岩岸與喀爾巴阡盆地的沼澤（頁四三至四四）。當自然地理已是如此複雜，人文地理的歧異也不難想像。依照柯恩，昔日的奧匈帝國至少就包含十個以上的語言群，分佈在今日的捷克共和國、斯洛伐克、波蘭、義大利、羅馬尼亞境內。哈布斯堡王朝的難題因而是，該如何治理此紛雜多元的自然與人文？

柯恩的回答是：異中求同。她表示，當同時代的統治者追求標準化與單純化，抹平在地差異以求一以貫之，奧匈帝國的統治者反其道而行，凸顯在地差異後，從中找到最大公約數。柯恩引用十九世紀奧地利歷史學家與帝國顧問約瑟夫．奇梅爾（Joseph Chmel）的話來說明此整體國家（whole state, Gesamtstaat）的概念。奇梅爾勉勵同時代的歷史學家為帝國寫史。所謂的帝國史，奇梅爾強調，不是以帝國為唯一尺度的歷史；正好相反，他認為帝國史家得結合地理學、氣候學者、動物學、植物學等的成果，先揭露區域尺度的複雜性，再依序探討在帝國統治下，各具特色的區域是如何被整合為單一帝國之中。藉此由下而上、從部分至整體的書寫，他表示，帝國將被呈現為「一種最了不起的自然現象，是解決令人生畏之自然問題的方法」，且「最多樣化的民族與教育水準〔得〕結合在一個國家中」。奇梅爾期待，「此一新的帝國史將恢復哈布斯堡王朝自一五二六年以來藝術以及科學的發展，並將促進「奧地利疆域上的知識統合」（頁六三至六四）。

異中求同的治理術也滲入柯恩稱為「帝國—王國科學家」（imperial-royal scientist, kaiserlich und königlich scientist）的群體。這些科學家多在帝國中擔任公職，以揭露在地自然史（natural history）的多樣性與變遷為職志。值得一提的，按照十九世紀自然哲學的判準，這群帝國—王國科學家是相當「不務正業」的一群人。鑽研大英帝國之植物學的科學史家 Jim Endersby 指出，不少十九世紀最富盛名的科學家，對在地差異是不屑一顧的；在他們眼中，在地差異是稍縱即逝的，不是自然哲學研究的重點。影響所及，Endersby 指出，長期主掌英國皇家邱園（Royal Botanic Gardens, Kew）的虎克（Joseph Hooker, 1817-1911）便認為，那些醉心探索帝國各角落之植物相（flora）的民眾，充其量是個採集者（collector）；採集者該做的，是得把標本交給像他這樣在帝國中心任職的哲學家，由他們來判斷，不要妄自分類，更不用妄想自己可從中提煉出什麼自然的大道理。

奧匈帝國的帝國－王國科學家則不然。在柯恩筆下，他們勤跑田野，且在博物館、標本館、植物園、動物園中構思能統合田野材料的溝通與呈現方式；他們推動科學研究的專業化，同時也鼓吹由下而上的「公民科學」；他們以帝國為尺度思考在地的意義，同時也以在地觀察到的現象，批評帝國的某些施政恐怕已造成氣候變遷、風災水患的苦果。柯恩指出，允為當代氣候學基礎的動態氣候學（dynamic climatology）即在如此多尺度與跨尺度的研究與對話中產生。柯恩反對勝者為王式的輝格史觀或天真之技術決定論。以她的話來說：「關於人類行為對地球變化之重要性的科學判斷並非來自獨特的感知能力，也不是來自個人的智慧。這並非源自誰的靈光乍現，而是一個尺度縮放過程的結果」（頁五五七）。柯恩要說的是，若無奧匈帝國的科學家證明尺度是可以跨越與縮放、且不同尺度的分析可以並存，再優秀的觀測技術，又或者再多的資料累積，恐怕都難以為功。柯恩也告訴我們，雖說帝國－王國科學家的研究風格一開始被當成異端，至二十世紀上半業，他們已贏得國際聲譽。一九一〇年，在阿爾卑斯山、奧匈帝國與全球之氣候模式的建構上居功厥偉的朱利葉斯．漢恩（Julius Hann, 1839-1921），因其在多尺度的研究成果，被視為諾貝爾獎的熱門人選。在一篇發表在《科學》（*Science*）的書評中，一位美國學者佩服地寫道，在氣候學研究中，漢恩的作品鶴立雞群，可比「吉薩的金字塔群聳立在尼羅河谷」一般（頁三十）。

相較於物理學史、化學史與生物學史，氣候學史為科學史中相對冷門的領域。一方面，當代氣候學仰賴高度抽象、充斥著數字與公式的數值模型，研究者很難將之勾連至科學史研究念茲在茲的主題：號稱「貫穿古今、放諸四海皆準」的科學知識必然是在特定時空中生產出來的，而特定時空中政治經濟條件也必然滲入科學理論的內容與實作。另方面，如前所述，氣候科學以多尺度、跨尺度的分析見長；對於習於以地方、區域、國家或全球等尺度來安排歷史敘事的歷史研究者而言，格外棘手。在這個意義上，柯恩這本書也不只是在撰寫「你所不知道的氣候學史」而已；更準確地說，柯恩是以氣候學史為例，期能帶動歷史寫作的尺度革命。在一篇發表在《Journal of the History of Ideas》（2016）文章中，她以晚近人類世（Anthropocene）於人文社會科學科學界引發的迴響為例，說明當歷史寫作的時空尺度已動輒千百年且不時「跨國」又「全球」時，該是把「尺度」（scale）一詞翻出來好好檢視的時候了。柯恩認為尺度不應被視為「某事的相對大小與程度」，而應是「一種判斷的規範系統」——既然尺度涉及判斷，那麼地方、區域、國家與全球必然不會不證自明。她呼籲研究者將尺度理解為動詞，且是現在進行式（scaling）；不管歷史學者關心的歷史是大是小、是微觀還是巨觀，研究者都要有自覺，這些歷史都是「正在尺度化的歷史」（history of scaling）。在本書結尾，柯恩賦予尺度化更多元豐富的意涵。她寫道，

「尺度縮放是一種軀體學習的體驗」，「為了將自己定位於遙遠的地方或是久遠的過去，我們必須依賴他人的知識。這也使得尺度縮放成為一種社會過程，通常以衝突和協調為其特色」。不僅如此，她也提醒讀者，尺度化也是個「情感過程」。她表示，「修正我們對世間事物彼此之相對意義的判斷，就是在形成新的依戀之際，同時放下一些舊有的執著。因此，尺度縮放往往伴隨產生渴望和失落感、異國風情的誘惑以及思鄉的痛苦」(頁五五八)。

在閱讀這本書時，讀者當會好奇，當奧匈帝國的統治者、政治家與科學家正致力實踐異中求同的理念時，遠在地球另一端的臺灣，發生了什麼事？十九世紀下半葉，臺灣從大清帝國的邊陲，轉為日本帝國殖民地。一九一〇年代間，即奧匈帝國的科學家們開始在國際舞臺上發光發熱，日本帝國則透過土地調查、林野調查、舊慣調查等一系列科學調查，意圖將臺灣迥異的風土民情標準化後，納入一套以日本帝國為中心的治理體系中。一九二〇年代，當奧匈帝國崩解，臺灣迎來百花齊放的大正民主時期。至一九四〇年代臺灣進入戰時體制前，文人雅士以藝術與文學描繪臺灣各地的地方色（local color）；如蔣渭水等人則組織臺灣文化協會，發出「樂為世界人」的宏願。如同十九世紀的奧匈帝國一般，臺灣也經歷一波波尺度化的洗禮；不僅如此，考慮到臺灣社會至今仍為這個島嶼的過去與未來現在究竟落在中國、東亞、東南亞或世界而爭論不休，此過程依然持續。考慮到臺灣史可說是個反覆尺度化的歷史，假若柯恩精彩的氣候學史對臺灣讀者有任何啟示，那就是提醒我們，尺度化是社會學習的過程，且往往伴隨著肉體與情感的折磨。不過，如柯恩筆下的帝國—王國科學家的故事顯示，只要不放棄溝通，不放棄學習，永遠抵抗將各種歧異與衝突的見解定於一尊的誘惑，我們自有理由期待，這些環繞在尺度化的種種折磨，遲早會開花結實，如〈臺灣文化協會會歌〉所言，「世界人類萬萬歲，臺灣名譽馨」。

目錄

獻給雅瑪麗亞（Amalia）與亞當（Adam）

追念我的亡姊桂恩朵琳・貝辛格（Gwendolyn Basinger, 1965-2017）

大西洋上空有一片低氣壓。它向東移往俄羅斯上空的高壓區，但未有向北偏離這高壓區的徵兆。等溫線與等夏溫線情況正常。空氣溫度相對於年平均溫度以及每月非週期性的溫度波動皆在正常範圍。太陽和月亮的起落，月亮、金星、土星環的相位以及許多其他重要的現象都符合天文年鑑中的預測……套用一個即使有些過時卻相當準確描述事實的說法：這是一九一三年八月一個晴朗的好天氣。

羅伯特·穆齊爾（Robert Musil），《沒有個性的人》（*The Man Without Qualities*）

沒有哪個事物可以根據普遍原則先驗地被稱之為大或小；只有和其他事物相比時，事物才有大小之分。

據出自奧地利皇帝法蘭茲一世（Francis I of Austria）

導論 氣候與帝國

一八六九年，年方三十的朱利葉斯・漢恩（Julius Hann），看似擁有前程似錦的學術事業。他擁有維也納大學的兩個物理學學位，而且三年前，漢恩由於解釋了一陣神祕風的成因而蜚聲國際。阿爾卑斯山的北坡吹起乾燥溫暖的焚風（Foehn），與住在落磯山脈東麓的人所稱的「欽諾克風」（chinook）差不多。在阿爾卑斯山地區，焚風最常在寒冷的月份吹起，產生異常的暖和氣溫，並且據稱會導致人體包括從心臟病到癲癇發作的各種不適。在漢恩所處的年代，焚風因其溫暖和乾燥的特性而被推定源自撒哈拉沙漠。當時的人確實常將當地氣候對健康的影響歸咎於盛行氣流（prevailing air current）*，而且這種氣流的特性也被認為由其起源地所決定。相較之下，

* 譯注：又稱最多風向，是指在一個地區某一時段內出現頻數最多的風或風向。通常按日、月、季和年的時段用統計方法求出相應時段的盛行風向。

漢恩發表於一八六六年的《論焚風之起源》（*On the Origin of Föhn*）則將範圍縮小，解釋焚風乃是當地因素所導致的結果。漢恩手裡拿著筆記本，足跡深入阿爾卑斯山區，耗費多年時間觀察雲層動向，並推論出風的類型。他先前曾在大學裡學習熱力學（thermodynamics）這門新科學，那是探討熱和運動的物理學。他因具備基礎知識，所以才能理解焚風成因：阿爾卑斯山當地的風上升時失去水分，在北坡下降時會提高溫度。由此產生的風即會讓人感到又熱又乾，那不是因為風來自非洲沙漠，而是由於大氣的物理特性以及熱與運動之間的關係所造成。[1]

這是國際研究計畫史上的一個關鍵點，我將其稱為**動力氣候學**（dynamic climatology）的誕生時刻：將物理學上結合熱和流體運動的學問，實際應用於解釋過去和現在地球表面上的氣候條件。動力氣候學在「人類世」（anthropocene）的歷史中特別值得一提，因為它確認並開始概念化從人類到行星、從時間到空間這些跨向度互動的問題。[2]

自哈布斯堡王朝在維也納統治以來，動力氣候學在奧地利蓬勃發展。就像我們接下來會讀到，這是一門在現代化的陣痛中，為了滿足這個多元化帝國需求所出現的科學，漢恩也因為對國家付出的貢獻而獲得豐厚的回報。他即將獲得帝國—王國（kaiserlich-königlich，簡稱k. k.）[3]科學家頭銜的殊榮，也就是說，他是整個哈布斯堡君主制疆域內的專家。在十九世紀，該疆域覆蓋將近七十萬平方公里的中歐、東歐和南歐地區，面積幾乎是今天德國的兩倍。他已經開始統整從整片帝國領土收集來的數據，打造一個有關大氣運作情況的大陸級視野。

那麼，為何漢恩在他三十一歲那年夏季，突然會因自我懷疑而感到困惑呢？根據他在私人日記裡所吐露的心聲，我們知道他覺得自己在維也納「前途未卜」。他因思念位於高山中的家鄉感到痛苦（那片高山也就是將他推上成功之路的阿爾卑斯山），渴望在山林中找回「平靜」和「慈愛」，「如同年少時代一般」。[4]他處於猶豫放棄科學事業的邊緣，考慮回到自己昔日接受教育的修道院過隱居生活。

套句地理學家段義孚（Yi Fu Tuan）的話，進入現代（modern），就是體驗「宇宙」（cosmos）和「發源地」（hearth）之間那相互衝突的扯動：一邊是嚮往超越已知邊界的渴望，另一邊是冀求熟悉事物的穩定性。[5]這本書旨在探索這種緊張關係對於氣候學的影響——這是一門產生於十九世紀的全球性科學。本書主張，現代對理解氣候的基本要素，皆是為了處理橫跨時空的向度所興起，當時的哈布斯堡王朝由多民族組成，是一個中世紀王國與現代法律的拼裝體（bricolage），因此那些新的思考方式都是政治上的當務之急。

直到二十世紀，有關全球大氣環流（global circulation of the atmosphere）的理論都忽略了與主要熱帶氣旋相比規模較小且存在時間較短的運動。以漢恩為主的科學家群體，他們連接起這道鴻溝，為我們呈現了小尺度和大尺度之間相互作用的樣貌，直至今日仍是我們建立氣候模型的要件。可以說，現代氣候學的現代性特質，乃是具有整合完全不同現象尺度的能力。這就需要發展適用於每種尺度的方法。例如，衛星在監測颶風發展動態的工作上是理想之選，但是在監測攸關幼苗生長之溫度和濕度的微小波動上就幾乎沒有用武之地。此外，不同尺度的大氣現象其實無法彼此獨立發展。不知從何處生成的、吹動你書頁的微風可能間接影響到在海岸外醞釀的一場風暴。當太陽的能量使赤道上的空氣變暖並且導致它的上升，驅動了半球等級的氣流攪動，然後這擾動又產生較小的渦流（eddies），最終這些渦流又產生較小的旋風（whirls）。這些跨尺度的能量交換甚至物質交換，乃是導致全球暖化現象變得如此普遍又難以預測的原因。今天科學家所面臨之數一數二的大挑戰，便是為如下這個小尺度的過程建立模型：水氣依附大氣的懸浮微粒而凝結，然後開始形成雲（相對於雲對全球輻射能平衡的大尺度影響，此一尺度算是很小）。比方，如想預測從現在算起一個世紀以後的地球平均溫度，科學家就不能忽略那些以更快速度與更小尺度開展的過程（例如雲團形成）。他們透過所謂的「尺度分析」（scale analysis）*方式來解決這個問題，也就是說，他們估算對於眼前的研究目的而言，哪些是饒富意義的重要現象，並對此加以研究，以便求出合理的近似值（approximation）。動力氣候學的歷史，就是一部以多尺度（multiscalar）與多成因（multicausal）的方式與世界互動的故事。[6]

回想二〇〇一年在我為撰寫此書而開始進行研究時，氣候科學領域的情況與二〇一七年的今天截然不同。那時有關氣候模型的研究議題，幾乎完全是針對溫室氣體濃度增加對全球所造成的影響。由於大多數模型的時空解析度（spatial and temporal resolution）†太低，以致無法對規劃中期目標的各界提供有用的預測。此外，大多數的模型也沒有考慮區域規模的動力機制（forcing mechanisms）。直到最近，建立模型的科學社群才開始關注區域性影響的問題。[7]與此同時，有關國際氣候變化的協議陷入了僵局，這證明大家更需要在地方與區域的層級採取行動，以便在這些空間尺度上進行可靠的預測。回顧二〇〇〇年代初期，從事區域影響力建模工作的只有寥寥幾個研究團體，而CLEAR（Climate and Environment in the Alpine Region（阿爾卑斯山地區的氣候與環境）之首字母縮寫）便是其中之一。該團體強調在本地視角和全球視角之間切換（或稱「**降尺度**」（downscaling））的重要性[8]。這個以瑞士為根據地的團體指出，阿爾卑斯山正是小尺度氣候分析助益於全球建模的典範地區。這個在二十世紀即具先見之明的計畫使我感到驚訝，因為它呼應了哈布斯堡氣候學的內容。

哈布斯堡年代的科學家尚無數位計算機可用，然而他們還是可以利用創新的方法進行偵測、建模與呈現大氣環流。這些方法包括將植物變成測量儀器、將大氣波（atmospheric waves）‡的模型設想成類似河床，並發明出新的書寫文類與製圖學類別。儘管讀者可能從未聽過他們的名字，但他們的獨創性在其年代已廣受稱道。漢恩曾被提名為一九一〇年諾貝爾獎候選人，他的

* 譯注：或稱量級分析（order-of-magnitude analysis），是一項應用於數學科學的工具，用於簡化含有多項式的公式。

† 譯注：現象或事物隨時間與空間變化反映細節的能力。

‡ 譯注：大氣中出現的各種波動的總稱。天氣學或動力氣候學所涉及的基本波動包含：大氣聲波、大氣重力波、大氣慣性波、大氣長波等。

一位美國同僚曾表示，漢恩的作品勝過其他人寫的書，可比「吉薩的金字塔群聳立在尼羅河谷那樣。」[9]據其他人的觀察，漢恩及其同事的研究是「兼容並蓄的」（eclectic）。相較於今天大多數氣候科學家專精於單一尺度進行研究的原則，「〔奧地利科學家〕所關注的現象範圍涵蓋從全球環流到亂流邊界層（boundary layer turbulence）等跨時空的尺度」，從行星尺度到農業以及人體健康的面向。[10]確實，這些科學家推出一種新穎的概念工具，用來追蹤從半球範圍降至分子運動的能量移轉。而且，他們也找到創新的方法，令科學界以外的大眾印象深刻。這種思考局部氣流與半球環流之間關係的新方法，也為哈布斯堡王朝那「跨民族相互依存」（transnational interdependence）的想法注入了嶄新活力。

環境與帝國

二十一世紀的讀者在翻開《奧地利民族誌》（*Journal for Austrian Ethnography*）第一冊（1895）並看到標題為〈收集植物通俗名稱之重要性〉[11]的文章時可能會很驚訝。研究人類文化為什麼會牽涉到植物學？在這個多民族的國家裡，人文科學的興起如何會與非人文的環境研究聯繫在一起？

在過去的二十年中，歷史學家從多方面證明，在十九世紀漫長的歲月裡，環境知識的發展與歐洲的帝國建構其實密不可分。這種觀點是正確的：首先，帝國擴張以深遠的、不可逆轉的方式改變了殖民地的環境。環境歷史學家已經闡明帝國是如何耗盡自然資源、破壞生態系統並且帶來入侵物種，此舉通常導致殖民地本土物種的滅絕。歐洲人指出自己身為「自然之主」的優越性，以此正當化帝國行徑。但是受其支配的受害對象同時包括人類和非人類（nonhumans）。在某些情況下，非人類的環境藉著流行病、洪水、地震以及其他災難進行反撲，以對抗這種強加的控制。[12]在另一些情況下，帝國最終制定了保護政策，但此舉往往是以損害原先住民的權利做為代價。這是環境與帝國關係悲劇性的一面。[13]

此外，一部現代帝國的環境史也是一部知識史。這裡所說的並不像喬治．巴薩拉（George Basalla）在一九六〇年代所主張的，認為從十六世紀開始的自然史知識爆炸，乃是無所畏懼之歐洲博物學家深入世界其他各洲蠻荒地區所獲致的成就。[14]我們也不該忘記，某些知識傳統因殖民而遭廢棄，甚至被強行壓制。甚至，如同過去二十年中歷史學家精確地指出，都會*菁英那些著名的發現是如何挪用殖民地博物學家以及當地報導人所提供的知識。[15]以這種方式產生的知識包括我們現在所謂的「生態的」（ecological）類型：特別是與氣候及土壤條件有關之動植物分布情況的知識。在帝國領土擴張的前方邊緣，確實有人對於新發現的物種進行分類（不過這些新編目

* 編注：metropolis，源自古希臘文，原有殖民地母城的意涵。

的物種有些接著很快便絕跡了）。[16]換句話說，在環境知識的增長與帝國主義所造成之環境破壞兩者間，有一種令人不舒服的緊密聯繫。

另外，值得注意的是，一些現代對於帝國主義及其造成之生態代價的嚴厲批評，其實出自為帝國服務的科學家們，從十八世紀的約翰·福斯特（Johann Forster）到亞瑟·坦斯利（Arthur Tansley）。二十年前，理查·格羅夫（Richard Grove）即指出，現代環境主義的興起乃是殖民母國博物學家目睹太平洋島嶼上環境劣化的回應，因為他們知道歐洲人應該為此負責。近期像是海倫·提裡（Helen Tilley）證明了，二十世紀在非洲為大英帝國工作的科學家，如何透過對比歐洲的土地利用方法以及當地農業的永續耕作，繼而發展出自己的環保思想。[17]在某些情況下，帝國的科學界足夠獨立於帝國的意識形態之外，以致能夠產生真正的新知識。對於環境科學與政治史而言，十九世紀帝國的**規模**（scale）同樣是個重要的因素。它的資訊交流網絡為二十世紀末的全球科學奠定了基礎，而且根據推測，這與「星球意識」（planetary consciousness）的出現不無關聯。[18]從這個角度來看，帝國已然成為探索廣闊之人類圈、非人類圈與無機世界間相互依存關係的實驗場所[19]。

定義氣候

本書探討十九世紀各帝國在知識生產時所扮演的角色，特別是與氣候相關。在十九世紀和二十世紀初，氣候（climate）一詞在歐洲各語言中的含義不斷變動。自古以來，該詞意指因緯度不同導致太陽輻射因素所造成的結果，希臘文Klima指的是陽光的傾向或入射角度。各半球區分成三個氣候區：極帶寒冷，中緯度溫和而赤道地區極熱。然而，到了十九世紀，地理探險家以及醫學與農業研究人員開始注意到大氣條件複雜的空間變異性。因此，十九世紀末期的科學家區分出「太陽氣候」（solar climate）與「實際氣候」（physical climate）或「陸地氣候」（terrestrial climate），前者係指在太陽輻射以及地球大氣已知成分之基礎上推算出的熱分配，而後者則指氣候受到諸多其他因素影響，例如地表形狀以及土地、水和植被的分布。這種術語上（terminological）的混亂反映了尺度的方法論問題。在行星大氣環流的範疇上，十九世紀的科學家只知道基本的物理模型，無法將這些模型與地球表面氣候細膩變化的眾多證據統合起來。例如西利西亞（Silesian）溫泉小鎮庫多瓦（Kudowa）的一位醫學作家在一九〇八年即表達了如下的難處：「儘管較嚴格定義的『氣候』一詞，這個在地用法並不常見，『天氣或大氣條件』（weather or atmospheric conditions）的說法在下文中也並不一定總是準確，我必須先為找不到適當的字眼說聲抱歉。」[20]所以從根本上講，「氣候」一詞在十九世紀是模棱兩可的概念，因此才不獲歷史學家的注意。

氣候的時間維度與其空間維度一樣難以捉摸。相關時間尺度的範圍從季節性的，像是醫學氣候學和農業氣候學，到有關冰河期相關理論的地質尺度不等。這些時間的觀點彼此確實不可能調和。如何將一八三〇年代和一八四〇年代出土的古代冰河時代證據，與人類有史以來明顯穩定的地球氣候放在一起討論？[21]如果氣候意味著時間上的平均狀態，那麼我們還不清楚這個定義代表的時間區段有多長。

最後，氣候的意義也隨著與人類利益的親疏而有所改變。亞歷山大・馮・洪堡德（Alexander von Humboldt）曾將氣候定義為大氣中會明顯影響我們感官的一切變化。[22]這種人類中心論的定義反映了如下事實：氣候被認為會影響人類生活的幾乎每個層面，舉凡健康、農業、勞動、貿易甚至心靈狀態。氣候科學的歷史根源的確在於改善人們日常生活的實用考量。我們對氣候的大部分理解均來自日常經驗，而這些經驗涉及了自然與大氣相互依存的許多面向，例如植被、供水以及土壤條件等等。誠如歷史學家所指出，專業科學家的立論經常建構在那些看天吃飯的人的傳統知識上，比方農民、水手和漁民。[23]此外，許多新領域的專家也產出氣候學的知識，包括植物學家、林務員、農業科學家、地質學家、古生物學家、礦業官員、醫學地理學者，藥學家和浴療學家。例如，十九世紀的植物學家將植被視為理想的氣候紀錄，「無論在什麼地方都能反映當地的氣候」，而地質學家則認為冰川是最好的「氣候計」（*Klimamesser*）。[24]產出氣候學相關知識的機構亦是不可勝數。在歐洲的大學裡，研究與傳授氣候學的工作，可能出自地理學、物理學和醫學等三個不同的學科。產出氣候學知識的地點也遠遠超出大學圍牆，例如公共氣候觀測站、林業或農業學術研究院，又例如像奧地利有名的氣象學會（Meteorological Society）這種自發性質的協會，以及歐洲探險家和世界各地的旅行者。[25] 因此，氣候研究對不同的人都有實際影響。與此同時，科學家對於發生在大氣層上層的大氣現象也越來越感興趣。這些只有勇敢的登山者和熱氣球的愛好者才能一窺堂奧，就與人類生活沒有明顯的關係。[26]

世人究竟從什麼時候開始，賦與「氣候」作為整體地球的某種屬性，以這樣的涵義開始進行討論？正如我們將在第七和第九章中所看到，「全球氣候」（global climate）概念出現在一八七〇年代中歐的流行論述，這正是針對人為氣候變化之熱烈辯論的一部分。但是故事還沒結束。伴隨而來的關鍵要素是對「地方氣候」（local climate）的嚴格定義。現代的、多尺度的氣候概念，正是在科學家與廣泛其他對氣候專業有不同主張的人士之間，相互接觸而誕生。

帝國的多樣化

十九世紀歐洲各帝國牢牢掌握了氣候學，將其作為工具，改造新近獲得的殖民地環境以配合帝國的目的。氣候研究與全球生產和貿易的迅速變化，以及軍事衝突發生地的移轉均息息相關。

借助於這樣的研究，當時資本主義在全球的傳播被理解為「鼓勵大家以最有效的方式處理每個國家的特殊資源，以便充分利用世界的多樣化天賦」。[27]十八世紀的知識分子普遍認為，社會與自然環境間的契合乃是上帝旨意的結果[28]。十九世紀的地理學家則將其視為生物和文化適應過程的結果，而帝國主義者設法加入干預。所謂的「順應理論」（theories of acclimatization），支撐起歐洲人永久移居「酷熱地區」的帝國計畫。[29]原則上，氣候學可以為該在何處設置農業移墾以及殖民者城鎮的決策提供依據，就算實際上總非如此。氣候學也啟發當局靈感，使其善用高山比較涼爽乾燥的空氣，為在熱帶生病和倦怠的殖民者建造高地的醫療休養所[30]。

有位歷史學家將十九世紀的氣候學描述為「一灘死水」[31]。這種說法在一些地方屬實。許多歐洲海外帝國地區，氣候學成為對地方氣候的散漫研究，經常重提那套符合自我利益的理論，亦即不論何處的「熱帶地區」，都不利於歐洲人前來勞動。[32]十九世紀中期在整個歐洲和北美地區，政府以及私人組織建立起氣象觀測者的網絡。但是，這些數據收集主要是供風暴預測之用。正如哈布斯堡氣候學家亞歷山大．蘇潘（Alexander Supan）在一八八一年所解釋，「氣候隨著天氣的前進而卻步。」[33]一九〇八年，納皮爾．蕭（Napier Shaw）批評英國氣象局的「無用、浪費」，他剛從局長的單位職務退休。數據大量地流進來了，但到底有什麼用？蕭對於帝國網絡的不連貫性也感嘆不已：「不列顛群島上四個觀測所和四百多個各式各樣的站點；在霍利希德（Holyhead）也安裝了精密的測風儀；外加大手筆在國外投資的設備；直布羅陀的風速儀，聖赫勒那島上還另有一個；在福克蘭群島設有日照記錄儀，英屬新幾內亞也有六套這項儀器，另外廣闊的洋面上還有數百具。」[34]所謂的「無用、浪費」在這裡的意義是：海外帝國的科學家沒有能力或不願意將在當地觀察所得的資料，與全球的模型之間做出整合。[35]

的確，有關帝國與科學之間的歷史，經常傾向假定帝國科學家和地方的資料收集者之間，存在著利益與認知上信念的分歧。帝國科學家在這個學術領域中以知識「統合者」（lumpers）自居，是歸納出普遍原則的擁護者，而且反對那些堅持自然在地多樣性的「分割者」（splitters）。從這層意義上來說，帝國科學的精神在倫敦植物學家約瑟夫．胡克（Joseph Hooker）身上一覽無遺。他是邱區（Kew）皇家植物園的主管，曾經聲稱與他通信的殖民地派員過度關注「一再陷入詳論微小差異……此舉並無價值」[36]。從這敘述來看，現代科學興起的全球視野，無疑是以犧牲在地觀點為代價。

然而，歷史學家很少關注十九世紀位處歐亞陸地的帝國產出知識的地理：哈布斯堡王朝、俄羅斯羅曼諾夫王朝、鄂圖曼帝國和中國清朝。在這些國家中，城市知識和地方知識間的分界線遠遠較不明確。這些國家具有如下的共同特點：有能力統治多種文化並有多個行使權力的中心。他們以現代科學為工具，一部分是為了開發出帝國主義「自我描述的新語言」，成為另類的簡化版民族主義。這些科學破壞了國族和種族的具體分類，繼而追溯移民、混合以及文化傳播的歷史。換句話說，這些晚期的帝國科學從出自經驗的事實出發，確立了人口和領土的混雜特性

（hybridity）。[37]

從這點可看出，並非所有現代國家都藉由相同的方式使社會變得「易於辨識」。[38] 想讓領土及其人口易於辨識，不必然需要抽離地方特殊性，「國家的視角」（seeing like a state）反而可能將帝國的多樣性變成突出的焦點。地圖歷史學家認識到，地圖並不只是單純地反映世界，而是選擇性地視覺化某些形象特質，藉此為建構這片領土做出積極的貢獻，從而鼓勵或阻撓某些與環境互動的模式。如此一來，強調異質性的地圖可能有助於保存環境和文化的地方差異。[39]

在哈布斯堡王朝中，特別是在民族誌、醫學以及自然地理等領域的「地方知識」（local knowledge）通常被奉為「帝國科學」（imperal science），由帝國政府出資研究。彼得．賈德森（Pieter Judson）等人的最新研究，闡明十九世紀哈布斯堡政權是如何創建出法律空間，甚至可供昔日的農奴主張自身公民權利並追求經濟發展。該帝國的去中心結構並沒有抑制現代化，反而使平民草根政治以及文化多元化得以蓬勃發展。[40] 哈布斯堡大公約翰．哈布斯堡（John Habsburg）是一位贊助自然史的重要人物，他早在一八一七年即已闡明，地方的愛鄉觀點是可以與效忠於王朝並行不悖的。他說：「奧地利的實力在於其各省分的多樣性……這種多樣性應該仔細保存……奧地利每逢災難之後都能恢復元氣，這是因為每個省分都能站穩腳步，獨立於其他省分之外而存活，但同時又能忠誠地為共同目標做出貢獻。」[41] 先前的研究揭示了這種意識形態在民族誌、醫學和自然地理領域中的意涵。在這些例子中，為民族主義服務而進行的研究（甚至可能包括後哈布斯堡歷史學家〔post-Habsburg historians〕所稱頌的「民族思想流派」〔national schools of thought〕）都是由教育部出資贊助，並且經常由忠於哈布斯堡王朝的學者以德文發表，揭櫫「差異中求統一」的意識形態。[42]

因此，奧地利民族誌學會（Austrian Society for Ethnography）指示其成員從農民（尤其是農婦）那裡收集植物學的相關知識。[43]如能瞭解植物在多種方言中的通俗名稱，那麼植物學家和民族誌學家便能合作探查特定物種的空間分布以及特定方言的擴散情況。「在奧地利這多語種的國家中，此一研究方法實具有特別重要的意義……因為通俗名稱不僅具有語言學的價值，而且還是文化歷史的紀錄。」正如我們將在第十章中所讀到，如果發現同一名稱被用來指稱不同的植物，這也對解釋氣候與生物之間的關係產生深刻影響。基於相同原因，民族誌學家也親自記錄了地方對於風的命名以及相關的儀式。因此，漢恩熟悉高山農民的格言：Steigt man im Winter um einen Stock, so wird es wärmer um einen Rock（「如果冬天爬上樓梯，你就少穿一件外套。」）[44]對於漢恩而言，這意味著常理中氣溫與高度成反比的現象，在該地必定普遍出現反轉，這便為熱平衡（thermal equilibrium）的大氣條件提供了線索。簡言之，由哈布斯堡政府贊助之細膩的民族地理研究，經常旨在王朝的疆域中調查某一自然物種的分布範圍，以便從中探知語言和文化的差異。這類研究由於重視自然多樣性的價值，促進了「本土地方」與「帝國空間」的整合。[45]

看見自然中的變化性

奧地利帝國時期的氣候學值得我們拿來與十九世紀其他帝國的類似事業進行比較。中央氣象與地磁研究所（Zentral anstalt für Meteorologie und Geomagnetismus，簡稱ZAMG）於一八五一年在維也納成立，較普魯士王家氣象研究所（Royal Prussian Meteorological Institute）晚了四年成立。英國氣象局則是從成立於一八五四年的委員會演變而來。法國氣象局於一八五五年成立，美國氣象局於一八七〇年設置。如同前述其他氣象部門一樣，ZAMG負責利用新的電報技術為即將來襲的風暴進行預警。奧地利科學家的確在一八六〇年代發展出來的國際風暴預警系統中發揮了積極的作用，包括在一八七三年主辦了有史以來第一次國際氣象大會，就氣象電報公約的內容進行協商。不過，發布預測這種工作卻是ZAMG大多數科學家不屑一顧的。身為第一任主管的克雷爾（Kreil）對此感到沮喪，因為大家不僅期待他預測天氣，甚至還要他對預測結果負責。後來他在某些圈子中甚至被稱為「天氣創造者」。鑑於當年氣象知識的水準，克雷爾相信，可靠的天氣預報還有很長的路要走。就像他在自己那些普受歡迎的著作中設法說服公眾的論述所言：至於當前，最有用的知識不是「根據大氣狀況的每日波動來安排農事，而是一勞永逸地根據特定地方的平均氣候特徵來組織農事」。[46] 克雷爾和他的同事們真正相信自己的研究將使國家受益。然而，這些好處將來自於掌握長期規律的知識，而不是短期的預測。換句話說，那類知識將源自氣候學，對於農業、醫學、觀光、貿易和軍事行動均具實用價值。

從傳世有限之十九世紀大氣科學的歷史文獻中可以看出，奧地利在這方面似乎與眾不同。在柏林、倫敦、巴黎和華盛頓特區由國家贊助的觀測站中，氣候研究似乎只不過被視為十八世紀離奇而有趣的遺緒，對於地方的業餘愛好者或農民來說是值得一試的消遣，但與現代科學關係不大。僅在極少數情況下，北美和西歐的氣象官員才選擇致力於氣候研究，也就是說，將其工作重點從短期預測轉移到長期計畫。[47]

氣候學研究在俄羅斯、印度和奧地利等幅員遼闊的大陸型帝國中尤其發展蓬勃。這些國家的科學家面臨廣袤而連續的領土，對於地球科學研究有所助益，於是他們開始以新方式進行思考。鑒於身負穩定而有效率地開發國家領土資源的任務，他們便著手繪製「自然區域」（natural regions）與「過渡區」（transition zones）的地圖。一位研究俄羅斯帝國的史學家曾恰當地將此一事業描述為「區域化」的科學項目。十九世紀的區域化科學乃是「總體完整」的事業，旨在廣大的整體背景環境下分析局部差異。[48]這些區域的基準定義是氣候的：平均溫度和降雨量是建構帝國差異心理地圖的基本數據。因此，科學家開始認識到氣候的**異質性**，尋找其差別化的原因。

無論是否強調組成帝國的人與非人元素的多樣性，認為帝國氣候學應追求連貫性的綜觀或是拼湊局部細節，這類選擇始終是策略性的政治決定。從印度氣象局（成立於一八七五年）局長亨利・法蘭西斯・布蘭福德（Henry Francis Blanford）的角度來看，印度次大陸為氣候學的研究提供了理想的場域，因為那是個獨一無二的、封閉的陸地，具體而微地展現出地球表面上幾乎所有的氣候變化，可以一覽無遺地觀察熱帶風暴的形成。他主張，如以單數形式指稱印度氣候，那將產生一種誤導，好比我們談及其居民時認為他們只隸屬於單一種族，只表現出單一的族群和社會特徵，僅具有相同的文化和信仰[49]。還有一些人持不同的政治價值觀，論述「印度適合進行氣候學研究」的信念。他們強調印度氣候（現用單數形式）具整齊性和規律性，強調英國的科學界應能輕鬆掌握。[50]

誠如弗拉迪米爾·柯本（Wladimir Köppen）在一八九五年所指出，在俄羅斯，氣候學隨踵沙皇軍隊征服克里米亞、高加索、西伯利亞以及更遠地區之後，也相繼開始發展。「俄羅斯對其東部地區的征服迅速擴大了我們的知識範疇，因為該國的〔科學〕觀察員以驚人的速度追在俄國士兵背後……此舉的結果便是出現一系列實用的、連貫的氣象資料」。[51]俄羅斯最頂尖的氣候學家亞歷山大·沃耶伊科夫（Alexander Voeikov, 1842-1916）的著作品反映了帝國現代化和從事擴張的雄心壯志。他提出了全球氣候系統以及氣候對社會生活之影響的理論，並指出世人可以藉由合理用水的措施來改善不利的環境。[52]與此同時，在瓦西里·道庫恰耶夫（Vasilii Dokuchaev）領導下，一項更為謹慎的土壤科學研究計畫也著手調查俄羅斯草原「黑土」地區，由於人為因素所造成的氣候變化。[53]誠如凱瑟琳·埃夫圖霍夫（Catherine Evtuhov）所言，杜庫恰耶夫所收集「數量龐大又繁雜的訊息令中央政府幾乎無從用起。」[54]因此，志在必得的科學家和公民所致力開發的農業評估與改良的科學方法，帝國政府對其幾乎不感興趣。

美國的情況仍也不一樣。洛林．布洛傑（Lorin Blodget）的《美國氣候學》（1857）明確提出反對美國氣候特別「多變或極端」的說法。[55]布洛傑特堅持主張，在西經一百以東的地區，氣候條件是「一致的」。在山脈延伸的地方，「山的兩側並無向陽和背陽的差異，兩邊坡地的物產也未形成不同對比。」值得注意的是，布洛傑特將美國氣候的均勻性與「南歐和中歐地區主流之氣候的局部急遽變化」進行比較，[56]同時得出如下結論：無論氣候顯示什麼局部變化，反正一概不值得科學界關注。他的理想是氣候的均勻一致，而非多樣。因此，聯邦政府幾乎沒有投入資源進行在地氣候調查的做法，也就不足為奇了。[57]

「K.與K.」氣候學

在奧地利，氣候學也與建構帝國緊密相關。從哈布斯堡政府的角度來看，氣候學的目的不在探索某一片黑暗大陸，而是要在變革的陣痛中重新想像一片已知的領土。在長達七世紀的歲月中，透過政治婚姻與戰爭，哈布斯堡王朝獲得了許多龐雜相連的王國、公國與侯國。王朝的領土跨越九個經度，其上的山脈縱橫交錯：一條從最西部的福拉爾貝格省（Vorarlberg）的阿爾卑斯山高峰向東延伸，然後沿著亞得里亞海向南轉入第拿里阿爾卑斯山脈（Dinaric Alps）形成多岩石

圖一：庫普雷斯科—波列（波士尼亞和赫塞哥維納）的喀斯特景觀，作者：齊格蒙特・阿伊杜基維奇（Zygmunt Ajdukiewicz），一九〇一年。狄那里克阿爾卑斯山脈的「喀斯特」地形以其灰岩坑、洞穴與地下河流著稱。

的塔峰；另一條從波希米亞山地向東上升到喀爾巴阡山脈區域，這個大部分尚未被標誌在地圖上的地方，將哈布斯堡王朝最新取得的加利西亞（Galicia）孤立起來。在鐵路開通之前，哈布斯堡國度主要依靠多瑙河這條主要河道進行運輸。它的水源來自阿爾卑斯山的融化冰川，向東流經維也納、布拉迪斯拉瓦（德文稱Pressburg，匈牙利文稱Poszony）和布達佩斯（德文稱Ofen-Pest），再流經直到十九世紀仍由鄂圖曼帝國控制的疆域，最後注入黑海。在哈布斯堡帝國的大部分地區（匈牙利的草原、亞得里亞海沿岸多岩石多孔洞的地表，以及阿爾卑斯山和喀爾巴阡山的高海拔牧場），農事只有在充足降雨和暖和氣溫的短暫季節裡才可能進行。氣候的變化很容易導致飢荒。另一方面，過多的降雨可能引發多瑙河及其支流毀滅性的洪災（尤其是森林遭濫伐的地區）或是在山區造成土石流。在喀爾巴阡盆地的沼澤地上，十八世紀人為對水進行調節控制（water regulation）的嘗試，對生態系統造成破壞並危及氾濫平原農業。哈布斯堡王朝土地上的運輸和通訊也高度仰賴氣候。在歐洲的小冰河時期（大約從十三世紀到十九世紀初），多瑙河的部分河道經常結冰，而且降雪也常年阻礙某些山口的通行。在大約一八六〇年氣候變暖的時期，以過去的基準預期，不一定可用來做為對未來的指引[58]。

十九世紀中歐的變化不僅發生在社會經濟層面，也出現在氣候方面。小說家兼博物學家阿達爾貝特．施蒂弗特（Adalbert Stifter）在該世紀中葉寫道：「目前，任何一個鄉下農村及其周圍地區能仰仗其現狀、仰仗其擁有的一切以及所知而將自己封閉起來。但是再過不了多久，情況將不再如此，因為〔農村〕將被納入外部世界的交易中。」[59]十九世紀的哈布斯堡帝國是一個占地廣袤但半封閉的經濟體系，被排除在一八三〇年代的德意志的關稅同盟（Zollverein）之外。它在海外的殖民地競爭中落後，並且也沒什麼指望能在東南歐開疆拓土。在其邊界之內，標誌資本主義的不均衡現象已經開始浮現。在拿破崙戰爭結束後和一八七三年股市崩盤之間，工業化改變了哈布斯堡土地的生產面貌。在經濟上曾經能自給自足的地區，一下子被降格為帝國「邊陲」，導致大量移民湧入帝國新崛起的工業中心。股市崩盤之後，資本投資轉移到了那些外圍邊陲地區，以便

圖二：匈牙利東部安吉阿爾哈札普茲塔（Angyalháza puszta），一八九一年。請注意背景中該地區典型的吊桶井（draw well）。

利用當地便宜的土地、原物料以及勞動力。[60]

在這種背景下，**氣候書寫**（climatography）的新文類（第六章）於是在一定程度上發揮指南手冊的作用，重新賦與自然環境新的目的，使國家適應新的經濟環境。可行的方法包括引入新的農作物（製甜菜糖、釀馬鈴薯烈酒）、開展旅遊業、建造溫泉度假中心或是療養院以提供「氣候療法」（climatotherapy）。與此同時，帝國的氣候學家也被要求為發展派和保守派評判高下。濫伐森林或建設沼澤排水乃是歷史記憶範圍中造成氣候惡化的罪魁禍首，尤其是在波希米亞、匈牙利平原以及卡尼奧拉（Carniola）*、達爾馬提亞（Dalmatia）†、克羅埃西亞和波士尼亞的喀斯特地區。[61]到處都有人呼籲，復育森林將能創造濕潤且更有利於農業發展的氣候。因此，公眾和政治當局都投入關注，開始探究人類歷史過程中可疑之氣候變化的成因。

從所有這些面向來看，奧地利的氣候學史讓我們更全面地瞭解到該門科學與十九世紀帝國主義的緊密聯繫。與此同時，這個多民族國家的科學機構也發展出看待自然界的獨特視角。隸屬維也納皇帝的部長們與華盛頓或聖彼得堡的行政官員不同，因為前者認為，無論從實際面和意識形態而言，他們都有充分的理由支持氣候研究，甚至連最小尺度的細節都值得探索。哈布斯堡王朝的氣候學家更與英國科學家不同，因為後者堅信，印度的大氣狀況基本上是平靜有序的，而前者相較更願意實事求是，正視數據真正的複雜性。就像我們在下文將看到的那樣，他們每天關注微小的波動與統計學的細膩之處，正是他們尋求全面綜觀的方式。

朱利葉斯．漢恩最有效地闡明這一點。他承認自己花了一整個星期的時間，來確定如何理想地標準化中歐和南歐氣壓分布的測量，同時引用法蘭西斯．培根的話來自我辯護。培根曾經說過，忽略細節的自然哲學家就像是一個忽略可憐婦人請願的傲慢王公：「不願重視瑣碎、細微事情的人既不能進入天國，也不能統治天國。」[62] 培根他那「自然帝國」（empire of nature）的比喻

---

* 譯注：斯洛維尼亞境內的一個歷史地名。在奧匈帝國時期，克拉尼斯卡地區是一個公國，即卡尼奧拉公國，首府開始設在克拉尼（克雷恩堡），後來移到了盧布令那（現在斯洛維尼亞共和國的首都）。

† 譯注：位於克羅埃西亞南部、亞得里亞海東岸地區，東接波士尼亞—黑塞哥維納。它和克羅埃西亞本部、斯拉沃尼亞和伊斯特拉半島一同被稱為克羅埃西亞的四個歷史地區。

強調了此一科學準則與多民族國家邏輯的聯繫。實際上，法蘭茲一世（1804-1835）即以對哈布斯堡王朝領土的全面瞭解，而受到幾乎相同措辭的稱頌。法蘭茲一世是第一個稱呼自己為「奧地利皇帝」，同時將領土設想為一體性國家的統治者。他也以關注似乎無關緊要之地方事務為己任的態度而聞名。他對各省進行頻繁的視察，據說其間展現出「對於偉大帝國各地法律、習俗和道德之廣博的、甚至可以說是無所不包的知識……他經常掛在嘴邊的一句話是：『沒有哪個事物可以根據普遍原則先驗地被稱之為大或小；只有和其他事物相比時，事物才有大小之分。』」63

尺度縮放的歷史

那麼，氣候科學史必須被視為**定尺度**之歷史的一部分：亦即在正式和非正式之測量系統（設計應用於現象世界〔phenomenal world〕的不同部分）之間調和的過程，以便達到普世通用的比例標準。在自然科學和社會科學中，尺度的縮小或放大係指調整模型、使其適合應用於較大或較小之空間和時間維度的過程。縮放尺度也是我們每天都在做的事。例如我們會思考個人投票會如何影響全國大選，或者購買油電混合動力的汽車是否能減緩全球暖化的問題。這也可以是一種透過參照遙遠或是人們無法直接體驗之時間或地點，來定位已知世界的方法。藉由尺度縮放，我們可以權衡人類行動的後果，並可以在多個治理級別上協調行動。它取決於因果關係的因素，而且這些因素特點各異，從個人的想像力到跨地區的基礎設施、機構和意識形態都有。對於當今的歷史領域而言，關注定尺度的問題正是時候。[64]

定尺度乃是製作約翰・特雷施（John Tresch）所謂「宇宙圖」（cosmograms）的必要步驟。所謂的宇宙圖是用來表現自己相對於宇宙其它部分的圖像，藉以標示我們彼此間的聯繫以及相互影響。因此，定尺度的歷史要求特雷施的模型具有「實體化」（materialized）的知識歷史。正如他寫道：「當宇宙學的理念在物體、技術網絡、日常活動中被錨定、安置和傳播時，它們就會發揮現實主義的作用。」[65]因此，定尺度的歷史必須關注相稱的工具和實踐，但不僅局限於傳統意義上的衡量工具。例如，班納迪克・安德森（Benedict Anderson）數十年前即指出，小說和報紙是十九世紀創造新思維尺度關鍵的早期工具，而這新思維尺度即是「國家」（nation）。[66]最近，理查德・懷特（Richard White）也回顧了鐵路在十九世紀北美創造新政治化空間所扮演的角色，也就是說，運輸速率（transport rates）提供了度量遠近距離的新標準。[67]在氣候變化方面，一些最重要之定尺度的工具（用於瞭解相較於大尺度的長期過程，之於眼前的、當地的天氣狀況）已經被發現而非人為創造，包括移徙動物、年輪、冰芯、化石、岩石以及活體植物。

在十九世紀，對定尺度的想像力處於激盪狀態。包括顯微鏡、望遠鏡、攝影、電報和電力時鐘在內的許多技術進步，使得人類向內可以觀察到最小的時空範圍，向外超出地球進入太陽系，並延伸到銀河系以及甚至更遠的地方。十九世紀已經有人談到消滅時間和空間。實際上，對於時間和空間的測量比以往任何年代都要仔細。測量時間和空間的新單位被引進，例如十分之一秒、一電子寬度、一光秒、同溫層的高度、地殼的深度等等。與此同時，新的政治實體正以前所未見之多樣的規模與形式出現。在拿破崙戰爭的動蕩結束，民族國家尚未普遍存在之前，亦即一八五〇年左右，國家形態的多樣性很可能達到了巔峰。[68] 因此，政治想像力不僅局限於民族國家的空間尺度及其歷史記憶的時間尺度。總而言之，有許多種方式可以構想個人與國家之間、民族與帝國之間、小尺度與大尺度之間的關係。如今，我們已受到統計推理的制約，以至於傾向將微觀（micro）僅視為宏觀（macro）的實例化（instantiation）或例外。十九世紀大量增加的替代方法，提出了微觀和宏觀（例如象徵性、轉喻性或生態性）之間的關係。正如我們將在第一章中讀到的，在哈布斯堡的領土上，王朝的意象保持了文藝復興時期宇宙論的生命力。

此外，新的呈現方式將這些截然不同的維度並置，令其產生了引人注目的效果。本書的第二部分將介紹在十九世紀哈布斯堡疆域上出現的各種新技術，包括各種媒介和學門（從風景畫到地理、小說和大氣物理學等），全都致力於在大尺度的綜觀下，同時呈現在地的精確細節。當時他處的作家和藝術家正在開發相關技術。例如，美國弗雷德里克·丘奇（Frederic Church）的風景畫已從浪漫主義轉向詹妮弗·拉布（Jennifer Raab）所說的「資訊美學」（aesthetic of information），在那其中，對於大自然細節的描繪大量增加，並與統一的整體印象抗衡，最終甚至駕凌其上。這種新的導向源自於教會對於生物之間相互依存之關係的理解，最終使畫家重新調整自己作為地景建構者的角色，意在開始將大自然揭示為一種「活的體系」。[69]同樣，文學學者也證明了，某些維多利亞時代的小說家是如何將他們筆下的人物故事，融合入地球歷史的宏偉想像。正如安娜．漢奇曼（Anna Henchman）最近的研究：「維多利亞時代的作家在自我與宇宙之間，在部分與整體之間不停來回游走。」[70]這些文學中的定尺度現象常常直接反映科學的發展。傑西．奧克．泰勒（Jesse Oak Taylor）寫道：「小說有助於讓關乎進化、氣候與地質變化的漫長時間尺度，與人類歷史和日常生活的尺度取得協調。」[71]因此，十九世紀氣候學的多尺度視野，與許多觀察和呈現人與自然世界的新方法是相互依存的。

當然，前述的審美趨勢中有些與其說是啟發人心，倒不如說令人困惑。將注意力從人類事件轉移到宇宙事件，可能是一種混淆世界上人與大自然之關係的策略。有鑑於此，維多利亞時代的科學家喜歡將英國工業的能源消耗與宇宙尺度之熱力學的能源「耗散」（dissipation）進行比較。如此一來，他們使得非永續性的生產系統顯得自然而然又無可避免。[72]因此，在十九世紀，對於呈現（representation）之方法的需求日益增長，而這種方法可能會約束脫韁的尺度想像力。正是本著這種精神，哈布斯堡世界中，許多人做著定尺度的工作。他們堅持認為，不能僅根據人類關注的尺度來衡量自然；在研究極小或極大的自然時，還需要其他有意義的措施。身為生理學家兼捷克民族覺醒的領袖J．E．普基尼（J. E. Purkyně）曾在他的科學雜誌《生活》（*Živa*）第一期序言說道：「我們認為任何人，都不應該反對細膩謹慎地討論表面上看似無關緊要的此處或彼處事物。在無限的自然中，沒有任何東西是微不足道的，而且人的需求也不是唯一的衡量標準。」[73]同樣，地質學家兼自由派政治家愛德華·修斯（Eduard Suess）堅信，「地球大可以由人來衡量，但不應該根據人的尺度。」正如他所解釋：

大小的標準以及某一自然現象之持續時間和強度的標準，在很多情況下都是基於人的身體構造而定……我們說到千年這單位時，我們其實採用了十進位的系統，而這系統又關係到我們的四肢。我們經常以呎（feet，原意為「腳」）為單位測量山的高度，並根據人類的平均壽命來區分時間的長短，因此這種標準便是建立在我們自身的脆弱性上。此外，我們也無意識地以我們自身經歷為標準，來形容「強烈」或是「不那麼強烈」的程度。[74]

這個主題引起哈布斯堡地區氣候學先驅們的迴響。維也納ZAMG的創辦人卡爾·克雷爾堅信：「到處都存在宏觀和微觀的世界，亦即世界有大尺度和小尺度之分，而後者的重要性不下前者，甚至通常比前者更重要。」他敦促同事們持續探究大尺度之大氣現象與「地球有機和無機外殼」間的「相互影響」（Wechselwirkung）。[75]

藉由區分氣候作用的多個尺度，並設計適合於每種氣候作用的觀察和分析方法，動力氣候學實踐了修斯的原則，即自然世界必須「由人衡量，但不應該根據人的尺度。」他建議其他人對時空維度進行思考，這是基於他對「得自經驗的」（lived）測量尺度和「絕對的」（absolute）測量尺度之間的內隱區別。就這方面而言，動力氣候學研究相較於大尺度之小尺度研究的雄心壯志，呼應了一個與中歐思想相當不同的現象學哲學傳統，亦即二十世紀初由全來自哈布斯堡王朝的埃德蒙德．胡塞爾（Edmund Husserl）、揚．帕托什卡（Jan Patočka）以及路德維希．蘭德格雷貝（Ludwig Landgrebe）所發展的流派。這些哲學家將「自我擴展」（self-extension）這領域的經驗以及人類「工作」（work）的經驗，與地球「絕對」領域的經驗（亦即「我們所依賴的全球脈絡」）進行對比。[76]因此，將哈布斯堡氣候學的歷史，描述為蘭格里布所說的「世界視野轉變的歷史」似乎十分合適。[77]本書還從胡塞爾的思想借用了如下的目標：「在我們『身邊的生活天地』中，恢復物理學知識與直觀經驗間的聯繫」。[78]這本書希望能接受現象學對科學史學家的挑戰，亦即將傳承下來的科學知識重新嵌入其起源的脈絡中。

然而，定尺度的工作要比現象學家所認定的更不確定，也更不完善。實際上，即使是自然科學也無法獲得「絕對的」測量尺度。每次測量都建立在標準單位的約定定義之上，建立在示例對象的實例化上。這些標準常是社會的約定俗成。最近的研究表明，許多此類慣例的背後，都隱藏著如今不為人知的爭論過程。[79]值得注意的是，當代英語拿不出一個能表示產生衡量標準之談判過程的動詞。「調為相同衡量標準」（commensurate）作為動詞的用法在十九世紀似乎已被淘汰，當時這種工作顯然從此交由專家團隊加以完成。「定尺度」（scaling）這詞填補了此語義空白，從而使我們想起在衡量世界之不同方法間進行調和的工作。就像我們將在下文看到的，這樣的工作不僅是認知層面的，而且可能挑戰身體、考驗社會關係，並使調和者面臨相矛盾之慾望的誘惑。

本書綱要

本書第一部分的主題為「多樣中的統一」，重點在於分析帝國意識形態和整個帝國環境科學機構的協同發展。其資料來源包括國家機構的檔案以及獨特的知識彙編，例如百科全書性質的《奧匈帝國圖文集》（*Austro-Hungarian Monarchy in Word and Image*，俗稱《太子全集》〔*Kronprinzenwerk*〕）。第一章〈哈布斯堡王朝與自然收藏品〉對王朝領土上氣候相關知識的生產，進行了全面而深入的考察。該章揭示了王朝長期收集、保存有關本國領土自然和生物多樣性資訊的動機。第二章〈奧地利的理念〉重新檢視一項長期以來即存在的爭論，哈布斯堡王朝晚期是否有其意識形態根據，抑或付之闕如。本章籲請讀者注意對於該帝國新出現之辯護中的空間特徵，以及這些辯護所根據的經驗性研究計畫，而這些研究對於人文科學和自然科學都產生了影響。第三章〈帝國—王國的科學家〉介紹了帝國—王國科學家的形象，例如漢恩就是整片帝國疆土的專家。第四章〈雙重任務〉描繪一八四〇年代和一八五〇年代跨越帝國全境之地球物理觀測網絡，以及維也納中央觀測站的建立。該觀測站的任務被描述為「雙重的」，因為它提供的知識既牽涉到特定地方的知識，同時又與普遍的歷程有關。

第二部分「帝國尺度」著重討論哈布斯堡王朝從事科學工作的臣民所面臨的尺度問題，以及他們為了回應而開發的代表性技術。第五章〈帝國面貌〉回顧了製圖和繪畫工作的興起，而這些工作的目的在於實現對於王朝的綜合概觀。第六章〈氣候書寫的發明〉介紹一種十九世紀的書寫類型，其目的在使大氣數據能對不同背景的讀者產生意義。第七章〈地方差異之威力〉追溯某個隱喻的傳播，這隱喻將哈布斯堡王朝意識形態與大氣物理學聯繫起來。第八章〈全球範圍的擾動〉分析了漢恩及其同事們所提出之對於氣候的物理數學描述，可視為他們在定尺度上的實踐成果。

第三部分「定尺度的工作」則依據科學家們未發表的信件和日記，重新建構定尺度之過程中社會和個人的層面。在一八七〇和一八八〇年代奧地利的新聞界和議會中，有關森林砍伐和沼澤排水是否會對氣候造成影響的問題，曾引發了激烈的爭論。第九章〈森林氣候的問題〉藉由展示帝國—王國科學家如何介入，為前述爭論重定尺度，以說明定尺度的工作乃是一個社會過程。第十章〈花卉檔案〉將植物視為時間尺度的工具，顯示植物學如何成為氣候歷史知識的重要來源。最後，第十一章〈慾望風景〉轉而關注定尺度的私人面向。本章將比較科學家個人私下的陳述，與已公開發表的文獻進行比較，探討帝國—王國科學家在重新調整自己近距離和遠距離感受時的情感經驗。本書結論審視了哈布斯堡王朝氣候學為二十世紀中歐留下的諸多遺產，以及討論當前的氣候危機。

第一部分

多樣中求一統

第一章
哈布斯堡王朝與自然收藏品

一八六七年，安東·克納·馮·馬里勞恩（Anton Kerner von Marilaun）在因斯布魯克（Innsbruck）擔任植物學教授時，在該地的西北山區完成一次歷史性的發現。為了解釋這項發現的重要性，他必須回溯到三百年前。那時是十六世紀中葉，種植報春花（見圖三）在荷蘭流行開來，然後再傳播到英國以及其他地區，進而引發對花的需求，這股風潮僅次於時人對於鬱金香的狂熱。就克納所知，報春花是阿爾卑斯山各類花卉中，唯一成為「廣泛種植於花園中的觀賞植物」。[1]出身高貴的女士在維也納的市場上，有各式各樣美麗的報春花任君挑選。但是，當時的人並不知道報春花原產何方，而這個祕密故事有待克納親手揭開。

克納的歷史偵探工作使他想到了卡洛盧斯·克盧修斯（Carolus Clusius, 1526-1609）的作品，而對方也許稱得上是十六世紀最著名的歐洲博物學家。來自法蘭德斯的克盧修斯於一五七三年應馬克西米利安二世（Maximilian II）皇帝的邀請來到維也納，因為皇帝正設法收集大自然中一切稀有、美麗或是有用的東西。[2]這位法蘭德斯植物學家的任務，是為皇宮開闢一個藥用植物花園。正如克納所指出，園丁們都熱切地為克盧修斯送來各種植物。許多品種來自地中海岸，其他品種則來自土耳其和巴納特*。[3]同時，克盧修斯對於阿爾卑斯山的花草表現出罕見的熱情，實際上他也因設法在維也納種植那些高海拔的植物，付出大量的心血。正如克納所言，即使克盧修斯的失敗，也是富有啟發性的。似乎許多移自阿爾卑斯山的物種都不耐維也納的溫暖天氣，即使有些能在花園的陰涼處成長，也是極少數的例外。最終，克盧修斯總算讓兩個品種存活下來，而在克納採用的林奈命名法中，即為 *Primula auricula L.* 和 *Primula pubescens Jacq*。根據克納的看法，後者是前者和另一個物種的雜交種，後來被簡單稱為報春花（*auricula*），其繁殖力很強，且其變種之多令人眼花繚亂。[4]後來報春花被商人從維也納引入安特衛普，很快成為植物熱潮的新標的。

圖三：報春花的插圖，克勞修斯（Clusius）作，一六〇一年。

但是花從哪裡來？克盧修斯最初是在醫師約翰・艾希霍茲（Johann Aichholz）維也納的花園裡看見並留下描述紀錄。[5]艾希霍茲只知道這是一位貴族女士贈送的禮物。克盧修斯聽說這種花在「因斯布魯克附近的阿爾卑斯山區」很常見，於是動身前去找尋。由於當時高山仍被視為危險的荒野，因此他的舉動可以說是一項了不起的成就。[6]然而，克盧修斯「在奧地利和史泰利亞（Styria）[†]之阿爾卑斯山區最高路徑的探查，卻是徒勞無功的」。[7]在後來的植物學家眼中，報春花的起源仍然是個謎。許多人都曾登上阿爾卑斯山找尋，但在野外就是難以一窺它的蹤跡。也就是說，直到一八六七年，克納才首次發現它（*Primula pubescens Jacq*）生長在海拔高度一千七百到一千八百公尺葛須尼茲（Gschnitz）村上方，位於陡峭山坡的石灰石和板岩上。這一發現對克納而言意義十分重大，以至於後來選擇在那個地點為家人建造一棟避暑別墅。一八七四年，弗朗茨・約瑟夫皇帝為了表彰他對國家科學界做出的貢獻而將他封為貴族，報春花也成為家族紋章上的主角。

* 譯注：Banat，中歐的地理和歷史地域，現今分屬於三個國家，其東部屬於羅馬尼亞，西部位於塞爾維亞，北方少部分屬於匈牙利。

† 譯注：隸屬奧地利的省分，位於該國東南部，首府是格拉茲（Graz）。

有人可能想知道，為何報春花的原生地長期以來一直都是個謎。正如我們將在第十章中讀到，當科納開始解讀東阿爾卑斯山地區的氣候歷史時，他便能瞥見該問題的可能答案。就本章來說，我們的問題是這樣的：為什麼一位十九世紀的科學家，會如此孜孜不倦地重啟三個世紀前某位植物採集者的工作？身為一八六〇年代因斯布魯克植物園的主管，以及後來維也納植物園的主掌者，克納認為，如果不了解這些機構的歷史演進，就無法對其進行改革。為了擘劃未來的發展路線，他就得先理解「在物換星移的過程中，植物園是如何擁有我們今天所看到的這些收集品？」換言之，植物園的主管不僅需要知道園子裡種了些什麼，還需要知道為什麼會是那些植物。他必須讀懂自己管理的園地，「以了解當時植物學的狀況……科學時代的主導思想好比我們需要呼吸的空氣。這些思想不僅對個人的知識生活具有令人振奮和賦與活力的影響，對於我們所有的體制機構亦復如此。」[8]克納的觀點是，植物園同時是研究自然史和自然知識史的檔案館。

這種論點表明了克納打算為帝國史寫作做出貢獻的意圖。帝國史或是「國家整體」（Gesamtstaat）史這門學科，最早出現於十九世紀初哈布斯堡王朝各大學的法學院，其目標旨在將王朝之「歷史權利」（historic rights）的法律基礎與君主領地聯繫起來。[9]然而，到一八六〇年代，這種狹隘的視野已經擴大。套句歷史學家和帝國顧問約瑟夫．奇梅爾（Joseph Chmel）的話來說，歷史學家自此挑起「遠較艱巨但也更有價值的擔子」：將奧地利帝國解釋為「一種最了不起的自然現象，是解決令人生畏之自然，一套切實可行的方法」，也就是將「最多樣化的民族與教育水準結合在一國之中」。[10]此一新的帝國史將恢復哈布斯堡王朝自一五二六年以來藝術及科學的發展，並將促進「奧地利疆域上的知識統合」。[11]按照地區逐一記錄自然世界的方方面面，這就是該倡議的核心精神。「地區史的部分任務難道不在明瞭該地區是如何形成，以及隨後又如何漸漸被形塑？難道不是為了探究我們站在什麼地面上的……？……最古老的地區史乃是由地質學家、物理學家與地理學家的工作成果所共同構成。他們的研究必須讓我們了解奧地利是如何逐漸形成的。」[12]帝國的歷史必須既包括奧地利的自然科學史，又包含對自然環境自身發展的紀實。[13]

本章將探討該計畫對十九世紀奧地利氣候和相關知識之產生的影響。哈布斯堡王朝在中歐地區的長期統治，確保了環境相關知識以各種儲存方式被累積起來，其中包括植物園、圖書館、礦物收藏館、植物標本室、天氣日誌以及地圖資料。在這些機構中，十九世紀的學者在建構自己的自然、科學和帝國歷史過程中，找到許多寶貴的資料。

帝國思想的誕生

當安東・克納回顧十六世紀晚期時，他發現了自然知識史上的關鍵轉折點。出身高貴的人不僅開始將休閒時間投注於旅行和收藏，他們還開始對「本地」（亦可稱為「原生」）的自然產生學術興趣。[14]這些趨勢體現在王公貴族對於植物園的重新定位，亦即從狹義的藥用目的轉向收藏「珍稀物種」，無論是本土的還是異國的都務求完備。哈布斯堡王公貴族們的的雄心壯志，更推動了追求自然珍稀的風潮。

一五二六年，哈布斯堡家族遇上了一樁事件，從而揭開他們未來四百年複雜政治處境的序幕。匈牙利在莫哈奇（Mohács）戰役中被鄂圖曼帝國擊敗。匈牙利國王在戰場上捐軀，以及一系列複雜的婚姻聯姻協議使得哈布斯堡皇室與匈牙利、波希米亞的王室合併。如此一來，哈布斯堡王朝搖身一變，成為一個奇異的新野獸，「一個由相異重疊之歷史政治、族群以及行政單位組成的混雜體。」[15]在所謂奧地利的世襲土地上（包括上奧地利、下奧地利；史泰利亞、卡林西亞〔Carinthia〕和卡尼奧拉等公國；伊斯特利拉〔Istria〕、戈里齊亞〔Gorizia〕和的里雅斯德〔Trieste〕等侯國以及新近取得的提洛〔Tyrol〕，王朝勢力已然確立。）從一四三八年直到一八〇六年拿破崙戰爭為止，哈布斯堡王朝一直持續統治神聖羅馬帝國留下的土地（十八世紀中有五年是例外），不過其統治威權較為寬鬆。哈布斯堡的土地類似於文氏圖（Venn diagram）所呈現之部分重疊的版圖：匈牙利和克羅埃西亞位於神聖羅馬帝國之外，許多德意志的侯國則位於奧地利的世襲領土之外。

從一開始，哈布斯堡王朝在一五二六至二七年間因合併他國領土而獲得的意外之財，就已令人喜憂參半。鄂圖曼帝國依然控制著部分匈牙利地區，並準備進一步向北和向西擴展。同時，新教改革讓神聖羅馬帝國面臨崩解的威脅。斐迪南一世（Emperors Ferdinand I，一五二六年為波希米亞、匈牙利和克羅埃西亞國王，一五五八至一五六四年為神聖羅馬帝國皇帝）、馬克西米利安二世（1564-1576）和魯道夫二世（Rudolf II, 1576-1612）等皇帝都設法盡量避免天主教統治者和新教統治者之間的正面衝突，同時將自己塑造成率領基督宗教世界抵抗鄂圖曼帝國的捍衛者。直到十七世紀初，哈布斯堡王朝才放棄這種促進基督宗教新舊派和睦相處的主張，並開始對新教徒進行強力的鎮壓。[16]十六世紀哈布斯堡王朝的統治者以普世主義的傳統繼承人身分自居，亦即自詡為古羅馬帝國和神聖羅馬帝國（八〇〇年由查理曼大帝創立）的嫡裔。

自然與帝國

在克納的年代，面對新興的民族主義運動，哈布斯堡王朝開始重新審視舊時的理念與象徵。文藝復興時期象徵哈布斯堡權力的圖像，煥發新的生命。例如，建築師在無數建築物上裝置代表奧地利的女性塑像，這種寓言性質的設計，其歷史可以追溯到十六世紀末魯道夫二世統治的年代。同樣，十九世紀的雕刻家也設計噴泉池，指明哈布斯堡疆域上四大河流的交匯，模仿當年為魯道夫父皇馬克西米利安二世建造的著名水景（見圖四）。一八六〇年代和一八七〇年代甚至還見證了「活人畫」（tableaux vivants）這門藝術的復興，演員們在其中搬演帝國統一的寓言，一如

圖四：《維也納的奧地利四泉街景》（*Wien, Freyung mit Austriabrunnen*），魯道夫・馮・阿爾特（Rudolf von Alt）作，一八四七年。這幅水彩插畫描繪了當年新建成的噴泉池，反映了帝國國境四大河（多瑙河、易北河、波河與維斯杜拉河）的寓言。

十六世紀哈布斯堡宮廷中王子和公主的所為。[17]我們在下文將讀到，這類典故的搬演或是藝術品的製造，乃是現代世界以視覺和物質文化的方式，保留有關自然和帝國之舊日思維，並表現出微觀世界和宏觀世界之間的緊密關係。

時至十六世紀，哈布斯堡王朝的統治者開始將對於自然世界的仔細觀察和表現，與他們強調普世和諧的政治理想聯繫起來。哈布斯堡王朝的統治者和當時歐洲許多其他統治者一樣，試圖藉由展示自己收藏的稀世奇珍來展示實力。從十六世紀末開始，北歐和義大利的王公紛紛開始添置所謂的「奇珍櫃」（Wunderkammer）。夠格稱得上寶物的東西，包括了自然界中有生命和無生命的罕見標本（naturalia）、精妙的藝術品（artificialia）以及具巧思的科學儀器（scientifica）。許多文藝復興時期的自然哲學家都相信自然界中的物體都隱含著象徵性意義。事物超越自身，在在指向了一個互有關聯的網絡，而這網絡可以令一個特定的物種（given species）與另一個看似無關的物件（object）聯結起來，最終再形成整體的宇宙。因此，個別的物體可能會象徵性地甚至神奇但實際上卻控制著世界。帕拉塞爾蘇斯（Paracelsus）是馬克西米利安一世宮廷中的御醫和煉金術士，曾利用工匠的巧技來展示人類如何藉由模仿自然本身的創造過程，掌握對世界的控制權。[18]因此，「奇珍櫃」便傳達出如下的訊息：掌握對自然的控制權，即掌握對人世的控制權。[19]

正如克納所指出，十六世紀興起了一種掌握自然知識之經驗主義式的新方法。而實際上，最近的歷史學家也認為，收集奇珍的習慣在激發世人仔細觀察自然樣本的行為上，有著至關重要的作用。因此，科學「經驗」（experience）的含義開始從亞里斯多德關於自然進程之普遍知識的理想，轉變為現代強調特定「事實」的知識。[20]若說這是一種全球現象也不為過，因為前述收藏奇珍的習慣風靡許多歐洲地區，因而取決於歐洲與非洲、亞洲和新世界的交易網絡。在這個全球性的歷史變遷中，哈布斯堡王朝的收藏品尤其具有特殊的意義。根據歷史學家布魯斯·莫蘭（Bruce Moran）的判斷，「尤其在哈普斯堡王朝的宮廷裡，藏品的數量已達到空前規模。」[21]哈布斯堡王朝試圖將其收藏品的範圍擴大到百科全書的規模，以便彰顯其統治的全面性。其中又以三組收藏品最值得我們注意。位於因斯布魯克郊外安布拉斯堡（Ambras Castle）之提洛*（Tyrol）斐迪南二世（1529-1595）的收藏室，以其形形色色的自然物而聞名。[22]斐迪南二世的兄長馬克西米利安二世皇帝的花園和動物園，則以稀有植物與動物而著稱，其中包括美洲的藥用植物、土耳其的鬱金香以及一五五二年送來維也納的一頭大象。[23]然而馬克西米利安二世的長子魯道夫二世皇帝（他將朝廷遷往布拉格）的收藏品比前述兩組更為精彩。

魯道夫二世的收藏品包括藝術作品、做工精巧的科學儀器（例如地球儀和天球儀）以及礦物、植物和動物。[24]魯道夫收藏品最重要的詮釋者托馬斯·考夫曼（Thomas Kaufmann）認為，皇帝將自己那套收藏品視為世界的縮影，而統治世界正是他的鴻圖所向。他在布拉格的城堡有著專門設計的側翼，是為了容納該系列收藏品，以及一間裝飾著宇宙主題圖案的前廳，有著天神朱比特、四大元素、一年中的十二個月。[25]同樣，他的花園也是根據精密的數學原理以及古典的建築理論所設計。像這樣的花園和博物館即是「理解和研究宇宙創造之和諧性的關鍵」。[26]其他君王可能懷有類似的願望，但魯道夫將夢想變成了有條有理的事業，聘用了一整個團隊的博物學家，希望藉此尋找自然奇珍並探知其力量。更重要的是，歷史學家認為魯道夫二世的收藏，恰恰標誌著研究型博物館的興起，讓博物學家可以在那其中親自研究樣本。這些展示品與大多數「奇珍櫃」所蘊含的理念不同，其目的並不在令觀者目眩神迷，反倒是引起注意力的耐心關注。[27]

就像其收藏的自然標本（naturalia）一樣，魯道夫二世在哈布斯堡宮廷展出的藝術作品，通常也帶有政治訊息。繪畫與雕塑藉由喚起微觀世界和宏觀世界之間的微妙聯繫，呈現出王朝全面的統治地位。例如，由溫策爾・詹尼策（Wenzel Jamnitzer）為馬克西米利安二世設計、於一五七八年完成的噴泉池，巧妙地體現了哈布斯堡王朝君臨世界的願望。他們的帝國以鷹為象徵，翱翔在代表自然世界各面向的形象上：四大元素、王朝疆域上的河流（萊茵河、多瑙河、易北河與台伯河）以及四個季節，而所有一切都共同頂著一個天球儀。[28] 因此，老鷹代表著將自然世界之不同尺度、空間和時間統合起來的工具。我們可以再舉一個例子：曾連續服侍三任哈布斯堡皇帝的義大利畫家阿爾欽博托†（Giuseppe Arcimboldo）於一五九〇年左右繪製之魯道夫二世的著名肖像。該作品呈現出古羅馬神話中四季之神維爾圖努斯（Vertumnus）的樣貌。魯道夫的臉由一年四季每季生長的不同植物組成，從春天的花朵到秋天的葫蘆。根據考夫曼對這幅畫的解讀，這是「帝國對宏觀世界之統治的寓言」。就像花園或是自然樣本的收藏品一樣，這幅畫也反映出「具體而微」的世界。「好比皇帝統治著一個政治體，如同他君臨了由自己收藏品組成的微觀世界，

* 譯注：位於歐洲中部，目前分屬奧地利和義大利兩國，其中北提洛和東提洛屬奧地利，南提洛屬義大利。過去該地區全域屬奧匈帝國。第一次世界大戰後南提洛被割讓給義大利。

† 譯注：義大利文藝復興時期著名肖像畫家（1527-1593），作品包括掛毯設計與彩色玻璃裝飾設計，以大量使用水果、蔬菜、花、書、魚等堆砌成人物的肖像聞名。

而這微觀世界又反映了更大世界或者宏觀世界，一如阿爾欽博托的畫作所表達出的。」[29] 最後一個例子特別能生動地說明這一主題：一五七一年，為了慶祝卡爾大公（Archduke Karl）與巴伐利亞公爵之女瑪麗亞結婚，當局舉辦了一場「盛大表演」，由阿爾欽博托精心編排，並由馬克西米利安朝廷的成員擔綱演出：「冬天」一角由馬克西米利安皇帝本人飾演，而其他人則被分派其他角色，代表「擬人化的歐洲河流、金屬、行星、歐洲諸國、各州大陸、四季、元素以及人文學科，簡言之，這場表演乃是透過人類的微觀世界，呈現宏觀或是更大世界。」考夫曼的總結也點出：「這場表演顯然代表了歐洲在哈布斯堡王朝下的凝聚力，進而顯示出哈布斯堡王朝在世界範圍內的統治地位。」[30] 我們不妨在這裡稍微解釋一下：這些例子說明了當時的人對於部分和整體之間關係的理解，與當今科學的認知完全不同。這種關係不是統計意義上的：部分不是整體的例外，而且因果關係也不是現代意義上由一連串中介的物理動作和反應所聯繫。確切地說，這些風格主義風格（Mannerist）的*創作假定，部分和全體之間乃是由內隱力量的作用而連結在一起。根據這種觀點，個別的人體和靈魂直接呼應天體的運動或季節循環。這種宇宙論的觀點在當時的歐洲並不罕見，但似乎沒有任何君王表現得像魯道夫二世那麼熱衷。此外，這種觀點還為十六世紀有關天氣和氣候的思考提供了框架。

氣象理論與觀測

馬克西米利安二世和魯道夫二世的時代，是宇宙理論百花齊放、博學之士互別苗頭的時代。自然哲學家們紛紛質疑亞里斯多德的天體學說，並設法調和其與哥白尼的異端論調。有關天氣和氣候的理論也在不斷變化。在主導文藝復興時期大學之亞里斯多德的自然哲學傳統中，氣象學（meteorology）最初其實是對「流星」（meteors）成因的研究，其中包括暴風雨、洪水、地震和彗星，而這些又都是因地球和大氣的「發散物」（exhalations）所造成的，並且被當時的人認定會以不同的方式、對不同形式的物質產生作用。這一部分的知識幾乎與現代意義上的「觀測」（observation）無關，因為博學之士認為，因果關係的解釋必須源自於自然界的普遍進程，而不是特定情況下的經驗。天氣知識的第二個傳統，乃是植根於中世紀之天體氣象學（astrometeorology），它在文藝復興時期的宮廷裡蓬勃發展。天體氣象學與亞里斯多德的氣象學不同，因為前者是觀察性、預測性的。它試圖根據天體的位置來預測天氣。中世紀早期即出現偶爾在年鑑和星曆表頁面邊緣記錄天氣觀測的做法，其背後的動機極有可能是為了方便事後檢驗。有了這些觀察，人們一來可以據此作出觀測，二來可以據此記錄天氣預測和實際天氣之間的

---

* 譯注：或譯為矯飾主義，有時也被簡單化地稱為形式主義，主要是出現在十六世紀的藝術風格。

差異。[31]

在哈布斯堡的宮廷裡，博學之士以折衷的方式解決了這些矛盾。魯道夫二世宮廷的天文學家第谷・布拉赫（Tycho Brahe）乞靈於斯多葛學派的宇宙觀以及帕拉塞爾蘇斯的煉金術。根據亞里斯多德的宇宙觀，瀰漫在天空中的介質（medium）與地球大氣是分開的，而斯多葛學派卻認為該天體介質是流體的，並且是地球的延續。從這個角度來看，行星對地球天氣的影響，可被理解為此種宇宙流體所施加的直接作用。此外，布拉赫還認為，同一流體亦是生物的重要組成物質。[32]因此，氣象學也是醫學實踐的重要輔助手段。

約翰尼斯・克卜勒（Johannes Kepler）是布拉赫在布拉格宮廷的繼任者。他曾於一五九四年至一六〇〇年在格拉茨（Graz）擔任省級天文學家期間，負責製作占星曆（astrological calendars）。這種占星曆包含像是醫生何時應該為病患放血、該為身體的哪個特定部位放血的說明，甚至規定病患何時應該入浴。對於克卜勒來說，占星術基本上和醫學並無二致，因為兩者都需要根據隱藏的成因進行診斷。克卜勒甚至主張醫師和占星家同樣在研究因果律相似的現象：就像人的靈魂在其出生時受其他星球光線照耀，且其未來發展也將受到影響，地球的靈魂也會被來自天空的光影響，並且以相應的氣象現象做出反應。在克卜勒以及之前的布拉赫看來，微觀世界和宏觀世界之間會彼此相呼應，這樣的占星學原理也應將有關人之尺度力量的知識，應用於對宇宙理論的嘗試。[33]

毫無疑問，布拉赫和克卜勒是為了對天體氣象學的預測進行檢驗，才留下早期史上其中之一有系統的氣象紀錄。[34]在歐洲，系統性的氣象觀測最早可追溯到十五世紀末，那是由服務哈布斯堡皇帝腓特烈三世（Frederick III）的天文學家布爾巴曲（Peurbach）和雷吉奧蒙塔努斯（Regiomontanus）所記錄。[35]據歷史氣候學家的說法，每日撰寫天氣日誌的做法開始於十五世紀後期，從波蘭的克拉科夫（Kraków）大學傳遍大部分中歐和北歐地區。[36]這種習慣在腓特烈三世之子馬克西米利安一世（Maximilian I）身邊人文主義者的圈子中，變得越來越流行，皇帝本人亦對天體氣象學具有濃厚興趣。[37]

進行天氣觀測的其他實用動機涉及醫學、植物學與農業等領域。例如，奧地利世襲領地上第一次長期的氣象系統紀錄，是在一五四〇年代由醫師約翰・艾希霍茲發起，克盧修斯亦是在他的藥用植物園裡首次看到報春花。[38]艾希霍茲那時正要開始他那似錦的前程。一五五八年瘟疫流行的時候，他被任命為「衛生總管」（Magister sanitatis），兩年後被派往匈牙利照顧生病的納達斯迪伯爵（Count Nádasdy）。儘管他改宗基督新教，皇帝還是允許他以維也納大學醫學院最年輕成員的身分任教，並且五次獲選為院長，最後在一五七四年被選為校長。一五八一年皇帝病倒時，艾希霍爾茲被召赴布拉格醫治皇帝。他對天體氣象學並未表現出感興趣的樣子，這與他身處的圈子很不一樣，因為別人都熱中於撰寫天氣日誌，而他也許只關心對於園藝有利的條件。

艾希霍茲和他同時代的人也可能都經歷氣候變化頻繁的情況。十六世紀末歐洲進入降溫時期，這被認定與當時農作歉收和糧食短缺有關，並可能令十七世紀上半葉的政治局勢產生動盪。[39]因此，今日我們所知道有關一六〇〇年左右歐洲氣候的情況，一部分正是來自於哈布斯堡王朝資助之學者所撰寫的天氣日誌。[40]

十九世紀的微觀世界與宏觀世界

十六世紀的多種宇宙觀並非突然消亡的，就算是十七世紀牛頓派科學的興起，或是十八世紀啟蒙鬥士對「迷信」發動的圍剿，也無法令其立即走入歷史。直到十九世紀，個人的思想和身體如何反映地球上天氣的變化，以及如何反映更遙遠的天體運行，依然是一個熱度未減的問題。

例如，克卜勒曾被十九世紀哈布斯堡王朝的科學家譽為自由探索的典範。儘管他是新教徒，但他的雕像仍矗立在通往克雷姆斯明斯特修道院（Kremsmunster Abbey）天文台的一處樓梯間裡，而朱利葉斯．漢恩正是在這個修道院的學校裡完成高中學業。[41]諸如維也納的物理學家安德烈亞斯．馮．保加拿（Andreas Von Baumgartner）與布拉格的美學家約瑟夫．杜迪克（Josef Durdík），不同的思想家也都同意，克卜勒的宇宙神祕主義對於解釋行星軌道的理論上占有核心地位。[42]也許對克卜勒最有見地的評論，來自於出生於摩拉維亞、身為維也納一處私人天文台主管的天文學家諾伯特．赫茲（Norbert Herz）。赫茲呼籲世人注意作為克卜勒天體氣象學基礎的因果模式，亦即他關於「地靈」（earth-soul）或是「有感地球」（sensitive earth）的理論。赫茲問道：「我們認定這是克卜勒的錯，這樣合理嗎？」對此，赫茲指出那時代科學界的無知，而當時西格蒙德・佛洛伊德仍在柏格街的診所使用催眠術治療具有神經症狀的患者。赫茲指出：「隨著時間的流逝，對於一些影響並改變我們整個心智、生命的某些衝動，我們相信已經為其找到似乎充分的解釋……」，然而「除此之外，還有一些尚未到達那個知識階段的東西，依然被稱為『奇妙』、『神祕』或者『有待釋疑』的東西」。[43]儘管那個時代的精神病學強調向內探索人類情感的「奧秘」，將其歸因於與生俱來的本能衝動，赫茲卻受克卜勒的啟發，向外探索「無機自然對有機生命的影響。」[44]克卜勒之占星學的根基在於自然環境蘊藏的「神祕力量」，或者就像克卜勒所言，源自「天地間的密切關係」。克卜勒的占星學究竟是不是一種迷信？這並不是現代科學家應加論斷的問題。赫茲指出，當時的氣象學「同樣假定地球現象和宇宙現象之間的某些聯繫」，他的意思是氣候與太陽黑子的關係。「信仰！迷信！兩者的分界線到底在哪裡呢？」

敦促大家研究人類心理如何感知地球物理狀態的問題，赫茲不是唯一的人。[45]羅穆雅德・朗（Romuald Lang）是數一數二最早使用現代涵義之「無意識」（das Unbewußte）一詞的作家，將其定義為「達不到意識層面的」，而非「天真」或者「無虛飾的」。這個人是克雷姆斯明斯特修道院附屬中學的史地老師，朱利葉斯・漢恩亦曾受教於他。朗在《人類的無意識》（*The Unconscious in Man*, 1858）一書中堅決主張「氣候、大氣、營養等會對人的體質和健康產生巨大的影響」。他試圖透過一套另類的宇宙學來理解這種影響，強調人與非人的自然彼此之間的依存關係。「人類此一微觀世界乃是宏觀世界的有機組成部分……一個人的歷史只能在與整個宇宙對照的情況下找到立足點和解釋。」年輕的朱利葉斯・漢恩在修習羅穆雅德・朗的課後不久，開始探索自己對於自然環境的感知。我們將在第十一章中加以討論。

天體氣象學還保存流行於坊間的天氣曆書中。這種曆書根據月球和行星的位置，提供全年甚至整個世紀的天氣預報。在十九世紀整片哈布斯堡的領土上，以及其他歐洲和北美洲的大部分地區中，這些印刷品一直都很暢銷。[46]實際上，哈布斯堡帝國在德語之外的語言，大部分的氣象出版品都與晚期的天體氣象學有關。十九世紀初，每年用捷克文出版的年度氣象年曆約多達八本。到了一八五〇年代，這個數字已經上升到十二至十五。此外，捷克的讀者還有一系列的百年曆可供選擇。[47]二十世紀初布爾諾（Brno）的氣象學家波胡斯拉夫・赫魯迪契卡（Bohuslav Hrudička）發現，這些十九世紀的出版物與十五世紀捷克最早的印刷年鑑極為相似，甚至重複出現一些幫助記憶的相似詩文。一些最新的天體氣象學著作甚至懷有科學權威的抱負，例如史泰利亞的前神學家魯道夫・法爾布（Rudolf Falb）的災難預言，乃是根據月相的潮汐影響推論而出。[48]

現代的天體氣象學也以更有威信的形式呈現。科學界在十九世紀中葉時認識到太陽黑子的週期性，從此激發了一系列有關太陽週期與地球氣候波動關聯性的研究。歷史學家認為，此類研究特別吸引英國的科學家，因為他們在十九世紀最後二十五年間，目睹了印度饑荒造成的嚴重破壞後，即設法想找出能長期進行天氣預報的方法。[49]其他理論亦志在解釋和預測地球氣候的長期變化。在英國，詹姆斯．克羅爾（James Croll）提出一個有關冰河時代的天文學理論：他認為地球繞太陽公轉的軌道變化，可能會導致地球氣候發生重大的波動。克羅爾的說法不禁讓人想起天體氣象學，因為他稱：氣候變化的「宇宙成因」必須在「地球與太陽的關係中尋找」，並且「地質和宇宙現象是依據物理的因果關係而聯繫。」[50]到了二十世紀初期，克羅爾的理論為米盧廷．米蘭科維奇（Milutin Milanković）帶來了靈感。米氏是哈布斯堡王朝克羅埃西亞地方的人，畢業於維也納的科技大學。他對因地球軌道變化而引起的太陽輻射變化進行計算，而此舉終將「宇宙因果關係」的觀點轉變為一種嚴肅的（甚至是基進的）氣候學假設。從此以後，此一假設已成為長期氣候模型的標準元素。[51]

文藝復興時期之宇宙學在現代氣候學中仍有迴響，而這些迴響能告訴我們哪些關乎定尺度的事呢？這些迴響意味著十九世紀末和二十世紀初全球測量的標準化，不一定完全取代了其他探索與想像空間和時間的方式。有關鄰近性（proximity）、同時性（simultaneity）以及關聯性（relatedness）這些較舊的概念仍然存在，而這些概念是與產業效率無關的。例如，凡妮莎．奧格（Vanessa Ogle）表示，一八八四年強制推行格林威治標準時間時曾經引發抵制，抵制行動甚至曾短暫強化了計時與時間管理的另類傳統。[52]也就是說，定尺度的過程不必然導致某一測量框架封閉了另一個測量框架。並行的測量標準不總是同質的。

本土中的異國風情

早期哈布斯堡王朝宮廷蒐集自然奧祕的努力，也留下有關生態變化的重要紀錄。正如埃文斯（R.J.W. Evans）在他那本論述現代早期哈布斯堡帝國的重要歷史著作中所指出，十六世紀藝術特別強調「對生命體和無生命體之精確如實呈現」，也擴及到對於地方省分的研究。[53]馬克西米利安二世和魯道夫二世對於新大陸、非洲與亞洲的「異國情調」所表現的熱情引起了歷史學家極大關注，但是這些皇帝也對本土「奇珍」的發現感到興緻勃勃。例如，艾希霍茲即在自己維也納的花園中「種了許多本土（einheimische）植物」，正如十九世紀為他作傳的作者所指出。[54]人文主義者馬丁・邁利烏斯（Martin Mylius）和神學家卡斯珀・施萬克費爾德（Caspar Schwenckfeld）各自發表有關其家鄉西利西亞（Silesia）*之植物群的文章。足跡遍及歐洲的畫家喬治・霍夫納格爾（Georg Hoefnagel）為魯道夫繪製精美的圖畫，其中包括許多外國和本地的動植物物種，以及呈現外省城鎮與當地服飾的速寫。風景畫家羅蘭・薩維里（Roelant Savery）的創作靈感來自魯道夫皇帝對提洛地區的熱愛。他研究觀察當地的野生動植物，並在筆下呈現許多提洛的鳥類與其他動物。[55]阿爾欽博托也畫出在地常見的物種，例如綿羊、貓、鹿、野兔和麻雀。歷史學家寶拉・費希特納（Paula Fichtner）對克盧修斯所做的評論，同樣適用於活躍在十六世紀哈布斯堡宮廷中的人文主義者：「凡是欣賞過他對哈布斯堡帝國各角落之植物和岩石的描繪，就會明白他的作品對於我們了解中東歐自然環境的幫助有多大。」[56]

執行這項工作的部分動機，在於顛覆古典文學中向來貶低日耳曼土地的形象。[57] 塔西佗（Tacitus）和其他古典權威將日耳曼地區描繪成一片落後的野蠻之境。相較之下，十六世紀的中歐人文主義者則強調其本土肥沃的地力以及富庶的自然，這一特色使得十九世紀各省分的當地歷史學家，對這些人特別感到興趣。

在馬克西米利安和魯道夫的贊助下，人文主義者登上山脈、沿著河流甚至探入地下尋找自然界的奇觀。為了尋找高山植物，克盧修斯和天文學家約翰尼斯·法布里休斯（Johannes Fabricius）爬上了厄徹峰（Ötscher）。該峰高約一千八百九十三公尺，座落於下奧地利和上奧地利兩邦的邊界附近。萊昂哈德·杜尼瑟（Leonhard Thurneysser）研究了多瑙河及其支流的河水，並在他的《礦物水與金屬水十書》（*Ten Books on Mineral and Metallic Water*）中討論了那些河水的屬性，而他的《礦物集成》（*Magna Alchemia*）則論及波希米亞和匈牙利的採礦業。西蒙·塔迪亞斯·布迭克（Šimon Tadeáš Budek）自稱為「陛下的探尋寶藏、金屬、寶石以及大自然中所有的奧秘者」，並且收集波希米亞西北部的地球構造資料與民間傳說。[58] 魯道夫二世時代的帝國醫師安賽姆·博提宇斯·德·布特（Anselm Boethius de Boodt）的足跡踏遍波希米亞和摩拉維亞，目的在

---

* 譯注：中歐的一個歷史地域名稱。目前該地域的絕大部分地區屬於波蘭西南部，少部分屬於捷克和德國。

於為一六〇九年那篇關於寶石的論文收集資料。他一路上還採集植物寄給克盧修斯。[59]這些人所記錄的資訊，為十九世紀哈布斯堡王朝的自然史奠定了基礎。

對於哈布斯堡王朝的收藏家來說，新近從鄂圖曼帝國手中征服的土地，被認為特別富含「異國風情」。從十六世紀初開始，戰時從鄂圖曼帝國奪取的文物即在哈布斯堡王朝的收藏中占有重要地位。[60]而從鄂圖曼帝國疆域中取得的自然界奇珍似乎也是如此。博物學家奧吉爾・吉斯林・德・布斯貝克（Ogier Ghiselin de Busbecq）於一五六二年從君士坦丁堡回到維也納時，「帶去了鬱金香以及其他尚未在土耳其以外之歐洲地區種植過的植物」。[61]克盧修斯也去過匈牙利，並在那裡目睹一些「稀有植物」，其中包括多種菇類，而菇類正是他特別感興趣的。最值得我們注意的是，他記錄了三百四十六種植物的拉丁文和匈牙利文名稱，這是匈牙利文中植物名稱的首次彙編。[62]有許多品種都被收錄在克盧修斯一六〇一年出版的《稀有植物史》（*History of Rare Plants*）。該著作探討他在西班牙、奧地利和匈牙利所發現的植物。

透過這些方式，來自或遠或近的珍稀物種便匯集在一起了。正如克納・馮・馬里勞恩所指出，在十六世紀的維也納人眼中，報春花和鬱金香同樣都是異地奇珍，儘管前者的原生地位於帝國邊界之內，而後者則在帝國邊界之外。從一開始，「本土」和「異地」之間的界限就變模糊了，這為隨後的中歐科學史設定了發展的方向。[63]

從君王的收藏品到省級博物館

哈布斯堡王朝有關自然知識的收藏品，到了十九世紀時變成了什麼模樣？拿破崙戰敗後，哈布斯堡帝國興起設立省級博物館的風潮，前述收藏品因此得以向公眾開放。十九世紀上半葉，具有愛國精神的博物館紛紛出現在王朝各城鎮：佩斯（Pest）、利維夫（L'viv）、格拉茨（Graz）、布爾諾、奧帕瓦（Opava）、布拉格、盧布爾雅那（Ljubljana）、因斯布魯克、薩爾茨堡和聖安東（Sankt Anton）。魯道夫二世及其同代人的收藏品僅供少數菁英人士欣賞，而後拿破崙時代新設立的省級博物館則與前者形成鮮明對比，因為它們落實了對公眾進行教育的目標。當局在邀請專家利用這些收藏品進行研究的同時，也鼓勵公眾欣賞在當地發現的各種自然資源。[64]這些博物館與當時歐洲其他地方設立的博物館有很大區別，因為前者設法保存知識形式的多樣性。與當地相關的東西，包括與人、非人的以及自然環境相關的任何事物都令大家備感興趣。維也納新設立的「帝國—王國自然歷史博物館」（Imperial-Royal Natural History Museum）將藏品對象設定在遙遠地區的稀罕品類，而省級博物館則為較少異地風情的標本提供展示空間。這些博物館集奇珍館、圖書館和檔案館於一身。說實在話，假設王朝當年實現了中央化管理檔案館館藏資料的計畫，許多有關當地環境的資訊無疑會遺失或被丟棄。[65]

最早的典型省級博物館，當推格拉茨的「約翰博物館」（Joanneum）。[66]該館成立於一八一一年，以約翰大公（1782-1859）命名，而他正是奧地利地球科學史上舉足輕重的人物。他對阿爾卑斯山東部各谷地的民間文化及景觀，懷抱著濃厚的興趣。他曾委託畫家繪製一幅他身著獵裝的肖像畫，背景是他最鍾愛之史泰利亞地區的山丘（見圖五）。此舉不僅反映他的業餘嗜好，這還代表他的一項野心：塑造一個新的、更現代之哈布斯堡王朝統治的意識形態，亦即將愛國精神的依戀對象從王朝政權轉移到其治下領地。他設想的目標在於將哈布斯堡威權地域化，但其精神卻迥異於十八世紀開明專制主義者的心態。約翰大公試圖將奧地利的愛國主義，與他對當地獨特景觀的喜好結合起來。他在格拉茨成立的博物館以礦物學和動物學的標本自豪，像是附有蛋與巢的鳥類標本。在

圖五：約翰大公（1782-1859）。

接下來的幾十年中，「約翰博物館」成為哈布斯堡疆域內其他省級博物館的榜樣。

這些博物館推出的展覽和印行的出版物，落實了相對於國家認同的特定區域認同。例如，在波希米亞和摩拉維亞，各省博物館會以德文和捷克文發表研究報告。這是支持捷克民族主義者之語言訴求的一種方式，同時也使博物館具有地區性（因此等於非全國性）的身分。當年，這種地區身分被理解成較大整體的一部分。例如，「約翰博物館」這個館名本身即突顯了對哈布斯堡王朝的謝恩。正如沃納・特萊斯科（Werner Telesko）所說，這類博物館的目的不是「在地與自治的自我構想，而是代表超越民族空間和身分認同的觀念，而這種觀念正好體現在其收藏品中」。該觀念同時強調「區域愛國主義」（regional patriotism）和「跨地區之相互聯繫」（trans-regional inter-connections），據此將地區本身的認同與超越民族之國家與王朝認同聯繫起來，而解決其二元性的問題。[67]

這個省級博物館的系統保留了在地自然歷史的紀錄，讓後來十九世紀的研究人員可以利用。拿破崙戰爭結束後，哈布斯堡王朝的學者發掘這些資源，據此勾勒各地區的愛國主義歷史，以及當地自然資源的清單。例如，布拉格波希米亞國家博物館的創始人卡斯珀・馮・斯特恩伯格（Kaspar von Sternberg）便因參考地區檔案館的廣博資料，得以撰寫與繪製出《波希米亞礦業史綱要》（*Outline of a History of Bohemian Mines*, 1836）及所附地圖。正如克納在植物學方面所強調，斯特恩伯格認為有效的礦業管理取決於歷史知識。這是事實，「不僅為了使當事人熟悉適應這一領域，還為了使其了解導致採礦業衰退的原因，以便識別與避免。」此外，斯特恩伯格將採礦史視為波希米亞歷史不可分割的一部分。他的歷史研究如此依賴內容深奧的檔案文件，以至於竟難以將其訴諸敘事，因此他對這點表示歉意。「事實上，沒有什麼研究人員願意耐心在塵封已久、鮮少有人聞問的檔案館中進行如此艱苦的工作，並為取得最古老的憑據和報告而費盡心力。」[68]

重新發明過去

像斯特恩伯格這樣的十九世紀作家在建立地方之自然歷史的過程中，他們重新發現、刊印並詮釋了十六世紀對於自然世界的描述。因此，例如一八七七年出版的《下奧地利省的地形》（*Topographie von Niederösterreich*）便將繪製數學般精確之區域地圖的嘗試，上溯到法布里修斯（**Fabricius**）的年代。法布里修斯於一五七四年在克盧修斯和艾希霍茲的陪伴下登上厄徹峰，並利用天文學儀器確定該峰的位置和高度，而《下奧地利省的地形》的出版便是為了紀念這項創舉。[69]愛德華．修斯對於歷史地震學的開創性貢獻，乃在於利用他在下奧地利省檔案中找到有關一五九〇年地震的描述。在通行捷克語的地區中，科學家們參考十六世紀的曆書，以此作為天文學和氣象學歷史研究的起點。[70]在某些情況下，事實證明十六世紀的資料對於十九世紀的科學確實有用。在其他案例中，現代科學家會引述這些先驅者，以便將自己的作品定位為歷時數百年之哈布斯堡王朝傳統的一脈。

若從十九世紀的角度來看，布拉赫、克卜勒和克盧修斯正是「地域研究」（Landeskunde）之愛國主義傳統的先鋒，而所謂「地域研究」的標的即是以某地區自然、社會和文化為整體的單位。舉例來說，我們發現，克盧修斯儘管是個周遊四方的人，但本質上還是扮演「地域研究者」的角色。同樣，第谷・布拉赫和約翰內斯克卜勒也被視為捷克知識傳統的一部分。兩者在捷克的出版品中都被譽為波希米亞氣象學和天文學的先驅。同樣，法布里修斯與揚・阿摩司・寇免斯基（Jan Amos Komensky，即夸美紐斯〔Comenius〕）在十六世紀末至十七世紀初所繪製的地圖也被復刻出版，成為摩拉維亞「區域科學」（vlastivěda）的基礎。[71] 早年對自然奇珍的描述幾乎沒有涉及它們在空間上的分布，但如今則被重新塑造為地方愛國主義的初始形式。

例如，正是出於「地域研究」的動機，有位波希米亞在地的檔案保管員才會在一八八〇年代和一八九〇年代，出版了大量文藝復興時期的天氣日誌。溫澤爾・卡茲羅夫斯基（Wenzel Katzerowsky）是波希米亞利托梅日采市（Litoměřice）的高中教師兼檔案管理員。小時候父母房子曾被一顆小流星擊穿屋頂，從此開啟他一生對廣義亞里斯多德之氣象學的痴迷。卡茲羅夫斯基在檔案保管員的職業生涯中，一直孜孜不倦致力於重建利托梅日采附近地區的氣候歷史，所根據的資料從最早的檔案紀錄、到自己的儀器觀測成果。他梳理了當地的檔案材料，甚至參考私人收藏的天氣日誌，然後巧妙地將其與各種市政紀錄結合。由於觀測材料取自不同的來源，卡茲羅夫斯基的紀錄中包含了諸如極端天氣事件、收穫日期和農作物價格等資訊。他出版了利托梅日采區域範圍內可算是連續的觀測紀錄，涵蓋一四五四至一八九二年[72]。這些紀錄已被歷史氣候學家一再引用，而今天利托梅日采當地博物館的館長仍繼續執行這項工作。[73]

十六世紀的博物學者在十九世紀新帝國的歷史上亦占有重要地位。不過，就這種情況而言，他們的身分乃是在新的「整體」概念中被視為「奧地利」博物學者。因此，克盧修斯才會被帝國—王國植物標本館館長稱為「奧地利」植物與植物名稱的專家。他是「研究奧地利植物的首位學者」，也是第一個通報「出現在**我們**帝國領土上一百多種菇類」的人。後世每一位研究奧地利植物的學者都應該「熱切地反覆鑽研」他的著作，這才是做學問的正道。[74]同樣，後來的帝國—王國自然歷史博物館館長兼地質學家弗朗茲・馮・豪爾（Franz von Hauer）也肯認例如格奧爾格・阿格里科拉（Georg Agricola）和魯道夫二世的醫生安賽姆・德・布特等文藝復興時期的學者，認為他們是「奧地利地質學知識的第一批奠基者」。[75]

結論

一八六一年，馮・豪爾在維也納的科學院會議上向與會者介紹地質學興起的歷史，並主張自阿格里科拉時代以來，該門科學即具有愛國意識的取向。距索爾費里諾（Solferino）中打敗仗已過了兩年，他向聽眾席上的奧地利軍官致敬，進一步將帝國科學家的歷史角色，類比於那些軍官。他說：「智識的進步可以取代許多削弱我國力量的紐帶，也為我們帝國強權建立更穩固的基礎。」[76]十九世紀的科學家確實強調自己對上溯十六世紀的王朝機構及研究傳統的感恩之情。這些機構與傳統，包括日後將成為十九世紀省級博物館展示品的君王收藏，其中不但含括豐富的自然標本與歷史文獻資料，也包含為哈布斯堡王朝服務之博物學者所開發出來的視覺技術，用以描繪基於系統性綜覽用途之精確細節的技術。在十六世紀，回應此一挑戰的方式包括下列項目的製作或執行：風格主義風格的繪畫和雕塑、動植物書籍、植物園的設計、奇珍館的組織安排，以及參與者體現帝國和宇宙各個部分和諧結合的表演節目。一八四八年後，這些事物重新流行起來，此外還發明了新花樣，在在都被用以彰顯多樣性中求統一的主題，因為這時哈布斯堡帝國的統一志業開始受到現代民族主義的挑戰，面臨新的急迫考驗。

第二章 奧地利的理念

據說哈布斯堡政權經常苦於意識形態上的不足。傳統上王朝常將自己的統治權定位成神授性質，將其領土描述為實現中世紀普世帝國的夢想，將自己視為能與鄂圖曼帝國「異教徒」抗衡的「基督宗教世界堡壘」，同時又是「西方」與「東方」之間的中介者。這些立場在十八世紀鄂圖曼帝國對歐洲威脅日減的情況下，顯得搖搖欲墜。此後，哈布斯堡王朝又以藝術和科學的贊助者自居，自視為啟蒙的孵化器，並且雄心勃勃地想成為治下之各種文化的保護者。如果從二十世紀民族主義思潮的角度回顧，這種「多樣中求一統」的想法看來如此微弱，以至好像幾乎不值得知識史的學者注意。正如A．J．P．泰勒（A. J. P. Taylor）的經典史著中所言：「弗朗茨．約瑟夫是一個沒有思想的皇帝；這就是他的力量，讓他得以生存下去。然而，到了十九世紀末，理念足以建國，使其繼續前進……因此，必須找出一個『奧地利的理想』。這句口號大家說得琅琅上口，但從不曾真正實踐。」[1]

說來諷刺，身為「小國」（small nations）捍衛者的泰勒卻呼應了十九世紀日耳曼民族主義者的普遍立場。對於後者來說，哈布斯堡王朝似乎不再具備什麼能名正言順立國的意識形態。反猶太的普魯士保守派人士保羅·德·拉加德（Paul de Lagarde）希望看到在普魯士的治理下，統一整個中歐。他在一八五三年寫道：「奧地利目前缺乏能將其團結在一起的理想。」[2]拉加德警告說，由於缺乏這種統一的「理想」，奧地利注定要「淪為唯物主義」。在拉加德看來，奧地利就像一個龐大獸軀，必須由普魯士向其灌輸理性思維。

但是泰勒也許像拉加德一樣，對「理想」是什麼、去哪裡找「理想」等問題的看法過於狹隘，都被先入之見蒙蔽了眼。泰勒一直在尋找諸如基督教社會黨或社會民主黨之類，政黨跨國意識形態中的高等政治（High politics）*新思想。總體而言，歷史學家已經明確指出十九世紀奧匈帝國存在的理由，其中涉及四個領域：軍事防禦、政治、文化以及經濟。現在讓我們依次扼要回顧。

從十九世紀西歐大部分地區的角度來看，奧地利仍然是軍事上不可或缺的環節。即使鄂圖曼帝國的勢力減弱，奧地利還是防禦俄國的前線。正如忠於哈布斯堡王朝的匈牙利政治家久洛·安德拉希（Gyula Andrássy）伯爵所言，奧地利在十八世紀和十九世紀的擴張，使得匈牙利對於軍事安全更形重要。他將加利西亞、波希米亞和提洛比作「外堡」（Vorwerke），這是指中世紀習慣在城堡圍牆之外加建防禦工事的作法，而匈牙利則是王朝的要塞核心（Festungskern）。「奧地利由向外伸延到他國領土內的省分所組成，這些省分彼此之間甚少建立連結」，因此敵人可以「輕易將它們割裂開來」。他認為，匈牙利將「奧地利的防禦系統變成了一個閉合的整體」。[3]然而，說到軍力組織上的問題，奧匈合體的存在理由就顯得站不住腳。

一八六七年的「奧匈折衷方案」（Austro-Hungarian Compromise）將帝國一分為二，兩國各自獨立統治，只共享財政、外交和軍事的策略。哈布斯堡聯軍（Habsburg Common Army）是唯一一個同時效忠於雙方的組織。當時由於軍隊採取普遍徵兵制，因此也成為唯一對帝國大多數男性公民具有潛在影響力的組織。[4]然而，由於應徵入伍的士兵有權以其本國語言接受訓練（此舉呼應了帝國內各官方語言彼此地位平等的原則）。這意味聯軍不得不根據哈布斯堡的官方語言，組成多達十二個獨立軍團。[5]在國內外許多批評家的眼中，這種多語種的軍隊似乎生錯了年代，是與拿破崙將軍安托萬—亨利・若米尼（Antoine-Henri Jomini）所說的「國家戰爭」（national war）精神背道而馳。這些批評家認為，在普魯士和法國等國施行的普遍徵兵制之效力，實則取決於民族主義的驅動力量。

---

* 譯注：此一概念涵蓋對國家生存至關重要事項，亦即國家安全和國際安全問題。相對於此的「低等政治」則意指其他對於國家存續而言並非絕對重要的問題，如經濟和社會事務。

第二種有關超民族帝國（supranational empire）的論點則將其視為實現政治目的的辦法，也就是說，是捍衛公民權利的一種手段，或更常是捍衛一個特定階級之權利的手段。讓我們回顧一下與波希米亞歷史學家弗朗提賽克．帕拉奇（František Palacký）最密切相關之奧地利斯拉夫主義（Austro-Slavism）的立場。一八四八年，帕拉奇拒絕投身於法蘭克福議會創建泛日耳曼國的嘗試。他提出的理由有兩個：首先，他認同自己是捷克人，而不是日耳曼人。其次，他認為就政治而言，奧地利的存在有其必要。他寫道，就算奧地利不存在，那麼「為了歐洲的利益、為了人類的利益」，也有必要創造一個奧地利來。[6]帕拉奇在一八六六年出版的《奧地利國之理念》（*The Idea of the Austrian State*）中指出，奧地利存在的現代宗旨在於保衛其領土內諸多民族群體的政治平等。帕拉奇定位王朝的存在目的是政治性的，他的立場主張可與後來的兩種意識形態進行比較，而這兩者在奧地利都有強大的選票後盾。奧地利馬克思主義（Austro-Marxism）將王朝視為未來民主工人聯盟（democratic workers' federation）的基礎。相較之下，基督教社會主義（Christian Socialism）則將哈布斯堡國與打敗社會主義和自由主義的使命相結合。奧地利斯拉夫主義又與前述不同，它將超民族國家定調為天主教工匠和小商人的保護者。總之，奧地利斯拉夫主義、奧地利馬克思主義和基督教社會主義共享一個前提：哈布斯堡王朝的統一自有其政治效益。

第三種支持奧匈帝國存在的論點是文化性的。這種論點與帕拉奇的奧地利斯拉夫主義有關，因為它假定了民族多樣性的固有價值，以及奧地利具有保護該價值的力量。這是由時為皇太子的魯道夫在一八八〇年代主導出版之二十四卷巨著《奧匈帝國圖文集》中所揭櫫的理念。該系列圖文集依序介紹了紮根在哈布斯堡王朝疆域上的每種文化。有時，為奧匈帝國辯護的文化論述會染上宗教色彩。例如有人主張，推廣基督宗教價值觀的奧地利理想，絕不會因鄂圖曼帝國的失敗而消亡。第一次世界大戰爆發後，詩人雨果・馮・霍夫曼史塔（Hugo von Hofmannsthal）受國家的委託撰寫富愛國精神的散文，前述精神即以一種極具魅力的新形式被復振。正如拉加德所描述，霍夫曼施塔爾扭轉了奧地利與普魯士之間的關係：如今，普魯士代表著效率和服從的具體美德，而奧地利則代表虔誠和人道主義的理想。按照這種觀點，奧地利是「精神普世主義」（spiritual universalism）傳統的保護者，代表了歐洲對和平的最大期待。[7]

最後，贊成奧匈帝國存在的第四個論點是經濟上的。它建立於在北歐被稱為「官房主義」（Cameralism）*之傳統思想的基礎上。「官房學派」將自然理論與治理規範結合在一起。按照這種觀點，「自然」是為了滿足人類需求，按照神的旨意被精心設計出來的倉庫。如能正確理解自然界本身的「全體成員」（household），那麼所有需求都可以被滿足。奉行「官房主義」的國家，目標是透過如下策略實現貿易的有利平衡：若不是讓外來的作物適應本地的土壤，不然就用

* 譯注：重商主義的一種形式，強調促進國家福利狀況，認為增加國家的黃金、白銀等貨幣能增強國家的經濟力量。

本地產品代替進口產品，例如用甜菜代替甘蔗。這種方案對於像奧地利這種沒有海外殖民地的國家別具吸引力。透過這種方式，官房主義站在對自然資源之詳細研究與專家管理的基礎上，激發了一系列後起的經濟發展計畫。[8]

在經濟上，支持哈布斯堡王朝存在的現代因素於一八三〇和四〇年代成形，當時英國商品正大量傾銷到中歐市場。德意志關稅同盟成立於一八三三年，目的在於保護中歐的農業和工業免受英國的競爭打擊，但是奧地利並未參與其中。弗里德里希．李斯特（Friedrich List）主張擴大中歐的自由貿易區，將此視為建立語言和文化統一之日耳曼國的其中步驟。在這方面，他呼應了費希特（Fichte）的觀點。費氏於一八〇〇年主張：在一個「封閉的商業國家」（即關稅制度較有利於內部貿易，而非對外貿易的國家）中，國家榮耀以及清楚確立的國家屬性將會很快發展起來。[9]也就是說，一個在商業上統一的國家，將是一個全國均質的國家。

在奧地利的實業家、運輸業者和商人中，有很多人支持加入德意志關稅同盟。但是他們對中歐經濟統一的看法是與國家多元化之原則相結合的。一八四九年，維也納的新任貿易部長卡爾．路德維希．馮．布魯克（Carl Ludwig von Bruck）曾勾勒出在維也納的領導下，建立一個中歐商業區的遠景。然而，他同時堅信，該國仍將是一個多民族的國家，同時明確譴責將東南歐予以德意志化的謀略。[10]曾任的里雅斯德港（Trieste）奧地利勞埃德船務公司董事的馮．布魯克上任後，致力排除內部貿易的壁壘以及改善運輸網絡。根據他的觀點，中歐經濟聯盟將有助於刺激農業和工業發展，並將因此鞏固哈布斯堡王朝疆域內的政治統一。

十九世紀支持奧地利存在的這四個論點並未逃過歷史學家的注意。然而，他們認為，面對第一次世界大戰之前的地緣政治變革，這些論點姑且只能算是天真，但實際而言，那只是德意志、奧地利和匈牙利為壓迫帝國少數民族的行為所做的辯解。

思想史可以為我們處理的大概僅止於此。但是，如果我們提出與拉加德和泰勒略微不同的問題呢？與其探問這個國家究竟倚仗什麼理念原型，我們不妨探問哈布斯堡王朝的臣民到底擁有什麼資源，才能讓其擘劃奧地利的理想？也就是說，他們可以在整體領土的框架下，利用哪些觀念、想像、實際作法與物質工具定位自身及其關注？[11]若以這種方式重新表述問題，那就是超越思想史，進入定尺度之歷史的領域了。

圖六顯示一八〇三年哈布斯堡王朝疆域的邊界，這是在瓜分波蘭以及奧地利在第二次反法同盟戰爭（Second coalition war against France）*中喪失部分領土後的最新狀況。這張地圖值得我們注意，因為它是展示哈布斯堡王朝現代疆域全貌最早的一張地圖。正如其德文標題所強調的那樣，它是一幅「全覽」（allgemeine）地圖。直到十八世紀的最後二十年，儘管地圖繪製傳統已蓬勃發展，但在哈布斯堡境內繪製的地圖始終側重局部區域的概況。哈布斯堡王朝先前的確曾依靠

* 譯注：一八〇〇年六月十四日拿破崙在馬倫哥之役（Battle of Marengo）大敗奧地利軍隊，迫使第二次反法同盟解體。

圖六：奧地利帝國全覽地圖，顯示最新的邊界和分區以及鄰近德意志的領土。K. J. 吉費林（K. J. Kipferling）繪製，一八〇三年。

荷蘭和法國的繪圖師來繪製其領土全境的地圖。準確而完整之軍事地圖的問世可以上溯到十八世紀中葉，但是那些都是國家機密，僅以手稿方式保存。直到十九世紀中葉，此類地圖方才廣為流傳。

繪圖業蓬勃發展之餘，新的教科書、地圖集甚至一些遊戲都有效塑造了年輕人的觀念，使他們體認到哈布斯堡王朝是一個完整領土的單位。例如，阿達爾貝特・施蒂弗特曾描述過一門地理課，該課程在呈現國家某特定地區時，會同時展示面積大小與其成比例之其他地區的地圖。他認為，如此一來，「尺度比例關係會形象化地永久烙印在年輕人鮮活的想像中。」[12]在哈布斯堡王朝的地理課中，教師可以購買附有拼圖的地圖以及經緯度測量尺的遊戲。遊戲比賽開始之前，教師先指定先前某三個月的學習範圍，然後，學童便開始設計穿越哈布斯堡土地的旅行計畫，想像自己將行經的路線、同時計算距離。[13]這類地圖構成一套新的工具，能讓國民重新思考奧地利的概念，思考國內各省分之間的關係及其在奧地利版圖上的位置。

帝國空間

探討十九世紀奧匈帝國立國的合理原由，常從其空間單元的角度切入。例如，與馮．布魯克部長有關的經濟主張常與地理密不可分。馮．布魯克強調，貿易將因為哈布斯堡領土的「地理關係」而被激發：「奧地利皇室的土地與倫巴底—威尼斯王國（Kingdom of Lombardy-Venice）*之間的地理關係如此緊密，以至於在任一邊進口並繳交關稅的產品（除了少數例外）將會在另一邊被消費。」[14]同樣地，自一八五〇年代以來，對於哈布斯堡王朝之軍事必要性的論點，也從更寬廣的地理角度出發，納入有關行軍影響健康的新證據（我們將在下文討論此點）。同樣，文化上

* 譯注：位於義大利北部的王國，並由當時的奧地利帝國所控制。

對於多元民族國家的辯護，也越來越多以地圖或測量的方式呈現，以說明語言使用或者建築藝術等在空間上的分布。[15]

因此，這裡出現的不是靜態的「理念」，而是對於王朝資源以及「地理關係」之實證調查的動態計畫。為此，馮・布魯克很快便將維也納的「行政統計辦公室」（Administrative Statistics Office）改隸於貿易部，並聘用物理學家安德烈亞斯・馮・保加拿與統計學家卡爾・馮・切爾尼格（Karl von Czoernig）這樣的科學家為其效勞。在下面的章節中，我們將了解ZAMG在一八五一年成立時，如何與新專制時代之「帝國地質研究所」（Imperial Geological Institute）以及其他科學機構共同處理這項議程。藉由研究（環境）多樣性中（經濟）協調統合的具體條件，地球科學在十九世紀下半葉的奧地利帝國充分發展，以此充實新的奧地利理想。

這是一個對科學發展產生重大影響的計畫。例如，第一本關於生物遺傳之數學定律的作者格雷戈爾・孟德爾（Gregor Mendel）決非僅將觀察對象局限於他那座修道院的花園。正如桑德・格里博夫（Sander Gliboff）所指出，孟德爾致力於量化有機世界的決心是由於他致力於測量和繪製整個帝國中動植物生命的自然條件而發展出來的，也從而系統化了奧地利那著名的動植物多樣性。[16]一九〇六年，奧地利首屈一指的地理學家阿爾布雷希特・彭克（Albrecht Penck）寫道：「〔奧地利〕最引人注目的便是對自己土地的研究……地理差異遠比其他大多數歐洲國家都豐富。各式各樣豐富的地理差異對比，使得奧地利成為地理學家首選的觀察場，這重要性在歐洲幾乎是無與倫比的。」[17]維也納大學座落的位置非常適合這類研究，因為它就位在丘陵和平原的交會處，並且很容易到達阿爾卑斯山。這種令人高興的新現象，造就了地理學在十九世紀後期轉向自然科學的結果。維也納地理學家諾伯特．克雷布斯（Norbert Krebs）寫道：「無庸置疑，奧地利的魅力部分來自於土地和人民的多樣性，而且各種自然現象和社會現象之間的互動方式也大大激發了受過教育之人士的興趣。」[18]

透過不斷論述奧地利自然和文化多樣性，從事實地觀察的維也納科學家強調帝國作為實驗室的地位。奧匈的二元君主制是一項「實驗」，這種說法不但經常掛在帝國臣民及其歷史學家的嘴邊，同時也是仰慕者和批評家的普遍說法。例如，一八九七年，奧地利—馬克思主義派的領袖維克多．阿德勒（Victor Adler）即稱該帝國為「世界歷史的實驗室」。身為異議人士的匈牙利歷史學家奧斯卡．賈西（Oszkár Jászi）在回顧歷史時，也採用相同的概念來描述這個垂死的帝國。反對自由主義的諷刺作家卡爾．克勞斯（Karl Kraus）也同意，哈布斯堡王朝的首都維也納是一個實驗室，即「世界末日的實驗站」。說到帝國崩解後所崛起的各種新政體，捷克領導人托馬斯．馬薩里克（Tomáš Masaryk）也讚美那是「蓋在墳地上的實驗室」。[19]奧地利帝國時期田野科學的歷史有助於我們理解此一隱喻的深度。這個具民主化傾向的多民族帝國不僅是政治意義上的試驗室，它還是研究自然與社會之連結的實驗室，可用以探究帝國被公認的現象：它是植基於人文和環境多樣性上的統一體。

自然與文化遺產

在這方面，自然科學與人文科學並行發展。在語言學、人種學、建築學和藝術史等領域，研究人員也同樣著手記錄王朝的文化多樣性。[20]這些計畫項目具有共通性，因其體制歷史、共用人員以及方法論的相互影響而形成。例如，維也納行政統計局局長馮・切爾尼格負責監督人種學、藝術史和氣候學方面的計畫。馮・布魯克還領導負責保存奧地利藝術歷史遺產的委員會，而該委員會後來也將「自然遺產」納入業務範圍。這些計畫在自然史的「積極」（positive）方法上享有共同基礎。例如，藝術史學家堅持直接觀察藝術品的原作，而不是複製品。他們認為這些物品不僅是美的東西，而且還是進化過程的線索。[21]

更重要的是，這些計畫具有共同立場。首先，沒有哪個文化或語言傳統會因微不足道而不值得學術界關注。正如魯道夫皇太子所堅信：「任何一塊奧地利—匈牙利王室的土地，都應被認為值得對其進行詳盡且充滿關愛的描述。」[22]因此，捷克的政治家馬薩里克稱其為「精巧、細膩、平凡的工作」，這不僅是哈布斯堡王朝的科學實踐，也是民族主義政治哲學的信念。[23]

況且，這些調查工作都涵蓋了帝國之內所有混合與交流的現象。例如，在人種學上，卡爾・馮・切爾尼格納開創性的三冊調查報告，描述哈布斯堡王朝土地上人民的遷徙歷史，證明王朝中族裔多樣性可以細究到如此細微的程度，以致於不可能在國境之中再劃分出民族間的界線[24]。與此同時，維也納藝術史學派也揭露民間傳統歷史的混雜性，藉此挑戰了許多浪漫主義／民族主義者大力吹捧民間藝術的天真之舉。[25]阿洛伊斯．里格（Alois Riegl）反對民族主義者回歸所謂「道地」民間藝術的主張，因為他堅信民間藝術其實傾向於模仿更廣闊的國際潮流。十九世紀中葉，維也納藝術史學派中保存主義（preservationist）關注「奧地利」藝術的世界性面向，尤其是在文藝復興時期和巴洛克時期作品中所反映的國際潮流。因此，他們做出的結論既具規範性且兼描述性：正如馮．埃特爾伯格（von Eitelberger）在一八七〇年所論證：「當代文明的進步，恰恰取決於差異甚大之民族間的思想交流。」[26]里格後來再度強調了同一觀點：「如果彼此陌生的甲方與乙方能保持緊密而持久的關係，發展過程就開始了。」[27]因此，當民族主義者將歷史研究視為追求真實性和在地性之手段的時代潮流中，卻出現了一股將注意力轉移到文化匯流複雜性上[28]的人文與自然科學勢力。

從一開始，這項研究的目的在於即刻提供公共服務（public consumption）。正如藝術史學家魯道夫．馮．埃特爾伯格在一八五〇年代所明確指出，它的用意在於教導公眾一種看待事物的新方式，一種超越階級和民族鴻溝的觀點。因此，人文科學的「整體狀態」（whole-state, *gesammtstaatlich*）研究產生了許多文化產品，從地圖集到展覽會到紀念館，這些都決定了觀景的新方式。阿洛伊斯．里格稱其為「從遠處審視」。這是將環境視為一種審美構成，而不是日常生存鬥爭的背景。里格將主觀效果描述為「特別心境」或是「氛圍」（Stimmung）。它類似於宗教的熱誠，不過里格將其歸到「世界乃由因果關係相互聯繫起來」的現代科學觀點。在里格看起來，他那年代的公眾最渴求的正是對於這種「氛圍」的體驗。它提供了「對因果律不可動搖規則之令人安心的信念。」[29]這是藉由藝術和自然世界追求救贖。

對於繼里格出任歷史與藝術遺產委員會主席的馬克斯・德沃拉克（Max Dvorak）而言，這種對科學之綜合概述的努力，乃是人與自然間關係更廣泛之轉變的一部分。現代人學會了在大自然中享受審美的樂趣。他將目光投向「自然現象的多樣性……如此一來，世界上的一切豐饒，從最小的野花到大氣與光線最短暫的質地變化，在在都成為藝術感動的源泉。」[30]我們將在下文看到，這種從多尺度角度欣賞自然多樣性的目標，的確和哈布斯堡王朝的科學家和繪圖師的努力頗有關聯。

一八九〇年代，遺產保護運動也擴及到對具有特殊科學、美學或文化價值之「自然遺產」的保護。[31]在一九〇三至一九〇六年間，帝國教育部與皇室土地管理部門共同監督完成了奧地利「自然遺產」清單的擬定。儘管提交之有關保護自然遺產的法案未能獲得議會的支持，但在第一次世界大戰期間，動植物學會（Zoological-Botanical Society）仍繼續修改，並增加所有皇室土地上值得保護的地點清單。[32]奧地利的自然保護運動值得進一步研究，作為民族主義的對照，因為後者並未將自然保護的工作列入其框架之中。哈布斯堡的公民被敦促對不屬於其原本民族遺產的景觀承擔責任，這觀念在當年確實非比尋常。

里格的「氛圍」概念，有助於我們了解何以某些景觀的價值會超過在地格局。他在一八九〇年代任職帝國遺產保護委員會的主席時曾指出，由於他強調建築遺跡的「年代價值」（age value），公眾已能開始欣賞那些遺跡。與「氛圍」一樣，年代價值也與「氛圍」相關聯，從而使距離具備了時間和空間的意義。正如氛圍的影響源自對空間中因果關係的認知一樣，年代價值也呼應對於出生和衰亡之常態循環的體會。氛圍和年代價值都顯示出一種主觀經驗，亦即體認到特定物體與更廣闊之地理和歷史脈絡存有因果關係。這些概念也發揮了重要的政治作用。里格認為，遺產委員會應該最珍視「年代價值」，因為它的重要性高於民族差異。「奧地利人、波希米亞人、史泰利亞人、卡林西亞人、德意志人、捷克人、波蘭人等對於本族或是在地的遺產感到自豪，然而這份自豪總是建立在與外部的隔離上（所謂的外部係指外國人、另一片皇室土地的居民或是另一民族的成員），反觀年代價值的知覺則是基於對整個世界的歸屬感。」[33]一件遺產如果想感動觀者，它並不需要講述自己或是民族的歷史。任何人都可以簡單藉由「從遠處凝視」的方式，體驗年代價值那吸引人的美學魅力，而里格認為這與在整個帝國中的旅行經歷相關聯。因此，「例如一個波希米亞人可以在達爾馬提亞（Dalmatia）的一座大教堂中，滿足他對氛圍的深切渴望，一個史泰利亞人也可以在提洛壁畫中找到相同感受，而一個西利西亞人同樣可以在薩爾茨堡義大利風格的建築中獲得這種體驗。」[34]

這個兼顧藝術保存與環境保存的雙軌計畫，也面臨了一個類似的困惑：一件遺產的意義要根據什麼標準來估量？德沃拉克主張，藝術史學家經常為了抬舉某些物品的價值而忽視其他，這是因為他們所參照的框架過於空泛。他認為，如能仰賴自然本身的尺度，即能矯正這種失衡現象。「自然愛好者」（nature lover）的眼光最適合評斷一件遺產是否需要保存，「因為他已學會以全盤觀察（in ihrer gesamterscheinung）的方式來評量一件遺產，同時將其視為景觀的一部分，以及最廣義之自然美的元素。」歷史價值的判斷源自於「這種對自然的愛好，而當一個人面對『**自然創造出來之衡量一切事物的標準**』[35]（was die Natur als Maß der Dinge geschaffen hat）而深感嘆服時，這種愛好即能表現出來。」藝術史學家會在現場評估某遺產的美學品質，將其視為環境的一部分，並藉此作為與普世主義準則的抗衡。他會讓大自然教導他，讓自己得以對特定的自然—文化景觀做出適當的審美反應[36]。因此，帝國—王國的藝術歷史學家會根據自然本身的尺度來判斷遺產的重要性，並將自己的權威奠定在這項能力上。

簡而言之，帝國—王國的科學界正在培養一種新的環境觀。因此，里格的氛圍和**年代價值**的概念可以理解為一種理論化的凝視，這種凝視是自然科學和人文科學於一八四八年之後，在哈布斯堡王朝的支持下共同養成的。這是時間與空間上對於文化景觀的「遠距」（distant）觀看，但也十分注重在地的細節。

多樣性的益處（virtue）

在本章接下來的篇幅裡，我們將會探討，這種凝視如何建構哈布斯堡帝國自然的多樣性。也就是說，我們將會看到，一八五〇年代在新專制主義的背景下，對於哈布斯堡王朝權力的辯護，將如何喚起眾人關注奧地利各式各樣的物質環境，以便合理化這種超民族國家的現象。有關自然世界的理論為跨民族的相互依存提供了依據。

比方，馮．布魯克對哈布斯堡王朝經濟利益的主張，即是以關於此國家新形式的知識為前提，亦即對其物質條件的全面考察。在一八五〇年，這比較像是行動綱領而非現實。對帝國自然資源和人力資源的實證調查主要是下半世紀的工作。然而獲得這種知識的可能性正是馮．布魯克的論點賴以建立的基礎。馮．布魯克的立場與奧地利對德國唯心主義（idealism）的批判一致，他將政治經濟學歸為一種唯物主義和經驗主義的知識形式。馮．布魯克曾引用密友恩斯特．馮．施瓦澤（Ernst von Schwarzer）的話：「自由絕對只能在精神層面的事情上加以考慮，而物質則是與特定空間連結在一起的形式。經濟學是一門實踐與經驗的科學。」[37]這話預示了邊際主義經濟學家（marginalist economists）和歷史主義經濟學家（historicist economists）之間隨後的「方法論爭」（Methodenstreit）。作為一門經驗性科學，經濟學與自然歷史要比經濟學與天體力學具有更多的共同性。馮．布魯克強調中歐的經濟關係具有有機而非機械性的特徵，因為這些關係建立在

「發展的自然律」(natural law of development)之上。[38]中歐彼時的經濟分裂是「非自然的」,而如果坐視這種「非自然的」情況越拖越久,那麼治療起來就會加倍棘手。[39]馮·布魯克因此將奧地利描繪成一個「有機體」,其力量乃源自於各部分之間健康的相互依存關係,源自於經濟(大陸的和海洋的)互補性與共同成就。[40]

在此一願景下,中歐經濟條件的異質性將有利貿易、促進經濟並從而提升政治統一。「基於此一原因,目前的貿易流必須能自由地從德意志北部港口湧向的里雅斯特港,從地中海湧向丹麥海峽,從萊茵河湧向多瑙河下游(反之亦然)。」[41]就像貿易部一八五〇年某份出版物所言:「只有憑藉這片遼闊領土,並將其多樣性統合起來,使其濱臨三大海洋,方能調和經濟差異,同時將土地豐富多樣的寶藏及其有利位置,轉化為活躍之貿易與工業的產能。」[42]商業自由將能確保「大陸與海洋的相互補充,以完善彼此」。在馮·布魯克的觀點中,哈布斯堡王朝的領土被重新想像成一個商品、勞工和資金皆能在其中流動的空間。

這種地理視野並未局限於哈布斯堡王朝的邊界。馮·布魯克的目標不在國內完全的自給自足,而是以保護關稅制度取代約瑟夫主義者(Josephinist)*提倡的進口禁令。此舉將有助於培養新生的工農企業,同時能讓中歐在國際貿易和世界政治(Weltpolitik)的舞台上占據應有的地位。尤其是地理因素,決定了奧地利與「土耳其」(指當時和昔日鄂圖曼帝國的所有領土)之間活絡的貿易。得益於哈布斯堡的鐵路網及其位在亞得里亞海的港口,「歐洲貿易的大動脈直接貫通奧地利。」[43]

當時的評論家在這樣的論述中聽出舊日說法：奧地利是東西方之間的中介者。他們的論斷中有一個新發現，也就是「從關鍵的唯物主義看來，這種信念被完美地建構並落實」。經濟地理正在復振奧地利作為「東西方文化中介者角色」的古老觀念。奧地利知道自己「成為歐洲的核心與支柱」。它「排拒」了某些流通，同時「滿足」了另外一些。「中介者是奧地利天經地義的角色，不僅因為它在其控制的範圍內，庇護所有的歐洲民族並且將其串連起來，且**還因為其土地和水域的多樣性**。」帝國藉由水路將北歐、亞得里亞海和地中海、波蘭和俄羅斯都納入了其「直接經濟圈」（immediate economic sphere）。「因此，奧地利這片擁有最豐富多樣性和經濟活動的土地，同樣也是連結歐洲各族人民與國家的核心。」[44] 從這角度看來，哈布斯堡的物質多樣性及其環境中的鮮明差異，都被視為可以創造互補市場、從而促進貿易的條件。商業關係被重新想像成為帝國有機體的代謝系統。按照官房主義的傳統和林奈在自然與民族之間劃上的等號，這種為帝國的辯護，將人類政治組織（human polity）假定為體現了自然本身的經濟。

---

* 譯注：約瑟夫主義是神聖羅馬帝國皇帝約瑟夫二世（1765-1790）的內政政策。在他擔任哈布斯堡王朝統治者的十年間，曾立法推行一系列的激烈改革，以自由主義者眼中理想「開明的」國家形象來重塑奧地利。

然而，如今回顧起來，馮·布魯克之描述的引人之處，在於他認為中歐的氣候具有一致性。談到奧地利地理的多樣性時，他的意思是指奧地利便於進入各種市場與路線，而不是指各地區氣候的多樣性。在這方面，哈布斯堡王朝的領土無法與其他歐洲國家的海外帝國相比，因為後者的「溫帶」氣候和「熱帶」氣候之間形成了鮮明的對比。然而，正好從這時候開始，其他人則更加仔細地著手研究整個哈布斯堡疆域中的氣候和土壤條件。

他們在被馮·布魯克視為一致的地方發現了多樣性。一八五〇年代，自由主義派的波希米亞作家兼政治家費迪南·史坦姆（Ferdinand Stamm）開始探究氣候和地質條件在波希米亞農業和工業發展中的作用。[45]史坦姆在一八五五年為自由主義路線之維也納《新聞報》（*Die Presse*）撰稿時指出，奧地利的氣候多樣性乃是其未來經濟自給自足的關鍵因素。在可供人類維生之九種種子糧食作物中，只有三種能在任何人類社會中扮演「日常口糧」（daily bread）的角色，而這每一種植物都對應地球上的一個氣候區：熱帶的稻米、溫帶的小麥以及北方和山區的黑麥。「幸運的奧地利啊，妳廣袤的疆域種植了三種最重要的作物以及其他所有提及的植物！」因為生產地區各不相同，因此可以在饑荒發生時互通有無。「人民在發生旱災或水患的年份中無須感到驚恐……奧地利幅員遼闊，橫跨兩個差異明顯的氣候帶。」需要準備的只是一個合適的運輸網。如果帝國能善用其河流系統、鐵路網絡以及遍布整個國境的綿密道路網絡，……那麼它的國民將能擺脫饑荒的威脅。」從這層意義上來說，多樣性即是防止自然變異性出現時的保證。史坦姆呼籲國民了解，該國各地環境差異雖大，卻具有相互依存補足的好處。例如，阿爾卑斯山具有防風功用，並且在洪水期間是保持乾燥的地區，而其峰頂融化的積雪則可在乾季灌溉廣闊的田野。奧地利永遠不會全境同時陷入一場暴風雨中，永遠不會同時受一場風災肆虐，永遠不會同時暴露在熾熱的天空下……由於氣候和土壤條件的多樣性，奧地利在天災發生時自有其保命之道，因此不需其他國家伸出援手。」簡而言之，「奧地利之所以被稱為大國，那是因為它的國土超過一萬二千平方英里；有些國家土地雖然更大，但卻不配稱為大國。奧地利確實是一個強權，因為這頭雄鷹將其翅膀伸進涼冽的空氣，同時展翼至溫暖的空氣：多樣性使奧地利變得偉大。」[46]這一論點在第一次大戰期間得到悲劇性的驗證，當時該國的國內貿易網絡瓦解，維也納人差點淪為餓殍。[47]然而在此之前，這種對於奧地利自然多樣性的經濟詮釋，將對其疆域的地質、植物、醫學和氣候研究具有可觀的刺激作用。

套句統計學家兼博物學家卡爾·馮·切爾尼格的話來說，一八四八年後的十年間見證了「奧地利的再創造」（Austria's re-creation）。[48]他指的是新的鐵路、道路、運河、石橋和電報線，將奧地利各區更緊密地連結在一起。也正是在這個時期，這個國家也建立了一個集中化的銀行網絡，同時取消了內部關稅和對勞工移民的限制。在工業化的西部和農業區東部之間，發展出活絡的貿易，以開始扯平區域經濟差異的方式促進增長。[49]經濟史學家安德里亞·科姆洛西（Andrea Komlosy）最近指出，現代化理論學家經常認為奧地利和匈牙利是經濟「世界體系」的邊陲，這是錯誤的看法。我們寧可將哈布斯堡王朝視為一個具體而微的世界體系。[50]科姆洛西堅信，哈布斯堡的異質性非但不是致命的缺陷，反而是其有據可查之經濟活力的來源。這正是哈布斯堡王朝臣民看待自身處境的態度。

正如我們可以從後來學校課本中所見，他們明確地被教導以這種方式看待事物。例如，一九一〇年版小學高年級生讀物《奧地利愛國心》（*Österreichische Vaterlandskunde*）即在〈王朝之自然資源〉的標題下說明，奧地利－匈牙利比大多數其他歐洲國家更接近「自給自足的經濟理想」。正因其自然的多樣性，它才能滿足人民對農業和工業產品的需求。「地理、氣候和土壤條件各異的地區，也為經濟生產中最多樣化的部門提供了最有利的條件。由於我們有天然的便利貿易通道，其獨特產品的交換互通催生了國內貿易，而在過去的十年中，這種商業也強勢地向外擴張，並成功進入國際貿易的體系。」[51]

但是，並不是每個人都如此樂觀。隨著鐵路里程的延長以及多瑙河的輪船運輸受到監管，公眾的議論轉向如下重點：這些運輸方面的改善將如何影響生產分配？這些變化究竟會增強整個帝國的經濟活力，還是會加劇區域經濟的不平等？生態／經濟相互依存的新視野，是否僅是為了讓現有之不平等長期持續下去的藉口？一八五一年取消內部關稅之後，就像許多奧地利西部居民所擔心，穀物價格在種植穀物以銷往他地出售的地區上漲了。同時，許多匈牙利人也擔心自己將陷入對奧地利的殖民依賴關係。

至於前述觀點是否正確，在帝國解體後很長的一段時間內，始終是經濟史學家一直想釐清的問題。各方已經達成共識，一八五一年後奧地利和匈牙利之間的經濟關係對雙方都有利。匈牙利在這種安排下的處境，似乎沒有比美國內戰後美國南部來得糟糕。[52]一八五一年左右，自由主義者不同意批評他們的人，並且認為進一步改善農業和交通，將使整個體系有利於所有人。開創更廣闊的市場將有可能「平衡（ausgleichen）性質各不相同的利益」，例如王朝東部農業發達地區，以及西部工業發達地區兩者的利益。這種對比乃源於自然條件的差異：一方面是匈牙利「尚未耕作的土壤」，另一方面是奧地利西部的「嚴苛氣候」。因此，該國需要的是一種「合理的」農業，使每一種在地的「土壤和氣候」能與適當的農作物或生產事業相互匹配。這位匿名作者以實際上不太可行的方式，建議匈牙利的土地專事生產以出口為導向的煙草、羊毛、葡萄酒和蠶絲之類商品，同時讓奧地利成為巴伐利亞、薩克森與西利西亞等德意志邦國的「天然糧倉」。[53]其他的觀察家則擔心，一味追求自給自足會令奧地利步上俄羅斯帝國的後塵，因為在俄羅斯，生產品類往往按地區加以專業化。他們也強調，奧地利表現出來的是經濟多元化的歷史趨勢，也反映了自然世界的異質性。那些經濟表現最成功的地區「展現出『最多樣化、彼此並行的產業』……就像收成量最高的田地上有最多樣的花朵散播種子。」[54]即使到一八四八年春天，在義大利的民族主義者之間，也可以找到一些堅信馮．布魯克理論（「中歐是個緊密結合自然多樣性和人類多樣性的地區」）的領導人。正如一八四八年春季勞埃德（Lloyd）船運公司所說明，的里雅斯特港的「自然條件」使其得以成為「在它前面之大海，與在其背後之大陸間的貿易橋梁。」[55]他們只能得出如下的結論：「將這片領土沿著民族界線分隔開來是很不自然的作法。」

自然化的經濟

在十九世紀，經濟生活似乎正在擺脫自然的控制。不一而足的技術改進（包括施肥、運輸、冷凍、發電和輸電的新方法）有望將生產的地域限制從自然資源的分布條件中解放。因此，馬克思預見，未來成為決定性空間因素的將是資本，而非土地或勞動力。隨著邊際經濟學的興起，價值已成為一種主觀的範疇，顯然獨立於物質的約束之外。歷史學家瑪格麗特．沙巴斯（Margaret Schabas）主張，新古典經濟學「使人脫離了自然。大家認為經濟是理性力量的結果，因此不再由自然力量直接支配。」[56]

經濟學的「奧地利學派」通常被認為是這種主觀主義（subjectivist）*趨勢的先鋒。實際上，在卡爾．門格爾（Carl Menger）於一八七一年發表之開創性的《經濟學原理》（*Principles of Economics*）中，我們讀到「土地在商品中並不占據特殊地位。」在有限時間內租用土地的農民，無須關心那塊地的歷史及其肥沃的原因。「打算購買一塊土地的人會考慮的是土地的『未來』而非『過去』。」[57]儘管如此，門格爾本人還是對過去進行估算。他在被《太子全集》收錄的文章中即敘述了波希米亞的環境史，將其乾燥的氣候歸因於人口的增長以及濕地排水與森林砍伐等因素。[58]在某些情況下，門格爾的確考慮到自然的限制。[59]

更重要的是，門格爾的主觀主義從來不是哈布斯堡王朝經濟思想的主流。他的對手古斯塔夫・施莫勒（Gustav Schmoller）在門格爾與其兩位主要追隨者身上貼上「奧地利學派」的誤導性標籤，因為對施莫勒來說，「奧地利」是嘲諷用法，類似於「鄉巴佬」的意思。實際上，到一八九〇年代，歷史經濟學家的組織「社會政策學會」（**Verein für Sozialpolitik**）中成員有四分之一是奧地利人。[60]更能代表奧地利十九世紀末經濟思想的例子，是一本在一八九三至一九二二年間再版十四次、名為《政治經濟學基礎》（*Foundations of Political Economy*）的教科書。該書作者是一八九三年至一九一七年間，擔任維也納大學政治經濟學教授的尤金・馮・菲利普波維奇（**Eugen von Philippovich**）。雖然菲利普波維奇曾與門格爾一起學習，但他堅信，即使在工業資本主義下，經濟仍然受自然條件的限制。他繼續採用官房主義有關生產之「自然位置」（**naturlicher Standort**）的概念，並強調歐洲大陸環境可變性的經濟意義：

---

* 譯注：該哲學理論基本上認為主體的心靈，包括感覺、經驗、意識、觀念和意志等，是世界中事物產生和存在的根源與基礎，外部世界的事物皆由這些主觀精神所派生。

然而，建立在自然特徵之基礎上（即建立在存於土壤中可再生之物質上）的農業生產，表現出對自然影響的依賴，而這並無法透過資本和勞動力的投資來抵消，又因為土地具空間固定性導致無法避免這種依賴，而且生產之質與量的結果也無法被人計算。資本投入不足以及勞動力的不足，必然會減少自然條件良好之土地的產量，而充裕的資本投入以及不懈的勞作則可以增加收益。但是這些因素都不能消除自然的差異，也無法完全消除自然加諸的影響。[61]

奧地利帝國時期這種持續不輟的自然歷史推理傳統，至少有三個來源：對英國經濟自由主義的有意抵抗；官房主義揮之不去的影響，結合政治經濟學與農業科學以及林業；非達爾文之進化論的盛行（這種進化論把改造作用與可遺傳的影響，歸因於氣候條件）。[62]誠如盧布爾雅那（Ljubljana）的地理學家弗朗茲．海德里希（Franz Heiderich）在一九一〇年所言，「對於一般有機體而言，尤其是人類經濟，氣候都是數一數二最具影響力的因素，甚至在許多方面還是決定性的因素。」[63]

同一年，海德里希在第四屆國際經濟學研討會上發表開幕演講，在那類繼續教育計畫性質的研討會中，企業家和經濟學者可藉由現場學習，獲得有關外國領土和語言的知識。一九一〇年的那場研討會在維也納舉行，海德里希以〈奧地利—匈牙利經濟生活的自然條件〉為題發表演說。

在這場演講中，他堅信經濟生活乃「植根於地理環境」。踵隨其後上場的維也納大學商業地理學專家約瑟夫．斯托澤（Josef Stoiser）也針對哈布斯堡王朝各自然區域發表一系列的講座。[64]海德里希和斯托澤等學者毫不喜歡嚴格定義下的主觀價值理論，然而，他們也一心認為過去古典經濟學家假定氣候與生產方式的對應，無可否認是錯誤的。相反，現在該由氣候學家、地理學家和政治經濟學家來描述每個地區的氣候特徵，並推斷出在新浮現之「世界經濟」（world economy）中每個區域的地位。

帝國之軀

我們能以生態為由，為哈布斯堡王朝的統一找到合理說詞，而對該理由的支持不僅來自有關該國各種實體環境的研究，也來自對於人體與其周圍環境關係的新認識。細菌致病的理論在十九世紀末成為主流，但是這些理論從未完全取代醫學界對「空氣、水和地點」的關注。在整個十九世紀裡，大家都認為殖民計畫的成敗，乃取決於定居者能否「適應」新環境。即使細菌致病的理論占了上風，殖民地醫生仍繼續對健康與疾病的環境決定因素，進行更為詳細的研究。[65]奧地利帝國的情況亦復如此。在一八七〇年代細菌學理論興起之前，軍事和醫學專家經常批評帝國軍隊士兵欠佳的身體狀況，應歸咎於不健康的環境，並認為這是導致奧地利在一八五九和一八六六年吃敗仗的原因。[66]他們也讓各界對發生在克羅埃西亞的情況產生警惕，在那裡的士兵住在人滿為患、通風不良又滲水的房屋中，以致無法抵擋包括兇猛之布拉風（Bora winds）在內之惡劣天候的侵襲。同樣，他們建議對薩瓦河（Sava）和德拉瓦河（Drava）進行整頓，避免積蓄死水造成瘧疾。[67]一般而言，他們根據經驗主張「氣候變化」（Klimawechsel）會對哈布斯堡士兵的身體構成威脅。這項主張可以從古代醫學的智慧中得到印證，因為古代醫學認為「多變」氣候不如穩定氣候，後者對於人體健康有益。[68]即使細菌學已興起，儘管當局在一八八〇年代決定讓士兵就地駐紮在自己家鄉，環境健康依然是軍方關注的問題，例如十四冊巨著《奧匈王朝大型駐軍地之衛生條件》（*The Hygienic Conditions of the Locations of the Larger Garrisons of the Austro-Hungarian Monarchy*）的第一冊在一八八八年出版。

同時，醫師也紛紛開始重新考慮「氣候變化」的影響。一八五六年，「帝國─王國醫師學會」（Imperial-Royal Society of Physicians）成立了「浴療學委員會」（Balneological Committee），旨在對王朝各療養勝地（Kurorte）進行全面調查。該委員會呼籲向「祖國、自然科學界的每位朋友、患病的每個朋友」提供援助。他們詳盡地描述每個地區的氣候和醫學特性，而即使其治療功能「可疑甚至微不足道」，該項舉措仍然不同凡響。[69]同時，新成立的ZAMG為整個帝國的療養勝地，提供了監測當地氣候條件的必要手段。「氣候療法」最終被定義為「研究各種氣候影響應用在治療目的上」，並特別著眼於變化（variation）情況。[70]這點可觀地促進了奧地利的旅遊產業，而這種發展態勢也就是艾莉森．弗蘭克．約翰遜（Alison Frank Johnson）巧妙所稱之「商業化的風土」。[71]奧地利最重要的第一件事，就是宣傳與推廣旅遊目的地，從波希米亞西部、匈牙利傳統的溫泉鄉到奧地利阿爾卑斯山的湖邊靜養勝地。到了十九世紀末，這片醫療市場還包括位於伊斯特里亞半島（Istria）和達爾馬提亞所謂的「奧地利濱海游憩地」（Austrian Riviera），以及塔特拉山脈（Tatra Mountains）與喀爾巴阡山脈其他地區的高海拔度假去處。哈布斯堡的經濟越來越仰賴於溫泉水療和度假勝地的魅力，吸引城市居民以及病弱的人來到有陽光、雪景、乾燥空氣或海風吹拂的地方。因此，氣候的反差激起了對經濟發展至關重要的人貨暢流現象。

正是從這時期開始，穿越哈布斯堡疆域的旅行者，開始懂得欣賞那些昔日被稱為荒原的風景。這些地區包括崎嶇、乾旱的喀斯特地形，以及匈牙利的草原。阿達爾貝特．施蒂弗特在《兩姐妹》（*Two Sisters*）故事中描述了這種轉變。故事圍繞著致力生活於南提洛，在崎嶇且維生不易之高地上生活的角色所展開。習慣家鄉波希米亞肥沃土壤的敘述者，「以為美景就該是家鄉那樣的環境……可是，我現在站在物資匱乏的荒原（Oede）上，這裡仍然有如此祥和的美，彷彿大自然在我面前寫下一首簡單、崇高、壯闊的詩作。」[72]

結論

在一八四八年之後產生的，與其說是奧地利的新理念，倒不如說是一種觀看和體驗奧地利領土的新方式。一八五〇年，馮．布魯克部長仍可以將中歐描述為氣候相對統一的地區。到了一八七〇年代，奧匈帝國的科學家（men of science）和政治家紛紛開始推崇氣候的多樣性。世人之所以看見其多樣性，那是因為它變得有價值了。自然科學和人文科學的研究揭示了氣候、土壤、語言和文化的微小差異，以及由此產生的流通與交換的方式。其結果是一種思考「理想之奧地利」的新方式，既不將奧地利視為崇高的抽象概念，也不是均質的國家共同體，毋寧是一個流通的實質空間（physical space of circulation）。

第三章 帝國—王國科學家

「奧地利帝國似乎注定成為有關氣象和氣候關係最具啟發性的學校……這裡是海洋氣候與大陸氣候的交會處。沿海和內陸地區、高峰和山谷的大氣條件各不相同，沒有哪個地方比奧地利更能提供研究與掌握其相互作用的機會。」[1] 一八五二年，維也納科學院召開了一次特別會議，以紀念ZAMG成立，而開幕時的演講者則是該研究機構的創始主管（見圖七）卡爾・克雷爾。克氏在上奧地利省山上長大，父親從農民階層躋身為帝國教育部的低階行政人員。年輕的克雷爾幸運地獲得免費入讀高中的機會，他的學校特別強調自然科學教育，而在那個時代，這是非比尋常的事。嗣後，克雷爾在米蘭和哥廷根（Göttingen）的觀測站擔任助理，其間他得知著名探險家洪堡德以及天文學家卡爾・弗里德里希・高斯（Carl Friedrich Gauss）的宏大構想：建立一個精密儀器的網絡，以記錄地球表面上任何地方、無時無刻的大氣和地磁場（geomagnetic field）的變化。克雷爾夢想能將這個計畫引入奧地利，以便為其廣袤的領土繪製精確的圖表。[2]

克雷爾為該研究機構勾勒的地理觀念是嶄新的。直到當時不久前，遲遲還沒有出現描繪哈布斯堡王朝整片領土的精確地圖。克雷爾本人是第一位構想（並且著手進行）對哈布斯堡疆域全境進行地球物理學調查的科學家。對於一個博學的人而言，親身歷險匈牙利的草原、達爾馬提亞的喀斯特地區，甚至阿爾卑斯山的高峰，這些都是極不尋常的行動。如今，隨著科學院、ZAMG、帝國地質研究所和動植物學會的成立，新一代科學家逐漸成為該整體空間的自然專家。

於是誕生了一門新的職業，那就是帝國—王國科學家（imperial-royal scientist）。大家長期以來一直認為哈布斯堡的公僕是「奧地利理念」的守護者。本章提出的問題是：自然科學家為什麼服膺「多樣性中求一統」的概念，還有這對奧地利歷史以及科學史有何影響。

圖七：卡爾・克雷爾（Karl Kreil, 1798-1862）。石版畫，一八四九年，L・貝爾卡（L. Berka）作。

判斷何謂大、何謂小

本書認為，帝國—王國科學家之所以能獲取公共的威信，乃因他們有能力在局部細節與綜合概觀之間建立恰當的關係，一方面關注細節，一方面又不流於忽視整體的一致性。正是這種正確判斷微小事物重要性的能力，使得哈布斯堡進行田野的科學在一八四八年革命後數十年中，引發政治共鳴。在一八四八年後的那十年中，帝國—王國科學家在阿達爾貝特．施蒂弗特的小說中確立了神話般的地位。施蒂弗特之於奧地利就好比歌德之於德意志，或是普希金之於俄羅斯。施蒂弗特是一名滿懷熱忱的業餘博物學家，曾渴望投身物理學的學術生涯，力求向自己小說和故事的讀者宣揚科學人高貴的特質與審美的敏感。他特別強調，博物學家常能根據比個人偏好更為恆久的尺度來評估各種現象。在他最出名的小說《夏暮初秋》（*Der Nachsommer*）中，主人翁的教育狀況可以從他對尺度看法的轉變來加以衡量。該書情節的重點是一位初露頭角的博物學家（據說以地質學家兼氣候學家弗里德里希．西蒙尼〔Friedrich Simony〕為原型）與一個智慧老者（與維也納物理學家安德烈亞斯．馮．保加拿有不少相似之處）間的友誼。那位年輕人從長者那裡學到了藝術和科學的原理，例如如何在戶外作畫以及如何預測風暴。關鍵在於注意大和小、「粗略」和「微妙」的跡象，同時「注意自己切身周遭」以及「較寬廣的環境」。[3]在小說的後段，敘述者感謝這位前輩的教誨，因為後者成功地扭轉了他原先對於尺度的觀念：「如今對我而言大意味著小，而小即是大。」[4]

奧地利一八五〇和一八六〇年代新成立之由專家組成的各科學協會，也致力於開發一種足以表達這種精神的語言。我們可以舉植物學家愛德華．芬茲（Eduard Fenzl）在某次動物學—植物學學會會議的演講為例。該場會議於一八五二年在維也納召開，也就是該協會成立一年之後的事：

因此，我們需要的是大家冷靜的、和諧的合作。要拿出男子氣概相信自己的力量，不要因傲慢而過度自信，也不要膽怯地自我懷疑，應該勇於公開露面並且參與科學辯論，必須堅信更大真理，而這更大真理乃是由較小真理適當組合而形成的一個整體。它只能為學會的實質性目標而服務，因此大家必須收斂起特殊的自私目的，並且服從科學的唯一權威。容我告訴各位，這是完成祖國對吾輩合理之期望所需要的唯一方法。只要各位先生堅定不移維護如下這一件事，一切都將掌握在各位的手中：必須對我們每個人所產出的最小東西感到興趣，即使這些主題遠離你的專長、訓練或是理解範圍。我們這場全體大會必須追求這種利益相互融合，戮力於此。[5]

芬茲的這席話代表帝國—王國科學家典型的論述方式。這種言語將表面上和實際的大小、將外行的和專家的觀點做出對比。革命之後，這是一個明確的政治教訓。為了合作上的利益，必須摒棄對於瑣碎事務的執著。但是「小」並不一定瑣碎。在這個研究人員眼裡看起來小的，可能對另一個研究人員而言卻是大的，並且對於理解整個自然可能至關重要。為效勞於哈布斯堡的科學界，相關人員必須正確判斷「小」事物的重要性。

本章旨在探討，個人該如何藉由學習超越自身家鄉的地方性和特殊性而成為帝國—王國科學家。我們不要忘記，並非所有為哈布斯堡科學界服務的人都抱持芬茲的觀點。在下文的章節中，我們將會介紹另一些傑出的科學家，例如波希米亞的植物學家伊曼紐爾・普基尼（Emanuel Purkyně）、加利西亞的氣象學家馬克斯・馬格斯（Max Margules）和盎格魯—德國—捷克裔的地理學家朱莉・莫舍萊斯（Julie Moscheles）。這些富有創造力的人之所以註定被貼上「地方級」博物學者的標籤，那是因為他們明顯之民族別、宗教別或性別（或多種組合）的關係。那麼，就讓我們從哈布斯堡王朝內某些特定地方開始探討，因為這些地方為研究地球整體提供了有利的切入點。

構建「在地」

當今我們對於中歐氣候史的了解，部分取決於不曾間斷過的儀器氣候紀錄，而且這些觀測紀錄從十八世紀中葉即已開始，主要集中在哈布斯堡疆域的三個城市。其中之一是布拉格，那裡的氣象觀測肇端於一七五二年，地點位於耶穌會克萊門特學院（Clementinum）的巴洛克天文塔上。另一個是上奧地利省林茨（Linz）附近的克雷姆斯明斯特（Kremsmünster）的本篤會修道院。院裡的僧侶從一七六三年開始保存氣象紀錄。米蘭的氣象觀測事業也是從一七六〇年代便開始，但是倫巴底（Lombardy）和哈布斯堡王朝其他地區知識界間不曾緊密來往，何況到了一八五九年，它便已擺脫了王朝的控制。因此，布拉格和克雷姆斯明斯特才是我們故事的主軸。奧地利帝國時期許多氣候學研究之翹楚的職涯，都與這兩個城市之一息息相關。每個中心都將其研究計畫視為獨特之在地文化的一部分，都與特定的自然和文化環境聯繫在一起，但又都將自己定位為通向普遍之大氣研究的窗口。

克雷姆斯明斯特

上奧地利（Upper Austria）省的東西南北分別與多瑙河谷、巴伐利亞、史泰利亞省的山峰北以及波希米亞接壤，是一片擁有青綠山丘與高山湖泊的土地。它的財富來自薩爾茨堡附近地區的鹽礦以及其他地區的煤礦與鐵礦開採業。高海拔的草場適合於傳統耕作、養牛和栽培果樹。該地區還曾遭受宗教暴力歷史的影響，正是反宗教改革戰爭中的主要戰場。到十八世紀，新教被擊敗了，有影響力的舊教各派修道院來此扎根，而其修築的巴洛克式建築至今仍點綴著此處的風景。

在哈布斯堡王朝中為氣候研究制度化做出最大貢獻的兩個人（卡爾・克雷爾和朱利葉斯・漢恩）都是上奧地利人，並且都是克雷姆斯明斯特僧侶興辦之高中的畢業生（彩圖一）。克雷爾與漢恩分別於一八一九年和一八六〇年在該校完成學業。更巧合的是，他們都是出身自寒微家庭的獎學金生。此外，克雷姆斯明斯特還教育了阿達爾貝特・施蒂弗特這位將地球科學嵌入奧地利文學經典中的人物。另一個舉足輕重的氣候學要角約瑟夫・羅曼・洛倫茲・馮・利本瑙（Josef Roman Lorenz von Liburnau, 1825-1911）則是在附近的林茨接受高中教育，而該地的自然科學教學也反映了修道院的影響。

最近研究得出一項結論：十八世紀的本篤會「比任何其他僧團造就更多天主教的啟蒙思想家」。[6] 其中一項原因是本篤會的教士願意接納基督新教思想。例如十八世紀初的理性主義哲學家克里斯蒂安・沃爾夫（Christian Wolff）的著作即熱切地在克雷姆斯明斯特被討論著。因此，這也難怪克雷姆斯明斯特的自然科學受到「物理神學」*（physico-theology）的啟迪，後者通常較與新教思想相關。風靡於十八世紀德語作家之間的物理神學，其重點強調致力觀察自然界中最平

* 譯注：又稱自然神學（natural theology），相對於「啟示神學」，主張僅用人類共有的資源，例如理性、感知、內省、歷史與科學等，進行宗教與神學相關的研究。

凡且往往微不足道之物體中的造物智慧。在克雷姆斯明斯特，宗教情感激發了高度紀律的科學觀察體系。[7]

修道院的天文觀測台（或俗稱「數學塔」〔mathematical tower〕）始建於一七四八年至一七五八年間。它所收集之最先進的科學儀器在當時的中歐首屈一指，這大部分要歸功於克雷爾的恩師，也就是天文學家博尼法齊烏斯·施瓦岑布倫納（Bonifazius Schwarzenbrunner）的努力。據說施氏全心全意改善收藏儀器，竟致瘋癲之症，最終享年僅四十歲，但在去世之前，他仍苦心說服皇帝提供最精密的時鐘、經緯儀和赤道儀。[8]在漢恩的學生時代，氣象儀器包括溫度計、氣壓計、乾濕計以及用來測量大氣中臭氧含量的儀器。當漢恩還是小學生時，擔任觀測台台長的奧古斯丁·雷蘇赫伯（Augustin Reslhuber）堅信，若要這些昂貴的儀器顯示其真正的價值，那就不能任憑它們投閒置散，要鼓勵學生們加以充分利用，「以頌揚造物主的力量以及人類教育的崇高。」[9]因此，精細的氣候學研究竟成一項追求靈性的努力。

僧侶在天空和大氣的研究上所表現的熱忱，都為克雷爾和漢恩這樣的學生留下深刻的印象。這兩個人與老師和同學的關係都十分密切，以至於畢業後還經常去克雷姆斯明斯特度假。一八四〇和五〇年代在奧地利形成的氣候科學，很大程度上要歸功於修道院的博物學家。包括馬里安·科勒（Marian Koller）於一八四一年對上奧地利省氣溫變化進行的研究，或是奧古斯丁·雷蘇赫伯在一八五四年對克雷姆斯明斯特附近溫泉水溫的考察，都顯示僧侶們對於氣候變化的區間值進行了精確的調查。此類研究有助於構建「在地」，定義了克雷爾和漢恩都強烈感到依戀的那個環境的特殊性。[10]

同時，科勒所持的觀念極富遠見，因為他認為未來的氣候研究將需要大規模的合作，這是依循洪堡德和高斯在地磁學研究上設下的先例。早在一八四一年，在電報尚未成為通訊技術之前，科勒就明白，在全球範圍內同時進行觀測是有其必要的。他寫道：「世人們越來越相信，地球大氣的所有部分都恆常處於連通的狀態中，而地球上某一點的大氣狀況只是地球其他地方之大氣狀況所造成的結果。」科勒設想一個以強大國家中央為首的國際計畫：「如此一來，整個計畫變得複雜而且任務艱巨，遠遠超出個人身心力量所能負荷。解決之道唯有結合各方力量，結合有幸獲得有力當局之保護和支持的學會來進行。」[11]又過十年，克雷爾的志業就獲得了帝國的支持。當克雷爾投身其中時，克雷姆斯明斯特以及林茨即成為整個網絡的關鍵節點。

布拉格

作為一個在地環境以及面對全球現象的窗口，克雷姆斯明斯特主要是精神意義上的。布拉格在這方面與它形成了對比。曾為奧地利帝國培育出早期幾位氣候學翹楚（包括愛德華・修斯、卡爾・弗里奇〔Karl Fritsch〕、伊曼紐爾・普基尼與弗里德里希・西蒙尼〔Friedrich Simony〕）的波希米亞首府布拉格，其科學文化走的是較為實用的路線。可以確定的是，開明派的天主教在波希米亞一如在上奧地利省那樣蓬勃發展。卡爾．弗里奇甚至聲稱，自從他上學以後就一直對氣候學感到興趣，因為布拉格的觀測台在他心目中與上帝的智慧和偉大密不可分。[12]然而，物理神學在布拉格的影響力並不那麼重要，而且這一時期波希米亞知識分子的生活比較具現實主義色彩，常常明顯蔑視北方德意志的唯心主義。這種傾向在曾經擔任教士之伯納德．博爾扎諾（Bernard Bolzano）的普世人文主義中最廣為人知，因為他激發了中歐分析哲學的後續發展。對於氣候學而言，更重要的是十八世紀後期以經濟發展企圖為核心，波希米亞愛國主義的興起。

波希米亞的「愛國經濟學會」（Patriotic Economic Society）成立於瑪麗亞．特雷莎（Maria Theresa）女皇主政的時期，是一個致力於農業改良和啟蒙大眾的自發協會。當歐洲海權國家紛紛將目光投向海外殖民地的時期，波希米亞土地上鼓吹發展的人，將則探查的重點放在自己領土內的天然富源上。正如他們著手對有用植物和礦物分布進行記錄一樣，他們也為了農業和林業進行氣候觀測。從一七九六年開始，愛國經濟學會與布拉格耶穌會的觀測台合作（圖八），有系統地促進了氣候學觀測以及後來的物候學觀測（phenological observations）*。到一七九〇年代末，波希米亞除了布拉格以外的六個地點也保存了相關紀錄。[13]例如卡爾．弗里奇的科學生涯，便是從愛國經濟學會之氣象觀測協調員的身分開始的。

這些對當地自然環境的研究，同時具有象徵意義和實用價值。波希米亞的愛國人士堅信自己的國構成了一個自然的完整單位，正如帕拉奇在一八四九年所說的那樣，「如果分割它就不可能不造成破壞」。[14]由於自然環境及其資源對波希米亞愛國主義的意義十分重大，帕拉奇的兒子揚（Jan）之所以成為特別關心氣候、土壤和植物生長之間關係的生物地理學家，也許不是巧合。年輕的帕拉奇繼承其父親那實現捷克語現代化的雄心，甚至發明了一個對應「氣候學」的捷克文名詞 vzduchosloví（字面意思是「大氣學」〔aerography〕）。[15]同樣的道理，我們不應覺得驚訝，受人敬愛的捷克小說家鮑什娜·聶

＊ 譯注：物候學（phenology），研究氣候與生態事件（特指生物的某現象）之間的時間關係，主要關心生物事件之變化在年循環裡出現的日期。

圖八：布拉格克萊門特學院（Clementinum）在一七五二年開始定期利用儀器進行氣象測量。

姆曹娃（Božena Němcová）也被人稱為「對我們領土進行地質植物學研究的先驅」。[16]聶姆曹娃應生理學家兼愛國主義活躍分子普基尼的請託，為他的雜誌《生活》撰寫一系列的旅行小品文，其中她即強調在地文化與自然環境相互依存的關係。

與克雷姆斯明斯特的情況一樣，這些科學調查有助於了解波希米亞當地的自然風光和文化，同時也將波希米亞視為觀察整個自然世界的最佳位置。摩拉維亞詩人耶羅尼繆斯・洛姆（Hieronymus Lorm, 1821-1902）認為「愛鄉情感」（Heimatsgefühl）即是「自然世界中最能感受到愉悅的有力基礎」，這就表達了前述那種雙重目標。他還補充，自然界最奇妙的東西就是隨處可見的東西，[17]換句話說，若在地的自然揭示了普世的東西，那麼它的價值就上升了。依據此一精神，植物地理學家伊曼紐爾・普基尼和拉迪斯拉夫・切拉科夫斯基（Ladislav Čelakovský）對波希米亞植物進行分類不僅是為了當地的實用目的，他們還界定了一套較為通用的方法，以便根據海拔高度和氣候條件對植物進行分類。一如我們所見，正是本著這種超越在地意涵來欣賞特殊細節的精神，揚・埃文格里斯塔・普基尼（Jan Evangelista Purkyně，伊曼紐爾之父）在一八五三年推出了第一份捷克語科學期刊的創刊號，並且堅信「在無限的自然中，沒有什麼東西是微不足道的，而人的需求也非唯一的衡量標準。自然科學家的任務在於，對於呈現給感官的一切事物，應以寬闊的、無差別待遇的（bezohledný）態度加以識別與理解。」[18]

因此，與布拉格和克雷姆斯明斯特有關的氣候學研究計畫，都清楚交代為何重視在地和特殊元素的理由，而且每個計畫都傳遞出獨有的生態經驗。波希米亞山巒起伏、森林茂密，尤其引起人們注意植被對氣候的微妙依賴，而上奧地利省阿爾卑斯山的山麓地帶，則啟發了人們對山風和暴風（squalls）起源的研究。然而，每一種當地文化都賦與了未來帝國—王國科學家以一套參酌大尺度來調查小尺度的工具。

科學與國家

然而，從接受省級博物學家的培訓到成為帝國—王國的科學家，期間的路途還很漫長。科學專業化發生在哈布斯堡的疆域上，和西歐和北美的時期大致相同，但是其發展方向卻不一致。英美兩國的科學家通常可以尋求產業界或私立教育機構的支持，而奧地利的科學家則幾乎完全依賴國家。後者通常擔任大學教授、高中老師或是研究機構僱員，身分都是以其對王朝的認同與忠誠而聞名的公務人員（Beamte）。這些學者的職涯自主程度相對較低，並且直接受惠於帝國各部會的贊助。即使在決定學術招聘上，通常也是維也納官員（後來也加入布拉格或波蘭克拉科夫〔Kraków〕官員的意見）最具分量。[19]帝國很少有部長級的大臣會費心閱讀學術研究成果。基於這些原因，個人人際關係以及建立在聞名著作上的公眾聲望，對於想在學術生涯上前進的人是至關重要的。

為了理解這些特殊情況，我們不妨舉下列一事為例：一八六九年，黑森（Hesse）省吉森（Gießen）地方的植物學教授赫爾曼・霍夫曼（Hermann Hoffmann）因為聽說植物學家安東・克納在物候學（探討季節現象的學門）進行了廣泛的研究，因而寫信對其大加讚揚。霍夫曼最欽佩的是科納那「不辭勞苦」收集數據資料的努力，以及對方以「審慎的態度」對那些數據資料做出「成功的詮釋」。然而，霍夫曼也表示，自己僅能將克納的詮釋成果「用在我自己研究中的少數地方」，因為他「只能透過片斷的摘錄，零散地理解克納的研究。」[20] 霍夫曼在《科學植物學年鑑》（*Yearbook for Scientific Botany*）等專業期刊上發表論文，而克納的著作則出現在《奧地利評論》（*Austrian Review*）上，這是一本針對奧地利讀者的通俗期刊。霍夫曼的信暗示，為了吸引奧地利境內的非專業讀者，克納付出的代價便是流失國外的專業讀者。

對於維也納以外的許多哈布斯堡博物學家來說，通往科學專業的唯一途徑便，是在創辦專業的省級學院、博物館和期刊的工作中扮演積極的角色。正如弗朗提賽克・帕拉奇所言：「我或許要發點牢騷，在波希米亞，我單獨一人要負擔繁重的工作，而在其他國家，這些工作是由政府、學術機構和教育機構平均分攤的……我必須同時擔任建築師和泥水小工。」[21] 要不然，實現雄心的第一步還是可能得搬到維也納住。但是到維也納生活，尤其在攜家帶眷的情況下，代價是極其昂貴的。在ZAMG早期的那幾年，主管耶利內克（Jelinek）必須向教育部請願，才能支付像年輕的朱利葉斯・漢恩這樣的助手一份等同於維也納中學教師收入的薪水。[22]

在這種背景下，今天我們所謂環境科學的學科地位，事實上是很脆弱的，因為人們往往期望這類科學能立即為國家帶來具價值的知識，例如採礦、林業以及灌溉。科學家不願因採取有爭議的立場，冒著失去部長支持的風險。例如，博物學家兼林業專家約瑟夫・韋塞利（Josef Wessely）為了讓自己對於政府的書面批評顯得委婉，因此運用冗長的篇幅加以陳述。在一八七二年王家林業行政管理機構改組後[23]，身為《林業季刊》（*Vierteljahresschrift für Forstwesen*）總編輯的韋塞利希望能低調的對林業官員朱利葉斯・施羅金格・馮・諾伊登堡男爵（Baron Julius Schröckinger von Neudenberg）提出批評。因此，他將形容詞 schrecklich（極糟糕的）的拼法改成 schröcklich。後來排字工將其改回 schrecklich 時，韋塞利仍堅持採用原樣，並寫了一張便條要求當期的編輯尊重他原來的拼法，但終究無濟於事。「因此，那份雜誌割捨掉了我整整一年當中，唯一開的一次玩笑。」[24]這是韋塞利在與波希米亞年輕博物學家伊曼紐爾・普基尼通信時透露出的心計，作為一個希望後輩當心的插曲。他提醒普基尼，白紙黑字發表自己的看法時必須審慎從事。正如我們將在第九章中看到，普基尼沒有聽從韋塞利的建議，結果後來在職涯中嚐到了苦果。

帝國的知識體系

第一代的帝國—王國科學家是如何以專家身分，在整片王朝的疆域上贏得發言權？帝國—王國科學乃是一套由新實踐者所體現的知識體系，而這批人的力量部分源自於他們對奧匈帝國物質和文化對比差異的第一手經驗。正如朱利葉斯．漢恩在《太子全集》中關於帝國氣候概況所陳述的，「自然條件使奧匈帝國的人民更容易進行氣候方面的研究。如果他有到處旅行的癖好而且經濟條件也許可，那麼他無須跨越國界，便可以直接觀察到氣候的對比差異，這不是歐洲其他國家在相同的距離內可以提供的條件。」[25]這種對於哈布斯堡王朝之「實質差異」、「氣候邊界」以及「過渡區域」的動態知識對於帝國－王國科學家的具體身分認同（男性、無突出的族別標記）至關重要。這奠定了他們在分析帝國自然系統中，部分與整體之間關係時的權威地位。

帝國－王國科學家筆下那些科學探索著作中的要點，對於熟悉十九世紀田野科學之豐富歷史紀錄的人來說應該是不陌生的。[26]就像那些在西歐工作的博物學家一樣，哈布斯堡王朝的研究者通常將學問建立在因地制宜、擁有生物地理學悠久傳統的基礎上；又像到歐洲海外殖民地旅行的科學家一樣，他們常須努力去理解自己不熟悉的地景與文化。哈布斯堡這案例的獨特之處，在於第一種研究模式與第二種研究模式之間沒有明確的界線。哈布斯堡王朝領土的連貫性使得中心與外緣、母國與殖民地之間的劃分變得比海外帝國較為模糊。一如西歐的帝國主義者一樣，奧地利的菁英階層常認為是自己把文明帶給邊陲地區之「原始」民族，但是很難要他們在地圖上指出文明疆域終止於何處、落後地區又哪裡算起。二元君主制的確讓人們避免使用「殖民地」一詞，他們寧願將新獲得的土地（一七七二年的加利西亞、一七七四年的布科維納〔Bukovina〕、一八七八年的波士尼亞和赫塞哥維納）視為其統治權的「自然」延伸。[27]這種宣稱實際上是國家支持地球科學發展的意識形態動機。

科學家穿越哈布斯堡王朝旅行是什麼樣的情況呢？可以確定的是，在十九世紀，科學家和其他資產階級（Bürgertum）成員一樣，都是出於娛樂或保健的目的而踏上旅程。他們有時的確設法在一趟旅程中將工作、休閒和保健療養的多重目的結合起來。[28]不過，田野科學家也以其他身分出差。對大氣科學而言，至關重要的一項工作便是檢查帝國各個氣象觀測站。與天文科學家一樣，氣候科學家必須定期比較各種儀器，以確保觀測結果的一致性。克雷爾分別在一八五五、一八五六和一八五七年動身出差三個月，檢查觀測站網絡的各站點（當時為數只有九十）。多虧他到教育部請願，ZAMG才能多獲得八百個古爾登（Gulden）的資助。他的每個繼任者也都必須這樣為自己辛苦爭取。[29]正如克雷爾所堅持，唯有親自檢查每一具測量儀器，才能確保測量結果適合拿來進行比較。

田野科學之旅的另一項特徵是探索或調查行動，科學家會徒步穿越某個區域，記錄地區的具體特徵，並對礦物和植物進行標本採樣。在海外帝國的例子中，科學觀測者似乎代表殖民母國那不帶個人色彩、客觀的以及可能是冷酷的權威。[30]在哈布斯堡王朝的情況下，觀測者是一個比較溫和而且角色沒那麼明確的人物。從約瑟夫二世的時代以來，整個帝國的人民即已熟悉這類人物。他們由於「熟悉不同地區與不同族群」，因此在奧地利十九世紀的文學中被描寫成「帶來故事的人」。正如施蒂弗特的小說《石灰岩》（*Kalkstein*）中那身為觀測員的敘述者所言：「我職業裡的一部分，便是與多人互動並記住他們，也因為我的回憶如此深刻，我甚至能認出好幾年前見過的人，哪怕僅僅見過一次。」[31]這是哈布斯堡王朝調查工作中人性化的一面。

到了十九世紀中葉，大學學生和教師都投身參加野外的探索活動，這是維也納自然地理新課程的一部分。自十八世紀以來，中歐一直維持由自然科學志願協會組織短途旅行的傳統。這類活動將貴族和資產階級成員聚集，一起讚頌「在地」環境，地點通常是城鎮周圍的山丘或湖泊。[32]但一直要等到十九世紀中葉，在弗里德里希．西蒙尼（Friedrich Simony）的促成下，整個王朝領土才成為地質學研究的首要主題。在此之前，地質學研究一直偏重在礦物學上，而聖經中造物的故事則主導地球史的教學。正如愛德華．修斯（Eduard Suess）所回憶起的早年那樣，「奧地利那令人難以置信的多樣性包括波希米亞的古老山地、俄羅斯平原的邊緣、年歲遠遠較輕的阿爾卑斯山和喀爾巴阡山以及鹹海—裏海盆地（Aralo-Caspian depression）的西部邊緣。」[33]這些重要的自然科學知識完全不在大學教育傳授的範圍內。一八六七年正式成為維也納大學地質學教授的修斯，主要帶領學生到維也納附近的山上遠足。阿爾布雷希特．彭克於一八八五年被任命為維也納大學的地理學教授，他把短途旅行列為課程的必修。一八九六年，大學從教育部獲得六百克朗的補貼以資助他們的教學旅行。這種活動每年至少舉辦一次，有時多達每年三至四次，每次最多有二十幾位學生和教授參加。[34]

目的地通常位於首都幾小時行程之內的範圍，但有時也會走得更遠一些。到了一八二〇年代，由於國家在十八世紀大力建設道路以及道路維護的系統，哈布斯堡疆域大體上已經邁入「現代觀光」的時代。[35]然而，直到十九世紀中葉，在王朝的不少地區，旅行依然是件艱苦而危險的事。正如某位礦物官員後來所見證：「王朝的許多地區仍不容易穿越，其困難程度使當時的地質田野工作與尋找未知大陸之航行的困難程度相當。」[36]愛德華．修斯回憶，在一八五〇年代的阿爾卑斯山，「棲身在不完全防水的屋頂下，睡在一束乾草上，喝碗牛奶、吃些黑麵包充飢，偶爾嚐嚐被視為美味的雞肉餡餃子，這樣就該心滿意足了。」[37]科學家經常有僕人和馬匹的幫助，但在某些情況下，他們不得不自己費勁拖著測量儀器、標本和其他設備。那個年代鼓勵科學家盡可能廣泛觀察以及採集，因此研究人員通常一次採集好幾門學科的標本，同時攜帶每門學科所必備的儀器，這是相當普遍的事。下到田野的科學家很可能需要一些堪在極端條件下運作的儀器，而在缺少詳細測站數據的情況下，又需要其他能不間斷地為對比工作提供基準的儀器。例如，克雷爾在一八四〇年代對哈布斯堡王朝疆域進行地磁測量時，就攜帶了一具用於測量高度和方位角的儀器、兩個天文鐘、三個用於測量偏角和傾角的儀器、兩部天文望遠鏡、兩個可攜式氣壓計、三個溫度計、兩個利用水沸點測量海拔高度的濕度計以及「其他許多小型的工具和儀器、書籍、地圖等」。[38]通常，科學家們會先紮下一個本營，然後在可當日徒步往返的範圍內隻身出發探索。由於山區在地圖上通常僅被標個大概，因此科學家還得扮演土地測量員的角色。

到了一八六〇年代，田野實地考察已成為地球科學培訓的核心內容。朱利葉斯．漢恩於一八六二年五月在維也納大學就學的第二年，曾把自己第一次的郊遊踏查旅行中寫進日記。他和同學一起與彼得斯（Peters）、索馬魯加（Sommaruga）和莫伊斯瓦爾（Moisvar）教授前往維也納郊區的山丘進行田野調查，春日的天色是「渾濁而朦朧的」。「我們在草地和採石場周圍爬了很久，在這美麗的環境中感到自己是個異鄉人，是個被包容的訪客。渴望聆聽登阿爾卑斯同行者的言談。羨慕那些可以那樣開懷說話的幸運兒。如果能常與這樣的人接觸，該能為生活帶來什麼不一樣的快樂啊。每當想到自己孤獨、空虛的生活就感到悲傷。」[39] 身為一個出身寒微的外省青年，漢恩只覺得自己是維也納及其學術界的局外人。翌年，漢恩記錄九月分某個星期天與修斯及其他幾位博物學家一起參加的踏查活動。他們發現了一件海洋化石，並會見了一名哈布斯堡王朝陸軍對土地進行「正確科學調查」的軍官。漢恩回顧該次活動時說道：「我度過了一段美好時光。在那幾回外出的場合中，每當我坐進火車車廂時，心中都充滿了期待。不過除了休斯和阿恩斯坦（Arnstein）以外，我完全不認識其他參加的人……在那年代，我對科學界的偉大人物都懷著最高的、無比濃厚的敬佩之意，在我眼中，他們幾乎是另一種等級的生物。」他「特別高興」聽到一位同行者說他不久前主持了在卡爾斯巴德（Karlsbad）* 自然科學家大會地質組的會議，並當場與臭名昭著的奧托．沃爾格（Otto Volger）唇槍舌劍了一番。「命運究竟讓我和哪些科學名人並肩而坐？他們都叫什麼名字？由於修斯和駕駛員坐在外面，所以沒有人可以告訴我那些人究竟是誰。我只能虔誠地聽著他們談話。」[40]

漢恩的敘述說明了田野踏查活動，發揮了讓年輕的博物學家提升專業程度與彼此結識交流的功能。正如愛德華・修斯所堅信，「在大自然中盡情玩樂」是學校無法教給學生的東西。這種能力證明「人尚未完全被文明化」，還保留了古代人過去的「野人生活」（Wildlingsleben）的遺風。「如果地質學家像獵人一樣保有較多的野性，相信大家還是會原諒他們。」[41]田野踏查的活動因此促進了友愛，並有助於定義一種超越階級和族別差異的陽剛科學認同。在某些情況下，這些社會紐帶甚至發展成親屬關係。其中最著名的例子是：紐邁爾（Neumayr）成了修斯的女婿，漢恩是克雷爾的孫女婿，魏格納（Wegener）是柯本的女婿，蒂澤（Tietze）是豪爾的女婿，而維特斯坦（Wettstein）則是克納・馮・馬里勞恩的女婿。

不過，田野踏查活動並不總是令人愉快。在較少人前往研究的王朝領土中，潛藏著各種真實與想像並存的危險。克雷爾的調查始於一八四六年，但由於匈牙利及其周圍地區爆發的革命騷動亂而被迫於一八四九年中斷。先前一年，克雷爾也曾在巴納特遭遇被當作間諜而被捕的羞辱。他忠實的助手卡爾・弗里奇還被指控繪製軍事要塞地圖。最糟糕的是，克雷爾回到維也納時發燒病倒了。[42]氣候學家還必須注意竊賊，特別是因為他們隨身攜帶的設備十分昂貴。一八〇〇年

---

* 譯注：即今天捷克西部波希米亞地區的溫泉城市卡羅維瓦利（Karlovy Vary）。

左右，較輕微的劫掠事件並不罕見，之後也常發生。[43]在一八七〇年加利西亞和匈牙利邊境上的一個晚上，三位地質學家親眼目睹有人企圖偷走他們的駕車馬匹。他們語帶幽默地描述：「我們畢竟是三個人，馬兒面對的風險比我們要來得高。」他們補充說：「實在可惜，我們無法在帝國地質研究所的期刊上發表有關逮捕『那群土匪』的報告。」然後語氣轉為嚴肅，認為這經歷是種「警告」：「當我們每個人必須隻身旅行時，應該格外小心。」[44]然而，有關這類危險的報導可能被誇大了，在文化上人們經常將東歐和北美的「野蠻西部」聯想在一起。[45]例如，一八五八年，安東．克納准備對匈牙利和外西凡尼亞（Transylvania）之間的比哈爾山（Bihar）進行科學考察時，要求匈牙利當局准許他們攜帶武器。他獲得授權，可以攜帶「狩獵用的雙管長槍以及用於個人防衛的雙管手槍」。[46]在他發表的研究報告中，克納敘述了在匈牙利公路上遭遇攔路搶劫的可怕遭遇。直到敘述接近尾聲時，他才透露整個事件只是夢境一場。[47]然而，比較真實的是與文明中心聯繫被切斷的恐懼。進入田野的科學家必須依靠偶爾送郵件的驛馬車與維也納各機構部會保持通信[48]。

除了休閒、保健、檢查儀器以及探查工作等目的外，哈布斯堡的田野科學家偶爾還會因為另一個理由踏上旅途。每個成功的科學家可能在一生的職涯中多次遷居。正如揚．蘇爾曼（Jan Surman）所證明的，哈布斯堡王朝大學的生態是：學者先從省級的大學發跡，然後再到維也納和布拉格等城市的一流大學任職。在一八六〇年代自由化之前，教育部制定了一套令高等教育體系得以和諧運作的雙重戰略。一方面設法從國外招聘忠實的天主教學者，另一方面也讓學者這項資源在各大學間流動，以盡量創造一種普遍的學術文化。當時，哈布斯堡王朝的大學可以被劃分為「入門型、榮升型以及終點站」。因此，西奧多．莫姆森（Theodor Mommsen）說的玩笑才會令人難忘：「先被下放車尼夫契（Chernivtsi），赦免之後准你到格拉茨，最後再將你拱進維也納。」[49]一八六七年以後，由於聘用大學教師的決定權從維也納的教育部轉移到省級政府，這種流動型態有所減緩，民族身分於是成為招聘學術人員時最主要的考量。儘管如此，學者們仍然在哈布斯堡的各大學間移徙，而且這種移動繼續影響著研究的趨勢。誠如蘇爾曼所言，哈布斯堡王朝的學者們本身即體認到「跨文化流動」對於知識生產的價值，這是科學史和帝國史學者們近期熱衷的研究主題。[50]

田野科學家在這方面也沒什麼不同。約瑟夫．羅曼．洛倫茲．馮．利本瑙（一八七八至一八九九年擔任奧地利氣象學會主席，亦是維也納第一所農業大學的共同創辦人）的例子很恰當地說明了這一點。他和漢恩與克雷爾一樣都出生於林茨，是當地一名官員的長子。洛倫茲最初進薩爾茨堡的高中教書，在那期間，他開始研究當地的沼澤。後來他轉往里耶卡*（Rijeka，義大利語「河流」）。

---

* 譯注：位於亞得里亞海岸，是克羅埃西亞第三大城市和主要的海港城市。該城的兩個名字（Rijeka和Fiume）皆指「河流」。

稱阜姆（Fiume））任教並設法用義大利語授課，研究被稱為喀斯特的石灰岩地形。不久後，他被招募加入由國家資助的亞得里亞海沿岸調查隊。在那之後，他被聘為維也納農業部的顧問，而這時他的研究目標也轉向了多瑙河。每次他赴任新職，都會將研究方向轉移到一個新的環境。[51]這些地區成為身分認同的一部分：他在一八七八年被封為貴族時，他決定自稱馮．利本瑙（von Liburnau），而利本尼亞（Liburnia）正是亞得里亞海海岸的古名，也是他曾經研究喀斯特地形的地方。

安東．克納．馮．馬里勞恩的研究生涯也具有周遊各地的特徵，因為他從維也納、佩斯再到因斯布魯克，然後又回到維也納。正如氣候學家卡爾．弗里奇在克納的訃告中所寫：「他的確經常搬家，這使克納得以深入從植物地理學角度觀看截然不同的地區，進而對他產生了深遠的影響。像他這樣擁有敏銳觀察天賦的人必然會注意到，許多以前被認定是同一種的植物，其實長在匈牙利平原、外西凡尼亞山麓以及提洛高山山谷時，外觀都是不相同的。」[52]就像我們將在第十章中看到，克納對這種異質性的敏銳觀察在科學上產生了令人驚豔的結果。

「車窗氣候學」

旅行經驗對於哈布斯堡王朝作為一個地理單位這一新觀感的出現至為重要。[53]隨著在全國範圍內旅行的習慣蔚為風氣，人們越來容易感知奧匈帝國各地的連貫性。事實證明，新的運輸方式（包括鐵路，登山技術與熱氣球運輸），對氣候學的發展至關重要，同時還促成帝國全景體驗的產生。

鐵路系統為朱利葉斯．漢恩提供了一個論述框架，讓他得以為後來於一八八七年出版之《太子全集》撰寫一冊有關奧地利—匈牙利氣候的綜合概述。漢恩想像一個旅人只花半天的時間，便可以從寒冷的維也納來到溫暖、陽光普照的阜姆。他證明了鐵路旅行如何讓人在多樣性中體驗一統。正如他所指出，一個體力好的旅人可搭火車跨越整個帝國範圍，從極東的車尼夫契到極西的布雷根茲（Bregenz），而他會發現出發地與抵達地之間的溫差不會超過三度。因此，鐵路旅行給人一種可以一眼就測出哈布斯堡氣候的想像。

令人驚訝的是，登山活動也有類似的作用。[54]當博物學家爬上山頂然後進入山谷時，他們經常想到這種軌跡對於流動空氣的影響。身為登山愛好者的海因茨．菲克爾（Heinz Ficker）一律根據氣團穿越山峰和谷地時的變化來描述天氣變化。本著這種精神，菲克爾在一九一三年對突厥斯坦（Turkestan）進行研究期間經常會勾勒出一座山的輪廓，以便考慮其對氣象的影響。同樣，他反覆將對空氣團「開放」的地景和對空氣團封閉的地景相對比，甚至把流進開放山谷中的空氣說成「入侵」。這些意象可使人們不再將哈布斯堡王朝領土的山脈設想為障礙（一如在二維空間地圖上所見），而是將那些山脈視為構成一種連續的、三維空間之循環的要素。[55]

更加值得注意的是，菲克爾也因乘坐熱氣球而更熟悉阿爾卑斯山。魯道夫皇太子在《太子全集》的導論中提到了鳥瞰圖的價值。他彷彿帶領讀者「昇上廣闊的天空觀覽，飛過多語言的民族界域，眼前的景致不斷變換」，又好比依附在飛鳥的翅膀上，沿著「山間小徑」前行。不過，坐熱氣球旅行的現實面並非如此愜意。正如菲克爾在《熱氣球的焚風研究》（*Investigations of Föhn by Balloon*）中說明的那樣，這項研究「受到許多意外干擾」。[56]當你讓一塊膨脹的布直接飛進暴風雨時，災禍是可以預期的。儘管如此，載人的熱氣球仍然是一九〇〇年左右氣候學探測的重要方式，像海因茨・菲克爾、阿爾伯特・德芬（Albert Defant）、威廉・特拉伯特（Wilhelm Trabert）和威廉・施密特（Wilhelm Schmidt）都是精通熱氣球駕馭術的專家。

可能有人認為熱氣球的終極目的在於獲取鳥瞰全景，但這並不是飛行的真正目的。熱氣球愛好者尋求一種無需中介的大氣動力學經驗，也就是讓自己變成風場中的「試驗粒子」（test particle）。但實際上，還是由隨身攜帶的測量儀器做為中介。菲克爾注意到，儀器的讀數「不精確」，因為氣球像個「玩具」似的被垂直氣流撼動。他總結道，單純從氣球的移動軌跡中反而可以學到更多東西。正如英國氣象學家兼熱氣球專家詹姆斯・格萊舍（James Glaisher）對某次飛行活動所描述的那樣：「完全迷失，讀儀器數據時遇上了困難。」[57]正是因為「完全迷失」，熱氣球的飛行者才能開始以新方式進行定向。二維的空間感通常足以應付一個人在地球表面的日常生活，但熱氣球的飛行者卻必須學會在大氣的三維空間中確認自己的方位。因此，菲克爾從自己動態感覺經驗的積累，建立了阿爾卑斯上空的三維空間氣流圖。正因如此，他還學會了區分「完全只具在地特性」或影響「整體流動」（general flow）的氣流。[58] 因此，熱氣球成為定尺度的基本工具。

在當時，將氣候學視為極限運動的風氣絕對不是常態。相比之下，俄羅斯氣候學家亞歷山大．沃耶伊科夫（Alexander Voeikov）則以奢華的旅行而聞名。根據朱利葉斯．漢恩（Julius Hann）一八八六年從維也納寫給弗拉迪米爾．柯本的信說：「沃耶伊科夫來到維也納，但我還沒有見到他。我們這位朋友的生活很不錯！我們幾乎不可能像他那樣將科學與享受結合起來！」[59] 沃耶伊科夫的研究，主要依賴測量站提供的數據，而不是第一手的觀測結果。當他最終前往突厥斯坦（他認為這將是俄羅斯帝國發展氣候學的關鍵地區）時，他乘坐跨裏海鐵路的私人車廂，途中還安排馬車和汽車接應。[60] 其他的氣候學家也強調觀察者移動時所獲得之印象的價值。漢恩最熱切的仰慕者之一羅伯特．迪庫西．沃德（Robert DeCourcy Ward）十分讚賞所謂的「車窗氣候學」。車窗氣候學是「不使用儀器、非系統性、沒有定則，說它是『隨意性的』亦無不可。」因此，這種方法補足了該科學在二十世紀初的定義：講求規律，使用儀器數據化的觀察。「旅人即使只是坐火車快速通過一個地區，或者更加理想，以速度較慢的騎馬或步行的方式穿越，通常也有機會進行簡單的、無需動用儀器的觀察，這將大大地增加旅行的興趣。如果該地區鮮為人知，那麼這種觀察的重要性就更大了。」[61]

測量的兩種尺度：絕對與實際體驗

「無系統的、不規律的、『隨意性的』」之第一手印象的價值可能是什麼？當然，到了十九世紀下半葉，利用儀器觀測氣象的網絡迅速擴展，但這些網絡仍欠完整。來自常設觀測站的數據資料多到不可勝數，但是地理上的空白區域卻令這項成果的價值打了折扣，唯有透過實地踏查的觀測工作加以彌補。同時，十九世紀末期的科學家也意識到科學正經歷全球化的過渡時期，換句話說，科學探索的英雄時代已結束了。

在這一歷史性轉變中，氣候學失去了什麼？海德堡地理學家阿爾弗雷德・赫特納（Alfred Hettner）在一九二四年寫道：「當今氣候學的主要方法，在於分析氣象測站測量的量化數據。這種說法幾乎不會有錯。」然而，如果將此視為唯一的方法，就等於假設所有「精確」的氣候測量都必須透過長期內每隔一段時間就以儀器固定為之。可是情況並非如此。赫特納堅信，並非所有觀測都可以利用機械儀器完成，觀測站網絡的密度不足以獲悉所有局部的變化。此外，平均值不能代表當地氣候的「生理」（physiological）特質，例如季節的長短或是典型的風。[62]

赫特納在這一點上引用了像漢恩和蘇潘這樣的奧地利權威說法。漢恩在一九〇六年感嘆道，帝國觀測站網絡的觀測員所撰寫的天氣日誌：

從氣候學角度而言，幾乎沒能涵蓋人家所希望看到的一切東西，也就是並非借助儀器所觀測到的內容，例如春天最後一次破壞性「霜凍」（Reif）的發生和秋天第一次降霜的描述（因為沒有常態性地加以記錄，以致無法對其進行分析）。此外，對於一些分布範圍很廣且為人熟知的灌木、樹木與農作物的生葉、孕蕾、果熟的日期而言，當地局部氣候特徵（例如山谷或懸崖位置、山峰陰影等條件的影響）透過文字描述會比儀器數據更容易、更簡單、更生動地表達出來。[63]

海因茨・菲克爾完全同意這種說法。正如他在一九一九年對突厥斯坦氣候觀察的第一手資料中所言：「在這樣的旅程中，觀察者的雙眼才是最好的工具，這使他們得以確定一些事項，而常設觀測站的觀測紀錄是幫不上忙的。」[64]植物和動物的分布是氣候空間變化的重要指標，此外，在地文化亦能提供線索。因此，一位細心的氣候學家會研究糧作類型、有關風的術語以及人們療養以求恢復健康的地點。

簡而言之，氣候學家對於使用現有儀器無法輕易測得的變數備感興趣。科學家開發出溫度計和氣壓計等儀器，正是為了區別獨立變數（independent variables）。[65]但是，生物會對結合在一起的氣象要素產生反應。因此，觀測重點包含複雜的變項如蒸發量，以及其他被認為對生活世界至關重要的因素，包括日照率、濕度、葉蒸量以及臭氧含量。測量這些項目通常比記錄溫度或氣壓更加棘手。舉蒸發量為例，這個變項與農業息息相關，經常與其他氣象變因結合而呈現高度差異，測量結果也取決於儀器的通風程度，因而特別困難。在這樣的案例中，極需決定這些爭論中的測量變項是為了「實務上的任務」或是「做為氣象或氣候研究的因素」，也就是說——相對性或絕對性的價值兩者間，究竟偏向何種需求。[66]

二十世紀初，科學家開始引入旨在記錄對人體健康至關重要的元素（例如紫外線、臭氧濃度）以及新定義之變數（例如「體感溫度」）的設備。這些儀器有許多都需要專家操作，並且容易出錯。例如，使用毛髮濕度計（hair hygrometer）測量濕度的做法取決於有機反應，亦即人髮的長度會受大氣濕度的影響。然而，並非每一根頭髮的反應都是相同的。將身體組織整合到儀器之中，也會簡化與個人差異有關的誤差，這和人為主觀的、非儀器觀察可能引起的誤差是一樣的。此外，在醫療氣候學和物候學（研究動植物之季節性現象的學問）等子領域中，有機體才是唯一適用的工具。

基於這些原因，哈布斯堡氣候學家通常優先考慮移動式的、強烈的以及多種感官的觀測。這番強調呼應了埃德蒙德．胡塞爾所謂的「前科學」（prescientific）體驗。胡塞爾的現象學的確對理解那一時空環境下定尺度的工作幫助頗大，因為它的初衷是針砭一九〇〇年左右中歐自然科學的狀況。這是對「前科學」經驗的追求（前科學乃是科學的源頭，同時賦與科學初始的人性意涵）。根據胡塞爾的觀念，「前科學」或「自然」的世界在很大程度上是藉由「動覺」

（kinesthesis，即人對自己身體移動的感覺）而被人感知的。當觀察者在空間和時間中四處移動時，客體（object）便被「構成」。「自然」世界是由自己身體所定義之「近」和「遠」的畫分而被組織起來的，而胡塞爾則將身體與外顯的測量聯繫起來，並將其稱為「原點」（zero-point）。[67]胡塞爾主張，有意識的運動具有打破這種分界並用內隱尺度來代替它的可能性，而這種內隱尺度會讓人對於「相對鄰近」（relative proximity）做出陳述。同樣，哈布斯堡氣候學家認為，在移動途中所記錄的個人觀察結果（通常基於感官印象）可能會校正和補足來自常設觀測站網絡的數據。用現象學的術語來說，他們定尺度的方法試圖使第一手測量之「切身體驗的」尺度與測站數據的「絕對」尺度相調和。

奧地利與自然地理學的全球化

將奧地利和匈牙利作為一個領土單位進行研究的做法，也可能激發有關更大尺度的思考。在電子計算器問世之前，分析大規模的地球科學數據是極耗時費力的事。例如，朱利葉斯・漢恩在完成了對於全球氣溫每日變化的研究之後，「短時間內再也沒有處理同樣主題的胃口」。數年之後，讓他勇於進行另一次全球性研究的動機，乃是源自於他為奧匈帝國之奧地利這一半，執行了相同類型的計算工作。由於他的「官職」，分析奧地利氣象網絡「十分全面」之數據的任務落到他身上來。「這讓我重新想起為奧地利執行之前打算進行的調查，以便日後增加一些對於地球上大部分區域的比較工作。」[68]兩年後，漢恩的《氣候學手冊》（*Handbook of Climatology*）出版了。這是截至當年為止，對於全球範圍內最全面的調查和分析。

確實，哈布斯堡王朝的胸襟是值得敬佩的，因為它將田野科學從民族—國家的狹窄視野中解放出來。此一過程產生了全球應用的成果，從漢恩、菲克爾、馬格斯、德芬和埃克納（Exner）寫出的動力氣候學方程式，到彭克和亞瑟·瓦格納（Arthur Wagner）所發展的史前氣候學，再到喬萬·奇維奇（Jovan Cvijić, 1865-1927）的喀斯特地形形成理論。從這層意義上說，帝國—王國科學家的視野對於人理解整個地球進程上至關重要。哈布斯堡王朝之超民族的國家結構，塑造了田野科學的邏輯，而該邏輯的目標即在於同時看待整體以及地方差異。此外，關於奧匈帝國性質的這些全景式的研究，有助於對超民族國家的政治現象產生新的認識，套句魯道夫皇太子的話就是將奧匈二元君主制（Austro-Hungarian Dual Monarchy）視為「必然而非偶然」。[69]

愛德華·修斯

由於修斯已在心中將奧地利的地質景觀拼合出一幅完整的圖像，這令他那關於地球表面大尺度特徵的地殼構造理論得以成形。修斯出生於倫敦，年輕時曾多次移居他處，先後在布拉格和維也納生活。他經歷過的每個新環境，都在他身上留下了印記。例如，在波希米亞溫泉小鎮卡爾斯巴德進行療養的期間，他看到了一個布滿花崗岩的山谷，而「這裡的地質結構與景觀和布拉格以及維也納截然不同，我常樂此不疲地走近觀察。」受僱於帝國—王國礦業博物館（Montanisches Museum）後，他常為了增加館方的礦物收藏而前往全國各地。他還參加了阿爾卑斯山的登山運動，希望藉此恢復體力。某年九月一個明亮的早晨，他和一位同伴步行三個半小時之後到達了達赫施泰因峰（Dachstein）峰頂，這座山峰是因修斯的資深同事弗里德里希．西蒙尼而出名。修斯在回憶錄中說道：「一幅活生生的地圖在我們下方攤開。」在那時候，才二十歲的年紀，他就已經了解王朝範圍內幾個不同的地質地區：「卡爾斯巴德的花崗岩景觀、布拉格附近的石灰岩山和板岩山、維也納的第三紀景觀以及阿爾卑斯山其中一種石灰岩地形。」在修斯的腦海中，這些並列的景觀構成了地球史的一個謎。「波希米亞地塊與阿爾卑斯山之間的對比讓我百思不得其解；我窮畢生精力就是想解開這個謎。」[70]有一次他從法國歸來，再度對於哈布斯堡王朝領土適合地質研究的豐富性、對於「我們帝國的多樣性」感到驚訝。自從他到加利西亞旅行後，心中不禁產生對於喀爾巴阡山脈西段與克拉科夫周圍地區如此明顯不同的疑問：「地球上其他任何地方都找不到如此可觀的對比。」[71]他已經能從全球的視野來思考問題，例如他很想知道地球表面上植物和動物的分布情況及其對大陸歷史的影響。他努力研究，以便區分局部現象和全球現象，區分只局限在某一地區的，以及真正發生在全球範圍內的歷程。

關於修斯感興趣的問題，尤其是海平面變化的問題，奧地利帝國所處的位置最有利於研究：「土地如此錯綜複雜地呈現在我們眼前。歐洲幾乎找不到其他能如此清晰呈現出構造對比的地方，例如波希米亞地塊與阿爾卑斯山之間、加利西亞平原與俄羅斯的一部分台地，以及喀爾巴阡山脈、阿爾卑斯山與喀爾巴阡山脈之間的獨特連結、鹹海周邊突厥斯坦盆地延伸到多瑙河的盆地，再延伸到維也納等等。」[72] 這種對比只能用全球範圍的原因來解釋。如此一來，他推出了「全球海平面變化」（eustatic shifts）的理論。[73]

根據他自己的回憶，這種理論是在原本不那麼被世人所注意之「下奧地利省的埃根堡（Eggenburg）平原」上誕生的，這個地點僅與蘇斯記憶中其他景觀相比，方才顯得重要。「我首度被如下的想法所吸引：這種綿延而一致的地形不可能由地表的上升所引起，只有水位的下沉方有可能導致。」這就是他認為的那個謎的答案。隨後，當他耐心梳理世界各地同行的研究成果時，他發現了一種放諸全球皆然的模式：一方面是大陸的穩定性，另一方面是海平面的不定性。他認為不需要主張山的上升力量（許多和他同時代的人依然如此主張）。他對海岸水線（strandline）變異的解釋極其簡潔、絕對：「地殼塌陷，海水湧入。」換句話說，地表像乾癟蘋果的表面一樣凹縮。修斯將這個大膽的假設，歸因於他對哈布斯堡土地天然之多樣性的體驗。

阿爾布雷希特・彭克

阿爾布雷希特・彭克與修斯不同，他在一八八五年二十七歲時才來到維也納，當時已接受了完整的地理學家養成教育。彭克生於萊比錫，在萊比錫大學獲得博士學位，並在慕尼黑大學取得大學教師的資格。看在先前他那些德意志帝國同事的眼裡，彭克的職涯似乎正朝著危險的方向發展。他們指責彭克追隨恩師修斯的偏好，設法想建立全球尺度的理論。科學史學家諾曼・亨尼格斯（Norman Henniges）描述了當時德意志自然地理學家普遍採用之定尺度的方法，這種方法阻礙了大尺度的詮釋，並強化了德意志的地質調查階層結構。[74]按照德意志的標準，彭克沉迷於推論的舉措。另一方面，在奧地利，他因有能力在全球框架內闡明當地細節的重要性而倍受讚譽。

彭克開始將哈布斯堡王朝的土地視為一個連貫的單位，這和他在維也納同行的意見一致，卻與許多德國人的觀點相左：「波希米亞和摩拉維亞、匈牙利、阿爾卑斯山地區構成了一個完全的整體，這絕對不僅僅是政治婚姻之精明操作的結果。維也納作為交通要道的樞紐，可以說是前述各區域間的中心……也是最高品質之精華的核心。」不過，在新的政治環境下，彭克後來會改變這一觀點。在他那本撰寫於第三帝國時期但始終沒有出版的回憶錄中，他解釋自己為何會於一八八四年因柯尼斯堡（Königsberg）的邀請而接受維也納大學的工作。他寫道，儘管感覺到奧地利是一個「處於衰退狀態中的國家」，他還是受到維也納城、維也納大學以及同事漢恩與修斯的吸引而遷居該處。[75]然而，在獨裁統治下寫出來的回憶錄是一種需要審慎閱讀的材料。不論彭克在維也納任職二十年期間，對中歐政治的私下看法如何，他都贊成該地同事們的看法：奧匈帝國是有利現代「科學地理學」發展的地方。

彭克的研究得益於居留在奧地利的時期。他使用帝國的自然地理作為授課材料，訓練學生進行田野調查。此外，阿爾卑斯山東部以及第拿里阿爾卑斯山，是他研究冰河時期歐洲氣候的關鍵地點。正如他所陳述，小型冰河是最好的「氣候測量儀」。對於王朝阿爾卑斯山和東南地區冰河的全面觀察，使他得以確定冰河時代的雪線。調查結果表明，當年的天氣模式與目前的情況大不相同，而植被的分布亦復如此。一九〇六年，在他準備離開維也納前往柏林時，就對自己曾任職的帝國表達敬意：「與大多數其他的歐洲國家相比，〔奧地利〕在地理上的對比差異要大得多，而對自己土地的研究也是首屈一指。各式各樣的對比差異，使得奧地利成為歐洲地理學家眼中最理想的觀察場域。」[76]

彭克對哈布斯堡地區自然多樣性的體驗呼應修斯的看法，但他對於王朝人文多樣性的體驗就不是那樣了。我們再度以審慎的態度檢視他在一九四三年所講的話，看看他當年如何「適應這個國家複雜的環境」：「我開始到處去看看，沿著海岸旅行，然後經過阿格拉姆（Agram）（即今日的札格雷布〔Zagreb〕）和布達佩斯回來。於是我意識到，融合在這二元君主制國家裡的各地區，其文明的水準多麼不同。只有狹義的奧地利受德國統治，其他所有地區則不是。我開始感受到，德國人到處都不受到信任。我只了解王國*的西部，但是我確實也帶學生踏查了匈牙利中部、波士尼亞和赫塞哥維納以及達爾馬提亞。我後來才有機會遊歷外西瓦尼亞，至於加利西亞和布科維納則根本沒有涉足。這是一個錯誤。」從一九四三年的角度來看，未曾踏進加利西亞和布科維納這兩個地區確實是個錯誤，因為當時波蘭—烏克蘭邊區的地理知識對於第三帝國具有戰略價值。值得注意的是，早先奧地利地理學家詳細指出的種族多樣性，在這裡僅籠統地被歸為「德國」和「不是德國」兩類。正如諾曼·亨尼格斯所言，彭克對地理的特殊性眼光敏銳，但在人文觀察上卻顯得十分粗糙。從民族誌的角度而言，彭克在奧地利只看到他根據最簡略之我／他的二分標準所能期待看到的東西。[77]他不在乎帝國—王國科學家為維持民族差異之可識別性所做的貢獻。不過，他確實注重跨尺度思考的便利性，這在他對史前氣候冰河學的推論中明顯看得出來。即使彭克對「奧地利理念」的內涵沒有任何貢獻，他的科學研究仍然受到超民族國家結構的形塑。

＊譯注：指匈牙利王國。

喬萬・奇維奇

一如彭克，喬萬・奇維奇也不是出生於哈布斯堡王朝境內的人，但是事實證明，這片土地對他的研究事業至關重要。奇維奇於一八八九年二十三歲時從家鄉塞爾維亞來到維也納大學，向修斯、彭克和漢恩等人學習自然地理學。到一八九二年，奇維奇已經在他們的指導下完成了題為《喀斯特現象》（*The Karst Phenomenon*）的論文。喀斯特一詞是斯拉夫字kras的德語形式，意思是石質地面。該論文特別提到了第拿里阿爾卑斯山的「喀斯特地貌」，這是一種相對荒蕪的景觀，以岩穴、裂隙和滲穴（sinkhole）為特徵，而且地上雖然乾燥，但地下多孔的石灰岩層中卻隱藏著河流。在雨季時，水會匯聚在喀斯特田野的邊緣，不過很快就會消失，只留下乾燥的地表。奇維奇認為，到了十九世紀晚期，奧地利喀斯特地形的研究發展得比其他任何地方都快，部分原因是那裡的學者長期以來對這片旱地的供水問題，一直抱著實務上的興趣。一八七八年，哈布斯堡王朝的軍隊占領波士尼亞和赫塞哥維納後，喀斯特地貌的地質之謎再次受到關注。灌溉以及鐵公路的建設，要求對喀斯特環境進行更深入的了解，因此哈布斯堡王朝的地質學家被委以研究該地區的責任。奇維奇認為，兩種主要形成的理論正是在奧地利被以最清楚的方式表達出來的。[78] 較受歡迎的理論認為，喀斯特地形乃是岩層塌陷或破裂所導致的結果。另外，有人認為，喀斯特地貌的特殊樣貌起因於水滲入岩石所引起的化學性腐蝕或是物理性腐蝕。奇維奇來維也納讀書時，喀斯特正是個熱門議題。

奇維奇研究這個主題的方法在廣度以及細節比較等面向上無人能出其右。他對不同地區的喀斯特地形進行了仔細分類，以便闡明地表結構與地下水文之間的關係。尤其重要的是，他觀察了卡尼奧拉和摩拉維亞等哈布斯堡地區的喀斯特地貌，以及第拿里阿爾卑斯山的經典例子。他受修斯「全球海平面變化」之理論的啟發，所以密切關注水位問題，同時能夠指出明顯的季節性波動。他得出「喀斯特形成最重要的過程乃是石灰石化學溶解」的結論。

奇維奇在一八九三年出版的著作中確定了「喀斯特」的普遍稱呼，取代了例如愛德華・阿爾弗雷德・馬特爾（Edouard-Alfred Martel）等競爭對手以le causse來描述法國中央山地喀斯特地貌的作法。奇維奇被譽為石灰岩地形學門的創始人，而喀斯特地形也被認定為一種「與河流地貌標準現象不同」的現象。當然，用某地區的名稱來指一般普遍現象時，總會有混淆的可能。然而這恰恰是本例的要點：讓人了解一個在地實例如何代表一種全球現象，還有奇維奇對幾處岩石田野地的理解，如何成為一門全球性的專業化知識。

奇維奇還身兼業餘的民族誌學家，對巴爾幹人做了一番調查。到一九〇二年，他已經踏查了半島的大部分地區。他甚至研究了部分鄂圖曼帝國地區（儘管有多名騎兵護送，他還是感到自己身處險境）。他觀察到的現象包括當地居民的風俗習慣。正如他所言，「我這跨越廣大區域進行研究的旅人，最終不由自主做起了人文地理的觀察。」[79]奇維奇將巴爾幹地區的居民分成四種不同類型，然後再將每一種類型細分為多個「分支」（varieties）以及「群體」（groups）。據他強調，這些人口的分布反映了移民的歷史，部分肇因於喀斯特地區不利農業發展。[80]儘管這些群體之間存在不同（他將其中許多差異歸因於自然環境的歧異），奇維奇還是堅信他們都屬於單一的「南斯拉夫」（South Slavic）民族。但請注意，這一立場絕不意味背叛哈布斯堡王朝。當時許多哈布斯堡的愛國人士也有類似的想法，並且希望二元君主國能將與匈牙利人享有的相同自治權賦與南斯拉夫人。確實，奇維奇對南斯拉夫民族的描述可以說是「奧地利理念」的縮小版。此外，他的描述也以移民和交流的民族誌為基礎，並且主張在多樣性中求一致。

*

根據愛德華·修斯的看法，這是地質學田野研究最強的一項優勢，它能讓科學家接觸新文化與新地景。修斯認為，藉由這種方式，地球科學可以提供一種道德教育，一種預防民族主義進行煽動的措施。

這位科學家可能幸運到能看透另一個民族的精神層面。如果他在那裡體驗到相同的情感，體驗到痛苦和喜悅的相同來源，欣賞相同的高尚事物、避開相同的卑劣事物，那麼在他心裡被喚醒的除了愛國心以外，還有對人類的普遍熱忱。這對職業政治家而言可能是可惡之舉，但是它會在每個健康的人的心靈深處萌芽，而且，儘管政治家千方抗拒，也會在其內心萌芽，或者有可能發揮這效果。[81]

修斯本人的政治生涯即反映了前述觀點，他一直致力於推展跨越民族界線的事業，例如乾淨飲用水的供應、多瑙河的管理以及將初等教育從教會手中轉交國家負責等等。修斯在一九一四年即已過世，無法預見後來的自然地理學家於第一次世界大戰期間及往後，在煽動戰爭和邊境爭端的紛爭中扮演關鍵角色。他對地質學與普世人道主義之關係的表述若作為普遍原理，可能看似有些幼稚，但且讓我們將之視為修斯對自己職涯的詮釋。就他的經驗而言，他在當地結構與全球事項之間定尺度的能力，與發揮同理心的能力是緊密相關的。在這方面，修斯已為科學家樹立了哈布斯堡王朝公僕的身分認同。[82]

結論

在《波希米亞氣候志》（*Climatology of Bohemia*）一書中，卡爾．克雷爾將氣候研究描述為微觀和宏觀視角之間的協商，亦即「大尺度世界」和「小尺度世界」之間的斟酌。[83] 正如我們將在第六章中所探討的，克雷爾的說法呼應了阿達爾貝特．施蒂弗特在一八五三年出版之《彩石》（*Bunte Steine*）一書的序言中對於文學寫實主義的辯護，而且他的說法後來經常被人引述。為了自證合理，他在那段文字中將自己對於庶民及其平凡生活的關注，類比為地球物理學，特別是對整個地球表面之磁變化的研究。在奧地利的科學和文學中，尺度的相對性是同時做為方法學的規範以及美學原理而出現，而且它在這兩個領域當中任一領域的修辭力量，都能增強它在另一個領域的共鳴。

其他人也檢驗了這理念的政治力量，例如波希米亞哲學家約瑟夫·杜迪克即透過布拉格天文學家約翰尼斯·克卜勒的性格將捷克的政治計畫與自然科學聯繫起來。克卜勒的計算工作雖是「苦差事」，但他心中始終存著「追求整體」的目標。他「探索最小的細節，但始終鮮活地對自然整體進行思考，這也是智識健康的標誌。」[84]更加著名的例子是捷克的民族主義者托馬斯·馬薩里克。他曾撰寫出一篇有關自然科學分類的論文，將其政治策略稱為「小而詳細的平凡工作」。他以明確的比喻說明地球科學中「小事物」的重要性：「世界過去一直運作，現在（仍然）繼續運作……世界只能靠運作來維持（而且是小規模的運作），持續不斷。就像在地質學裡一樣，現在沒有災難，過去也不曾有災難。過去曾經被認為是孤立的、突發性的災難，現在我們認識到，那是無數次小影響的結果。」[85]，馬薩里克在發行第一本捷克文的科學雜誌時呼應了（有意為之或是其他原因）揚·埃文格里斯塔·普基尼的話，目的在於提醒讀者必須注意小細節。

該原則不僅是雄辯修辭，其目的也在於規範跨民族帝國中科學工作的組織安排。它代表了知識協調的多元化方法，既不求助於單一之無所不包的體系，也不求助於有高下層級的解釋

（hierarchy of explanations），甚至不求助於通用語言（common language）。它使科學知識和日常生活間持續保持連結，從歷史上看，是地方上的實際目的不斷地驅使這項原則。[86]

就這層意義上，定尺度的工作是政治工作：在哈布斯堡王朝知識分子的社會中，博物學家會討論相對於某一總體綜合目標之不同地方觀點的價值。修斯在《奧地利的結構與形象》（*Das Bau und Bild Österreichs*, 1903）這本關於王朝之重要地圖集的序言中表達了這一精神。該著作是由他與三位傑出的同事所合撰，每位同事各自負責一個不同地區。他在一開始就提醒讀者：「這不是一份集體研究的成果。而是每個作者分別在各自旅程中收集親身的觀察結果，並獨立得出結論，因此每個人都選擇以自己的方式表達。因此，這裡提供的不是一種陳述，而是共享框架的四種陳述。」[87]因此，對於奧地利—匈牙利之自然基礎所進行的概述工作就像拼合一件被子，每一條接縫都證明了作者各自的價值，都代表每個撰文者的在地視角。相比之下，在普魯士，廣泛的地理調查任務促成了地質田野調查之嚴格的等級結構，目的在於消除個人的主觀性。[88]在奧地利，情況並非如此。奧地利的田野科學家選擇了瑪麗安．克萊蒙（Marianne Klemun）所稱之「建立共識」（consensus building）的文化，而根據這種文化，歸納統合的前提是適當尊重每位撰文者的在地觀點。[89]

這樣一來，定尺度的那套論述便將科學政治轉譯為帝國政治，而且反之亦然。漢恩明確指出了其間的相似之處，將忽略細節的博物學家比作一個無視貧婦請願的傲慢君主。[90]然而，君主不能因為樹木而看不見森林。因此，在一九〇六年一篇有關大氣科學全球化的論文中，漢恩對於氣象學終於超越了狹隘之「在地範圍的政治」（Kirchturmpolitik）表示滿意。[91]這個原意為「教堂塔樓政治」的詞在先前十年中已被廣泛使用，專指忠於哈布斯堡王朝、譴責民族主義興起的政客們。漢恩為了捍衛這門科學，因此提倡現代國際主義的寬闊胸懷。哈布斯堡氣候學的語言在這種政治背景下形成了，那是一種介於「細膩工作」與「綜覽」的觀點之間。

第四章 雙重任務

維也納中央氣象與地磁研究所憑藉其肩負「雙重任務」的特色，將自己與其他國家的同類機構區分開來，這是克雷爾在該研究所年鑑第一卷中所解釋過的。它是一個展示最現代、最精確和最徹底之地球科學觀測方法的「示範機構」。同時，它也將成為帝國觀測網的中心節點，「對所有人進行監督，並在必要時提供指導與協助。」這種二元性的語言，簡潔地表達了帝國—王國科學的機會與挑戰。正如克雷爾所闡述，此「雙重任務」要求哈布斯堡王朝的科學家立即朝兩個方向訓練自己的注意力：一方面關注國際科學界，關注具有全球意義的研究結果，另一方面關注哈布斯堡大眾及其多樣化的需求。

> 這間研究所即秉持這種立場，與其他同類機構明顯區別，因為其他機構多半閉門謝客，只作為觀測站而營運，或者本身不參與觀測，僅專門分析和發布來自自家站點的觀測結果。

這種雙重目標還意味需將工作進行相應分工，而不能偏頗於其中一邊，必須使兩者平均處於我們的視線中。[1]

這項雙重任務需要雙重視野與之配合，等分畫入兩個範疇。如此一來，在國家本身採行「二元君主制」之前的十五年，二元化的概念便已根植於哈布斯堡的科學界了。本章將探討克雷爾賦與「二元性」的意義以及它在科學與政治上的意義。

二元性的涵義就是可以同時從不止一個角度看見雙重性。這是「帝國—王國」此一標籤所包含的一項原則：提醒世人其君王的雙重身分（同時是奧地利這複合式國家的皇帝，也是其君主領地的國王）。[2]在科學上，二元性意味渴望同時體現全球「知識」（Wissenschaft）以及特定「地域研究」（Landeskunde）的優點。在政治上，二元性勾勒了帝國—王國科學家向國際聽眾與本國聽眾對話的獨特責任。在西歐科學「普及者」（popularizer）這專業興起之時，帝國—王國科學家也肩負將其研究成果親自向公眾推廣的責任。激發這種獨特公共角色的動機是一八四八世代人的熱切盼望，亦即田野科學可以激發哈布斯堡王朝邊界之內和之外的跨足跨國合作。克雷爾的二元概念還囊括了兩種研究方法：一種是「複製性的」（replicative），將一地的大氣現象視為研究普世規律的實驗室，另外一種則是「生物地理學的」（chorological），將一地的大氣現象視為全球環流拼圖中獨特的一塊構件。現代大氣科學的歷史即倚重這些研究取徑的互補。

氣象中心點

奧地利在一八四〇年代，朝著建立全帝國範圍之天氣觀測網的目標邁出了第一步，落後先前十年法國、英國和普魯士的科學家對「全世界地球科學進展」的貢獻。[3] 奧地利的科學家意識到自己已經被拋在後面了。他們對哈布斯堡整片疆域中氣候和磁場在空間上的變化知之甚少。正如克雷爾在一八四三年寫給亞歷山大．馮．洪堡德的信中所言：「新時代快來臨了，新科學將無法滿足於分散歐洲各地之觀測站的成效，而是要研究每一平方英里的磁力。」[4] 克雷爾獲得波希米亞科學院的支持，開始測量波希米亞的地磁。一八四四年，他更獲得了帝國的經費挹注，將工作擴展到哈布斯堡王朝的疆域上。在他那位熱切的助手卡爾．弗里奇陪同下，克雷爾在接下來在旅途中度過了三個夏季，並在冬季著手計算工作。這兩人踏遍上奧地利、提洛、福拉爾貝格、倫巴第、下奧地利、史泰利亞、伊利里亞（Illyria）*、亞得里亞海沿岸、威尼提亞（Venetia）、達爾馬提亞、摩拉維亞、西利西亞、匈牙利北部、外西瓦尼亞和加利西亞。[5] 為了整合在如此遼闊的空間內得到的觀測結果，他們所仰賴的方法和儀器都是早先為擔任布拉格觀測台所長之克雷爾贏

* 譯注：位於今巴爾幹半島西部，亞德里亞海東岸，約為今克羅埃西亞、塞爾維亞、波赫、蒙特內哥羅和阿爾巴尼亞地區。

得美譽的方法和儀器。他們還在整片疆域適當分布的地點（分別位於克雷姆斯明斯特、格拉茨、因斯布魯克和塔爾努夫〔Tarnow，加利西亞〕）招募合作對象。他們的最終目標在於建立遍及整片疆域的永久觀測網絡。

一八四七年維也納科學院的成立，為該計畫注入了新的活力。從萊布尼茲的時代起，成立這類學院的想法便開始流行，但是由於參與的人缺乏熱情或學者對於學院的組織形態意見分歧，許多倡議都以失敗告終。不過，與此同時，省級的學院已先在一七七〇年於波希米亞，以及一八二五年於匈牙利成立了。隨後是克羅埃西亞（1866）與加利西亞（1873），繼而是一八九〇年成立的新的捷克科學藝術學院。在一八四〇年代，隨著憲政主義和共和主義的討論在中歐知識分子之間傳播開來，設置帝國層級之學院的主張，出乎意料之外地獲得了保守派總理梅特涅伯爵（Count Metternich）的支持。他建議皇帝，國家應該為新思想提供出路，而不是坐視其愈溢激劇。[6]斐迪南皇帝批准了學院的創見，並給與不受帝國審查干預即可自由出版的特權。

維也納科學院有別於當時其他的學術機構，因為它的使命明確是跨民族的。就像歷史學家克里斯蒂娜．奧特納（Christine Ottner）所指出，最初的提議是將學院稱為「中心節點」（Centralpunct），表明其聚集整個帝國之學者的作用。然而，從一開始，關於中心與外緣之間的關係應如何經營才算適當，各界的看法即莫衷一是。首任院長擬好一份暫定的院士名單，梅特涅和他的屬臣便批評它過於厚愛帝國首都的居民。他們警告，如此一來學院極有可能成為維也納的地方學院，而不是真正帝國層級的機構。約翰大公是成立格拉茨約翰博物館的推手，也是認識到外省學者可以做出貢獻的人之一。學院院長做出讓步，最初的四十名正式院士包括來自維也納以外的十三名成員，其中有來自匈牙利、波希米亞和倫巴第—威尼提亞的代表。對於院內進行討論的工作語言以及對於外省院士應盡義務的看法（因為他們不太可能定期參加會議）仍然存在分歧。地質學家威廉·海丁格（Wilhelm Haidinger, 1795-1871）甚至呼籲政府向學者提供火車票，以便他們能以「適合其身分地位」的方式前往維也納開會。[7]然而，一八四八年的事件使人們的看法轉向支持中央派，外省學者的出席率便相應下降了。

在氣候學方面，維也納是王朝「中心節點」（central node）的這一概念特別引起共鳴，然而也同樣充滿曖昧模糊。早在一八四九年春天，科學院就已經開始計畫建立一個專門研究氣象學和地磁學的帝國研究所。學院成員用一八四〇年代改革主義精神的典型言語，感嘆奧地利在這一研究領域已落後於其他國家，而且「奧地利必須儘可能走得更遠，以便正視長久以來被忽視的問題。」新聞界同樣強調必須「了解我們氣候中大氣變化的普適化定律」，以彌補過去所浪費的時間。[8]請讀者注意「我們的氣候」這一說法。當然，沒有人相信帝國的氣候是一致的。這句話相反恰恰是為了喚起克雷爾那項計畫的政治取向，亦即對於「國家整體」的愛國精神。

在一八五〇年七月給教育部的一份備忘錄中，克雷爾呼籲建立一個跨越「整個王朝」的觀測網。他認為，氣象和磁現象的研究具有重要意義，因為它們對人類生活和商業，以及對探明自然規律具有影響。哈布斯堡的疆域存在許多不同的「氣候區」（climatic zones），以至於需要成立大量的觀測站，而ZAMG則要求豁免郵電費用並且撥下資金，以供其定期派遣科學家前去檢查那些站點。[9]克雷爾在公共場合發表談話時曾解釋，大氣科學是十八世紀「研究精神覺醒」的產物，而且它依賴各方「通力合作」，因為「個人只有與他人交流方能做出成績」。根據克雷爾的統計，在他撰寫該文時，奧地利帝國總計有九十四個觀測站。因此，「毫無疑問，該是將分散的、孤立的研究精力團結在一個共同目標之下的時候了。必須規範並且指導那些研究精力，簡而言之，要甦活一個有機整體、一個觀察體系。」[10]

這種強調有機統一以及「共同目標」的愛國精神語言，對於一八四八年政治環境是很關鍵的。氣候學正是梅特涅關於科學院之構想的「出路」。與歷史學和語言學研究等熱門主題相比，氣候學那不帶政治色彩的傾向似乎令人放心。它以對於經濟收益的期待來安撫自由主義者。而且它所要求的合作與協調精神，將有助於將邊緣地區與帝國中心更加緊密地聯繫在一起。

該網絡的研究範圍必須寬廣。當年，「氣候」不僅指大氣條件，還指與大氣相互依存之有機世界的許多現象。因此，需要觀察的元素包括今天已被視為氣象學、水文學、大氣光學和地震學的部分特性和現象以及「其他不尋常的現象」。[11]該表列反映了科學家在氣候學中預見的許多實際應用。克雷爾本人希望這能為農業、公共衛生和航運業帶來最大的益處。[12]該網絡的觀察結果還被用來評估土地的肥沃程度，以方便計算財產稅，並在法律案例中作為被告可能主張「氣象狀況不從人願」（act of God）而宣稱自己無罪的證據。

物候觀察乃是該計畫最創新的方面，亦即對於動植物生命中週期性現象的紀錄，例如花朵葉子和水果的外觀、鳥類和魚類的遷徙以及昆蟲的變態。作為一門科學之物候學，其起源通常可以追溯到一八四一年比利時天文學家阿道夫．凱特勒（Adolphe Quetelet）。不過，布拉格的植物學家卡爾．弗里奇早在凱特勒之前的一八三四年就已開始物候的紀錄。由於外界認可弗里奇的這項工作，他因此被邀請到維也納擔任新的ZAMG的副主管。[13]他撰寫的物候觀察指南比凱特勒的更為詳盡。這項計畫的價值立即被奧地利頂尖的植物學家弗朗茲．昂格（Franz Unger）所贊同，因為後者認為該計畫處於萌芽階段之植物地理學的基礎。像克雷爾一樣，昂格強調「合作觀察最有必要」。昂格寫道：「迄今為止，個別博物學家對這些問題所給出的答案是相互矛盾的。很顯然在這裡，只有許多人同時合作進行大規模的觀察，並且經過幾代人的努力才能實現此一目標。」[14]

物候學成為想像帝國空間及其歷史的重要工具。對季節更迭的紀錄，讓人看出這與動物定期穿越帝國空間的遷移現象有所關聯。這也喚起當局對人民遷移的注意，不管他們因工作緣故而季節性的遷移（當年這種現象十分常見），或者因赴溫泉和度假勝地修養而作季節性的居留。如昂格所建議，此類觀測資料一旦累積幾個世代，它們也可能揭示氣候的時間波動。昂格相信，諸如農耕之類的人類活動可以暫時改變氣候，他顯然渴望收集這種影響的證據。[15]這些努力所獲致的成果是為哈布斯堡王朝疆域新出現之氣候地圖增添動態與時間性的元素。

定義二元性

正如克雷爾所說明的，ZAMG將是一流的研究機構，是其他國家觀測機構的「典範」。在與氣象學以及地磁學有關的一切事務中，它不僅達到學術的最高境界，而且還會超越這個顛峰。同時，從布魯諾．拉圖爾（Bruno Latour）的角度來看，該研究所將成為收集王朝全境觀測數據的交換中心。ZAMG所收藏的標準儀器，將是其他所有儀器藉以校準的對象，並指導「這些學科的朋友們」如何使用它們。[16]然而，與倫敦的英國氣象局（Met Office）和邱區皇家植物園等帝國機構不同，ZAMG還承諾視各省的實際需要直接為其提供服務。

帝國以及各省

維也納以外地區的人士認真看待這一承諾。我們可以舉一八六一年對摩拉維亞地理學家卡爾．科里斯卡（Karl Kořistka）所做的評估為例。科里斯卡認為自己是忠於哈布斯堡的國民。他讚揚了過去十年中發展起來的「全國層級」科學，以及造就這種科學的新機構（無論隸屬於帝國或省級）。但他建議，現在是讓那些結果為當地社群所用的時候了。「祖國每一位認真關注過去十年來智識界思想和實踐成果的朋友都將證實，這些遠遠避開政治活動空間的思想和實踐，主要是針對自然界的構成以及整個奧地利全境疆域之民族誌、農業和工業狀況進行了研究，並且大部分取得了成功……在我們看來，如今是將在各省分框架內所執行的工作成果，加以總合歸納的時候了。」[17]為了闡明該如何應用這些知識，科里斯卡編輯了摩拉維亞與西里西亞的《區域研究》（*Landeskunde*），其中包括區域氣候的一章，由當時ZAMG的主管卡爾・耶利內克撰寫，而仰賴的資料即為其網絡所提供的數據。

摩拉維亞的氣象學家和氣候學家弗朗提賽克・奧古斯丁（František Augustin）雖也稱讚ZAMG，但更指出，該機構強調的是綜觀尺度以及基礎的研究，卻以犧牲掉小尺度的應用研究為代價。「維也納這個中央層級的研究機構主要專注於氣象學的主要目標，其研究重點在於確定氣象定律以及找出關鍵的氣候因素，最近還增加了天氣綜概研究（synoptic studies）。這也是無可厚非的事。」但是，在追求此一目標時，它忽略了例如「對各省分進行詳盡的氣候研究，或是在田野與森林管理方面追求氣象學知識等的『次要利益』。」奧古斯丁認為，在一八八五年的當下，應該在君主領地上導正集權與分權之間的平衡。[18]然而，確切做法尚不清楚。兩年之後，奧古斯丁被控剽竊，因為據稱他抄襲了漢恩《氣候學手冊》捷克文譯本中的幾頁。這件醜聞引發了一個問題，即科學領域中省的自主實際上意味著什麼。[19]控訴奧古斯丁的人是一位年輕的捷克政治家兼地圖繪製員。他在那篇針對奧古斯丁之控訴文的序言中指出：「表象欺人，真理終占上風」。這是托馬斯・馬薩里克在一八八〇年代發起的運動，揭發據稱是捷克建國文件背後之偽造行為時所引用的胡斯（Hus）*格言。此格言後來出現在捷克與斯洛伐克的總統旗上。這位批評者顯然希望看到「捷克科學」未來能朝誠信與獨立的方向發展。

實際上，ZAMG努力將帝國層級的研究與在地、實用取向的研究相結合。例如一九一四年，當局要求該研究所評估波希米亞官員所提出之關於建立蒸發測量站的建議，因為蒸發是農業的關鍵因素。既定的目標在於盡可能深入地研究波希米亞的氣候，以幫助農民選擇農作物品種以及肥料。[20] ZAMG的主管威廉・特拉伯特回應，ZAMG長期以來都對波希米亞的此類測量進行監督，並讓當地人可以掌握其結果，例如會向葡萄園提供夜間霜凍的預報。特拉伯特讚揚在「波希米亞純捷克的地區」建立觀測網絡的努力，不過，儘管「捷克同事」有所奉獻，但該網絡依然「薄弱」。他反對波希米亞的機構自行處理數據，因為此舉將「超出其職責範圍」。[21] 如此一來，即使在根據當地需求量身定制某研究計畫的同時，ZAMG仍將是負責計算的中心。

私與公

克雷爾也認為ZAMG具有「二元」性質，因為它既是私人機構又是公共機構，既是私人學院的一部分，又為公共利益而奉獻。這意味帝國—王國的科學家可以為國家服務，但仍保有學者的智識自由。克雷爾與機構的隸屬關係即為明證。在他擔任ZAMG主管的同時，也被任命為維也納大學的物理學教授，而該大學先前在一八四八年即曾為爭取學術自由而奮鬥不懈，並且獲得最終勝利。

克雷爾和他的繼任者們都努力在忠誠公僕的業務，以及知識自主權之間保持平衡。從這層意義上，二元性也意味著ZAMG並不是十九世紀典型的觀測機構，也就是說，那並不是天文學家或地球物理學家的避風港，讓他們在不受公眾干擾的情況下進行研究。[22]那裡的科學家無權自我隔絕，因為他們有責任定期在王朝的疆域中來回跋涉，以檢查和校準整個網絡中的測量儀器。他們有義務促使公眾成為科學觀察員。弗里德里希・西蒙尼曾一針見血批評過典型的觀測機構，指責它們更像是供科學家躲入的小角落，而不是向世界敞開的窗戶。他建議科學家要外出踏查。他說，氣象學家需要具備畫家那雙懂得觀察大自然多樣性的眼睛，這種能力這並不是他們從「觀測站的狹窄空間及其儀器」之中可以培養出來的。[23]ZAMG絕不會將科學家鎖進大都會的象牙塔，而是讓自己成為他們踏入整個帝國的門戶。

＊ 譯注：揚・胡斯（Jan Hus, 1371-1415），捷克基督教思想家、哲學家與改革家，曾任布拉格查理大學校長，也是宗教改革的先驅。

普遍性和特殊性

最後，從認識論的意義上看，ZAMG的任務也兼具二元性，即在尋求普遍規律與關注當地特殊性之間取得平衡。克雷爾寫道：「可能沒有任何一項科學任務會比氣象觀測更受到在地條件的影響。」天氣紀錄反映了在地的地理環境以及「世人通常很少注意的大量細微狀況」。他說的「細微狀況」包括附近山脈和河流的走向、附近有無海洋或是靜止水域、地質條件、植被覆蓋以及測量儀器的設置地點等等。「如果不熟悉這些細微狀況，那麼每個想要進行觀測的人都有可能把一切實際上是在地條件所引發的結果，歸因於大氣的影響，從而得出謬誤的結論。」[24] 因此，大氣科學需要在多個尺度上同時開展工作……

*

總而言之，帝國—王國大氣科學家的任務從三個面向來看都是二元的。首先，他必須設法在國際間樹立奧地利科學的聲譽，同時還要滿足每處君主領地之在地實際上的需求。其次，他既是學者又是公僕，在一些方面具有自主性，但在另一些方面則否。因此，他同時對科學院這種私人學會以及公眾負有責任，而公眾會對他所從事的科學產生濃厚的興趣，並且覺得有權獲知他的研究成果。最後，他必須探究地球物理學的普遍定律，而且釐清這些現象在王朝疆域內可能呈現出的無窮形式。

ZAMG在與公眾接觸、要求他們成為志願觀測員時，便以這種二元身分呈現自己。一八六九年，身為ZAMG主管的耶利內克，監督一本官方氣象觀測指南的出版。該指南忠實反映了克雷爾的定義，因為根據其中的解釋，觀測網絡具有雙重目的：一方面要「確定特定區域的氣候條件」，另一方面要「生成能用於調查該區域普遍規律的材料」。[25]因此，觀測員接受指示，須在一幅「好地圖」上標示自家房舍的所在，並且擇定一扇朝北或朝西北的窗戶。然後，當局指示他們描述在地環境（無論是平坦的還是起伏的，濱海的還是內陸的）如何改變「一般氣流」（general air currents）。[26]儘管這些指示可能有些含糊，但它們還是有效地傳達出要令在地偶發現象與在大尺度上開展之現象，清楚區別畫分的根本意圖。

「公眾感受」

首批參訪ZAMG的外國客人對於這樣一間不起眼的機構，竟能發表如此令人印象深刻的成果都大感驚訝。它的總部屈居於法弗利登街（Favoritenstrasse）上一棟新建築中的狹窄空間，該街道位於維也納市中心的擁擠地段，後來又變得越來越繁忙。它那寒酸的空間令人匪夷所思，但卻塞滿了克雷爾親手設計的自動記錄儀器。克雷爾竭盡所能，讓那一點空間成為地球物理學工作得以精確運作的殿堂。例如，為了觀察地平線，他首先必須取得增建陽台的許可。急切想改善一切的克雷爾最初想尋求公眾的支持，但他很快就學會了低下頭、隱身在繁忙的法弗利登街「默默工作」。[27]

像克雷爾這樣精力充沛、直言不諱的人會變得如此沉寂，局外人是百思不得其解的。幾年之內，該研究所的業務因缺乏資金的挹注而難以順利推動，克雷爾甚至放棄出版該網絡的年度觀察成果。[28]即使在他自己員工的眼裡看來，他的舉止似乎也很神祕。[29]克雷爾是否熱衷於隱居？相關證據很快就表明了，「藏身暗處」是他對政治環境的反應。這要追溯到科學院早期階段一場後來被世人遺忘的爭論。在一八四八年夏天的頭幾個星期，一群由地質學家威廉・海丁格領軍的學者組成了一個與之互別苗頭的協會，即「自然科學之友協會」（Society of Friends of the Natural Sciences），相較之下，其目標較親近庶民也較多元。[30][31]該機構志在與其他科學分支對話，並且「對所有人開放」。海丁格實踐自己所堅持的多元中心計畫，一方面又致力於在帝國其他地方發展平行機構，包括摩拉維亞、西利西亞、佩斯和米蘭。[32]儘管「自然科學之友協會」一語帶尊敬地自稱是科學院的衍生組織，但它對科學院的批評卻是不遺餘力。它的成員感嘆該學院的排他性和狹窄的研究興趣。[33]海丁格於一八四九年秋天成為新成立之「帝國地質研究所」（Imperial Geological Institute）所長，此事引起了學院成員的憤怒，他的研究所也隨之遭到攻擊。由於該學院的影響，地質學院受到預算削減甚至解散的威脅。一八五九年奧地利因軍事挫敗*而使國家財政陷入危機，海丁格最恐懼的事果然發生了。帝國地質學院被直接置於科學院的控制之下，預算被削減不說，連該研究所位於列支敦士登宮（Palais Lichtenstein）總部的租金也無著落。

讓地質研究所起死回生的契機的是新專制主義（neoabsolutism）行將終結的開始，因為那時預算的短缺，迫使皇帝與政治自由主義者妥協。新專制主義的消亡如何反倒拯救這門科學，讓後幾代哈布斯堡王朝的地質學家所津津樂道。一八六〇年秋天，在權利獲得「強化」之國會的議事廳裡，該研究所找到了捍衛其利益的人：貴族讚許地質研究對採礦業的實用價值，並指出帝國地質研究所在國際間的聲望。未來的匈牙利首相安德拉希伯爵主張，科學蓬勃發展的前提是競爭而非壟斷，因此應讓該研究所獨立於科學院之外。[34]

這是多元主義原則的一次勝利，並且是奧地利帝國科學政策的轉捩點。隨著一八五九年以後自由主義的訴求日益受到關注，哈布斯堡王朝的科學家們大可以尋求公眾的參與，而不必擔心遭到報復。對於田野科學而言，這尤其是一個推動變革的機會。在隨後的幾十年中，在整個王朝中發展起來之非專業的業餘科學網絡和協會，證明對地理學、地質學、植物學、動物學、民族

* 譯注：指第二次義大利獨立戰爭，也稱為法奧戰爭、薩奧戰爭或是一八五九年義大利戰爭，交戰雙方為法國─薩丁尼亞聯軍和奧地利帝國。

學以及氣象學和氣候學等領域至關重要。也許是為了慶祝這種轉變，卡爾・弗里奇於一八六一年秋季在維也納做了兩次有關氣象學的公開演講，其講題分別是〈論氣象觀測〉與〈維也納的氣候〉。[35]

克雷爾帶領ZAMG走過了慘澹的歲月，但他沒能活著看到未來的榮景。他於一八六二年去世，享年六十四歲，甚至來不及推出他預計出版之奧地利氣候調查成果的第一卷。克雷爾逝世時，「該研究所陷入了財務困境」。[36] 他留給繼任者卡爾・耶利內克代他實現建構哈布斯堡王朝觀測網絡的理想。一八六五年，「奧地利氣象學會」（Austrian Meteorological Society）成立，其目的在提高公眾興趣以及參與意願。它出版了該門學科的頂尖期刊《奧地利氣象學會雜誌》（*Zeitschrift der österreichischen Gesellschaft für Meteorologie*），後來又出版了《氣象學雜誌》（*Meteorologische Zeitschrift*）。耶利內克那本鉅細靡遺的《觀察員指導手冊》（*Instructions to Observers*）已成為國際遵循的模式，並將數十年中不斷再版。在耶利內克任職期間，ZAMG網絡中觀測站的數量從一一八個增加到二三八個。[37]

當漢恩於一八七七年接任耶利內克的主管職位時，致力耕耘公眾領域之ZAMG的定位已然根深蒂固。然而，在國際的層面上，有個現象越變越明顯了：能見度的提高對於氣象機構而言實際上是一把雙刃劍。正如凱瑟琳・安德森（Katharine Anderson）所指的那樣，英國氣象局在風暴預測方面那一團糟的嘗試已引發公眾的憤慨。在批評者的眼裡看來，此舉等於浪費大量公帑記錄隨後不會被善加利用的數據。有位國會議員在一八七七年質問皇家天文學家喬治・比德爾・艾里（George Biddell Airy），英國氣象局是否值得繼續花大錢發布每天的觀測結果，該天文學家辯稱，發布氣象觀測結果是基於「公共利益」的考量。[38]艾里的「公共利益說」在維也納引發了共鳴。二十五年後，漢恩仍將這一說法為《氣象學雜誌》的讀者重複一遍。他指出，當地政府甚至個人都經常要求ZAMG的主管提供氣象數據，以利公共服務的進行或是經濟的計算。他引用艾里說法的用意在於強調「在這種事務上，公眾感受是不容置疑的元素。」[39]漢恩以英文所稱的「公眾感受」在維也納是不容忽視的一環。

帝國網絡

隨著ZAMG的成立，氣象觀測已可以在整個帝國的範圍內「按照統一的計畫」進行，同時「為帝國氣候條件的所有研究提供基礎數據。」[40]然而，這種滿意掩蓋了一些缺點。新的觀測網絡並沒有平均覆蓋在整片王朝的疆域上（見圖九）。西部觀測站的密度比東部高上許多，而且北部也高於南部。如果把人口密度的差異考慮進去，卡林西亞省的人均站數最多，其次是其他阿爾卑斯山諸省以及波希米亞。匈牙利、外西瓦尼亞、加利西亞、布科維納和倫巴第—威尼提亞最少。一八七〇年，加利西亞平均每四十八平方英里有一個站點，而提洛和福拉爾貝格則高達每十

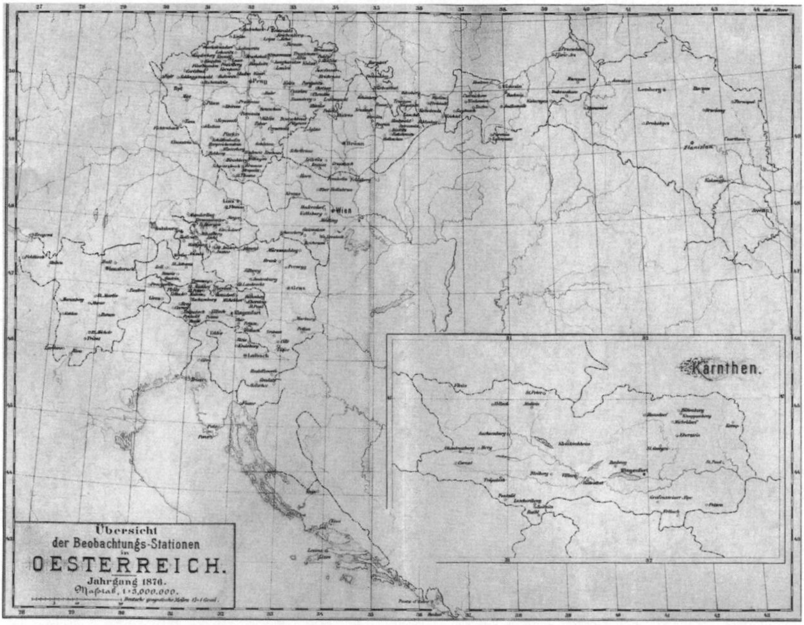

圖九：哈布斯堡王朝奧地利地區之氣象觀測站的分布，一八七六年。

四平方英里即有一個站點。[41]有些人認為，問題在於非德語區的人對氣象學缺乏興趣，然而事實並非如此簡單。

由於新網絡是在革命和戰爭中誕生的，因此最初並未涵蓋戰事一直持續到一八四九年的匈牙利、克羅埃西亞和義大利。[42]自一七八三年以來，匈牙利布達和其他地方的觀測站都斷斷續續記錄了氣象觀測資料。地理學家賈諾斯／約翰・漢法維（János/Johann Hunfalvy）與ZAMG合作一起統整了這批資料，在一八六七年的《奧地利氣象學會》的雜誌上發表了匈牙利全境的氣候概況。[43]氣象觀測是由匈牙利科學院在一八六〇年所新創之自然科學委員會所負責執行。匈牙利在一八六三年有十一個氣象站，到了一八六六年，數目增為二十六個。[44]「匈牙利中央氣象研究所」（Hungarian Central Institute for Meteorology）於一八七〇年成立，那時在奧匈帝國匈牙利這一邊已有一五二個氣象站運作。[45]從此之後，匈牙利對自己的氣候研究肩負起全部的責任。

哈布斯堡王朝位於亞得里亞海的短海岸線，是該網絡的另一處空缺。濱海地區的大氣觀測對於奧地利的航運利益至關重要。在整個一八六〇年代，耶利內克經常與的里雅斯特帝國水文局（Hydrographic Bureau）保持密切聯繫。但是，在此一地區，前述網絡面臨了非比尋常的挑戰，這在一八五九年奧地利失去倫巴第之後尤其明顯。耶利內克曾抱怨，在義大利民族主義盛行的地區很難招募不支薪的志願合作者。[46]他深感遺憾的是，他像前任的克雷爾一樣，在該地區施展不開個人的影響力。他呼籲帝國政府在招募觀察員這件事上提供外交援助。有趣的是，耶利內克在為這項要求辯護時不僅強調海風相關知識對運輸的重要性，而且還從根本上主張「從氣候學的角度來看，大陸的條件與海島的條件是不同的」。事實上，自一八五九年以來，氣候研究就一直在戈裡齊亞與葛萊蒂絲（Görz-Gradisca）*以及克羅埃西亞沿岸進行，而在一八六六年，政府和科學院也贊助了亞得里亞海的地圖繪製與地貌調查，包括研究海岸之週期性（氣候的）和非週期性（氣象的）情況的調查。[47]對ZAMG而言，亞得里亞海海岸不僅是暴風雨預警的消息來源地，

* 譯注：哈布斯堡王朝的領地之一，屬於濱海奧地利的一部分，相當於現在義大利和斯洛文尼亞國境北部的地區。

而且也是中歐氣候條件總體概況的一部分。

對ZAMG而言，問題最棘手的地區是加利西亞。儘管維也納試圖在那裡廣設新的觀測站，但當地的學會還是將研究工作掌握在自己手中。加利西亞地質學家於一八六九年選擇退出奧地利的地質調查，從而立下了一個先例。克拉科夫的科學院成立了自己的委員會，負責繪製加利西亞地質圖集，儘管其仰賴的資料顯然出自維也納帝國地質研究所主導的調查成果。在一八八〇年代，克拉科夫和維也納之間因出版加利西亞地理地圖集的權利而發生爭執。克拉科夫的地理學家堅持，維也納的調查速度過快，導致據此繪製的地圖包含錯誤。他們指責維也納方面「態度倨傲」並且「壟斷科學研究」。[48]

在氣象學方面，維也納和克拉科夫之間的合作關係同樣一開始就舉步維艱。自一八二〇年代以來，藉助於儀器的氣象測量的工作已經在倫貝格（Lemberg，又名盧沃夫〔Lwów〕或利維夫〔Lviv〕）展開。[49]隨後，一些地方組織接手了這項工作，其中包括分別成立於一八五七、一八六五、一八七七和一八八一年的「浴療學委員會」（Balnealogical Commission）、克拉科夫科學院地文學委員會氣象部（Meteorological Section of the Physiographic Commission of the Academy of Sciences）、塔特拉學會（Tatras Society）以及改良局（Bureau of Melioration，隸屬於省執行委員會〔Provincial Executive Board〕）。觀測站點的分布並不平均，其重心位於君主領地較富裕的西半部。加利西亞的博物學家曾希望將網絡從西部移開，然後利用塔特拉學會的力量向東擴展。

氣象觀測的指令最早在一八六七年以波蘭文發布，但與ZAMG所發布的說明並不相同。[50]某些所使用的儀器是由維也納方面提供的，而其他則是來自克拉科夫，但並未根據ZAMG的儀器進行校準。從現有資料來看，許多加利西亞的觀測站似乎將其觀測結果發送給克拉科夫，而非維也納的氣象部門。同時，這些觀察的品質通常品質可疑。儘管克雷爾堅持對觀測地點進行詳盡的描述，但大多數的報告都沒有做到這點。此外，這些觀察品質可能會隨時間的推移而下降。ZAMG在一八七七年派檢查員前往加利西亞，結果發現自己所到訪問之七個觀測站的條件遠遠不能教人滿意。溫度計放置在離地面不同的高度，降水竟在每天不同的時間測量，有些觀察員使用當地時間，而另一些觀察員則使用中歐標準時間。[51]

加利西亞問題的根源，可能因為ZAMG堅持觀察員應屬不支薪的自願性質，但這在加利西亞的貧困人口（主要是農村住民）中很難得到響應。的確，一八九五年利維夫水文局接管克拉科夫科學院各個觀測站後，開始付錢給觀察員，因此觀察資料的數量急劇增加。這些觀察員包括教師、農民以及國有森林的工作人員，無疑都因能賺取額外的薪資而高興。有些人甚至在沒有加薪的時候辭職了。根據唯一有關加利西亞氣象史的研究，水文局是加利西亞唯一成功收集可靠氣候觀測資料的機構。[52]

強加標準

因此，觀測網絡仍不平均地分布在王朝的疆域上，而且就算在設有觀測站的地方，它們也未必以統一的方式運作。實際上，長年來以來都沒有統一的觀測時間表，畢竟「你無法硬性要求自願的觀測員遵守什麼時間表，因為那會對他們的生計造成不便，排定時間表根本就不可行。」[53]那麼，什麼才是可以在不同時間、不同地點測量每日平均溫度最好的計算方法？一九〇一年有位研究奧地利氣溫變化的作者測試了數十種不同的公式，結果發現沒有任何一項公式可被認定得出「真實的」平均數。[54]如何才能將一大堆數字轉化為一組標準化的參數，以便建構出王朝氣候狀態的概觀？由於標準化有其局限性，根本的難題在於設計出一套合理的方法，用來比較不同觀測者在不同環境、不同時間，在不同環境中的測站所記錄的數據，並在精準度上不讓別人誤以為與實際不符的情況下呈現結果。正如維克托・康拉德（Victor Conrad）後來所言，「氣候學方法主要且根本的目標，在使氣候序列（climatological series）可以進行比較。」[55]

第一類的干擾來自測量進行時多變的條件，例如天陰和降水等要素的觀測，具有主觀特徵以及志願的觀測員參與的情況並不一致。此外，電報通訊、劣質儀器以及未經通報即以某儀器替代另一儀器的做法都令干擾的情況變得更加嚴重。比方，雨量計漏水便是一個經常被忽略的問題。漏洞由小逐漸擴大，等到有人想到加以修理或是更換情況才會改善，但漸漸的，「漏水問題再度產生」。[56]依靠該觀測站提供之一系列降雨測量數據的研究人員，便面臨如下這一困擾：區分實際的降雨變化以及因容器漏水問題而導致的數據變化。真正的降雨變化可能與因漏水而引起的數據變化一樣呈現出週期性的特徵。氣候學家將這種測量系列稱為「非均質的」（inhomogeneous）。相較之下，均質（homogeneous）系列則指純粹出自作為研究對象之氣象因素所造成的變異。原則上，可以藉由與附近站點的測量結果進行比較，來判斷數據是否均質，因為這一站測得的降雨實際變化，也可能在附近觀測站測得的結果中呈現。

其他問題則是因為各氣象站啟用和停用的時間點不同而出現。這可能會導致推論的偏差：從某處特別寒冷之幾年間的天氣數據所推出之一月份的平均氣溫，會使該處看上去比同一地區的其他處更冷。為了將較短的觀察系列與較長的觀察系列進行比較，有必要將前者「訂正」（reduce）成後者的時間週期。為此，人們會將一直運作的站點稱為「標準」測站，將其運作週期稱為「標準」週期。「訂正」是指根據兩個站點在重合時期內之氣象元素（例如溫度或降雨）平均值的差（或比率）進行校正。假定兩個氣象站同樣受到相同之天氣偶然事件的影響，則這種差異預計會比元素本身更加恆定。

當科學家試圖填補對帝國周邊地區氣候知識的空白時，這種換算法在後來的哈布斯堡氣候研究中就變得越來越重要了。舉一個極端的例子：維克托．康拉德在第一次世界大戰爆發後下定決心要完成他的《布科維納的氣候》（*Climatography of Bukovina*）。直到一九一〇年，布科維納在其首府以南或以東的地方都未設有氣象觀測站，而加利西亞和布科維納的測站密度大約僅是奧地利那半邊其他地區的五分之一。[57]省級教育部門一直抱怨，當局發布的加利西亞東部和布科維納的氣象預測對於後者毫無用處，因為河流和山脈結合起來的因素，使布科維納的氣候與加利西亞完全不同。康拉德又將問題歸咎於缺乏合適的觀測員：當地居民「在才智和可靠性上的水準都太低。」[58]然而，在戰爭時期，康拉德連這可信度有限的觀測成果也難以取得，因此他只能大大仰賴前述的換算法。康拉德對這些概算法頗覺滿意，而這似乎與他評估布科維納氣候算不上好且具「單調」特徵的結果有關。例如他認為，該地區的降雨情況「實際上非常簡單」：平原地區通常乾燥，降雨隨海拔高度而增加，不過由於數據稀少，人們也無法從中推算精確的規律性。此外，為了證明該地區夏季極易降雨的趨勢，康拉德只援用自己的親身經歷：「一九一二年下午一場傾盆大雨，當時『洪流』湧進街道，沖走幾件家具，據說有幾隻小狗淹死在水裡。」[59]康拉德也提起農民那聽天由命的人生觀。康拉德將布科維納的氣候「特徵」描述為「極端」，從而強化了他對該地區「大陸性氣候」的主張。「大陸性氣候」是個術語，意味既高溫又寒冷的氣候，但在這裡也帶有「東方」的貶義。康拉德很快得出結論：「草原氣候的影響」如此之強，以至於「抵銷地景上巨大的形態差異，令地景對氣候的影響消失於無形。」[60]這樣一來，氣候學家便避開了缺乏數據的難題。一塊與草原關係如此密切的土地，其氣候即使在不可預測的情況下也便得可以預測。

哈布斯堡王朝軍隊在第一次世界大戰占領塞爾維亞的期間，主要也以簡化法來書寫該地的氣候狀況。這項工作被描述為「救援任務」，依靠的是先前塞爾維亞人尚未公布的數據，而產出那些數據的觀測站當時「已被戰爭波及，無法再行運作」。他以典型殖民者的語言堅持：氣象學和氣候學的研究是「文化上的當務之急」（Kulturförderung），並希望自己的努力「在不久的將來」能為塞爾維亞的「重建」提供服務。[61]不言而喻，塞爾維亞的觀測數據需要利用統計學的方法全面加以處理，因為其中充滿「許多印刷錯誤以及不可信的估算。」[62]康拉德的換算法讓他推出如下的結論：塞爾維亞的氣候「算是容易描述」、「清楚明白」、「呈現出極其簡單又不難描述的樣態」。[63]康拉德最終判斷塞爾維亞的氣候表現出「具有強烈大陸特徵的中歐類型。」他也認為，塞爾維亞多塵多雨的東南風對農業是一大福音，但卻妨礙人體健康、造成不舒適的感覺。[64]

在一九一八年出版之波士尼亞與赫塞哥維納那的氣候書寫中，可以找到與康拉德「換算法」形成鮮明對比的地方。奧地利人通常將波士尼亞形容為落後的山區，那裡的環境對社會發展造成嚴重的限制，而森林仍然「完好無損」。專家敦促國家根據「明智運用」的倫理，直接管理該地區的自然資源。因此，國家對該殖民地進行「以科學迅速征服」的工作予以高度重視。[65]哈布斯堡軍方在一八七八年占領波士尼亞後不久，就開始在當地建立氣候觀測站。漢恩認為這些地方是氣候學領域的「新大陸」，其居民對天氣的態度是「東方式的逆來順受」。[66]哈布斯堡王朝當局特別感興趣的是波士尼亞與赫塞哥維納西部喀斯特地區的降雨數據，因為一般認為該處夏季炎熱、冬季又會颳起乾冷猛烈的東北風，在在戕害農業發展以及人體健康。喀斯特地區吸引了旨在改善農業生產的地質和水文研究，而氣候數據對這計畫也是必不可少的一環。[67]

位於塞拉耶佛（Sarajevo）的「巴爾幹研究所」（Institute for Balkan Studies）於一九一八年出版《波士尼亞與赫塞哥維納氣候研究》（*Climatography of Bosnia and Hercegovina*）。該研究所是私人出資於一九〇四年創立，但在一九一八年被波士尼亞臨時政府以「為奧匈帝國利益服務」的理由關閉。該報告的作者是布拉格的自然地理學家朱莉．莫舍萊斯。[68]她出身於一個具國際經歷的家庭，第一次世界大戰結束後，她形容自己是個「對民族糾紛毫無概念的英德雙裔人士」。[69]莫舍萊斯的研究與康拉德在布科維納與塞爾維亞的研究不同，也與漢恩在一八八三年對於波士尼亞所做的氣候概述也不一樣，她並未選擇換算法來彌補數據中嚴重的空白。她發現換算法只適合用在「西歐和中歐的氣候區」，但不適合波士尼亞具有混合大陸氣候和亞熱帶氣候之高度易變特徵的地區。波士尼亞與赫塞哥維納的氣候在時間上的變化很大，以至於年年需要一個不同的「標準」（normal）觀測站，甚至是每個氣象元素也都需要調整。羅伯特．多尼亞（Robert Donia）主張，哈布斯堡王朝當局「基於波士尼亞人對波士尼亞與赫塞哥維納領土普遍忠誠的態度，推廣多宗教的波士尼亞身分認同」，以便顛覆波士尼亞境內塞爾維亞和克羅埃西亞的民族主義。[70]氣候書寫這個文類似乎在培養領土的認同感上是很有價值的資源。但實際上，《波士尼亞與赫塞哥維納氣候研究》表明，甚至領土的認同感也可能是不穩定的：「在極端情況下，我們整個地區先陷入某一勢力範圍，不久之後又陷入另一勢力範圍。」[71]

無論採用什麼解決方案，哈布斯堡的氣候學家都認識到，換算法並非萬無一失，而且適用範圍已經常推到了極致。當站點間的距離越遠時，此方法的可靠性就越差。漢恩從自己的經驗出發，以如下的等式總結了這點：兩個觀測站點係數之間的變數差異，會隨站點之間的距離及其高度而呈線性增加。然而，在某些地區中，該等式是行不通的，因為在空間中某個特定方向上的差異變化會**失去連續性**。由於出現這種地理分歧，標準測站便不再能充當有用的參考點。如用維克托·康拉德在一九二〇年代發明的術語來講，該地區不再具有「氣候連貫性」（climatically coherent）。然而，帝國的氣候學家並未就此罷手，反而將這種不連貫性本身變成一種分析工具，亦即這種不連續的變化線可以用來識別所謂的「氣候分歧」（climatic divides）。[72]這樣，運用統計操作就可以聚焦在局部對比之上，對地景加以定義則必須從遠處看待。克萊因（Klein）的《史泰利亞氣候研究》（*Climatography of Styria*）將這種效果比喻成攀登峰頂以便看清下方景觀的脈絡。就像俯瞰圖可以揭露地表的面貌一樣，統計學也可以提供「無拘束的概覽」（a liberating overview）。[73]這就是統計學的力量，可以將無序的自然世界解析成具多樣性的地圖。

特殊觀點

克萊因拿山做類比並非隨意為之的。山地的觀測站可被理解為努力實現王朝全面科學想像的槓桿點。因此，位於塞默林（Semmering）但存續時間短暫的松文德施泰因（Sonnwendstein）觀測站被公認為整個地中海地區天氣預報的關鍵：隨著北方低壓中心的南下，阿爾卑斯山成為了地中海地區的「天氣牆或天氣樞紐（die Wetterseite resp. der Wetterwinkel）。冰島之於北歐，就像阿爾卑斯山脈之於地中海。」據說哈布斯堡最南端的土地，需要阿爾卑斯山高海拔的觀測站作為其「第二道防線」。如此一來，「奧地利南部所有天氣事件的三分之二便可以受到監控（unter Kontrolle）」。[74]這些「防禦」和「監控」的軍事隱喻表明，山地觀測站與有利之制高點的想像有關，因為從這個角度出發可以達成帝國的戰略綜覽。

同時，高地上的視角普遍會與超民族的、多元主義的觀點結合起來。因此，加利西亞的作家利奧波德・馮・薩克—馬索克（Leopold von Sacher-Masoch）於一八八一年創立了以科學和文化為主題的國際評論刊物《在峰頂上》（*Auf der Höhe*）。如同第一期中所呈現，該期刊在標題頁中即已闡明它的志向：

> 我們不會只滿足於排除一切狹隘思想以及一切政治、民族、宗教、科學或文學問題中的

仇恨偏見；我們的目標在於讓這份刊物成為一個中立的空間，在這基礎上，沒有任何利益可被假定為人類普遍的利益，在這基礎上，所有民族裡懷抱不同志向的知識分子都可以公開地、誠實地相互對話，但前提是始終要彼此尊重。[75]

從這層意義上看，「峰頂」視角代表了帝國—王國科學的多元主義精神，這是早在一八四〇和一八五〇年代就從國家新的機構內部所發展起來。從歐洲登山活動發軔之始，山就以兩種截然不同的方式成為科學場域。[76]一種方式是如前文所介紹之「複製性的」：高聳的山峰彷彿是個物理化學的實驗室，而在其中，對於無生命物質或是活體的實驗，可以在低壓和強輻射的極端條件下進行。這類的研究追求普遍的定律，其結果將不受任何特定地區的制約。高山研究的第二種模式是「生物地理學的」：其重點在於研究特定山地之自然史或人類史的特殊風貌。此類生物地理學的知識可能迎合當地人的需求，有助於大規模記錄各種自然條件的計畫。儘管這兩種接近山的方式似乎是相互排斥的，但在實踐中卻證明是相輔相成。

儘管奧地利的山地和海岸線常被視作觀察暴風雨通過的視窗，但哈布斯堡王朝的科學家們從不認為高山和沿海的觀測站只是觀測天氣變化的場所。一方面，他們以可複製性的觀點設法理解山體或海岸線的實際存在，如何改變本地以及本地之外的氣候。但他們也站在生物地理學的立場，同樣對沿海和山區氣候本身感興趣。他們研究這些獨特的環境如何與人類以及非人類的生命相互作用，就像「亞得里亞委員會」（Adriatic Commission）的工作性質那樣。從可複製性的角度來看，海岸線或山脈是一間實驗室，是在極端條件下產生大氣效應通則的空間。從生物地理學的角度來看，那是可供田野調查的地方，可供收集獨特大氣狀況實例的地方，而這種實例即為建立「地理變異」(geographic variation) 模式的線索。

可以說，奧地利科學家正是在這一點上，與美國同行形成尖銳對比。美國人對山地觀測站的設想要狹窄得多，認為其功能只在協助天氣預報。由美國氣象局（US Weather Service）建立的高地觀測站既無意於基礎研究，也無意涉入描述性氣候學（descriptive climatology）。美國人對奧地利山區觀測站的可複製性研究抱持懷疑態度。具體來說，他們質疑高山作為風暴之物理研究實驗室的地位。根據松布利克觀測站的數據，漢恩批評威廉・費雷爾（William Ferrel）的氣旋熱學理論，因為漢恩認定氣旋與高海拔地區的涼爽氣溫有關。費雷爾則反駁，觀測站根本無法確定觀測站同一高度附近的氣溫。松布利克觀測站的氣溫讀數可能低於該季節的平均水準，但仍比周圍的空氣溫暖。亨利・A・哈森（Henry A. Hazen）和亨利・赫爾姆・克萊頓（Henry Helm Clayton）則從根本上否定了有關松布利克觀測站的說法，聲稱那裡不算接近大氣空氣（free air）。哈森認為松布利克觀測站位於山脈延伸的一部分，「並非位於孤立山峰」，因此，其數據只可能反映了鄰近山谷的局部氣候效應（見圖十）。[77]費雷爾、哈森和克萊頓否定了松布利克觀測站作為複製性調查研究的場所。

這一分歧突出地說明了奧地利—匈牙利山區氣象觀測站的特殊地位。在整個十九世紀上半葉，高山旅遊以及對於山區的科學關注與日俱增。奧地利的「登山俱樂部」（Alpenverein）是歐洲大陸最早的登山俱樂部，由自然科學家於一八六二年成立，其主要目標是開放高山以供科學研究。根據一項對一九〇〇年全球「最重要的」山區氣象觀測站的調查研究，三十二個之中有七個位於內萊塔尼亞（Cisleithania）*，而這七個之中則有六個位於阿爾卑斯山。三十二個之中的第八個位於哈布斯堡占領的波士尼亞，它的特殊性在於身為巴爾幹半島唯一的高地觀測站。這些觀測站受到一系列獨特政策的共同支持。首先，山區觀測站是當地現代化計畫的一環：部分由當地登山俱樂部和旅遊協會資

* 譯注：奧匈帝國的北部與西部領土的泛稱，由奧地利擁有。內萊塔尼亞為萊塔河以西，與萊塔河以東的匈牙利王國外萊塔尼亞（Transleithania）相對。內萊塔尼亞繼承過去奧地利帝國的土地，由哈布斯堡家族以奧地利皇帝之名統治。

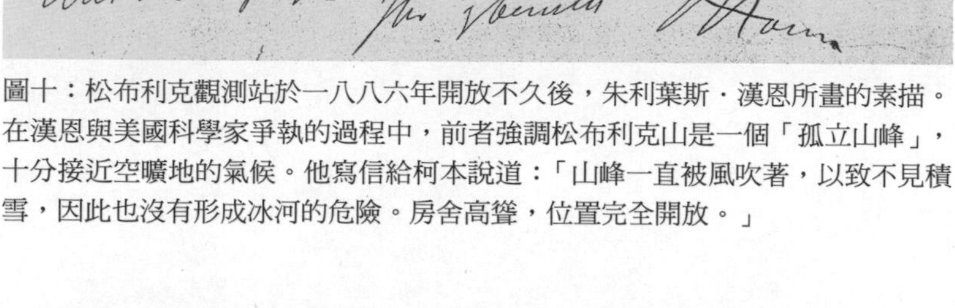

圖十：松布利克觀測站於一八八六年開放不久後，朱利葉斯・漢恩所畫的素描。在漢恩與美國科學家爭執的過程中，前者強調松布利克山是一個「孤立山峰」，十分接近空曠地的氣候。他寫信給柯本說道：「山峰一直被風吹著，以致不見積雪，因此也沒有形成冰河的危險。房舍高聳，位置完全開放。」

助，相當有助於擴展運輸和通訊基礎設施，並進一步幫助旅遊業深入山地。同時，新設置的高空觀測站也將目標放在幫助減輕現代化趨勢的衝擊。到一八八〇年代，民族誌學家意識到哈布斯堡王朝山區的傳統生活方式已經受到威脅。山區的生活方式常被假定為文化發展早期階段的「孑遺」，這點對於中歐和東歐萌發的民族主義運動具有獨特價值，因為那些運動旨在確立歷史的原真性。這就解釋了為何波蘭民族主義者和魯塞尼亞（Ruthenian）*民族主義者會對塔特拉山即將消失的文化著迷。[78]在這些方面，山地觀測站的設置既是省級的、也是帝國國家級的計畫，此舉有助於記錄和保存當地文化和自然環境。因此，這些觀測站設置和營運的巨額費用一般由地方的志願團體和帝國政府分攤。[79]

也就是說，山地觀測站同時肩負帝國和地方的任務：將孤立的點連接成帝國的觀測網絡，並記錄和保存其所在地區的獨特之處。讓我們看看這個雙重目標如何在三個王朝截然不同的地區（卡林西亞省、波希米亞省和波士尼亞省），三個山地觀測站的運作情況。

松布利克觀測站

位於海拔三一〇五公尺的松布利克觀測站（見圖十一）是一八八六年開放之全年運作的歐洲最高觀測站。它像玩具小屋一樣座落在高地陶恩山脈（Hohe Tauern）†鋸齒狀的山峰上，一旁是巨大的冰河，但加固的建築物可以抵禦冬季風暴造成之三十英尺深的積雪。想像一下當時前來參觀的訪客在這遙遠的山峰發現「當今最現代的照明技術」時該有多麼驚訝，因為在那年代，維也納的街道上仍然靠油燈照明，而該觀測站已有電力照明、電話服務，以及機械昇降機（可將科學家、遊客和物資從山谷運到山頂）這個重頭戲。「當愛迪生燈泡突然在夜空中亮起時，那效果確實很奇妙。」在積雪數公尺深的山上竟找得到能用的電話，甚至連科學界菁英也嘖嘖稱奇。電梯能將客人

圖十一：卡林西亞省的松布利克觀測站，約攝於一九一五年。

* 譯注：一個東斯拉夫民族。歷史上指的是生活在奧匈帝國的一個少數民族，位於現在烏克蘭、波蘭、斯洛伐克、羅馬尼亞、塞爾維亞、克羅埃西亞、匈牙利和捷克等國領土。

† 譯注：阿爾卑斯山脈的一部分，長一三〇公里、寬五〇公里，橫跨奧地利和義大利。

帶到山頂，這讓現代的舒適和偏僻叢林的冒險之間達到一種特殊的平衡。為了嚇嚇年輕的女遊客，機械師會故意令升降機搖晃，或是在景觀最教人炫目的時候突然停住。最為奧地利科學家津津樂道的是，松布利克觀測站的通訊技術在阿爾卑斯高山上是獨一無二的：「想想看，在歐柏賓高（Oberpinzgau）地區，從濱湖采爾（Zell am See）到米特西爾（Mittersill）這漫長的三十公里間並沒有電報服務。這段分布那麼多風景優美之小村莊的長長谷地，竟無緣享受這種現代的交流技術。」因此，松布利克觀測站的名聲不僅來自於尖端的技術裝備，而且還因為「現代」和「蠻荒」這種特殊的並存狀態。[80]

實際上，松布利克明確反映了現代化的努力。原始工業化早在高地陶恩山脈落地生根：金礦在十五世紀末到十七世紀初達到了開採的高峰，其產生的財富足以在勞里斯（Rauris）金礦（未來松布利克觀測站的所在地）附近建設一個熱鬧的村莊和一座學校。然而，十七世紀開始的小冰河時代改變了勞里斯山谷。儘管金礦還沒有完全停止開採，但是冰河開始入侵，村莊陷入了貧困。冰川一直要到一八五〇年代才開始後退，而這與兩個重要的歷史發展相吻合：登山這種休閒活動的興起，以及奧地利阿爾卑斯山區的工業化。從十八世紀開始，儘管由於缺煤而受影響，周圍的卡林西亞省仍逐漸成為鋼鐵的生產中心。面對山地已經被過度開採的事實，礦場的負責人羅亞徹（Rojacher）便提供勞里斯的最高點作為建設氣象站基地之用。另一位參與擘劃的人表示，這是羅亞徹設法復振當地居民活力並「提高公益精神」的方法。松布利克協會的期刊認為這些轉變成功將勞里斯山谷帶入現代世界。同時，該雜誌也報導了發掘礦村於現代早期鼎盛階段的考古發現，並發表民族誌研究，闡明留存至今之異教型式的天氣知識。[81]因此，松布利克立刻因其在勞里斯山谷的現代化、保留自然美景以及文化傳統等方面的成效而備受讚譽。

唐納山／米列索夫卡

同時，十九、二十世紀之交亦見證了喀爾巴阡山脈、礦石山脈（Ore mountains，德文稱「埃爾茨山」〔Erzgebirge〕，捷克文稱克魯什內山〔Krušné hory〕）和第拿里阿爾卑斯山脈中山地觀測站的開設。這些站點的建設與王朝嘗試權力下放（也就是說，將權力下放給省政府以解決民族主義的僵局）的政策相吻合。ZAMG也在這個時期進行將天氣預報業務嘗試加以地方分權，其原則是，更多在地化的觀測可以更理想地滿足農業、貿易和旅遊業的需求。ZAMG的科學家一再贊同使各個君主領地能更大程度地主導天氣服務的相關提議。確實，這些研究人員渴望擺脫日常天氣預報的責任。不過，最後只有提洛省被允許測試獨立的天氣業務。教育部在一九一三年結束了關於權力下放的辯論，表面上是出於財政的因素。ZAMG也拒絕將其預報翻譯成德文以外之其他語文的要求。[82]然而，一直以來，各省級機構都將預報供作掌握在自己手中，建立了本地的氣象網絡並發布自己的觀測結果，其中一些是以義大利文、捷克文或波蘭文為之。[83]

在十九、二十世紀之交，一群活躍於該地區家園運動（Heimat movement）*、使用德語的波希米亞人開始大力鼓吹在波希米亞和薩克森邊界礦石山脈上的唐納山（也稱為米勒肖爾〔Milleschauer〕或米列索夫卡〔Milešovka〕）建造觀測站（見圖十二）。唐納山海拔僅八三四公尺，若與阿爾卑斯山的高度相比較，這不過是個小丘罷了。但是，支持在該山設站的人聲稱，就氣象觀測的目的而言，一座山的孤立性遠比它的高度重要。十九世紀對礦石山的描述中強調，如此原始、崎嶇的土地竟擁有令人驚訝的人口密度。唐納山從一八

圖十二：波希米亞省唐納山／米列索夫卡觀測站，明信片，一九一〇年。

三〇年代起即是「手工業生產（*Gewerbefleiß*）十分興盛之地，四面八方布滿城市、集市以及村莊。」[84] 一般認為這是波希米亞人已經成功克服土壤和氣候限制的證明。[85] 然而，產業仍然需要保護，以免受到天氣的侵害。正如「建設唐納山高地氣象觀測站中央委員會」（Central Committee for the Construction of a Meteorological High-Altitude Station on the Donnersberg）向帝國政府遞交的請願書中所言，波希米亞「從山岳形態學（orography）和氣象學的角度來看均有獨特之處」，一向飽受「天氣破壞以及自然力所造成災難」的困擾。波希米亞於是需要基於在地觀測所做出的預報，並且因此需要一個建造成本約為七萬克朗的高山觀測站。支持該計畫的人向五位建築師徵求設計圖，獲勝的計畫是一座具體而微的石堡，築有多面山牆，還有一座附有全景陽台之十米高的塔樓。內部裝潢甚至遵循當地的習慣，例如面南的廚房旁設置了一間客廳。人們可以從柏瑞斯勞（Boreslau，捷克文稱柏里斯拉夫〔Bořislav〕）的火車站步行一兩個小時到達觀測站，按照該時代的標準，這算是相對容易到達的地方了。在為觀測站所寫的宣傳材料中，其科學主管表示，希望該站「喚醒許多參觀者熱切的興趣，並為該領域的公眾啟蒙做出巨大貢獻。」因為氣象學的領域「存在無法根除的迷信和落伍的觀念，再加上對任何創新努力抱持的偏見，在在都像堅不可

---

* 譯注：Heimat在德文中指「家鄉、故鄉、祖國」。在德國文化中，尤其是德國浪漫主義、德國民族主義、德國國家定位和地方主義均含有特別意義。

摧的堡壘，橫阻任何類型之研究工作的道路。」[86]當時的唐納山觀測站將成為家園運動旅遊的魅力點和公眾啟蒙的場所。

別拉什尼察

波士尼亞與赫塞哥維納的山地觀測站是另一種類型的現代化計畫。前文曾交代過，哈布斯堡政府曾委託專家進行波士尼亞的氣候研究，以便為土地改良與河川調節等典型的殖民計畫提供資訊。到了一八九四年，工程師菲利普．巴利夫（Philipp Ballif）總共在波士尼亞建立了七十七個氣象站。[87]他和漢恩進一步主張增設一個新的觀測站，以便將ZAMG的高地站點的網絡一舉擴展到帝國的東南部。帝國政府於一八九四年在別拉什尼察（Bjelašnica）啟用此座海拔一〇六七公尺、耗資約三萬克朗的觀測站。[88]其數據將由羅馬尼亞國家氣象網絡，以及保加利亞索菲亞的觀測站加以補足。由於別拉什尼察直接位於低壓槽（low-pressure troughs）的路徑上（從亞得里亞海穿越匈牙利到黑海，或者穿越奧地利到波羅的海），絕佳的地理位置讓它可以很方便地將暴風警告以電報傳給維也納和布達佩斯。事實上，別拉什尼察對於中歐的天氣預報，其重要性甚至可以說是大於松布利克。因此，別拉什尼察觀測站是朝科學征服巴爾幹之途邁出的一大步。然而，在科學界流傳之別拉什尼察的照片中（見圖十三），觀測站籠罩在冬季的霜凍中，人們只能

圖十三：波士尼亞與赫塞哥維納的別拉什尼察觀測站，約攝於一九〇四年。

從廚房的窗戶爬進去。這些圖像進一步證明「波士尼亞與赫塞哥維納注定要停留在原始狀態，本質上而言就是一片殖民地」的結論。

結論

這些高地觀測站使哈布斯堡氣象機構的「雙重性」更顯得突出。松布利克、唐納山／米列索夫卡和別拉什尼察的觀測站既是公家機構，又是私人單位，既要實現帝國的目標，又要滿足地方的需求，所以是二元的。它們強化了帝國—王國氣候學家的一種意識，即他們沉浸在自己所研究的環境中，必須從這個或是那個在地角度進行觀察。這種二元性是超民族國家氣候學至關重要的特徵。一八六七年以後，維也納只是奧匈帝國的兩個首都之一，而布拉格、克拉科夫和札格雷布（Zagreb）都渴望能與布達佩斯享有同等的地位。因此，「中央研究所」的「核心性」開始受到質疑。實際上，一八七〇年以後，匈牙利也成立了自己的「中央研究所」。從這層意義上看，沒有哪個明確的觀點可以讓人從中取得整個王朝的概觀。ZAMG在派遣科學家到加利西亞收集觀測結果時，卻發現有許多資料都被送往克拉科夫。這種二元性（中心意識到自己竟處於其他競爭點的外圍）決定了氣候研究須從多個尺度開展的現實。

第二部分

帝國尺度

第五章　帝國面貌

一八四八年爆發革命後克萊門斯・馮・梅特涅伯爵開始流亡，在他先前位於維也納的府邸內，正在公開展覽一組不尋常的物品：動物化石、礦物標本、地質剖面圖以及阿爾卑斯山的全景畫。該展覽是由傳奇的博物學家弗里德里希・西蒙尼（見圖十四）所策劃。這開啟了他的科學生涯，並帶動了奧地利帝國時代的自然地理學發展。

西蒙尼出生於波希米亞，是非婚生小孩，後由母親和外祖父（奧爾木茨〔Olmütz〕的一位高級公僕）撫養長大。在中學待了僅僅兩年之後，這個十四歲的男孩成為藥劑師舅舅的學徒。到一八三〇年代後期，西蒙尼在維也納的藥劑事業已經獲利頗豐，這足以讓他投身熱愛的自然歷史。他透過私人家教完成中學的學業，然後在維也納大學註冊上課，並實現首次穿越阿爾卑斯山的壯舉。在那年代，博物學家仍不清楚阿爾卑斯山高處的冬季氣候狀況。西蒙尼早期的登山筆記中載滿了有關氣溫、大氣能見度、雲的形態以及風的紀錄。那座被他稱為阿爾卑斯山諸峰中最美麗的達赫施泰因峰，曾是他的「空中觀測站」，在那裡他可以架設儀器並著手「研究雲朵王國中的種種事件」。[1]引起他興趣的是冬季溫度反轉現象，因為這時大氣層的上層會變得比下層溫暖。這是山區氣候的一項特徵，可以從中了解大氣動力學以及污染對人體健康的影響。在接下來的十年中，西蒙尼因其身為登山家的探險活動、有關阿爾卑斯山自然歷史的熱門演講以及其精湛的風景繪畫而出名。[2]

圖十四：弗里德里希・西蒙尼（1813-1896）。

西蒙尼在一八四〇年代中，贏獲梅特涅伯爵這位當時中歐最有權勢的人的支持。在梅特涅的女兒梅拉妮（Melanie）的眼裡，西蒙尼實為一位神奇人物：「這個人非常有意思」，竟為了研究地理學而放棄了原本的職業，「將自己的一生都花在阿爾卑斯山的峰頂上，即使冬天也不例外。」梅特涅伯爵對啟蒙時代晚期全球自然地理的計畫產生了濃厚興趣，並定期與洪堡德和利奧波德·馮·布赫（Leopold von Buch）等博物學家保持聯繫。在梅特涅失寵之前的最後幾年，經常可以看到穿著皮製短褲的西蒙尼，出入他那位贊助人位於維也納倫韋格（Renweg）地區的宏偉府邸。[3]

西蒙尼正是在這座府邸中，嘗試為哈布斯堡王朝的科學開闢全新的道路。到了一八四〇年代後期，他那原本就已非常可觀的地質收藏又多增加了四十箱的物件。他還繪製了阿爾卑斯山湖泊的深度圖，以及幅寬長達六·五公尺的阿爾卑斯山東部地質概況。[4]在梅特涅的府邸中，這些物件吸引了里奧·馮·霍恩斯坦（Leo von Hohenstein）伯爵的欽佩，而此人正是受新皇帝委託，對哈布斯堡大學進行徹頭徹尾改革的人。在一次長達三個小時的對話中，伯爵對西蒙尼的研究表現出無比的好奇。他對推定冰河時代年代的問題特別感興趣，甚至要求帶走西蒙尼的幾張素描以供進一步研究。[5]在會見結束時，伯爵邀請西蒙尼撰寫一份設置大學講座的提議，並要求他擔任此一教職。這個嶄新的研究領域稱為「自然地理學」（Erdkunde）。

正如我們在前文所讀到的，地理學是一八四八年之後，一門旨在調查哈布斯堡王朝引以為傲的領土多樣性，並以地圖、地圖集、全景圖和博物館展品的形式向公眾展示其發現的學科。為達此目的，哈布斯堡的地理學家不斷尋找新的視覺技術。如何在呈現此疆域之一致性的首要總體印象之餘，又能同時突顯小規模的變異？例如，一張地圖如何既可以描繪阿爾卑斯山地形的極端情況，又可以如實呈現匈牙利平原微妙的層次？若說萊布尼茲的時代將「化圓為方」（Squaring the circle）*的算術難題稱為「奧地利難題」（Problema austriacum），那麼我們可以說，如何利用視覺技術呈現「多樣性中之統一」的挑戰便是十九世紀的「奧地利難題」了。

此問題的某些解決方案已達成里程碑，例如卡爾・馮・切爾尼格的奧地利和匈牙利民族誌地圖使用鮮明的色彩對比，以便從視覺角度提出論證，即王朝族裔的多樣性細微到如此程度，以致無法劃出民族間的分隔線。不過有些方案已經被世人遺忘，例如用於廣闊範圍內、精細區分地表高度的豪斯拉布與普克爾配色法（Hauslab and Peucker color schemes）†，這點我們將在下文進一步討論。在氣候學上，所謂的「奧地利難題」促使統計學和製圖學的視覺化呈現方法，使世人能夠在整體的王朝氣候狀況合成圖像中，一窺在地的、短期的現象。藉由這些創新方法，我們能看到十八世紀靜態的區域氣候形象，如何開始被動態的多尺度觀點所取代。

製作王朝地圖

直到十八世紀下半葉，國家內部才開始製作哈布斯堡王朝全疆域的地圖。在十八世紀之前，哈布斯堡王朝對中央集權以及在紛雜的境內推行標準化規定不感興趣，相反的，他們視之為各自的挑戰，而王室激起臣民的效忠之情，而非地域性的愛國心。王朝擁有多頂王冠，象徵了這種統治形式，包括一頂屬於神聖羅馬帝國、一頂來自匈牙利，以及另外一頂屬於波希米亞（另外其他較次要的王冠對應於那些較小的公爵或貴族領地。）早期現代的哈布斯堡統治者通常仰賴先是荷蘭、而後法國的製圖師提供對於領土的概覽；與之相對，製作地圖則是著重在哈布斯堡土地局部當地與區域性的視角。

在哈布斯堡與波蘭—立陶宛聯軍於一六八三年解除鄂圖曼帝國圍攻維也納的危機後，奧地利進入了領土擴張的新時代，不但重新奪獲匈牙利，還先後征服了北義大利、巴爾幹半島與波蘭（卻也失去了西利西亞大部分的屬地）。這些征服行動大大激勵了監測工作以及地圖繪製的進行。[6]不過，由於奧地利在七年戰爭（1756-1763）中的失利，可以部分歸咎於缺乏一致詳盡的精確地圖（已成為移動戰必不可少的新條件）。[7]許多局部在地的細節不是尚無人知，或者沒有標記在地圖上，而且無人在乎精確畫出丘陵和山峰等高地的情況。

* 譯注：化圓為方是古希臘數學裡與「三等分角」、「倍立方問題」並列為尺規作圖三大難題。其問題為：求一正方形，其面積等於一給定圓的面積。如果尺規能夠化圓為方，那麼必然能夠從單位長度出發，用尺規作出長度為π的線段。

† 譯注：即「高度色層」或「分層設色法」（hypsometric tints）。

七年戰爭結束後不久，軍隊受命繪製一套嶄新的奧地利全境地圖，比例尺為一比二八○○○，而其詳細的程度是史無前例的。這個被稱為「約瑟夫調查」（Josephine Survey）的計畫是為軍事目的而設計，所以繪製出來的地圖仍是國家機密，只有最高級別的軍官才能閱覽。[8] 不過，它們也具民用價值。正如馬達莉娜・瓦萊里亞・韋雷斯（Madalina Valeria Veres）所指出，約瑟夫二世皇帝曾明確命令外西瓦尼亞地區的軍事製圖師，必須記錄與經濟相關的訊息，包括土壤品質、產業分布以及自然資源。約瑟夫二世使用這些手稿地圖計畫他的匈牙利之旅，並且據此做出經濟政策方面的決定。[9]

在這個製圖計畫背後的是經濟財政上的考量，其目的在於透過對自然資源的分類同時研發新的製造技術，來部分實現自給自足的目標。十六世紀哈布斯堡王朝的統治者收集稀奇標本，目的在於引發讚嘆並充作權力的象徵，而十八世紀的重商主義官房學派則從實際角度，重新賦與自然多樣性的價值。這些信仰官房學派的人與文藝復興時期收藏珍稀標本的人不同，因為前者的自然知識明確是與土地關聯，與資源的地理分布有關。官房學派因此幫助將注意力集中在作為一個單一領土單位的哈布斯堡王朝疆域。更重要的是，官房學派幫助奧地利踏上一體化經濟實體的道路，讓它在地理上劃出數個中心以及邊緣地區。約瑟夫二世逐漸取消內部關稅，雖然以犧牲一些當地生產者的利益為代價，但對如今他口中「王朝乃一整體」的說法有利。[10]

儘管哈布斯堡王朝的普通臣民從未見識過約瑟夫二世新的軍事地圖，但是他們也以其他方式經歷王朝版圖觀念轉變的過程。就像法國大革命，中央集權既涉及度量衡的標準化，也涉及內部各種邊界的合理化。因此，瑪麗亞・泰瑞莎（Maria Theresa）女皇在一七五六年採用了維也納驛站里（Viennese post mile）*，直到一八七一年引入公制時為止，這一直是度量距離的標準。此外，中世紀依重疊之封建領地課稅的制度，逐漸被調整為以地圖套疊（overlay）呈現之統一的、連續的地籍稅區市鎮（Kadastergemeinde）。這些市鎮的邊界都是根據可見的自然地標（例如樹木、丘陵、河流或邊界石）劃定的，在某些情況下與該地區的人文地理有很大的差異。在十八世紀後期和十九世紀初期由中央集權政府全權掌握的內部邊界重新劃分中，直到一八四八年和一八六七年的改革之前，這些市鎮邊界仍然是哈布斯堡公民最容易意識到的邊界。它們「一方面標誌了自治的範圍，另一方面授予每位公民有權享用的居住空間。」不過，令人驚訝的是，約瑟夫二世時代沒有任何地圖標出市鎮的這種網格。該計畫一直到一八六一才完成[11]。總之，王朝的空間經驗正在發生變化，但其一開始只是以視覺方式進行記錄。

從一七八〇年代開始，奧地利由於許多因素而見證了製圖業的蓬勃發展，其中包括約瑟夫二世執政期間放寬了審查制度，而此舉大大促進了出版業的發展。此外，約瑟夫的經濟政策取得成功，這創造出一個商人階層，讓他們能有錢購買印刷品。最後，維也納在一七六八年成立訓練鐫

* 譯注：約合七・六公里。

版工學校，這也是因素之一。一七〇〇至一七七九年之間，奧地利境內總計僅出版三百張地圖，而一七八六至一七九〇年之間就同樣也出版了三百張。這些地圖中標出了新取得的加利西亞和布科維納等領土，以及匈牙利的軍事邊區巴納特。[12]

最早出版之涵蓋現代王朝全境的地圖，反映了十八世紀運輸和通訊事業的擴展。[13] 其中包括最原始涵義的郵務驛車路線圖（Postkarten）。一幅一七八二年哈布斯堡王朝境內的該項地圖（見圖十五）上面印有一幅圖畫，呈現馬車順著蜿蜒的道路行駛，而遠處則依稀可見帝國西南角的風光，彷彿邀請觀眾前去逛上一圈似的。[14] 另一張出版於一七八五至一七八六年的

圖十五：帝國—王國領土的郵務驛車路線圖（部分），喬治・伊格納茲・馮・梅茨堡（Georg Ignaz von Metzburg）作，一七八二年。

地圖也流露出類似的精神：描繪了一條預計可將奧地利主要河流連貫起來的運河系統，而目的是「促進國內來往以及和外國的交流」。[15]該計畫後來證明是行不通的，因為工程師對阿爾卑斯山和喀爾巴阡山脈的實際海拔幾乎沒有概念。但是，此類地圖吸引了大家對於人民、商品和訊息流通（無論是真實或是潛在）的注意。

十八世紀後期出現了第一批標示「自然和工業生產品」的地圖（即我們所謂的哈布斯堡領土經濟地圖）。《維也納日報》（*Viener Zeitung*）曾對於圖十六那張地圖如此評價：「該圖主要的重點在使傑出的公眾熟悉每個省分的自然寶藏以及製造成品。」一如該圖所呈

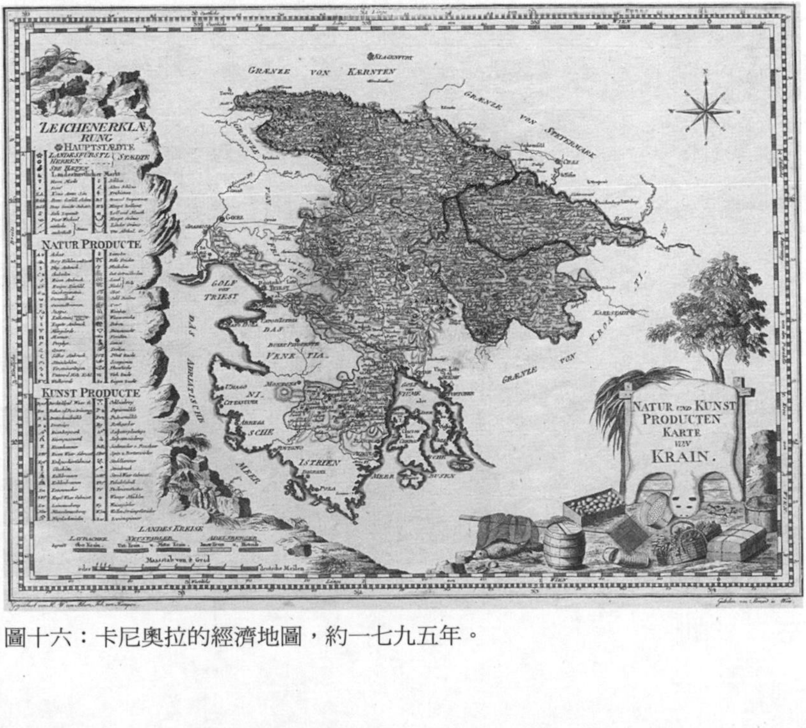

圖十六：卡尼奧拉的經濟地圖，約一七九五年。

現，繪圖者努力要將所有此類資訊全部登載上去，以致圖面擁擠不堪，達到辨識維艱的地步。[16]

這些十八世紀地圖有兩個方面特別值得我們注意。一種是氣候方面的訊息幾乎付之闕如。在這些地圖中，氣候資訊僅以注釋的形式呈現，簡單提及某某季節其地域可以通行與否。[17]有助於農業地理或醫學地理有幫助的各種氣候訊息並未顯示在地圖上，因為這些訊息尚未被集中統合起來。有些地方雖也記錄氣候數據（例如由從事醫學地形學〔Medical topography〕＊的醫生或由農業改良協會加以記錄），但這些都只是地區性的計畫，並沒有採用跨大區域的標準化測量方法。其次，顯然幾乎沒有人設法解決製圖符號大肆增加的困擾，統一符號的事尚待努力。這些地圖告訴我們，在十八世紀後期製圖業爆炸式發展的期間裡，大家耗費大量心思來標示哈布斯堡疆域內的地理分布狀態，和令人印象深刻之自然資源的多樣性，然而，幾乎沒有人嘗試開發適合凸顯前述特色的視覺表現方案。

奧地利帝國的奇蹟

拿破崙蹂躪中歐之後，人們首度感到有必要制定這樣的方案。神聖羅馬帝國皇帝法蘭茲二世被摘掉了他的帝國皇冠，但被允許帶上新的一頂。他成為「奧地利皇帝」法蘭茲一世，首度以一個單一頭銜將哈布斯堡王朝的世襲領地統合起來。[18]為了使整片疆域上的人民團結起來對抗拿破崙，法蘭茲一世設法灌輸人民一種全新「奧地利國」的認同感。政府發出新的告示，呼籲各界為「愛國計畫」（Vaterlandskunde）作出貢獻，而其內容旨在頌揚奧地利土地和人民的諸多優點。出版這些計畫的目的不僅在於抵制法國人的詆毀，而且還可以壓下被拿破崙占領行動所激發出的狹隘地方認同主義。新的「愛國計畫」發展出被沃納·特萊斯科所貼切稱作為「百科全書美學」（encyclopedic aesthetic）。[19]

這項計畫早期的成就包括出版《奧地利帝國土地與人民的非凡之處》（*Marvels of the Lands and Peoples of the Austrian Empire*, 1809）與《奧地利帝國的自然奇觀》（*Natural Wonders of the Austrian Empire*, 1811）[20] 等自褒性質的書。這兩本著作均由身為專業作家、編輯兼業餘博物學家的弗朗茲·薩托里（Franz Sartori）執筆。薩托里在稍後職涯中擔任《祖國畫報》（*Vaterländische Blätter*）的編輯時，曾對「奧地利」文學進行了一次調查，而根據他的定義，這種文學「不僅是日耳曼人的文學」，還包括「所有那些語文和教育水準都發展到足以擁有自己文學之各族人民的文學」，其中包括「波希米亞人和摩拉維亞人、斯洛伐克人和波蘭人，魯塞尼亞人（在加利西亞和匈牙利）、塞爾維亞人（在匈牙利、斯拉沃尼亞和達爾馬提亞）、克羅埃西亞人、溫德人（在奧地利內部和匈牙利西部）、匈牙利人（或稱馬扎爾人）、猶太人和希臘人。」而其他人，「例如

---

* 譯注：對特定地理位置進行系統化的調查、地圖繪製與描述，研究其可能影響健康和疾病的物理特徵。

瓦拉奇人（Wallachians）、亞美尼亞人、吉普賽人、克萊門汀人（Clementines）和鄂圖曼人）則尚未達到擁有「自己的」文學的地步，不過將來有一天（薩托里暗示道）這些民族也會產生夠格被收進合集的東西。薩托里將這個計畫描述延續為哈布斯堡王朝長期資助科學之傳統。他向讀者展示的是「三千二百萬人口的知識產出，即奧地利各個民族長達數百年文化歷史的輝煌……讓人一次飽覽整體的成果」[21]如此一來，他認為十九世紀初的文化民族主義運動的學術工作，實際上可以為效忠哈布斯堡王朝的話語奠定基礎。

簡言之，「愛國計畫」可以與各省的「地域研究」齊頭並進發展。這是一門同屬自然和人文科學的綜合學科。它那百科全書式的風格，試圖將對於地方和民族之研究的大量成果，歸納為哈布斯堡王朝「多樣性中求統一」之美學上令人愉悅的形象。這既是一項「策略—行政」的事業，一種使人民和領地可供政府辨識的手段，又是一種美學與意識形態方面的追求，讓各方對哈布斯堡王朝土地的各種「奇觀」發出讚嘆。

但是「愛國計畫」在薩托里一生的事業中只占次要的地位。令他脫穎而出的其實是一八四八至一八四九年的革命事件。忠於哈布斯堡王朝的知識分子在面對現代的、風行的民族主義運動的挑戰時，開始為新時代形塑超民族的意識形態。自由主義者認為，在政治上，國家需要在集權與分權之間取得良好的平衡，建立一個共同的法律和經濟框架以及一個共同的「奧地利」認同，同時也應允許地方自治。套用自由主義政治家維克多・弗朗茲・弗賴爾黑爾・馮・安德里安・維爾伯格（Victor Franz Freiherr von Andrian Werburg）的話：目標是「在不損害整體統一的情況下保留各省的地方差異。」[22]

視覺化的祖國

作為一項美學事業而發展起來的「愛國計畫」，主軸乃是西蒙尼的一個願景。西蒙尼受馮・圖恩*（von Thun）部長的邀請，設計了一項自然地理研究計畫，並於一八五一年二月提交教育部。自然地理作為哈布斯堡各個大學中的一門專業學科，將須負責統一呈現整體王朝之自然的多樣性：

> 作者尤其堅信，必須始終如一地呈現這個主題，並儘可能大量引用奧地利土地本身之自然多樣性所提供的豐富證據。藉由直接觀察，在文字和圖像上生動描繪出該帝國各地區最值得注意以及最具啟發性的自然現象，這將有助於喚醒對於偉大、美麗、統一之祖國的愛和熱情。在作者看來，到王朝的各個地方旅行似乎是該教授職責最重要的一環，因為如此一來，

---

* 譯注：即本章前文提及的里奧・馮・霍恩斯坦（Leo von Hohenstein）伯爵。

他們可以逐步獲得所需要的第一手資料，同時收集可以豐富呈現研究主題的材料。[23]

在這段文字中，我們可以看到許多在未來幾十年中，令哈布斯堡的自然地理研究顯得與眾不同的地方。首先，它具有愛國主義的價值觀，這對一八四八年後的政治局勢而言至為關鍵。我們也聽到了在拿破崙戰爭之後，對於先前推出之「愛國計畫」的迴響，因為其中充滿對於哈布斯堡王朝自然奇觀的關注。我們同時也可看出研究計畫的綱要：強調獲取王朝「各部分」的第一手知識，亦即只能透過科學踏查以及贊助自然史收藏品方能獲取的知識。最後，西蒙尼提到需要「利用文字和圖像」（durch Wort und Bild）對自然現象進行「生動的」（lebendig）呈現。這些關鍵字讓我們得以一窺當時迅速風行的教學原則。在奧地利，波希米亞愛國者對十七世紀異端揚·阿摩司·寇免斯基（夸美紐斯）的著作產生了濃厚的興趣，因為他曾大力推崇視覺教具的教學價值。根據西蒙尼的闡述，這些「生動的」表現形式包括「全景圖和輪廓圖、代表性的景觀特徵和值得關注之個別自然史地點或物體的圖像，再加上各式各樣的圖解形式」，所有這些都需要配套並加以不斷改良，以做為科學講授的輔助。[24]西蒙尼堅持此類視覺輔助教具的要求：它們的尺寸必須夠大，必須印刷在牆壁大小的紙上以利公開展示，並應妥善保存在專屬的檔案中以避免損壞。為了讓自己有充裕的時間製作如此工程浩大的圖像，西蒙尼要求將課程的節數盡量減至最少。值得注意的是，馮·圖恩部長同意了。西蒙尼只須在冬季學期授課，並在有需要時隨時請假。[25]

諷刺的是，西蒙尼從未利用這項自由來探索阿爾卑斯山、波希米亞和卡尼奧拉以外的王朝領土，甚至連喀爾巴阡山脈都不曾吸引過他。雖說他協助建構後革命時代的帝國科學理想功不可沒，但他畢竟屬於老一輩的人物，其科學上的關注重點仍然集中在阿爾卑斯山的自然史上。

儘管如此，他還是為「奧地利難題」設想出細緻的解決方案。西蒙尼用來輔助授課的大多數氣象地圖和圖表尺寸過大，不但無法出版，後來也都佚失了。但是他透過精心觀察所畫出來的許多風景畫和素描幸好都保存下來（見圖十七和彩圖二）。這些作品在在印證了他的創新方法，因為他在構圖中捕捉了精緻的細節，同時這些構圖的前景、中景和背景卻又層

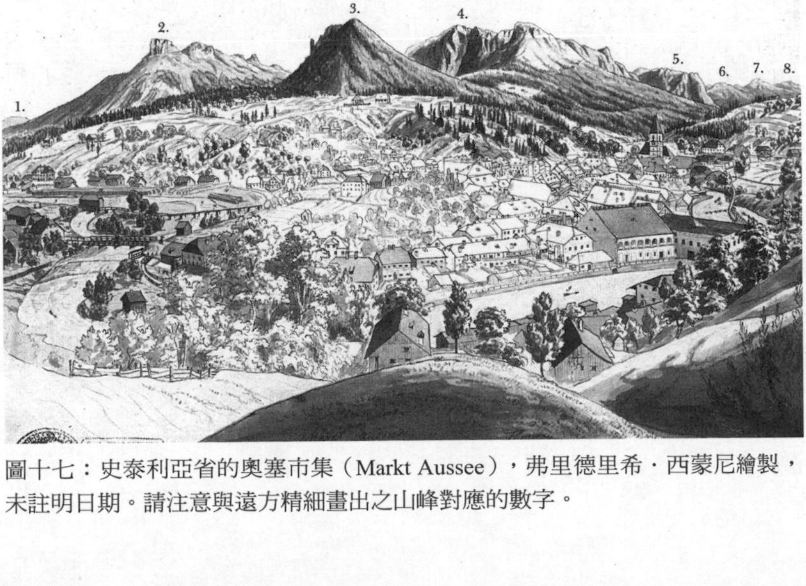

圖十七：史泰利亞省的奧塞市集（Markt Aussee），弗里德里希．西蒙尼繪製，未註明日期。請注意與遠方精細畫出之山峰對應的數字。

次分明、清晰可辨。在西蒙尼筆下的阿爾卑斯山全景中，還有比細節勾勒更加出色的一點，就是他創造了畫面的縱深感。繼西蒙尼擔任維也納大學自然地理學教席的阿爾布雷希特・彭克指出，一部分因為西蒙尼選擇了適當的立腳點方能達到此效果，另一部分乃是他用粗筆劃出前景，再用細線勾勒遠景的關係。他發現如果在遠景中加入大量細節就可使遠景變得暗淡，變得渺遠，而這是攝影術無法達到的效果，因此西蒙尼經常在風景照片中的背景添加細節。[26]

西蒙尼的繪畫技術雖然是為科學目標服務，但也反映了奧地利戶外寫生風潮的興起。藝術史學家托馬斯・赫爾穆特（Thomas Hellmuth）指出，奧地利畢德麥雅藝術（Biedermeier art）*的主要特徵是對自然細節的關注以及統一的、完整的總體美學印象。赫爾穆特就舉費迪南德・喬治・沃爾德米勒（Ferdinand Georg Waldmüller）在一八三〇年代和一八四〇年代畫出的鄉村風景（包括西蒙尼最喜歡之阿爾卑斯山各角落）為例。[27]這些藝術家特別志在捕捉大氣變化所造成之細微而短暫的效果。[28]西蒙尼在一系列熱門的演講中談到了風景畫與氣象之間的關係。他的目的在於說服聽眾，大氣狀況非常值得畫家投入最密切的關注。「假設沒有整個無休止的、千變萬化的氣象循環過程帶來戲劇性和多樣性……那麼陸地和海洋將顯得多麼沉悶、多麼單調。」大氣變化可能以戲劇性的方式改變風景。例如，冬季最寒冷的時候，能見度便會急劇提升，這是一八四七年二月他在海拔三千公尺的阿爾卑斯山上連續度過七十二個小時所觀察到的現象，當時「二十餘英里外的阿爾卑斯山峰展現出清晰的輪廓，甚至其山形的個別細節亦復如此。」[29]在這些演講中，西蒙尼解釋例如絕對濕度和相對濕度之間差異這樣的技術概念、上升氣流背後的熱力學原理以及雲的分類。實際上，他在教導聽眾，不要僅把大氣視為單純的背景，而是要將之看待為較暖與較冷空氣之間、較濕與較乾空氣之間彼此劇烈對抗的地方。甚至是景觀中雲朵這種稍縱即逝的特徵也「取決於溫度、濕度和大氣層運動的交互作用，取決於太陽的位置、地球表面的成分構成以及土地的植被。」[30]

小說家阿達爾貝特・施蒂弗特將西蒙尼的美學課程，灌輸給更廣大的群眾。施蒂弗特《夏暮初秋》中的主角（顯然描摹西蒙尼本人）明白，在畫風景畫時忽視大氣的光學影響是錯誤的。他的良師教他認清自己先前忽略的東西：

> 多虧朋友的批評，突然間我意識到，必須觀察並熟悉一些截至當時為止自己一直認為微不足道的東西。物體會因空氣、光線、霧氣、雲彩和附近其他物體的影響而呈現另一種外觀，而這是我必須去探索的，並且應該將其成因當作我的研究主題，因為以前我只重視那

* 譯注：「畢德麥雅時期」指德意志邦聯諸國在簽訂《維也納公約》至資產階級革命（1848-1815）之間的歷史時期，常用來指涉文化史上「中產階級藝術」，其文化和藝術品味常表現出在家庭音樂會、室內設計與時裝上。文學上則以「襲舊」和「保守」為特色，作家普遍遁入田園詩中或是投身私人書寫。

> 些立即跳入我眼簾裡的東西。如能辦到這點，我就有可能成功地再現那些泳動在某種介質之中，以及其他實體之間的物體。[31]

西蒙尼和施蒂弗特因此教導廣大群眾，將大氣視為一種連結的媒介以及風景的動態元素。這些都是對奧地利「愛國計畫」視覺藝術思想的重要貢獻。

地質之眼

地質學是第一個直接面對「奧地利難題」的領域。一八一四年創立於維也納的帝國—王國礦業博物館徵收整合了往昔隨意收藏在王公貴族「奇珍櫃」中的礦物和寶石，並將它們以現代地理學的原則進行重組，而這就需要了解整個哈布斯堡疆域中礦物的空間分布，也需要繪製標準化、統一之「地球構造學」（geognostic）地圖。這種地圖是以主要的岩石類型來定義一個區域的。

首張這一類型的地圖是在威廉・海丁格的指導下，於一八四五年製作完成。他以當時現有的區域地圖為基礎，再加入自己的田野研究進行補充。他對這過程的描述相當有啟發性：「每一幅較為詳細的地圖，都會顯示出對於當地非常重要的岩石組成差異，但在較低的放大倍率下就會消失，並被併入某一相鄰的地層。」[32] 對於那些非常重視在地差異的地質學家而言，其結果便是必須投入費時的、不必要的田野工作來復原丟失的細節。因此，地質圖繪製者的工作便是判斷局部細節對於較大之地質結構呈現的重要性。從這層意義上講，海丁格的計畫可以看作是愛德華・修斯等下一代人實現全球地質綜合（global geological synthesis）工作的先驅（一八五〇年修斯還是大學生，在海丁格處兼職從事整理帝國礦物收藏品的工作）。因此，海丁格面臨了為帝國全景概覽圖選擇合適比例尺的問題：「王朝各領地的性質很不一致，一邊以山脈為主體，另一側是匈牙利大平原，這些全部似乎都需要不同的處理方式。」確實，波希米亞、南提洛和採礦區的地質地層十分複雜，比例尺不能太大。然而，這種地圖出版時不能用太多張數，因為它原先的目的在於「以低廉的價格儘量吸引最多的公眾」，也希望能藉此

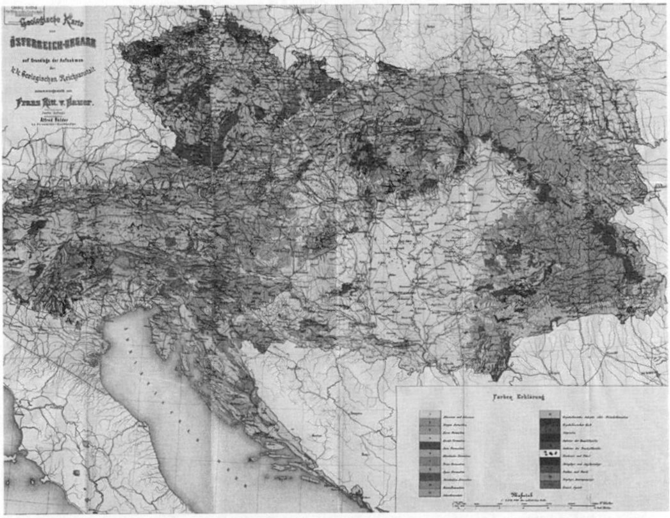

圖十八：《以帝國—王國地質研究所之調查為基礎的奧地利—匈牙利地質地圖》（*Geological Map of Austria-Hungary, on the Basis of the Survey of the Royal-Imperial Geological Institute*），弗朗茨・馮・豪爾，一八六七年繪製。

激發進一步研究。[33]海丁格最終決定採用以一比八十四萬的比例尺，而這也是帝國—王國軍事地理研究所出版之路線圖的比例。

海丁格在呈現《一八四五年地圖》時表示，這是一件進行中的工作，是未來進一步研究的基準。他十分希望公眾將自己的在地知識提供給該項任務，並且為他指出謬誤，以利更正。他確實曾將這份地圖的早期草稿，拿給王朝疆域內各個地方科學學會的同僚過目，以便聽取批評並加以修改。正如他所明確指出，地質概覽圖只能由各省學會與中央機構密切合作方能得出。在他看來，哈布斯堡王朝科學的未來，重點在於只將部分而非悉數的知識產生集中。因此，他邀請「對我們國土具地質知識的所有朋友」對該圖進行補充和更正。[34]

帝國地質研究所於一八四五年成立時，第一批數一數二重要的工作就是用真正統一的比例尺繪製哈布斯堡王朝的地質概覽圖，取代海丁格那份一八四五年的地圖。因此，到了一八六三年，「奧地利—匈牙利整片領土，從倫巴第（原文如此）到布科維納，從達爾馬提亞到易北河谷地之間」的地質圖便以一比十四萬四千的比例尺被繪製。[35]此成就的重要性在於擴大研究領域，使其跨越個別的王室領地。在一八四〇年代的調查工作中，海丁格已經開始以帝國—王國科學家的高度思考問題，那是局限在狹窄視野中的人所無法企及的連貫性：「你可以調查完一片君主領地後，再調查另一片君主領地。但是山的性質特殊，如果你想沿著人為邊界進行這種畫分，那是徹底行不通的。」海丁格堅信，大部分奧地利地區都以一個「山地系統」為主幹（包括阿爾卑斯山和喀爾巴阡山脈），所以必須清楚加以呈現。這是對於王朝領土實體之新穎、連貫與宏偉的構想。[36]

氣候圖的繪製

繪製奧地利地質概覽圖過程中遇到的許多障礙，也在繪製氣候圖時出現相應的難題。但是後者所遭遇的挑戰更加複雜，因為氣候圖是一種全新的類型。直到十九世紀，一般僅能根據緯度來繪製氣候帶。一八一七年，亞歷山大・馮・洪堡德引入了**等溫線**，這是從經驗出發所繪製的氣候分布情況。等溫線是連接等溫點的線，此繪圖方法是利用在各測量地點取得的溫度，使用插值法而繪出。十九世紀的科學家一眼就可以看出等溫線所隱含的訊息。這種圖以封閉的圈形表示溫度較高的區域，而當許多曲線匯聚成束時，就代表溫度會在短距離內迅速變化。[37]但是，洪堡德的數據非常有限，因為整個地球表面只有五十八個觀測點，而位於亞洲和非洲的更少至僅兩個（見圖十九）。

隨著觀測網絡分布得越來越密集且普遍，同時引入分析和呈現數據的新方法，等溫圖在十九世紀後期變得更能反映現實。一八四八年，海因里希・多夫（Heinrich Dove）發布了一張全球溫度的分布圖，這是參考九百個觀測站數據所繪製，其後於一八六四年發布的圖表更參考了全球二千個站點的數據。氣候圖也開始呈現除了溫度以外的其他因素。[38]阿方斯・德・康多爾

（Alphonse de Candolle）和弗拉迪米爾·柯本設計出基於植被分布所推算出、具有影響力的氣候分類系統，而阿爾布雷希特·彭克則參考濕度，設計出另一款分類系統。隨著可取用的數據越來越多，出現了彼此競爭的態勢，每種方法適合應用於不同地方，從植物地理學、地質學再到人類生物地理學。然而，像這樣的分類（以個別氣象因素或是氣候對生物的影響為基準）有時因太注重氣候的影響而非「本質」（essence）而受批評。[39]哈布斯堡自然地理學家亞歷山大·蘇潘試圖弄清這一本質。他根據年平均溫度範圍（最溫暖和最寒冷月份的溫度差）將「大陸性」地區與「海洋性」地區區分開來。儘管如此，蘇潘也承認，沒有哪個分類方法是絕對的。[40]

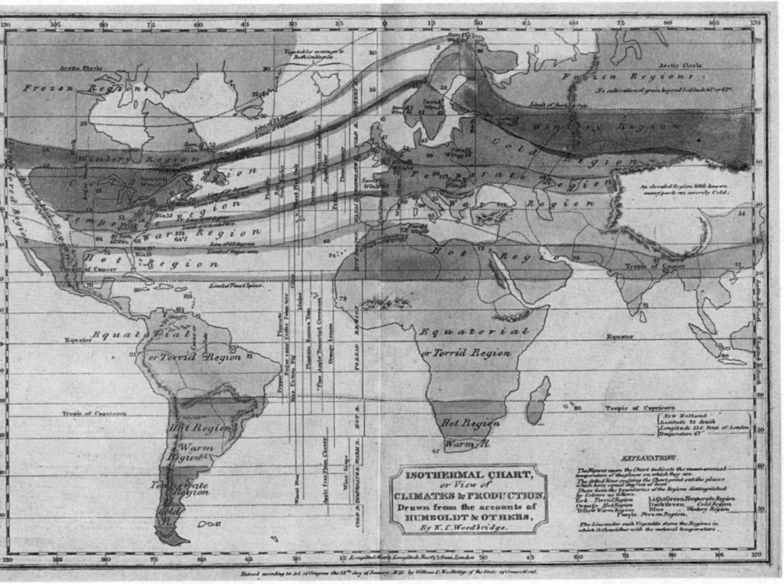

圖十九：第一張全球等溫線圖，約一八二三年。

所有這些計畫的共同點是沒有呈現天氣現象。氣候呈現為一個靜態變數，是一個長期的平均值，其中看不見天氣在時間尺度上的現象（如雲、風暴和強風）。如何才能清楚呈現氣候的動態性質呢？一張地圖怎麼能代表時間和空間中波動的現象？[41]

一本哈布斯堡世界的地圖集

到了一八九八年，當奧地利－匈牙利慶祝弗朗茨．約瑟夫皇帝在位五十週年之際，哈布斯堡的田野科學家們可以驕傲地回顧先前半個世紀，該國於地形學、地質學、地震學、水文學、氣候學、植物學、動物學和民族學的蓬勃發展，因為這些學科已成功地「將實用地理學置於科學的立足點上」。[42]所有這些活動所造成的結果，是資訊量的超載，以致需要尋找解決「奧地利難題」的新方法。

一八八二年至一八八七年之間，愛德華．霍澤爾（Eduard Hölzel）在維也納的印刷廠，出版了第一本奧地利－匈牙利的主題地圖集。這是一項開創性的工作，採用了嶄新的方法來視覺化自然地理以及人口統計學的數據。[43]即使在王朝崩解後，該地圖集仍繼續被視為該地區人口統計資訊的重要來源，因為「那仍然是對『奧地利難題』最好的地圖呈現。」[44]這本地圖集以一系列溫度和降雨的分布圖作為開場，將其視為劃分王朝疆域自然區域最基本的依據。它提出了兩種分類方案：其一是基於溫度（見彩圖三），據此確定了二十二個「自然氣候區」（natural climatic regions）；其二是基於降雨，據此區分了七個區域。接著，該地圖集從氣候學轉向水文學、地質學與植被狀況，最後再轉向各種人口統計學和民族學的地圖。該地圖集中，後面的地圖會參考前面的地圖，以強調環境因素和人為因素的相互依賴性。例如，約瑟夫．夏萬尼（Josef Chavanne）的「森林地圖」會讓讀者回頭參考海拔、地質、降雨和溫度的地圖，然後本身又是後頭經濟生產地圖的參考地圖，以俾讀者掌握決定森林覆蓋率分布的各種因素。該圖集通過採用統一的設計，所以促進了讀者對於相關因素彼此相關性的理解。在總計三十五張的地圖中，以一比二百五十萬比例尺繪製的地圖有十九張，以一比五百萬比例尺繪製的則有十六張。設色方案即使不盡每張相同，至少也是彼此相關。在可能的情況下儘量使用德語地名，而圖例和解釋僅以德文為之。有趣的是，有一整面的雙內頁印上四張比例尺一致的彩色王朝地圖，分別交代了城鎮、降雹、文盲和豬隻的分布情況。正如海拔地圖上所附的文字說明：「奧地利—匈牙利是一個特別讓人可以清楚了解土地物理條件與庶民實際文化條件之間相互作用的國家；從這兩個層面來看，土地的複雜結構為發展和形成提供了多樣化的條件。」[45]根據這種邏輯，自然地理特徵的精微漸變，也使人對文化差異的理解更加細膩。

然而，一張小比例尺的地圖（即一張小紙上印上大面積地區的地圖），如何能將所有相關的局部細節都一網打盡呢？例如，如何在一張同時呈現阿爾卑斯高聳山地與匈牙利平原平坦土地的地圖上說明海拔？有人可能會選擇一種反映峰谷之間劇烈反差的方案，其他人則可能選擇反映高度細微變化的方案。但是，能否同時實現兩個目標呢？這是「奧地利難題」經典的棘手實例，但一八八七年出版的地圖集顯示一些更巧妙的解決方案。

當時，被用來表示海拔的方法有好幾種。陰影線（hatching，以細線表現陰影）是最古老的方法，並且由於一八〇〇年左右開始採用石版取代銅版雕刻的技術，這種過程變得更快且更方便。輪廓線也是從十八世紀末便開始採用。稍微較新的技術是亞歷山大．馮．洪堡德為自然地理所開發的「剖面法」（profile）或稱「水平截面法」（horizontal cross-section）。[46]奧地利的製圖師選擇用色彩來表示海拔，在某種程度上回應了人們對於更精確之阿爾卑斯山地圖的需求。使用各種顏色呈現可能會帶來立竿見影的視覺效果，特別是對較粗略的概覽圖尤其有效，而其目標則在呈現「塑性」（plasticity），這代表三度空間的視覺效果。這種後來被頻繁使用的方法，是由維也納的軍事製圖師弗朗茲．馮．豪斯拉布（Franz von Hauslab, 1789-1883）所開發。根據豪斯拉布的原則，顏色應該隨著海拔的升高，從淺到深加以分層，每種顏色都應該與系列中的前一種顏色明顯區分開來。該方法由維也納和布拉格的製圖師（包括弗里德里希．西蒙尼）加以落實，而廣泛流傳於哈布斯堡的學校地圖集與牆壁掛圖上。相較之下，威廉皇帝統治下之德意志所使用的海拔圖則傾向於使用兩種簡單顏色的方法，低地為綠色，山脈為棕色。[47]一八八七年的奧地利—匈牙利地圖集採用豪斯拉布的設色方案來描繪海拔，唯一不同的地方僅是選用淺藍色來表示霜雪終年不化的最高峰。

奧地利在標繪海拔高度方面的試驗中顯得獨特，但不僅止於設色，更引人注目的其實是如何呈現垂直狀態的理論根據。普魯士西利西亞的地理學家卡爾・皮克（Karl Peucker）在一八九〇年代開發了一種頗具競爭力的系統。這位曾在一家維也納出版社工作的專家，參考物理學、心理學以及色彩感知生理學的研究，發明一種他認為能給人更逼真印象的配色方案。豪斯拉布以前曾建議使用深色代表海拔較高的區域，但皮克卻呼籲使用他自己定義下「更豐富」的顏色來表現較高海拔。他還為製圖師精確區分出兩個製圖時必須優先考量的詞彙：其一是「可測性」（Meßbarkeit），即地圖上之相對量值（magnitudes）對應其所代表對象之相對量值的程度；其二是「可視性」（Anschaulichkeit），即地圖上之相對量值讓人一目了然，彼此間呈現的比例就和現實世界中物體的比例**沒有兩樣**。皮克體系在奧匈帝國內外都極具影響力。一九一三年，這個系統被《世界國際地圖》（*International Map of the World*）採用，從而由超民族國家可視化的解決方案，轉化為描繪全世界時的關鍵。[48]

「奧地利難題」不僅出現在海拔高度圖而已。奧匈帝國一八八七年的地圖集也呈現出我們稱之為自然地理和人文地理的範圍之間，如何進行劃分的苦心。對於語言使用分布圖而言，政治風險的程度是最高的。該地圖由弗朗茨・勒・蒙尼爾（Franz le Monnier）繪製，根據的資料則來自一八八〇年人口普查的統計數據。該圖亦使用顏色將一地的差異加以視覺化。先前馮・切爾尼格於一八五五年出版的民族誌地圖，僅呈現每個城鎮主要使用的語言。勒．蒙尼爾觀察到此地圖因而忽略了「較小的少數民族」。他的解決方案是用多種顏色來凸顯城鎮語言混雜的狀況：以彩色圓點代表百分之十至百分之二十九的人口所使用的次要語言，而以條紋代表百分之三十至百分之五十的人口所使用的語言。這種選擇具有明顯的政治意涵：「德意志人現在看來**不僅是人數最多的民族，而且還是分布範圍最廣的民族**。」[49] 勒．蒙尼爾不但使用鮮豔的粉紅色來強調德語人口的優勢，而且還有助於畫定政治邊界。然而，他的地圖是個異數，是唯一暗示哈布斯堡王朝的團結統一，乃起源於德意志文化的地圖。

相反，地圖集裡其他地圖所傳達的訊息，毋寧是各民族的統合源自於環境中的相互依賴。就舉流域地圖為例。這張地圖若與地圖集其餘的部分結合來看，就能說明地貌（geomorphology）與氣候等物理因素（也具商業和運輸因素的特徵）在塑造奧匈帝國水文中的作用。隨圖附上的文字說明強調多瑙河沿岸的海拔高度、地質、溫度和植被等各種各樣令人印象深刻的狀況。「這些素在極端情況或在不同程度上，會與當地形成相互依存的關係，水文作用也會根據程度而有所變化。」因此，該地圖顯示了影響水文的因素，「無論是單獨還是在變數相互依存連結的情況下產生影響」。因此，其目標是呈現自然和人文的在地變化，將那些變化視為一個更大整體中相互依存的部分。為了實現此一效果，該地圖將超過一半的王朝疆域納入多瑙河盆地的範圍，一律用畫上陰影線的藍色來表示。至於由多瑙河支流所界定的較小區域，則僅用文字指明，以免破壞那一大片藍色的統合效果。如此一來，該地圖就將多瑙河沿岸水文條件的多樣性，納入了**歐洲最大流域的統合概念**，並且呈現一體的形象。[50]

「等溫線也夠了吧」

一八八七年的奧地利—匈牙利地圖集包含七幅氣候圖：三幅為溫度，四幅為降水，而且全部都顯示出「奧地利難題」一個特別棘手的例子：如何運用來自不同地方條件影響之氣象站的數據，描繪總體的氣候模式。這是科學國際化的決定性挑戰，而哈布斯堡王朝的科學家在自己國家邊界內解決了這個問題。

繪製等溫線的工作確實使「奧地利難題」突顯出來。在山脈上，小範圍的氣候變化令大範圍氣候學的策略窒礙難行。特別須注意的是，溫度隨地形高度而起的變化，比起溫度隨水平距離的變化約大上一千倍。索緒爾（Saussure）在十八世紀，首次測量阿爾卑斯山的溫度隨著高度增加而下降的情況，可惜未能歸納出普遍定律。朱利葉斯．漢恩在一八六〇年代使用熱力學的理論來看待這個問題。根據他的推論，上升的空氣因進入低壓區而膨脹，並在這過程中散失熱量。但是這種氣溫的下降（稱為「氣溫垂直遞減率」〔lapse rate〕）似乎不是均勻的。約瑟夫．夏萬尼於一八七一年繪製出第一張奧地利—匈牙利的等溫線圖時，得出如下結論：「有關溫度隨高度增加而下降的規律，目前尚無定論。」[51]山地的觀測站以及風箏與氣球的運用結果都證明，「氣溫垂直遞減率」會隨著地區與季節的不同而改變。一位奧地利氣候學家在一九〇九年感嘆道：「等溫線也夠了吧，氣候學家之任務的定義是比較狹窄的，他們應該描述真實情況。」[52]

因此，在一八八七年奧地利—匈牙利的地圖集裡，夏萬尼放棄了簡化法（「因為它的價值微不足道」），以及由此而生的等溫線。他以豪斯拉布的方案為基礎，為封閉的曲線設色，以顯示不同季節的平均溫度分布，並且不以海平面作基準（見彩圖三）。亞歷山大．蘇潘已於一八八〇年為此開創先例，當時他正在處理部分從高原地區觀測站取得的數據。他先前曾尋求標準校正，以便將測量基準拉低到海平面。但他發現由於季節的不同，這種校正在某些情況下有用，在另一些情況下則否。因此，他選擇使用未校正的值，因為「這樣可使氣溫年度波動的水平分布規律，以最清晰的方式呈現。」[53]這樣的地圖顯示出，山的絕對高度並不是影響溫度最重要的地理因素，最重要的應該還是山脈相對於山谷的高度。當時，一些等溫圖已經開始顯示陸地和海洋對溫度的影響，例如向內陸彎進，代表較為溫暖的輪廓線。[54]不過，仍然很少人嘗試將山岳形態的影響加以視覺化。正如夏萬尼的觀察，海拔高度對溫度的影響主要取決於山脈和山谷的相對高度，而非山從海平面算起的絕對高度，因此他便忽略了輪廓線。山谷中的平均溫度通常最低，因為周圍的山脈阻擋了來自南部和西部之暖空氣的流入。換句話說，夏萬尼的統計和製圖方法開始產生可見的氣候動態，特別是地表形狀如何改變大氣的運動。

視覺化氣候動態的目標，也在夏萬尼為該地圖集繪製的另一張地圖〈暴風雨日的分布圖〉中被落實。較早期的風暴分布圖會將通報次數相同的觀測站表列出來，然後將歐洲粗略地分為夏季風暴區、冬季風暴區以及東部的冬季無風暴區。[55]夏萬尼的地圖根據完全不同的概念所建構，因為他打算用這張地圖呈現風暴產生的動態，而不僅是風暴發生的頻率。它揭露了往昔地圖所掩蓋的在地差異對比。他的地圖特別關注所在地的局部變化，也就是說，它揭示了地形對風暴的影響，例如維也納所顯示的風暴頻率要比維也納新城（Viener Neustadt）的頻率高，因為向南開放的彎谷（circular valleys）會比周圍地區更容易遭受風暴侵襲。

值得注意的是，漢恩在其《氣象地圖集》（*Atlas of Meteorology*, 1887）裡藉由完全不同的方法，也獲得了類似的動態效果。漢恩在構建他的全球等溫線圖（見圖二十）時，完全不用高海拔觀測站的數據，並將所有溫度的基準都拉至海平面，並採用每一百公尺／○點五度的氣溫垂直遞減率。他在地圖隨附的文字中，詳細說明了這些選擇的用意。漸進的氣溫垂直遞減率讓更高的海拔看起來比周圍環境溫暖，而陡升的氣溫垂直遞減率則讓更高的海拔看起來涼爽，這似乎是不利的。但在漢恩眼裡看來，這點不是問題。根據漢恩的定義，等溫線是用來呈現大氣層最低層之溫度的：「因為山谷是地球表面最普遍的住人地帶。」[56]換句話說，等溫線應該呈現氣候對人類生活的重要性。然而，漢恩還希望他的等溫線能夠說明山脈對溫度的**動態影響**。正如他所解釋，山脈因能屏蔽冷風，所以可能會導致氣溫變暖。此外，山脈因能防止經過輻射冷卻的空氣外流或是因能阻絕來自海洋較溫暖的氣流，所以可能導致氣溫變冷。關鍵是要能在地圖上看到這些因山岳形態所造成的影響，將山岳如何轉移氣流並重新分配熱的情況加以視覺化。漢恩認為，要做到這一點，就需要採用統一的氣溫垂直遞減率。所以，我們在漢恩的地圖上，可以看到山脈對溫度分布的實際影響，也就是他所謂的山脈動態影響。因此，例如在一月分的等溫線地圖上，我們可以看到西伯利亞有一個極端的冷島，該地區具有反氣旋

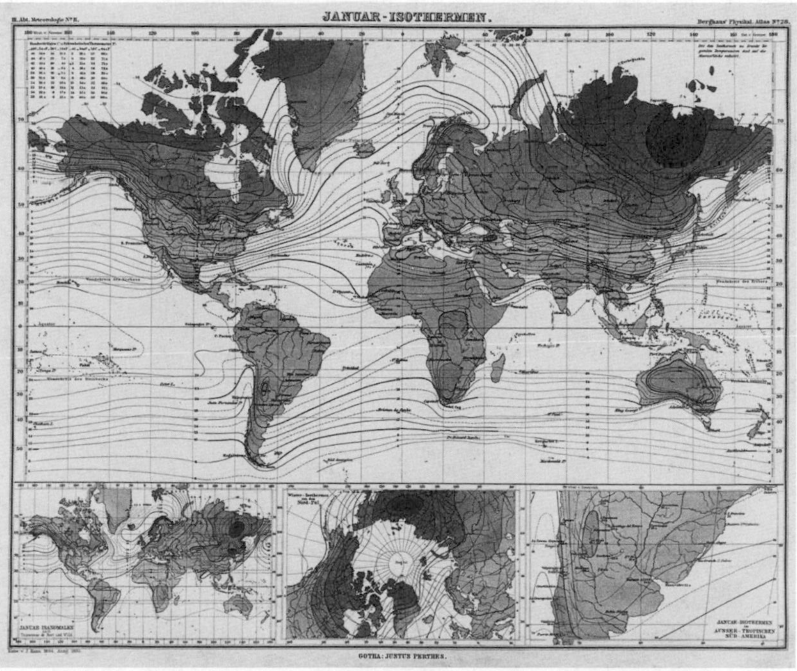

圖二十：〈一月等溫線〉，朱利葉斯·漢恩，收錄於《氣象地圖集》（*Atlas der Meteorologie*, 1887）。與一八二三年的地圖（見圖十九）相比，漢恩的等溫線會根據當地情況而彎曲。此外，也請注意我們在文中解釋過的西伯利亞上空的冷島。

條件時山谷的特徵，而且上空也盤旋一個高壓中心。俄羅斯氣候學家亞歷山大．沃耶伊科夫反對此說，因為他認為這個冷島不過是個假象，因為在反氣旋的條件占優勢時，山區的空氣明顯會比山谷的空氣溫暖。漢恩不同意對方的看法，並且主張冷島是氣候上的真實特徵，並堅持認為山谷的溫度對人類生活的影響最大。「這些地方都是實際上地球表面相對較涼或較熱的地方，這些等溫線圖能反映這些狀況，我認為是正面且有利的。」[57]

結論

從測站數據構建氣候圖時，一個基本問題是：如何評估相鄰站點所測得之溫差和壓力差的意義？這些是否反映了實際的變異？或者它們是測量過程人為因素的產物？例如，約瑟夫．瓦倫丁（Josef Valentin）在研究奧地利每日溫度變化的過程中始終認為，「在歐洲其他地方，很難找到像奧地利境內條件如此多樣化的氣象站。」[58]瓦倫丁指出，海因里希．懷爾德（Heinrich Wild）的研究成果《俄羅斯帝國的氣溫條件》（*Temperature Conditions in the Russian Empire*）出於此一原因而未採用維也納、布拉格、薩爾茨堡和克拉科夫等地哈布斯堡觀測站的數據。瓦倫丁並未質疑懷爾德的判斷，但他認為「這些在地局部受影響的溫度，並非真的沒有價值。」他進一步指出，奧地利的數據無法用俄羅斯所運用的方法來處理。雖然僅靠校準緯度和經度的方法即可滿足「俄羅斯帝國較為一致的山岳形態條件」，但是「顯然不能考慮將該方法應用於奧地利，因為其地表的各種形態千差萬別。」[59]如此一來，地形對每大溫度變化的影響本身就可以成為研究的對象。

簡言之，如果要正確處理奧地利自然地理的多樣性，那麼這目標會讓原本可能被視為不正常而遭屏除的測量方法具有重要的意義。哈布斯堡王朝的科學家們透過「奧地利理想」的視角來了解奧地利的氣候。他們認為這片疆域具有獨特的多樣性，因此他們開發出足以將這種多樣性加以視覺化的統計與製圖方法。由於這個緣故，漢恩相當信賴從各鄰近站點取得的不同測量結果（只要從在地地理的角度而言，他能找到有關那些差異的有力解釋）。

讓我們再看一次漢恩的那張全球等溫線圖。如何從歷史的角度看待它呢？一方面，它是我們當前氣候變化之數位模型演進過程中的一個階段。顯示對全球能量收支（Earth's energy budget）進行建模時必不可少的經驗數據，而實際上在第一次世界大戰期間，布拉格有位研究人員的確將其運用在此目的上。[60]然而，漢恩並不將其視為輸入電腦的數據，而是當作視覺傳達的一種形式。該地圖希望於多個尺度上都清晰易讀，同時傳達全球範式以及在地特色。對於漢恩而言，付出大量心血推行全球標準化測量其實具有更遠大的目的，即讓人能夠以多種尺度（例如由星球規模的力量以及地表之局部型態所決定的）將動態氣候加以可視化。因此，視覺呈現的這策略是十九世紀後期對氣候新認識之過程的一部分：從作為地球表面某些部分固定特徵的氣候，到作為跨尺度能量傳送動態系統的氣候。

第六章 氣候書寫的發明

一九〇一年，奧地利科學院慶祝ZAMG成立五十週年。慶祝活動是在科學院華麗的禮堂內以帝國氣勢的排場舉行。[1]學院的名譽院長雷納大公（Archduke Rainer）致開幕詞後，將後續交給了自由主義派的教育部長威廉・馮・哈特爾（Wilhelm von Hartel）。哈特爾有幸宣布了ZAMG一項雄心勃勃的新計畫：該機構積累五十年的觀測數據「將很快出現在一項具有劃時代意義的工作中，它將詳細描述我國如此多樣性之各地區的氣候，目的在於造福所有的人。」[2]此計畫的宏圖，一方面在於實現對整個國家做出前後一致、有條理之描述的夢想，另一方面又要合理處理「各組成部分的多樣性」。本章將聚焦於這個主題。

這項「具有劃時代意義的工作」計畫出版總計十七冊的巨著，其中每一冊，ZAMG都從教育部獲得二千克朗的補助金，大約等於帝國主要城市家庭傭人的年收入。[3]在接下來的十八年裡（也就是哈布斯堡國祚最後的十八年），帝國科學院監督了前九冊的出版工作。時至一九一八年，教育部宣布將繼續出版剩餘的冊數，所持的理念依舊是展現王朝昔日的統一局面，即使已經頹滅。[4]一九二七年和一九三〇年，奧地利共和國科學院出版了另外的兩冊。諷刺的是，其內涵與羅伯特．穆齊爾在《沒有個性的人》第一冊（1930）中諷刺帝國過去歷史的精神不謀而合。儘管該計畫最初雄心勃勃，但是最終離「全面性」的理想仍有一段距離。其中名為《奧地利濱海領土》（*The Austrian Coastal Land*）那冊其實只談到的里雅斯特而已。第一次世界大戰期間，談論卡尼奧拉的那一冊則因資金不足而放棄；有關布科維納的一冊雖然出版面世，但編寫期間卻無法參考已落入敵人手中的數據。論著摩拉維亞與西利西亞的那冊在一九一八年好不容易才擠出來，但波希米亞那一冊始終未能出版，這顯然是因為布拉格在一九一八年後，拒絕將資料交還給維也納。加利西亞因為觀測站的數量不足，因此也未能成冊。[5]顯然，整個計畫覆蓋的範圍並不齊整，並且偏向帝國的阿爾卑斯山地區，這點反映出該地區觀測網絡的密度較高、科學界對阿爾卑斯山的高度興趣，以及據稱在「邊陲地區」很難找到適合撰寫當地氣候狀況的在地作者（見表一）。但最引人注目的地方，還是未能按照預計目標出版的最後壓軸，亦即「對整個奧地利氣候條件、特點、差異對比以及天氣模式的綜合概述」。[6]假設要著手撰寫這樣的一本巨著，專家得要分析大約四百個觀測站，以及大約二十四萬一千平方英里的數據，從布科維納的乾旱平原一直延伸到福拉爾貝格白雪皚皚的山峰，再到亞得里亞海沿岸的島嶼。那是迄今為止最具雄心的經驗性氣候學計畫。[7]

表一 《奧地利氣候志》（*Klimatographie von Österreich*）系列中各冊（1904-1919）

省分	作者	年度
下奧地利	朱利葉斯・漢恩	1904
濱海（的里雅斯特）	E. 馬澤爾（E.Mazelle）	1908
史泰利亞	R. 克萊因	1909
提洛／福拉爾貝格	菲克爾（Ficker）	1909
薩爾茨堡・	A. 菲斯勒（A.Fessler）	1912
卡林西亞	維克多・康拉德	1913
布科維納	維克多・康拉德	1917
摩拉維亞／西利西亞	H. 辛德勒（H.Schindler）	1918
上奧地利	P. T. Schwarz（P.T. 施瓦茲）	1919
一九一九年後哈布斯堡各省相關的氣候研究		
濱海	E. 比爾（E.Biel）	1927
維也納	A. 華格納（A.Wagner）	1930

正如朱利葉斯．漢恩常掛在嘴上，氣候其實是一種統計上抽象的東西。它與我們直接經驗的天氣有什麼關係呢？靜態的平均值，如何顯示出歸納這些平均值的動態過程呢？這些難題也構成了文體上的挑戰，也就是文本體裁的問題。文類（例如地圖集、旅行敘事或者自然書寫）可以讓人將新訊息加以分類和消化。它們提供的框架通常符合期待，但又足夠靈活以便適應新的目的。它們可以生成意義，所產生的效果「比文本的顯性內容更深刻、更有力。」[8]

「氣候書寫」（climatography）一詞在一八一三年進入英文，並在一八三〇年代為德文所採用（參見《牛津英語詞典》）。但是，由於長期的區域天氣數據直到十九世紀中葉才開始提供，因此當時還不是一種定型文類。一八〇〇年之前，沒有哪一個觀測網絡能存在超過二十年。[9]氣候書寫基本上是奧地利、俄羅斯、印度和美國這些大陸型帝國的作為。帝國的氣候書寫，最主要因應劃清帝國內部各「自然區域」邊界的需求應運而生，以此將各個區域間的經濟關係加以合理化並且整合。就像我們將在下文看到，如果要在變化持續發生的地方畫出邊界，其過程便需要關注多重尺度的現象。[10]作為一種體裁，氣候書寫因此具有能讓局部—全體的相互作用及變化模式均清楚可見的潛力。

接下來要講述的環境書寫，便是這一文類發明的故事。《奧地利的氣候》（*Climatography of Austria*）是在地理學家尋求新的文體策略階段中所成形。美國地貌學家威廉・莫里斯・戴維斯（William Morris Davis）在一九〇四年主張，書寫現代地理學時不能再像以前那樣，不能把地球單純視為「人類的家」，而應將地球當作最廣義之「生命棲所」。他建議將「本體書寫」（ontography）一詞用在地理有機的部分。「本體書寫」將是對環境之生理反應的空間分布的紀錄。如果將其置於時間順序之中，它將變成「本體論」（ontology），記錄「對不斷變化之地球的有機反應順序」。[11]氣候書寫是應對此一文體挑戰的另一種解決方案，而以羅伯・尼克森（Rob Nixon）的話來說，這種挑戰就在如何對「分散在時間和空間中的」環境變化「擬定並給與象徵性的形態」。[12]

本章以兩位具有共同背景和興趣的人（小說家阿達爾貝特・施蒂弗特和地球科學家卡爾・克

雷爾）在一八四〇和一八五〇年代，用文學風格語言表述「奧地利難題」一事作為開場。克雷爾在克雷姆斯明特中學就讀的時候比施蒂弗特早了七屆，在那時代，這兩人都對物理學的事業懷著抱負。克雷爾日後創建了ZAMG，而施蒂弗特在追求科學志業的過程遭受挫敗後，改而建立一個文學傳統，一個以自然界為軸心的舞台。我們將看到克雷爾和施蒂弗特如何各自磨練出一種書寫風格，也就是對於「小東西」的關注，比方從昆蟲的行為到苔蘚的形態，再到氣壓的波動等等，但其論述的目的在於闡明這些「小東西」在帝國以及宇宙間的重要性。[13]接著，我們將探索氣候書寫此一意在解決哈布斯堡王朝尺度問題之文類的發展。為此，此種書寫一共動用了四個主要觀點：來自中央觀測站（記錄大氣現象進入和離開觀測視野時的情況）；中央觀測員（從上俯視整片地表大氣現象所產生的影響）；在地配合之觀測員（他們一起將目光投向天際）；以及在全國疆域內移動之個別測量員（或機械地或感性地記錄了大氣現象）。

宇宙書寫的傳統

但是，首先我們需要考慮的問題是：「什麼不算氣候書寫？」。古代和文藝復興時期的「宇宙書寫」（cosmograph）都是融合描述環境物質特徵與人文特徵的一種文類。最近的學術研究認定文藝復興時期的宇宙書寫是受烏托邦理想鼓舞、具深刻人文主義和豐富想像力的文類。就像古代希臘羅馬的先例一樣，它既是自然史，又是民族誌，並且常常採用敘述形式。到十六世紀末，宇宙書寫實際上已經「消解」了：數學製圖學、天文航海、水文學和大地測量學（geodesy）等學科從描述性地理學、民族學和自然史等學科中脫離出來，前一類成為運用數學的「宇宙書寫者」，後者則可歸入「紀事者」（chronicler）的範疇。[14]此後，以數學性和描述性模式來呈現環境的方法，其間的距離是越來越遠了。到了十九世紀末，人文科學設法定義自己的方法，以此表示與物質科學的方法不同，但氣候書寫打破了這一走向，並在詮釋和理解、事實和價值之間打破了日趨嚴格的區分。它試圖用文字和圖像來表示某一地區之氣象測量對其居民的**意義**。

在這方面，氣候書寫的發明可以與亞歷山大・馮・洪堡德宇宙書寫的復振相提並論。洪堡德的《宇宙：宇宙物質描述概要》（*Cosmos: Sketch of a Physical Description of the Universe*）於一八四五年以德文出版，被視為科普著作的典範。該書的旨意在於揭示自然界每一部分的相互依存關係。對於哈布斯堡的博物學家而言，洪堡德對於自然界「多樣性中之統一」的堅持特別具啟發性：

> 我們如果以理性態度思考自然界（意即以思想過程加以分析）就會發現，它就是多樣性現象的統一體。一切創造物無論形式和屬性如何不同，都會和諧地融合在一起；那是一個偉大的整體……因有生命氣息而顯活潑。因此，對於自然之理性探究的最重要結果，乃是為

這種巨大的力量和物質找出統一與和諧。[15]

對哈布斯堡王朝的科學家而言，洪堡德對文學風格的追求也具有啟發性，這種文學風格賦與測量結果活潑的效果，而不僅是經驗的再現而已：「對自然的描述不應該死板，不應該沒有生命氣息。僅僅臚列出通則，其結果就與積累太多觀察細節一樣令人望而生厭。」[16]例如，洪堡德在介紹從高度經驗性出發且理論上頗受爭議的地磁現象時，並非根據測量經驗來呈現，而是透過口語論述看不見之地表下方與大氣高層之中磁場變化的假想原因。透過這些方式，洪堡德的「對宇宙的物理描述」原本可以樹立哈布斯堡科學界易於遵循的模式。[17]

然而事實並非如此。可以肯定的是，帝國—王國的科學家從《宇宙》系列中汲取了靈感，就像克雷爾最初對帝國所進行的地球科學調查是受洪堡德所啟發。朱利葉斯・漢恩在一八五九年洪堡德逝世的那年春天，就把四冊的《宇宙》看完，當時他還只是個高中生而已，而閱讀這些書的此種「嚴肅而有深度的消遣方式」讓他享受到「極大的樂趣」，這是當時他始料未及的事。在開始閱讀《宇宙》的第四冊後，他再次津津樂道分享：「彷彿有溫暖微風吹拂著所有認真的科學描述，並散發出淡淡而怡人的氣味。」[18]然而，帝國的氣候書寫將是一種完全不同於洪堡德宇宙書寫的文類。

漢恩在其一八八三年的《氣候學手冊》中已經明顯不接受洪堡德在人類對氣候的定義中，其中隱含的理想主義。對於洪堡德來說，自然的統一性是由「思考之觀察者的目光」所賦與。相較之下，氣候書寫將氣候視為所有生物的共同現實。在某種程度上而言，它的觀點是以人類為中心的，這是出於實際目的，而非出於浪漫主義的理想。帝國—王國的科學家贊同洪堡德的觀點，即宇宙中許多「大」的事物僅在人類碰巧存在的這一尺度上才顯得「大」。但是他們從未提議全然放棄人類的利益。相反的，氣候書寫是一種專注於實際目標的文類，它吸引其生計取決於氣象預測的廣大讀者群。

氣候書寫與宇宙書寫還有一點不同：前者致力於（可能有人會說「痴迷於」）呈現在地的局部細節。正如當年的批評家所指出，洪堡德傾向於為了提出普遍概括的通則而忽略在地局部的差異：例如，關於火山的結論中僅描述一般現象，而不著墨各種火山現象的差異。同樣，他在提出欽博拉索山（Mount Chimborazo）*的植物地圖時，只將其視為植物生態與海拔高度的普遍關聯，而忽略了世界不同地帶之山區植被均有其獨特的形態。相反，氣候書寫者認為，即使在帝國的框架內（更不用說在全球的範圍內）在地局部的變異對於整體概況也很重要。

氣候書寫決心要使公眾對量化測量（quantitative measurements）有所了解，而不是在文本中將這些測量的出現率降至最低，這也開創了新的局面。洪堡德承認，博物學家對於精確測量是樂此不疲的，但也得出如下結論：過分強調量化分析的結果，會使得他那時代的科學在公眾眼中顯得「無用」。[19]另一方面，氣候書寫者則毫不懷疑自己可以教讀者看懂測量數據的意義。

奧地利的氣候書寫不同於洪堡德的宇宙書寫還有最後比較微妙的一點，那就是前者對德文使用的重視。先前主要以法文出版著作的洪堡德，後來認為《宇宙》只能用自己的母語撰寫。洪堡德撰寫《宇宙》的時候正是民族主義激盪、最後促成法蘭克福國民議會（Frankfurt Parliament）†成立的年代，這讓他對語言表現出浪漫、愛國甚至是神祕主義的看法：「因此，語詞不僅是符號和形式，它還能對思想自由的社群造成神祕的影響，並且在土生之地繁榮滋長。[20]」相反，選擇以德文出版《奧地利氣候志》則是權宜之計：德文是多語種帝國的通用語文。如果有人宣稱德文或任何其他語文是了解宇宙運作的優勢工具，那將招致帝國—王國科學意識形態的厭惡了。洪堡德假定語言和思想之間存在理想的密切關係，但是哈布斯堡王朝的科學家因體認到語彙的局限性和模糊性，因此寧可維持數字與表格。簡言之，奧地利的氣候書寫與洪堡德的宇宙書寫有其相似之處，因為兩者都承載著「多樣性中求統一」的理念，並且都嘗試了定尺度的壯舉。然而，氣候書寫一直牢牢地掌握在地與局部那不可簡化的複雜性，並以量化的精準度達到務實的效果，而這正與十九世紀許多哈布斯堡王朝思想家對德國唯心主義的否定態度一致。

---

* 譯注：位於南美洲的厄瓜多，是一座圓錐形的死火山，海拔六二六八公尺，位於厄瓜多首都基多西南偏南一五〇公里，是厄瓜多的最高峰。

† 譯注：德意志於一八四八年革命期間成立的國民議會，計畫以民主之方式統一德國。

聖史蒂芬大教堂的視角

一八四四年，即洪堡德《宇宙》第一冊出版的前一年，佩斯出版了一本名為《現實生活中的維也納與維也納人》（*Vienna and the Viennese in Pictures Drawn from Life*）的書，其編輯是三十九歲的阿達爾貝特·施蒂弗特。他以輕快活潑、不拘小節與世界胸懷的文筆貢獻了十二篇文學小品，這與他後來作品的風格並不相符。其他作者也和施蒂弗特一樣，都不是維也納人，而這本書正是為那些不太了解維也納的人所寫。史蒂夫特在序言中向讀者保證，他們寫的內容絕不是統計數據的枯燥彙整。反而是一些圖像的集合，「好像在看萬花筒那樣」，可以使讀者據此逐漸「為自己描繪出這座帝國首都的工作與生活概況」。[21]奧地利的人文與自然多樣性正成為一八三〇和四〇年代愛國頌詞的主題。像該書這樣的「萬花筒」已將維也納化為此種多樣性的縮影。維也納和維也納人乃是實現多尺度觀點之文學效果的早期實驗。

這本書的開場文章〈從聖史蒂芬大教堂俯視〉基本介紹了維也納的概況。從這個高高的有利位置，斯蒂夫特指出了阿斯珀恩（Asperm）*和瓦格拉姆（Wagram）†戰役的郊野，分別是奧地利與拿破崙軍隊交鋒時先勝後敗的地點。因此，維也納是帝國的心臟，是「多民族對話的樞紐，有助於確定全世界的命運。」他讚揚卡爾六世（Karl VI）於十八世紀初期穿越塞默靈（Semmering）‡喀斯特地貌所修建的「威武之路」（mighty road），並一路通往「**我們的**的里雅斯特港」，得以讓「我們連接到整個南部」。[22] 此外，他也稱頌另外一條道路，從城市通往塵土飛揚之黃褐色田野、通往「匈牙利和東方」的道路。施蒂弗特使用第一人稱複數的代名詞，旨在強調團結。他將俯瞰視角與地面視角並列，又將特寫與遠眺視角並列。從上俯瞰，維也納是「一片承載千萬屋舍的遼闊平原」；從下平視，那裡是無數望不見盡頭的街道；看在離開的旅者眼裡，維也納僅僅是個「小斑點」。施蒂弗特的觀點不妨以統計學的觀點加以看待，因為當個體淡出時，總數便成了關注的對象。然而，他仰賴的確是前統計學認知上的符號與類比。維也納在忙碌於日常工作時，沒有人意識到自己是「活潑而可愛的字母（blithe and lovely letters），讓繆斯女神能用以書寫世界歷史的驚奇劇本」。此處用來為個人和社會群體之間定尺度的技術，讓人回想起以往的模型，例如曼德維爾（Mandeville）在《蜜蜂的寓言》（*The Fable of the Bees*）中對蜂巢的描述。不過這些技術也預告了較為現代的方法，例如托爾斯泰在《戰爭與和平》中對於拿破崙戰爭場景的描寫。

---

* 譯注：發生於一八〇九年五月二十一日至二十二日。過程中，由查爾斯大公（Archduke Charles）率領的奧地利軍隊擊退了拿破崙的進攻。

† 譯注：發生於一八〇九年七月五日至六日。拿破崙在此戰役中擊敗奧地利，迫使弗朗茨一世再次求和。

‡ 譯注：位於阿爾卑斯山東北部石灰岩地區的山口，連接下奧地利省和史泰利亞省，亦為兩省的天然邊界。

最重要的是，「聖史蒂芬大教堂視角」是一種環顧的視角。施蒂弗特說過，這座城市的居民乃是「偉大王朝的心跳……血液像單純的紅色香脂，歡快地流過整個軀體的所有血管，並且從不懷疑自己已造就出這個軀體本身的奇蹟。」此一血管的隱喻搶先出現於一八四八年後將哈布斯堡的一統，解釋為商業「流通」結果的說法。從上俯瞰，維也納呈現出人員與物資匯流的態勢，也是商業和文化交流的中樞：「物資與人員在日益密集的往來中變得混雜，這是國際紐帶稀罕的穩健交流。」而個人「雖無意特別去促進公共利益，卻也不知道自己在這方面其實付出甚多。」就像商業人物是這裡促進一統的源泉，金錢也是一種與之相稱的工具。這項發明「壓倒了所有其他東西」，是可以「揣在口袋裡的富可敵國」。

施蒂弗特從頭到尾都拿下方城市居民的狹窄視角，與上方俯瞰者的廣闊視角進行對比。如此一來，他並置了不同的時間尺度和空間尺度。其實個人是看不到開展在世代綿延之時間尺度的。「這個社會乃不斷根據自己不曉得的計畫，建造一個自己不認識的結構。」施蒂弗特的文章旨在啟發讀者，讓他們了解這件事。這是在世界歷史和個人之間定尺度的一課，將哈布斯堡帝國和整個世界的歷史與維也納居民的故事並列在一起，每個人都有自己個別的喜樂和悲傷。[23]簡言之，那篇文章在不同的感知強度與不同程度的情感距離之間，為轉變建立模型。

在這方面，施蒂弗特對維也納和維也納人的文章展示了適用於超民族國家臣民的定尺度技術。氣候學並不是這項計畫附帶的東西。在《維也納天氣》（*Viennese Weather*）一書中，施蒂弗特首先指出，每個大城市或小村莊都有自己獨特的天氣。儘管他否認「這個主題很荒謬」，但這篇文章卻在科學與諷刺之間徘徊。嚴肅的一面是，史蒂夫特對於煙霧的污染表示關注，並指出了現今被稱為「城市熱島」的大氣效應（倫敦的盧克．霍華德〔Luke Howard〕證明了這一現象）。[24]另一方面，他毫不留情地揶揄了同時代的科學氣候學。他尤其嘲弄博物學家在區分氣候狀態時那日趨精細的、炫學的作風，因為那些人不僅指出「差異」（Unterschiede），還強調「差異下的次差異」（Unter-Unterschiede），例如「某處特定郊區的天氣，甚至是某個廣場或是某條小巷的氣候」。他挖苦那些天氣的「內行人」或「包打聽」，因為他們對於能讓鄰人找地方躲避的氣象事件會變態地感覺津津有味。施蒂弗特取笑他們寶貴的測量儀器以及為「城市氣象學」設置的虛構機關，其中包括「濕度委員會」、「彩虹局」與「月食參議院」等部門。他本著這種精神玩弄尺度對比的詼諧效果。因此，據他聲稱，像撒哈拉沙漠一樣大的城市將和那片沙漠一樣乾旱。他也提出「維也納是整個王朝疆域之氣候縮影」的看法：「大家都知道阿爾卑斯山北坡（瑞士）的氣候比南坡（義大利）的氣候嚴酷，那麼一排排房屋難道不像是阿爾卑斯山？我們有誰不知道卡爾大公他宮殿向南的一面，有著像義大利那樣溫和的氣候？」[25]這是維也納作為王朝具體而微之複製品的意象，是王朝自然與人文多樣性的尺度模型。但這是以演鬧劇的方式來定尺度。

因此，〈維也納天氣〉可視為施蒂弗特對專業科學的復仇，因為這一領域曾拒絕了他的學術職位申請。諷刺的語氣也反映出他對城市環境的不適應。他寫道，城市「弄髒」了人類「唯一可以免費獲取的、純淨的、用之不竭的營養品」，也就是空氣。現代人被困在如下的兩難之間，其一是離開城市、呼吸新鮮空氣，其二是留在城市，以賺取足夠的金錢來支付自己其他的「營養品」。但在這一點上，施蒂弗特的態度模棱兩可，不願認真正視當時「氣候變化乃因人為因素而起」的假設。這篇文章對幽默效果的經營太花心思，以致無法表達出對於城市化之環境影響的真正關注。

如此一來，〈維也納的天氣〉與同一時期施蒂弗特數一數二有名的另一篇新聞文章，形成了鮮明的對比，那是描述一八四二年七月八日在維也納看見的一場日食。施蒂弗特在這裡處理的主題是抽象知識與實際生活經驗之間的對比。大白天的日光逐漸轉暗時，計算天體運行軌跡的能力是派不上用場的。與〈聖史蒂芬大教堂的視角〉和〈維也納的天氣〉一樣，〈日食〉一文試圖將帝國首都所有居民分享的共時性經驗連結起來。「市民都把頭從房屋閣樓的窗戶探出去張望，有人站在屋脊上凝視著天空中的同一方位……眼下，周圍的群山中有成千上萬隻眼睛正看向太陽。」日食立刻讓人想起自己在宇宙中以及維也納在帝國中的地位。在這裡，施蒂弗特還將都市生活的狹窄視界與帝國的廣闊範圍進行比較。從他站著的地方，他可以看到一整條通往匈牙利的道路。然而，這裡的重點在強調宇宙的尺度，在美學術語裡則是「崇高」（sublime）。一如〈維也納的天氣〉，這篇文章強調了現代科學的局限性。他抱怨道：「在數學上，這個空間（天空）不過就是大而已。」他還告訴我們，上帝才不在乎計算。如此一來，施蒂弗特強調了人類測量系統的任意性，這與上帝賦與之「真實測量」（true measure）的感覺與「自然語言」（language of nature）形成了對比。[26]即便如此，施蒂弗特的文章結構仍暗示天文學的威力，正是透過其觀測儀器和計算讓人類為這種宇宙真實尺度之啟示性的體驗做好準備。最後，〈日食〉一文表明，被廣泛傳播並與第一手經驗相結合的天文學科學，也許可以改正人們對於比例分寸的感覺。

施蒂弗特事實上等於向博物學家扔下了戰帖。正如〈維也納天氣〉的諷刺文所暗示，一八四〇年代的氣候仍然僅限於地方描述。它無法傳達地方對帝國的意義，更不用說對宇宙了。回顧過去，不難發現當時缺了什麼。由於不關注特殊事物與一般事物之間，不關注地方的風與全球大氣環流之間的關係，氣候描述所產出的不過是一大堆雜亂的「局部對比」（local contrasts）。這是動力氣候學在書寫方面所將面臨的挑戰。

智識的顯微鏡

曾經有人批評我，說我只專注小事情，而我筆下的人始終是普通百姓……空氣的流動、水面的漣漪、穀物的生長、海浪、綠色的大地，明亮的天空，閃爍的星星，我認為都很了不起……假設我們必須在多年間每天持續在同一時刻觀察針尖永遠指向北方的指南針，並將其變化記載下來，那麼比較無知的人必然會省略這一步，認為此一行動沒有意義而且浪

> 費時間。然而，一旦我們發現，全球各地其實都在進行這種觀察，並且在這種觀察所生成的圖表中確實發現磁針的許多微小變化經常在同樣的時間，以相同的程度發生在地表所有的位置，那麼這種所謂沒有意義的事將變得多麼令人敬畏，而所謂浪費時間的事也將變得如此引人入勝。可見當一場磁暴橫掃整個地球時，全地球上的指南針就會不停顫動。
>
> ——阿達爾貝特·施蒂弗特（1853）[27]

一八四九年，劇作家弗里德里希·黑貝爾（Friedrich Hebbel）嘲笑了許多深入描寫「甲蟲」和「毛茛」的作家。對自己筆下角色之內心生活一無所知的作家，才會有興趣描寫這樣的細節。四年後，施蒂弗特在故事集《彩石》中向黑貝爾報了一箭之仇。文學史學家經常將他的回答視為寫實主義的經典論述，但這論述同樣也應受科學史學家的重視。畢竟，施蒂弗特在成為小說家之前就已開展物理學家的生涯。如果他不是因為在布拉格、林茨和維也納申請教職卻碰壁，那麼他可能永遠也不會寫出那些關於農村與自然世界之膾炙人口的故事。[28]施蒂弗特藉著與地球物理學的類比來為自己對「小東西」的關注辯護。施蒂弗特主張，自然界就像人世間，「小東西」一旦被人們認定是普遍模式的實例，又可以被世界各地的觀察者所察覺，那麼它們的重要性便不可小覷。他舉出了研究整個地球表面磁變化的例子：微小影響若並列在一起，就可以揭示更高的定律。

卡爾．克雷爾正是在這幾年中，率先開展測量哈布斯堡疆域中磁變化與氣象變化的計畫。可以說，克雷爾和施蒂弗特一直在對同一個問題追求不同的答案：找尋一種不像狹隘之個人興趣那麼任意專斷的尺度。一八三八年，克雷爾赴布拉格的觀測站就職，並開始在那裡收集數據，而這些數據都將成為他那本《波希米亞氣候志》的基礎。這是整片奧地利疆域之氣候學研究系列的第一冊。根據其傳記作者的說法，該書成為「他一生中最主要的工作」，而且至死方休。他認為該書象徵了克雷爾離開了先前天文學和地磁學的研究道路，離開了嚴格科學定義的抽象寫作道路。接著，氣候學吸引了克雷爾的觀察，而他也力求該門科學實用化，尤其是在農業地帶（就像他在上奧地利省童年時期的環境）。他面臨的新挑戰是為該門科學注入「活力和新鮮感」。確實，柏林觀測站負責人約翰．弗朗茲．恩克（Johann Franz Encke）寫信給克雷爾說，他希望這本書不僅是「單純的數字之海」，還可以利用這些數據得出一些值得注意的結果。[29]這正是克雷爾的意圖。像施蒂弗特一樣，他試圖讓一種新的寫作方式臻於完善，以凸顯小尺度相對於大尺度的真正意義。

在克雷爾死後於一八六五年面世的版本中，克雷爾將氣候學（與氣象學相對）的目標定義如下：

> 氣候學呈現的是觀測者在觀測方法儘可能清晰明瞭、令人信服的情況下所發現的事實。它以數字為腳本，寫出大氣的歷史，以便在其中看出「大氣」對地球的影響（反之亦然）。

對於熟悉這個腳本的人來說，其中的表格即是大氣現象的真實圖像……藉由將這些表格並列起來，並將數字翻譯成口頭語言（通常也會將其翻譯成圖示），氣候學的任務就完成了。接著，它可以將成果交給氣象學家、動物學家、地質學家、植物學家、醫師、建築師和建築師以及農民，讓他們從中汲取自己所需的東西。[30]

根據克雷爾的說法，氣候學提供描述，而氣象學則提供解釋，但這並不是嚴格的區分。就像歷史學家有時會大膽推測人類行為的起因，氣候學家也可以藉助氣象學來提出如何解釋氣候條件的建議。克雷爾使用「氣候學」（climatology）來指稱學科以及文類，就像文藝復興時期「宇宙書寫」（cosmography）同時被用來表示這兩種意義一樣。他雖沒有使用「氣候書寫」（climatography）一詞，但是他將「氣候學」定義為一種表現方式的作法，卻完全符合後世對於「氣候書寫」的定義：與氣象測量之人本意義有關。

「氣候書寫」被發明來居間連結氣候因素的數學測量，以及可能與之相關之主觀的人類經驗（例如健康、飢荒和景氣的循環波動）。正如克雷爾解釋的那樣：醫生會想知道溫度的分布與變化、雨量及其分布還有風向及強度；工程師和建築師會想知道洪峰的高度、暴風雨的強度及來襲方向；農民則想知道極端溫度、季節長短以及雨量和冰雹發生的頻率。[31]正如弗拉迪米爾・柯本在《氣候知識》（*Klimakunde*, 1906）一書中所言，氣候科學「為農民、實業家、醫生提供基礎，讓他們可據以了解某一特定地點之通常的氣候現象對植物生長、工業製程以及疾病等的影響」。[32]的確，人們可在旅行指南、科學農業著作、醫療手冊、溫泉廣告甚至軍事戰略中找到氣候方面的參考資料。從這層意義上來說，氣候學是由其用途定義的。它有明確訴求的對象，都是一些需要了解與人類福祉有關之自然條件（季節長短、霜凍的可能性、水路結冰等等）的各類普通民眾。氣候書寫資訊的目標讀者包括十九世紀各帝國中許多「不斷來去」的人：農民和殖民者、商人和船運業者、醫生和病人、軍事將領、觀光客和探險家。誠如H．F．布蘭福德（H. F. Blanford）在其一八八九年出版之《印度氣候與天氣實用指南》（*Practical Guide to the Climates and Weather of India*）中所解釋，他的目標讀者主要不是「氣象學家或物理學家」，而是「對印度及其海域之天氣和氣候有實用需求的公眾、不是將天氣和氣候當作科學研究主題加以關注的群體」。因此，他強調使用「簡潔易懂的語言」，擺脫「所有專業技術的文字」。[33]換句話說，氣候書寫的潛在讀者是那些具有自由和機動性、能將環境訊息派上用場的帝國臣民。在哈布斯堡的疆域上（一八五七年以後人員在境內來去不再需要護照，而一八六七年的《憲法》又正式授予人民移徙的自由），需要這類資訊的人確實大大增加了。[34]氣候書寫的現代文類和現代早期作為國家機密的宇宙書寫文類具有關鍵性的差別。也就是說，氣候書寫的現代文類出現了受眾群體，因為在這些人眼中，環境測量是饒富意義的。

因此，氣候書寫的作者必須對測量的解釋建立模式。為此，克雷爾的《氣候學》採用了施蒂弗特反駁黑貝爾的相同說法。他堅持主張：「到處都存在宏觀和微觀的世界，存在大尺度和小尺度的世界，而且後者與前者同樣重要，甚至通常比前者更重要。」[35]這兩位作者都在指導讀者以小尺度來詮釋自然，並且雙方都在為自己辯護，以防像黑貝爾或者恩克這樣的人指控他們過於密切關注毫無意義的細節。

因此，克雷爾順著這種思路指出，博物學家往往太快就提出大尺度的自然法則，「一心沉迷於能令其鼓舞的新發現，而不事先審視一些小尺度的現象，評估一些日復一日發生的平凡過程。」他呼應施蒂弗特的話說道：「因此，可以並且應該把一些從當前實用角度看來似乎微不足道的東西囊括在氣候學中，例如氣壓的狀態和變化（雖說這對任何領域皆無直接意義，但在大氣力學中卻須將其視為數一數二強大的檢查方法）。」像施蒂弗特一樣，克雷爾也會借鑒自然的其他領域。例如，在動物界中，「史前最大的巨獸消失了，而最小的動物則繼續生氣勃勃地存活、工作。數千年來，牠們一直被人忽略，直到現在我們才意識到牠們的重要性。物理領域也是如此。」克雷爾指出，儘管均變論（Uniformitarian）*地質學興起，但博物學家仍然首先被「大尺度現象」所吸引。同樣，在大氣物理學的領域中，科學家在尚未探究其測量儀器所反應之許多小規模的影響之前，就先急著推出最大尺度之天氣規律的結論。克雷爾在這裡可能指的是波希米亞植物科學家證明地面附近溫度變化情況的研究（參見第九章）。此外，他的觀點也預告了「變動現象」（fluctuation phenomena）此子領域的建構，這是奧地利物理學家在隨後幾十年中率先提出的。[36]儘管克雷爾曾被洪堡德的地球物理學吸引，但他依然排斥洪堡德那種遽下綜合結論的做法。他堅持主張，必須「用一架智能的顯微鏡觀察司空見慣的過程，且萬不可以忽略不符合常規的東西。一些可能已經出現過一千次的最細微偏差，被輕率視為觀察誤差或所謂隨機變動的偏差，如果能夠得到適當確認，便可以成為照亮以前科學暗室的的明燈。」[37]克雷爾巧妙地將尺度加以倒置，並將顯微鏡中的狹窄視野比喻成作光束較寬廣的射幅。在某種程度上，這是為了預先防止外界批評他那本《氣候學》的地理涵蓋範圍有限的作法。「許多人可能認為，將氣候學的關注對象立即擴及到奧地利王朝的整片疆域上會較有利，而不要將其分割為不同的區域。」然而，他依然堅持，「我國領土」是由眾多根本不同的自然環境組成，以至於最有效的辦法是逐省加以看待。波希米亞是接受連續觀測歷史最久的地區，再加上自然的山岳型態邊界，所以應是該計畫最合邏輯的起始點。克雷爾沒有明說的是，在一八六〇年代初期，王朝自然條件的多樣性仍然是一種說詞，其真實性尚有待經驗的論證。這將需要新的文體技巧以及製圖學和風景畫等視覺工具加以完成。

---

* 譯注：由查理斯．萊爾《地質學原理》一書提出，其理論是以英國人詹姆斯．哈頓在一七八五年和一七八九年所提出的漸變論衍伸而來。其思想和漸變論大致相同，且提出了地質時間的概念，也否定了達爾文的天擇說。與其相反的學說是由居維葉（Georges Cuvier）提出的災變論。

克雷爾的《波希米亞氣候學》代表了兩種氣候學研究傳統的融合：其一是他在克雷姆斯明斯特高中求學年代所接觸的自然神學（physico-theology），其二是在他已成為該波希米亞省首府科學界領袖後所接觸的「區域科學」（或稱「愛國科學」）。從自然神學的角度出發，克雷爾獲得了宗教啟發領悟到微觀自然在神的宇宙計畫中之作用；從波希米亞的愛國科學出發，他堅信關於在地自然的詳細研究工作將能帶來實際的經濟利益。在這兩種獨特的文化傳統中，克雷爾正在構築一種嶄新的地球科學方法。

然而，儘管克雷爾發願要提供比「數字之海」更多的東西，但他在一八六二年去世後留下的未完著作，確實有讓讀者淹沒在紛繁之觀測數據中的危險。文字說明的主要功能在於引導讀者從數字表格中看出端倪。作為一種文學體裁的氣候書寫，還有待人開發。

寫實主義與定尺度的修辭

克雷爾嘗試建立一套氣候學的語言時，施蒂弗特則在琢磨一種具有許多相同目標的文學語言。即使在那時候，讀者也意識到施蒂弗特的觀察風格是在模仿自然史。例如弗里德里希·西蒙尼即認為施蒂弗特同時具備畫家和博物學家的觀察能力。[38]更重要的是，尺度的相對性在施蒂弗特的小說中起到了審美原則的作用，就像它在地球科學研究中作為方法論原則（從克雷姆斯明斯特傳播出來）。

例如，在《夏暮初秋》前面一個關鍵的場景中，睿智的博物學家黎薩賀（Risach）預測，下午那厚厚的積雲其實不會降下雨水，即使測量儀的數據與他的看法不一樣（氣壓計的指針指向降雨，而濕度計顯示最大濕度）。黎薩賀在這裡提出第一次的尺度轉換，因為他認為這些測量儀僅指出「其所處之狹小空間的情況，我們還需考慮較大的尺度」。因此，黎薩賀請故事的敘述者注意觀察天空狀況以及解釋這些狀況的民間知識（例如雲的形狀與移動情形）[39]。他評論道：「沒錯，科學常須依賴從長期經驗中獲得的知識。」接著，黎薩賀建議進行第二次的尺度調整，因為他注意到，「到目前為止，我們說的一切跡象都嫌粗糙……通常我們只能由空間中發生的變化來識別，但如果這些變化未達到一定規模，我們甚至觀察不到。」科學儀器將那些對我們感知而言太過龐大的信號（例如大氣運動）轉化為我們可以閱讀的信號。但與其他「精細奇巧」相比，這些工具就顯得黯然失色，不過前者對我們來說仍然是不解之謎。這些所謂的「精細奇巧」正是神經：不是人類的神經（因為他們的神經往往過度負載），而是動物的神經，尤其是昆蟲和蜘蛛的神經。如果我們懷著耐性，定期觀察這些小生物的習慣和「生活安排」，便可以學著利用牠們作為可靠的天氣指標。黎薩賀總結道，只要我們調整自己的比例感，所有這些都是昭然若揭的跡象。「許多人習慣將自己以及自己的追求視為世界的中心，他們必然會認為那些東西小到不值一顧。但是在上帝眼裡可不是如此。有些東西之所以大，不僅僅是因為我們要用尺接續多次測量，而有些東西之所以不小，只是因為我們沒有足夠長的尺來測量它。」到了小說的結尾，故事的敘述者已經完全吸收了這寶貴的教誨。

施蒂弗特在他許多的故事中都做出這樣的尺度顛倒。阿米塔夫・戈什（Amitav Ghosh）認為，現代小說的一個鮮明特徵是非人類世界的定型性和被動性。[40]在這一方面，施蒂弗特的小說是非同尋常的，因為他將注意力從人類角色不斷轉移到非人類的背景上。例如，《單身漢》（*Der Hagestolz*）一書中的敘述者會打斷人物的談話，將焦點放在周圍的世界：「他們談論著自己認為很重要的事物，周圍只有被他們視為渺小的東西：灌木叢繼續生長，肥沃的土地繼續發芽，並開始與春天的第一批小生物嬉戲，好像在玩珠寶那樣。」[41]這段話甚至暗示著大自然具有自己的價值尺度，與人類的規範無關，並且自有它對珍寶的定義。有人也許會說，所有施蒂弗特的小說都在質疑是否真的需要如一般小說的寫法，優先考慮情節而非描寫。《兩姐妹》的敘述者也以類似的方式要求讀者將人類生命的時間與非人類之自然的時間並置比較：「如果你的感受和思想不在此時此刻，而且不會被它拖著走，那麼一切煩躁、貪欲、激情，眨眼即逝……如果你能觀察自然……這裡多麼忙亂，那裡多麼恆定！」[42]

在其他的作品中，施蒂弗特也以望遠鏡來引導讀者用嶄新的視角觀察世界。例如，在〈聖史蒂芬大教堂的視角〉中，敘述者告訴讀者「拿起望遠鏡」，並問道：「你看到了什麼？」這裡就像〈日食〉和〈喬木林〉（*Der Hochwald*）開頭一樣，施蒂弗特帶領讀者環視眼前的風景，在概觀的方式以及以望遠鏡放大搜尋的方式之間切換。在一些故事中，人物會使用望遠鏡來壓縮地表上的距離（例如〈喬木林〉）或是地表與天空之間的距離（例如〈禿鷹〉〔*The Condor*〕）。[43] 在另外一些故事中，施蒂弗特甚至透過非人類的視角進行尺度的縮放。在〈喬木林〉中，他將湖泊比喻成「自然之眼」（Naturauge），此舉有助於將故事的人本尺度置於更長的時間框架中。透過這種超越人類觀點的視角，象徵人類悲劇的建築廢墟與象徵生態悲劇的森林破壞一比較未免就相形見絀了。在其他的例子中，人眼可以被訓練來重新學會觀察。在〈森策之吻〉（*Kiss of Sentze*）中，縮放尺度的任務是交由「小東西」去執行的。苔蘚尤其能教人欣賞大自然的奇妙（Verwunderlichkeit）。敘述者學會了從一團苔蘚樣本中看到許多變化：「我在收藏品看到的苔蘚數量比我想像的要多。我在其中看到了類同、關聯和演變。從壓平的葉子上，我見識到其形狀的豐富性，並驚訝於它們的精美和獨特。」作為植物界最古老的一門物動，並且因其生長速度緩慢而聞名，苔蘚不僅造成觀測空間尺度的縮小，同時引起時間尺度的擴大。在一八四八年失敗的背景下，這些最小的生物讓我們學會「只有自然界的事物才完全真實」（nur die Naturdinge sind ganz wahr）的教訓。[44] 在這裡，施蒂弗特倒置了情節和描寫，將歷史的悲劇退居背景的地位。但這是一個饒富意義的背景，因為政治動盪成為讓人學習以新方式進行觀察的動力。施蒂弗特把文學視為尺度縮放的工具，這和克雷爾的科學方法一樣，都是對新興之「超民族主義理想」（ideal of supranationalism）的回應。

對於出生於布拉格的世紀末詩人萊納・瑪利亞・里爾克（Rainer Maria Rilke）來說，這種尺度上的切換似乎是全部施蒂弗特作品背後的推動力。「在某個難忘的日子裡，施蒂弗特首度嘗試利用望遠鏡將非常遙遠的景象拉進視野中，然後透過不停游移的鏡頭，看到房舍、雲朵、物體，而這幾秒鐘的時間已足夠讓他對琳瑯滿目的東西大感訝異，以至於他那開放的、驚奇的心靈已掌握了世界。此時此刻，他的內心湧現無可避免的呼喚。」[45] 里爾克從施蒂弗特那裡學得了縮放尺度的語言，以及促使讀者根據人慾之外的其他尺度來觀察世界的動機。在他寫給一位畫家朋友的信中曾描述過這種洞察力：

> 大多數人會用手裡拿的東西，做一些愚蠢的事（例如用孔雀羽毛互相搔癢），而不是專注看每項事物，並和別人談論它所擁有的美。正因如此，大多數人甚至根本不知道世界有多美麗，不知道微小物體（如花朵、石頭、樹皮或是一片樺樹葉子）所展現的光彩……全世界都存有永恆的偉大之美，而且它平均地散布在小物體和大物體上。因為在重要和根本的事情上，整個世界沒有所謂的不公正。[46]

就像里爾克在其他地方講到的那樣，我們學到的教訓是「從事物中學習」和「臣服於地球的智慧」。[47]

氣候書寫的動態元素

氣候書寫的文學策略，值得與施蒂弗特的尺度縮放技術一併考慮。漢恩於一九〇四年出版《下奧地利省氣候志》（*Climatography of Lower Austria*）的用意是希望作為《奧地利氣候志》系列其他各冊的典範，而該書更被譽為「其他國家氣候志專著」的「榜樣」。[48]漢恩在引言中即表達了他在文學上想達成的目標：

> 我的工作除了為我理想中的真實氣候描述提供必要的、適當構建的「數值框架」（Zahlenskelett）之外，無法再做他想，甚至無法在這裡嘗試這種描述。真實的氣候描述需要展現活生生的自然，即所有相互作用之氣象要素的總效應，實際上就是我們所說的氣候。這種描述強調影響地表天然植被，尤其是與該區域農業和工業環境、人類居住地點及其生活方式等在地因素，因為這些因素取決於大氣的平均條件及其變化，就像它們會影響人類選擇居住地點的考量。[49]

即使按照德文散文的標準來看，這最後一句話的長度和複雜性也夠令人驚訝的了。漢恩在這句子中插入許多主動語態的主詞以凸顯他對氣候的定義，即氣候是一個動態的、不斷發展的系統，其中包含許多變動的組成部分。他力圖使氣候書寫不要局限在一個「數值框架」裡，局限在一個「數字之海」裡。《下奧地利省氣候志》是一部充滿動感的著作。文字跟著風吹過地表，被所遇到的山脈和谷地改變。它解釋了風（有些屬於在地，有些則從遠方吹來）為何是天氣的載體。它調查了一些多少呈封閉狀態的氣候區域，每個區域之所以仍能與其他區域保持連通，這再次得歸功於風的持續作用。這種動力是氣候書寫之尺度縮放效應的關鍵。

也就是說，氣候書寫藉由揭示作為動態整體的每一個組成部分，傳達了局部性和特殊性都有其意義。該系列的每一冊都以實時的或者月平均、年平均的方式解釋某省區與大尺度模式對比之下的特殊性。每一冊都嚴格區分在地的風（例如在封閉的山谷中產生、「對氣候之影響有限」的風）以及跨越較大距離的氣流。這些較大尺度的軌跡通常是根據旅客可能走的路線來描述。因此，例如旅客可以感受到，提洛省的年平均溫度會隨著他往茵河（Inn）的下游走而降低。同樣，一些教科書會採用物候數據來觀測春季降臨在某一地區的情況。有些人則觀察某種特定的花盛開或是某種果實成熟的時間。有時會採用較為擬人化的描述方式，例如風會沿著「道路」（Straßen）穿越山脈。氣候的描述不僅與空氣的流動有關，也與人的流動有關。某些地區會被冠以「夏季度假勝地」（Sommerfrische）、「冬季度假勝地」（Wintersportplatz）或是「氣候療法去處」（klimatische Kurort）等稱呼，即初步證明了其氣候的品質。這裡強調的是：涼爽的夏季溫度會將游客吸引到「夏季度假勝地」，充足的雪和溫和的冬季溫度會將游客吸引到「冬季度假勝地」，而充足陽光則是旅客前往「氣候療法去處」的動機。值得注意的是，當人群的流通與空氣的流通不相符時，這種差異就值得一提。例如阿爾卑斯山西部的高山小鎮朗根（Langen）和聖安東就是這種情況，它們的月平均溫度差高達攝氏一度。這是「僅由阿爾貝格山口（Arlberg）隔開兩個地方，由十公里長的阿爾貝格隧道相互連接，但可以肯定的是，在氣候形態上並不相關。」[50]

在這方面，氣候書寫很是令人驚訝。我們希望它像洪堡德的宇宙書寫一樣成為一種關於「地方」（place）的文類。我們可能希望它與在美國被歸類為「自然書寫」（nature writing）的大部分內容相似，因為它偏好在地，幾乎和海德格一樣著迷於「植根性」（rootedness）。[51]然而，作為一種帝國文類，氣候書寫（就像現代早期的宇宙書寫一樣）在這個意義上根本就不是關於「地方」的文類。它反而是關於流通（circulation）：關於整個帝國中空氣、貨物和人員實際和潛在的流動性。與之對話的科學不是靜力（static forces）和穩定平衡（stable equilibrium）的物理學，反而是新興的動力氣候學，專注於氣團（air masses）的運動及其隨地形變化而改變的科學。

同樣令施蒂弗特著迷的還有如何在文學和視覺藝術中表現運動的問題。他的確相信藝術的審美效果取決於讀者或觀者的運動體驗（無論這體驗源自藝術家讓讀者勾起對運動的記憶，還是觀者自身視線的移行）。正如《夏暮初秋》中黎薩賀所反思的那樣，「運動激奮人心，靜止滿足人心，因此產生了我們稱之為『美』的精神寬慰（spiritual closure）。」[52]我們不妨從這角度切入，看看施蒂弗特一系列名為「運動」的繪畫和素描，也就是在一八五〇年代末和一八六〇年代初占

圖二十一：《運動I》（*Die Bewegung I*），阿達爾貝特·施蒂弗特，約一八五八—六二年。

據了他好幾年心思的作品。它們試圖捕捉的是純粹的運動本質，例如以雲彩或水流的形式來呈現可見的動感。他筆下一張這類的習作（見圖二十一）反常地聚焦在一塊矗立於小溪中的大石頭上。畫面中的動感僅微妙地以岩石周圍的水流表現出來。這要靠觀者自己將其轉換為運動的圖像，因為構圖將視線從前景導引到背景，然後又以逆時針方向繞回前景。氣候書寫採用了一種相關的技巧。它藉由描繪自然界中的運動而獲得動力。同樣重要的是觀者內在未外顯的動作。從這層意義上講，氣候學的動態修辭是外顯的（performative）。正如我們將會看到的，它不僅描述而且促進了帝國臣民的流動。

氣候書寫不僅憑藉其文本品質，並且還因將測量與體驗連結起來，而產生了「栩栩如生」的描述效果。這種體裁的確取決於一種內隱的敘述，亦即帝國博物學家將自己的在地知識置於他所服務之帝國大陸框架內的體裁。

旅行熱

一八八七年，魯道夫皇太子在《奧匈圖文全集》（*Austria Hungary in Word and Picture*）導論專冊中介紹了奧地利和匈牙利的「概況」，並邀請讀者「藉由目不暇給的圖像，穿越廣闊空間，遊覽使用不同語言的多種民族居住地」。當朱利葉斯・漢恩接受挑戰，為該專冊撰寫「氣候概況」這一部分時，他同樣將它想像為一趟旅程。他想像一個旅人只要趕上半天的路程，便能從寒冷的維也納出發（「那裡只見單調的積雪、雲霧籠罩的朦朧天空和令人不適的冰凍氣溫」）抵達菲烏姆（Fiume）並享受那「充滿陽光和油畫般明亮的和暖空氣」。從菲烏姆再出發（如果也有鐵路該多方便！），旅人就可以沿著達爾馬提亞的海岸繼續前進，那時滿眼將是春花盛開的美景，或者向西再走一段距離，直到盧布爾雅那，然後進入卡林西亞，這樣就可以重返冬季，來到「奧地利的西伯利亞」了。漢恩在這幅無窮無盡的變化中添加了一項人為因素：旅人認真地將自己暴露於「氣候的差異對比」之下，並讓它們「直接對其產生影響」。[53] 漢恩也不忘指出帝國著名的療養勝地，例如阿爾科（Arco）和利瓦（Riva），或是指出奧地利阿爾卑斯山的某些地區在「冷天療法」（cold-weather treatments）的功效上可以媲美瑞士的達沃斯。然而，在他的這篇文章中，最重要的是旅程本身而不是目的地。鐵路旅行為飽覽帝國的多樣性設定了適當的進度。這種奇巧的想法使人聯想到約瑟夫・羅特（Joseph Roth）的《皇帝的半身像》（*The Bust of the Emperor*）中莫斯汀伯爵（Count Morstin）的旅行：「在多樣性祖國的境內旅行時，他的反應大多數是在鐵路車站中某些特定、明確與一再重複的表現，而這些表現雖然一成不變，但也多彩多姿。」[54]十九世紀的鐵路旅行是時間標準化的推動因素，表示多樣性可以有計畫地、有條理地被加以消化。

羅特筆下的莫斯汀伯爵不斷重溫帝國權威與咖啡館的主題，漢恩的旅人則寧可追蹤春天的新芽與花苞。正如漢恩所解釋，從一個地點到另一個地點觀察季節性植物的樣貌，會比採用溫度計的讀數更加生動、直觀（anschaulich）。因此，旅行的隱喻成為物候研究（季節性的自然現象及其地理分布狀況）的一種方法。在整片帝國的疆域上追蹤春天推進的腳步，這就是在變化之中尋找規律性的做法（套句羅特的話，「在變量中看出熟悉影子」）。這項追尋在有關春天植物萌發的兩幅版畫中以視覺表達的方式呈現出來。第一幅（見圖二十二）的場景位於西利西亞，呈現一間農舍、幾隻動物以及一對母子，而背景則是一片廣闊、平坦但尚未有農作生長的土地。第二幅（見圖二十三）描繪的是拉古薩（Ragusa）附近的拉克羅瑪島（Lacroma）上似乎是一座宮殿的廢墟，上頭長滿了蕨類植物，到處都是鬱金香。根據漢恩章節中的上下文研判，這些圖像代表的

圖二十二：《春之勃發：西利西亞》（*Spring on the March: Silesia*）。

應是原始與頹廢並存之主題的變體，描繪了春天到達地中海和西利西亞之間兩個月的時間差。他追隨春天進展的腳步，足跡踏遍整個帝國，先從南部的海岸線到地勢低平的西部土地以及山脈，然後再到東部，總共花費了兩個半月的時間。

被漢恩反復用來形容春天推進的隱喻不是「甦醒」（也許民族主義的味道太濃了），而是「征服」。春天將君主的領地一塊又一塊地置於其統治（Herrschaft）之下，唯一的例外是最高的山峰，因為「冬天在該處營造它永久的居所」。帝國的隱喻一直滲透到漢恩對帝國典型氣流的描述裡：「直到目前為止，奧地利的大部分地區一整年都受大西洋氣流的控制（Herrschaft）。」但是，加利西亞和布科維納則「對來自東北部和東部、從俄羅斯入侵的寒氣完全沒有屏障，而其他王室領地（西利西亞除外）則比較能躲過這種寒氣的干擾，一部分是因山脈阻隔，一部分是因所處位置偏西。」[55]在漢恩的記敘中，風、天氣和季節從帝國的整片疆域上驕傲地掃過，這與皇儲洋洋得意握有其父親土地的地理環境鳥瞰圖沒有兩樣。

圖二十三：《春之勃發：拉克羅瑪島》（*Spring on the March: Lacroma*）。

該意象生動地說明了《奧地利氣候志》的核心命題之一：帝國是溫和海洋型之西方以及嚴酷大陸型之東方之間的過渡地帶（Übergangsgebiet），而這種過渡既是氣候上的，又是地緣政治上的。正因如此，其氣候的差異對比可以理解為連續性的過渡。連續性的語言（the language of continuity）對氣候書寫至關重要。例如，在史泰利亞省，氣候呈現出「一系列不間斷的過渡態勢。中歐氣候越往東歐方面走越顯嚴峻，而越向西邊的海岸走則越顯溫和。但是，如要尋找遽然的變化將會徒勞無功，因為變化不可能跳躍式地發生。我們在任何地方都找不到一種截然不同的氣候型態，因為在任何地方，山的影響都像柔和的、圓潤的音調共鳴。」[56]在這裡，大氣波（atmospheric waves）的內隱意象適用於一個更典型的哈布斯堡暗喻：如音樂般和諧的一統。

此意象也在哈布斯堡王朝後期的旅行文學中出現過，例如在弗里德里希·烏姆勞夫特（Friedrich Umlauft）的《奧匈帝國之旅》（*Tours of the Austro-Hungarian Monarchy*，一八七九年出版，一八八三年再版）中。這是一本維也納教育部委外撰寫的附有豐富插圖的書，目的在充作廣大讀者群的休閒閱讀材料，同時滿足教師們的需求。該書的序言宣告其目標在於「喚醒公眾對王朝中較不為人所知之地區的興趣」，同時「激發廣大讀者群的旅行癖」。烏姆勞夫特著手整合文化和環境的描述，以便「先對民間文化，然後再對氣候或是地球構造學的環境進行更詳細的思考。」他像漢恩一樣，也強調遊歷奧地利和匈牙利的遊客會遇到「風景差異對比」與「氣候差異對比」。到了阿爾卑斯山，「你會覺得一天中彷彿跑了數百英里的路程似的，難怪僅僅那些現象就可以造成全面的精神甦活以及細膩感受。」[57]氣候學為奧匈帝國文學所貢獻的主題包括流通性、連續性以及真實體驗的各種差異。

發現多樣性

執行氣候書寫就是為了釐訂邊界。作者應當根據質與量的證據，確定所研究之區域的「自然邊界」以及某個「氣候區」與另一個氣候區之間的內部邊界。在某些情況下，從某區域到另一個區域的過渡是漸進的。在其他情況下，那過渡是突兀的。歷史學家在考量這個過程的時候可能會很想知道：氣候書寫究竟是發現了本就存在於自然界中的區隔，抑或建構了新的差異類別？氣候書寫的一個明確特徵就是凸顯這個認識論的關注。

《提洛省氣候志》是由海因里希・馮・菲克爾（Heinrich von Ficker）負責撰寫的，而他所面臨的挑戰是雙重的：其一，該省甚至沒有高山觀測站為其提供關於高海拔的數據；其二，在他看來，提洛省應被分成「北提洛和南提洛兩個完全不同的氣候區」。北提洛是「中歐」氣候區的一部分，因受到山脈走勢的影響而具有相對暖和的氣溫、充足的陽光以及人人聞之色變的焚風。然而，南提洛則應歸為地中海氣候的「高山變體」。基於實用上的考量，菲克爾認為有必要對整個省分進行全面性的概述，畢竟不管怎麼說，那都是一個「行政單位」。但是如何比較這些不同的區域呢？尤其是在數據又存在漏洞的情況下？一方面，菲克爾請求一位研究動物學的同事提供有關提洛動植物對氣候依賴的資訊，因為這些訊息能使「氣候邊界的劃分遠比單純依賴氣象數據的結果要清晰得多。」果然，那位動物學家指出南提洛存在許多「地中海」物種。然而，他提供的只是一張名目繁多的物種清單，沒有什麼東西能讓菲克爾據以進行系統性的「概述」。不過，菲克爾本人後來也提出他最引人注目的那篇概述，其方法是分別針對北提洛和南提洛算出各區在平均高度上的平均溫度。他的數據表明，南北的溫度梯度（temperature gradient）是全球平均標準的三倍。這是菲克爾關於北提洛和南提洛因氣候差異而明顯分隔的驚人論點。不過，菲克爾卻也能夠在著名之布倫納山口（Brenner Pass）附近的埃伊薩克河谷（Eisack Valley）中識別出「過渡區域」（這裡夏季氣溫較為涼爽，而且氣溫波動變化也較南部為大），以重建整個提洛省氣候的連續性。最後，他在結論中向帝國的多樣性致敬道：

對於氣候書寫者來說，提洛省是帝國中數一數二引人入勝的地區。這裡的氣候呈現鮮明的對比，但其凸出的特徵在很大程度上可說是該省的福氣。在氣候學家看來，評估這些差異，並用數字加以表示，這些都是很具吸引力的任務。然而，在春季時，如能花幾個小時親自穿越布倫納山口，那麼這種氣候陡然變化的反差將會在記憶中留下更強烈的印象。這樣一來，氣候學家的負擔就減輕了，因為他的數據便可輕輕鬆鬆讓每個受過教育的人近乎直覺地將「北提洛」和「南提洛」的概念連結起來（knüpfen ungezwungen）。鮮明的對比能使氣候學家的工作更加輕鬆，這在那些因風景秀麗而成為全大陸最著名地點的區域尤其如此。

穿越布倫納山口（從登山者的角度來看）的意象暗示的不僅只是對比，這還包括連續性。正如菲克爾所解釋的那樣，「北提洛與南提洛之間的巨大反差一到高處就模糊掉了。」[58]

然而，問題來了：這樣的邊界是真實的，還是主觀感知的？是自然界的元素還是人為的統計結果？氣候志對此問題沒有給出結論性的答案。氣候志作者經常停下來討論各種統計方法孰優孰劣。談到選擇何種統計方法，《史泰利亞氣候志》（*Climatography of Styria*）曾將此比喻為有如選擇一處可以環視風景的高地。隨著新方法的採用，「微不足道的差異便膨脹為整數。並且在進一步分割之後，這些差異之間又更明顯了。至於在那些找不出對比之處，就對平均值進行加工，例如根據季節細分、繪製年度曲線，最終找出令其滿意的差異（在此之前，一切在眼裡看來都無二致，頂多只能發現細微偏差）。」[59]《奧地利氣候志》的各作者並未設法消除「氣候邊界」模棱兩可的性質，而是做出強調其不確定性的修辭選擇。

結論

氣候書寫有異於與編年史或教區紀事等環境文類，因為並未明確依照時間的前後順序記錄變化。它把氣候定義為數十年來有關天氣的統計描述，並將精心歸納的結果，視為外在於歷史時間之外。它進一步仰賴超越歷史之「自然」區域的可能性。氣候書寫對氣候**變化**問題沒有不感興趣。然而，該文類對於分析尺度的選擇進行詳盡的討論，並揭示氣候邊界的繪製乃是沒有固定限制的過程，需要不斷修訂。這樣一來，氣候書寫創造了一個場域，不僅可以讓人察覺空間中的氣候變化，還可以看出氣候的歷時性變化。正如我們將在第三部分中討論，畫定氣候區域邊界的經驗，同時也推動了幾位哈布斯堡王朝的研究人員著手調查氣候變化的證據。

撰寫氣候志的風潮在二十世紀初即已沒落，如今，這個鮮為人知的術語，含義僅止於「一組數據」罷了。[60] 然而，「以文字和圖像形式」呈現氣候學的要求近來又復甦了。二〇一二年，「聯合國政府間氣候變遷專門委員會」（Intergovernmental Panel on Climate Change，簡稱IPCC）發布第一份結合了社會科學的報告。文件中主張，「氣候變遷的影響無可避免地需要被理解和應對，並且定位在個人、個別家戶和社區的層級上。」為了說明這點，共同作者提供了一個「民族誌小插曲」。他們介紹一位據悉曾「見證過許多變化」的八十歲坦桑尼亞人「約瑟夫」。這個人的父親在第一次世界大戰期間看過德國人和英國人相互廝殺，而他的祖父在維多利亞女王的時代抵禦過馬賽人的牲口劫奪行動，那麼對他而言，「氣候變遷」（mabadiliko ya tabia nchi）究竟意味什麼？……這段話凸顯了約瑟夫面對邊界改變（政治意義上和生態意義上）的經驗，並寓意他並未區別造成變化的驅動力是自然的，亦或是人為。在IPCC報告的背景下，提出專家知識和在地知識之間進行調合的問題。[61] 儘管「氣候變遷」可以翻譯成約瑟夫的語言，但這個概念其實對他而言不具任何意義。

大約在二〇一二年左右，歐洲和北美的作家開始表達對文學創新的迫切需求，使氣候變遷對受過良好教育的西方讀者產生意義。例如，請讀者閱讀下列由多位作者在二〇一〇年合撰之《氣候難民》（*Climate Refugees*）的序言：「我們的任務是講述我們所聽到的故事，同時見證我們所看到的。二〇〇四年開始就已經有了這門科學，但是我們想強調『人』的部分，特別是那些最為脆弱的。」一份針對《氣候難民》的評論正確地提到：「這本書的文類並不確定」，而亞馬遜網站上的一位批評者也表示困惑：「我期待看到事實、數據、表格和圖形。而實際上，當我翻閱書的內容並看到其中精美的照片時，我有點懷疑：對於如此嚴肅的主題，這本書似乎太豪華了。」[62]這是一個帶著自我意識之實驗的例子，旨在從科學成果中體現人本意義的實驗，也就是藉由改變現有科學和文學文類的規則，顛覆讀者的期待。

正如這個例子所暗示，IPCC所提出之「意義建構」（meaning-making）的挑戰不僅是翻譯層面的問題而已。再說這也不是新的挑戰。長期以來，相關各方都以各式辯論，相互探討環境資訊的人本意義。今天，如何將全球模型與「在地故事」聯繫起來的問題，應該被視為這段努力嘗試的部分歷史。這整段歷史包括文學家所熟悉的一些形式，例如抒情詩、旅行敘事、自然寫作以及未來主義小說，以及科學史學家知道的形式，包括宇宙書寫、生物地理書寫、地理學、自然史、醫學地理學、天氣日誌、航海日誌以及教區記事。氣候書寫是這些文類中最新的一種，而且十分值得關注，因為那是首度被卡爾．克雷爾提出來，力圖重現現實的一種解決方案：即在人本意義上，在大尺度和小尺度的規模上，盡量兼具客觀與主觀來描述氣候。

第七章　地方差異之威力

一八八四年，車尼夫契大學地理學教授亞歷山大．蘇潘在其撰寫的教科書《自然地理原理》（*Principles of Physical Geography*）中對於新動力氣候學的那章，做出總結：「因此，如下說法絕非誇大：風是影響氣候的重要因素，而且由於氣候條件控制了有機的世界，因此也調節了人類發展，可以說這才是最重要的文化力量。」[1] 本章將介紹了風是如何獲得這種物質和文化意義的。

在將風視為影響氣候之重要因素的同時，蘇潘也承認自己與可以上溯到古希臘自然哲學的詮釋傳統分道揚鑣。在亞里斯多德的體系中，氣候是由不同緯度的陽光入射角所決定，而climate（氣候）的古希臘文字源*klima*指的正是坡面或傾斜度。蘇潘這種脫離「太陽成因」的理論，將某地的氣候差異歸因於風，而每股風都生成於不同的地點，攜帶著不同的空氣品質。局部風以及它們所造成的變異，被認定為替單純的幾何氣候區帶來干擾。雖說風對古希臘的*klima*而言只屬次要，不過在希波克拉底醫學的古代傳統中卻很重要。了解一地的典型風，對維護身體健康至為關鍵。此一傳統在十九世紀仍然十分風行。例如，風玫瑰圖（Wind rose）*的繪製即明確體現了這一點，因為它從視覺上總結了當地不同風向發生頻率的統計數據（見圖二十四）。[2]

蘇潘暗示了，十九世紀的人已賦與風新的意義。在動力氣候學的框架內，風被解釋為氣團之間相互碰撞下的產物。動力氣候學提出了例

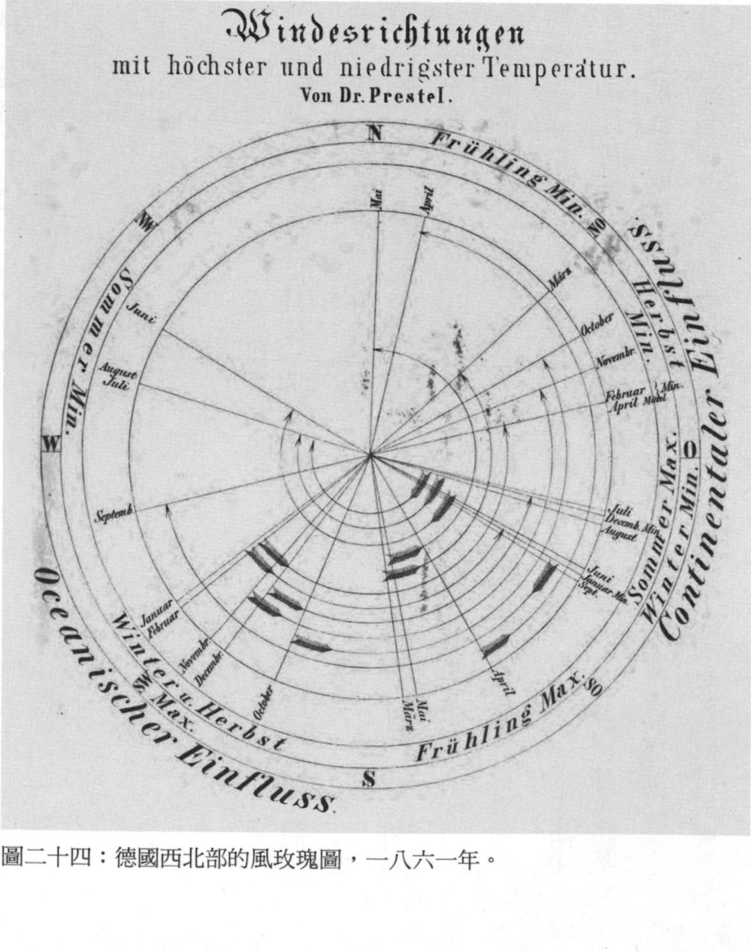

圖二十四：德國西北部的風玫瑰圖，一八六一年。

如這樣的問題：在一個起初乾燥的大氣環境中，有哪些溫度和壓力的空間差異會產生我們在自然界中觀察到的風？這種氣流一旦開始運動，它又將如何受到地球自轉的影響？理論之後可能會嘗試將濕氣和摩擦等影響納入解釋的框架中。這樣，十九世紀的動力氣候學不再像亞里斯多德的理論，將風視為從外地氣候吹來的一股空氣。不過，它也沒有以今天氣候動態（climate dynamics）的方式來看待風。的確，十九世紀這種提問的方式可能會讓某些讀者感到奇怪。今天，需要解釋的似乎不是大氣運動的起始，而是地轉流（geostrophic flow）的偏離，亦即偏離平衡的運動狀態（在這種狀態下，壓力梯度〔pressure gradient〕產生的力會與地球自轉的科里奧利力〔Coriolis force〕†達到平衡，以至於空氣沿等壓線流動）。直到一九三〇年代，才出現了這種關於「大氣運動」之「準地轉流」（quasi-geostrophic）的思考方式。然而，它是由困擾十九世紀動態主義者（dynamicists）好一段時間的問題所激發而來的。也就是說，究竟是什麼維持了溫度和壓力的差異對比，才可引起活躍的大氣運動呢？而且大氣如何能在夠長的時間內保有不穩定的條件以致於可以維持強風？這些問題都是像朱利葉斯．漢恩和亞歷山大．蘇潘這樣的奧地利研究人員將其置入國際研究之視野內。

---

* 譯注：用來簡單描述某一地區風向與風速分布的圖形，可分為風向玫瑰圖和風速玫瑰圖。

† 譯注：簡稱為科氏力，是旋轉體系中進行直線運動的點，由於慣性相對於旋轉體系而產生之直線運動的偏移。

到一八七〇年代，歐洲和北美的政府和學術團體已在氣象觀測上投入了巨資。在英國、法國、荷蘭、斯堪的那維亞半島和美國，首要目標是構建風暴預警系統。這些工作同時依賴天氣圖以及利用電報進行同步觀測，結果促使以經驗為基礎的相關知識不斷增長（例如風的強度和方向以及地面氣壓分布的狀況）。風暴預警的經驗規則開始積累。有人認為氣旋裡，風的強度會與壓力梯度或是鄰近各觀測站氣壓讀數的差成比例。[3]也有人描述了氣旋裡的風向，亦即描述圍繞低氣壓中心進行旋轉運動的風暴。[4]對於當時的許多博物學家來說，這些只是預測強風的簡便經驗法則。[5]對於其他博物學家，這些都是包含風暴基本物理學的線索。只有少數人看到了另一種潛力：運用這種關於壓力和風的新經驗知識來闡明全球的氣候地理。迎接最後這項挑戰的人往往是受僱於歐洲各大內陸型帝國的科學家，其中最負盛名的有：俄羅斯的弗拉迪米爾·柯本和亞歷山大·沃耶伊科夫、奧地利的朱利葉斯·漢恩和亞歷山大·蘇潘。

漢恩努力研究不斷擴大之ZAMG觀測站網絡的數據，從而發展出他的動力氣候學方法（他在一八六七年加入ZAMG成為助理，並於一八七七年至一八九七年出任主管）。他堅決主張，如要研究某一區域以便「對其氣候條件進行科學理解」，那麼「一張詳細的大氣壓圖就是最重要的基礎」。[6]這是以物理數學方法來解決「奧地利難題」的方案，它精確地呈現了在地的局部變化，同時又表現出更高層次的統一性。它所採用的形式反映了一八四八年後，哈布斯堡王朝歷史發展及其經濟和政治未來之論述進一步強調了混合與交流的現象。

因此，對壓力梯度以及其產生之風的研究，似乎是理解地球氣候分布的關鍵。本章還討論了蘇潘主張的第二部分：動力氣候學與人類健康與文化發展的新思維息息相關。在那個深受現代科學進步故事所吸引的時代裡，新近發展的動態氣候科學迅速成為人們關注的話題。到了一八八〇年代，學童、流行德文科學期刊甚至各省報紙的讀者，都有足夠機會理解基本大氣運動的新理論。氣候學提供了定尺度的工具，讓整個哈布斯堡地區的人民可以藉此設想自己在帝國之來往和交流網絡中的地位。直到世紀之交，科學家才開始質疑這種流行觀點背後的物理科學問題。

風的路徑

奧地利的動態氣候研究計畫可以說是在於一八六六年啟動的，那時，身為ZAMG助手的朱利葉斯．漢恩推翻了溫暖乾燥的山風（即「焚風」）的主流理論。漢恩曾利用熱力學這一關於熱與運動之間的新科學，解釋被迫沿著山腰向上的空氣會產生什麼結果。當一團空氣沿山攀升時，如果正好碰上低壓區域，確實會因為膨脹而產生作用。此一過程會降低該氣團的溫度及其比壓力（specific pressure），從而導致凝結（condensation），並且經常造成降雨。反之，當此一氣團沿著山的另一側向下吹動時，空氣則會收縮，同時導致溫度和比壓力升高，而且其溫度上升將大於上風側的溫度下降，因為此一降溫被冷凝的「潛熱」（latent heat）抵消掉了。這是一個很容易被理解的原理，普遍適用於解釋大氣上昇的運動。漢恩從熱力和動力相互轉化的原理，證明了有關一種氣候現象的新思維方式。

漢恩判斷，只有對於氣壓分布（一種基本的熱力學變數）進行更精確和詳細的區域研究，那麼全球的氣候科學才能站在這基礎上向前發展。德—俄氣候學家弗拉迪米爾．科本在一八七四年也提出了這一點，當時他指出使用風玫瑰圖是有缺陷的。僅知道風從何方吹來並不能告訴我們風的性質，而且正如他參考西伯利亞的數據所表明的那樣，我們還需要了解周圍的壓力分布才行。[7]

這是漢恩對中歐和東南歐壓力分布進行細緻分析的動機，而該分析是根據ZAMG網絡運營最初三十年間（1851-1880）的累積數據所得出的平均數。這是一項艱巨的任務，畢竟要取得大範圍內精確且標準化的壓力測量值並非易事。說到同一高度相鄰位置之間的壓力差，其幅度遠遠小於同一條件下的溫度差；實際上，它們大約相當於漢恩那年代之氣壓測量的系統誤差。[8]幸運的是，奧地利的網絡已經確立了產生合適數據的必要條件。每隔六年就要將每一個觀測站裡的氣壓計與標準氣壓計進行對比校準。由於帝國—王國軍事地理學院投入大地測量工作可以精確知道，每個觀測站的海拔高度。剩下要做的便是以手工算出三十年的平均數據，這是耗繁而漫長的任務。

漢恩承認，他經常花一周或更長時間，決定是否將單一地點的平均壓力沿任一方向調整十分之一公釐。他寫道：「許多人可能想知道，一個認真嚴肅的人是否值得花這麼多時間和精力去取得這麼小的成果？」，當然，根據他的說法，有時連他自己都懷疑此舉是否值得。但他堅稱，一個人如果長期抱持這種懷疑，那麼他根本就不適合當自然科學家。因此他引用了法蘭西斯．培根（Francis Bacon）的觀點加以證明。[9]正如培根將經驗主義奉獻給伊莉莎白一世女王一樣，漢恩也將其研究成果奉獻給治國之術。實際上，漢恩的《氣壓分布》（*Distribution of Air Pressure*,1887）也遇到了該以何種方法呈現的問題，就像他在同年出版之《奧匈圖文全集》一書所遇到的挑戰。在這兩本書中，他的目標都是在構建整個帝國層次的視角下，同時強調細微的差異。等壓線圖以及隨附的說明在在解釋了與區域趨勢相關的局部在地特徵。例如，冬季等壓線顯示了一個高壓區域，其中心位於東阿爾卑斯山的南側。這相當於山谷中的一個「冷島」，上方出現溫度升高或是「冠蓋逆溫」（capping inversion）現象，這解釋了為什麼來自南方的溫暖空氣難以滲透到中歐。在匈牙利東部和外西瓦尼亞也可以發現同樣的現象。同時，地中海東部和亞得里亞海的低壓中心則形成了一個壓力梯度，這說明了達爾馬提亞海岸波拉風這種下坡風的強度何以如此驚人。[10]漢恩希望世人能早日意識到像這樣完整描述奧地利－匈牙利氣候情況之地圖的重要性。只有這樣，才有可能使用壓力差「來解釋風況的不同及其作用。」[11]

給所有人的動力氣候學

即使尚處於發展階段，動力氣候學這門新學問也已開始向大眾傳播開來。在漢恩領導ＺＡＭＧ期間（1877-1879），網絡中觀測站的數量從二三八個增加到四四四個[12]。那些自願在每天規定的時刻義務記錄大氣狀況的人員中，教師、醫師、旅館主人和電報員的占比是最高的。即使是那些手邊沒有氣象儀器的人也可以參加觀測，這都要歸功於安裝在公園和城鎮廣場中的「天氣小屋」（見圖二十五）。奧地利所有主要的溫泉療養勝地都擁有這樣的建築，「它們往往設計得十分豪華、雅緻，無論當地人或遊客都非常喜愛。」[13]這些溫泉療養者和自願觀測者等受過良好的教育的人，都渴望了解天氣和氣候科學的最新進展。

漢恩那本大受歡迎的《整體來看地球》（*The Earth as a Whole*, 1872）介紹了將熱力學應用於大氣研究的基本原理，例如它解釋了海風的物理原理和信風（trade wind）的起源。我們可以在

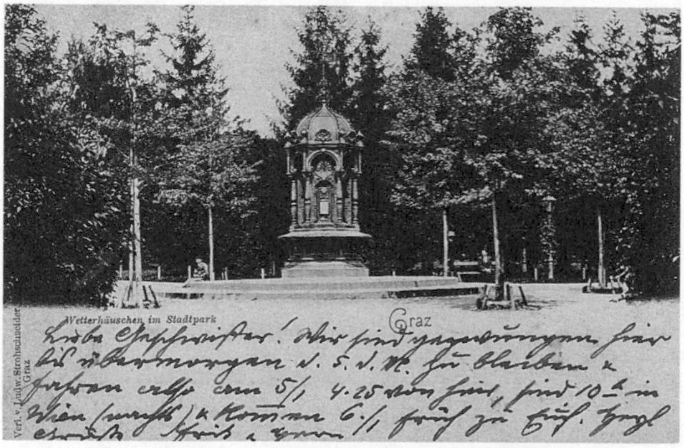

圖二十五：明信片上呈現的是格拉茨市區公園裡的「天氣小屋」（weather house），一八九八年。像這樣的建築在十九世紀末整個中歐溫泉城鎮的市區公園和公共廣場隨處可見。

一八七四年的《氣候學教科書／特別著眼於農業與林業》（*Textbook of Climatology, With Particular Attention to Agriculture and Forestry*）中找到更強調實際應用面的文字。該書附了第一張奧匈帝國的氣候圖，顯示出帝國是介於西方與東方、「海洋型」和「本都型」*氣候之間的過渡地帶，而在這過渡帶中，我們看到的不是突然的反差而是緩和的連續過渡。該書解釋，無論在大尺度或是小尺度上，氣流都是由「相鄰之較暖和較冷氣團間的交互作用」所驅動。我們將在下面對這種說法進行探討。[14]約瑟夫・羅曼・洛倫茲在被調往維也納擔任農業部長時，幾乎已完成了這本書的撰寫工作，最後的收尾工作留給了維也納的一名高中教師卡爾・羅特（Carl Rothe），而後者也得到了耶利內克和漢恩等專家的從旁協助。因此，儘管本書的許多論述都結合了最新的熱力學原理，但是有些段落卻退回海因里希・多夫那極地空氣與熱帶空氣相互「廝鬥」的舊式看法，包括他認為氣旋在整體環流系統中屬於「異常或脫序」（Ausnahme）的現象。[15]事實上，該書的序言是由七十一歲的多夫執筆的。該書有一位審閱人十分推崇它的易讀特性，認為醫生和農民同樣受用。

新聞界也幫助公眾掌握動態氣候最新的進展。例如，在一八八〇年，《特普利策—舍腦導報》（*Teplitz-Schönauer Anzeiger*，波希米亞北部）刊出了一系列文章，指出「我們對於了解決

---

* 譯注：本都（Pontic）為古代小亞細亞北部的一個地區，位於黑海南岸。

定氣流及其軌跡與速度之因素，還是最近才達到的成就。不久以前，我們對這些關係的認識並不比古希臘人強到哪裡。古希臘人以為是全能的宙斯任命自己的一位祖先，即熟練的水手奧盧斯（Aeolus），擔任風的監管者……現在我們知道，地球上風的系統總體上由兩股主要氣流所控制，乃是因太陽對地球表面加熱的不均勻所導致。」接著，該文勾勒出哈德里環流圈（Hadley model of the general circulation）*模型（請參閱第八章）。最後，作者解釋道：「風的強度和方向似乎取決於氣壓及其分布情況的差異。」該系列中的一篇後續文章則根據ZAMG報告裡的一個氣旋為分析對象，並探討其生命週期。[16]在《維也納農業報》（*Wiener Landwirtschaftliche Zeitung*）（一本普及且附插圖的農業雜誌）一八八五年的一篇文章中，讀者學會如何取得ZAMG的每日預報服務。此外，他們還從一個名為「現代氣象學基本原理」的課程習得知識，其中包括壓力分布與風向之間的關係。正如其作者所解釋，這將使讀者具備看懂天氣圖的能力，讓他們「可以自行判斷普遍之天氣狀況對居住地當地天氣的影響。」[17]

到了一八八〇年代，動力氣候學至少已經被一本高中教科書納為教材。學生必須將當地天氣視為全球事件鏈中的一環：「在大多數情況下，我們的天氣並非取決於在地的條件和情況，而是決定於最低氣壓和最高氣壓的移動過程。最低氣壓起源於大西洋，主要涵蓋蘇格蘭和北歐地區。如果這樣一個低氣壓中心接近我們中歐，那麼就會颳起南風和西南風，並導致雲層覆蓋天空。接著，西風和西北風便會吹起，風中的濕氣因之化為降雨。」[18]該篇文章還提到了預測這種

彩圖一：克雷姆斯明斯特（Kremsmünster）及其周邊地區（以天文塔為中心），
阿達爾貝特·施蒂弗特畫，約一八二三至一八二五年。

彩圖二：韋內迪格山脈（Venedigergruppe），東阿爾卑斯山，弗里德里希・西蒙尼繪。這幅一八六二年畫作的主題是高地陶恩山脈（Hohe Tauern）的一段，西蒙尼認為這個海拔超過一萬英呎的地方呈現出「不尋常的對稱」。附帶的說明文字要求讀者特別注意背景山脈的地質結構。但大家也應注意前景的細節，特別是那位凝視著松樹上信仰圖像的朝聖者。西蒙尼是從諾伊基興（Neukirchen）村的有利位置觀察到這場景，而該村長期以來都是朝聖者的目的地。

彩圖三：〈七月分的熱分布〉，約瑟夫・夏萬尼，收錄於《附統計資料之自然地理袖珍地圖集》（*Physikalisch-statistischer Handatlas von Österreich-Ungarn*）。

彩圖四：匈牙利牧原的植被，安東・克納（Anton Kerner）繪，約一八五五至一八六〇年。

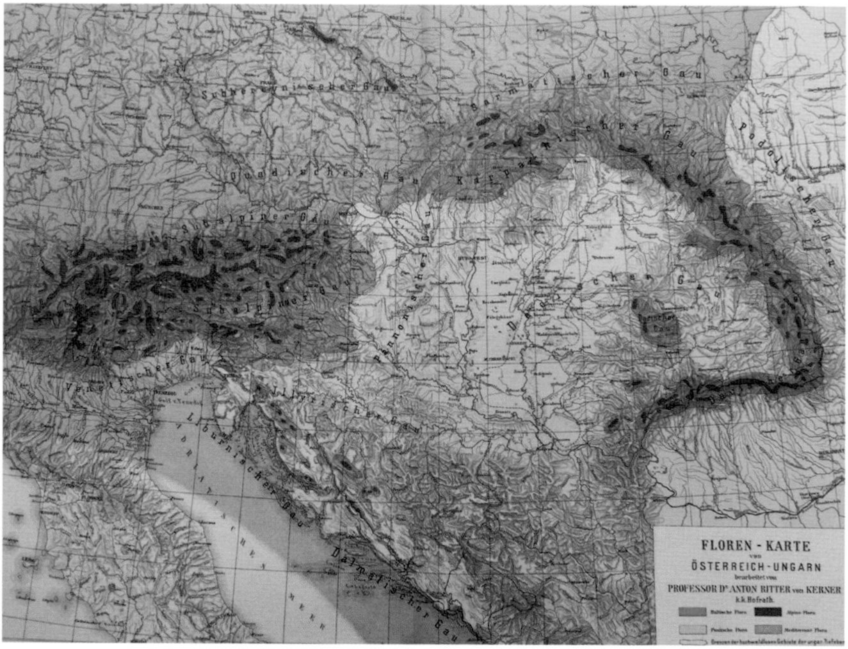

彩圖五：奧匈帝國花卉地圖，安東．克納．馮．馬里勞恩，一八八八年。該地圖將哈布斯堡的疆域描繪成四種不同植物群的交集處：阿爾卑斯山型（紅色）、波羅的海型（綠色）、黑海型（黃色）和地中海型（粉紅色）。

天氣狀況的難度：如果最低壓繼續向前推進，中歐可能會看到颳東北風的晴朗天空；但是如果第二個最低氣壓從第一個最低氣壓脫離出來，其結果可能是在南歐造成強風（可以是西洛可風〔sirocco〕†、焚風還是布拉風）。到了一八九九年，「等溫線、等壓線、風」等主題已被納入奧地利實驗中學（Realschule）的物理課程中（雖然未必總能找到合適的教科書）。[19]簡言之，在十九世紀最後幾十年裡，受過良好教育的德語人口，已經開始接觸到動態氣候理論的要旨。

寒天咒、冰聖徒和匈牙利的在地人

動力氣候學不僅以現代科學的代表性成就介紹給學生和報紙讀者，而且還是科學與民間智慧間的橋樑。如我們所見，民間智慧藉由科學家對諸如焚風和山區逆溫（mountain inversions）等現象之在地描述的探究，融入新的大氣動力學之中。將動力氣候學介紹給一般大眾，突顯了專家觀點和非專家觀點之間的融合。

* 譯注：指赤道附近受熱上升的氣流在上升到對流層後，分別向兩極方向移動，之後逐漸冷卻，約在緯度三十度附近沉降，然後由地表向赤道移動，形成循環。

† 譯注：歐洲南部從利比亞沙漠吹來的一種常帶有沙塵，間或帶雨的熱風。

例如，在五月的第二週或第三週，歐洲中部大部分地區的民眾可能會在當地報紙上讀到以氣候為主題的文章。在春季回溫的頭幾個星期過後，經常發生天氣突然變冷的情況。五月的第十二天到第十四天之間，溫度下降的情況在德文的民間俗語中被稱為「冰聖徒」（Eisheilige）、「冰人」（Eismänner）或者「嚴苛主子」（Strenge Herren）。在捷克文中，被稱為「潘・塞爾波尼先生」（Pan Serboni），是由與這些日期對應之聖徒名字的第一個音節組成：潘克拉茲（Pankrác）、塞爾瓦茲（Servác）與波尼法茲（Bonifác）。因此才有如下這句俗諺：「潘・塞爾波尼令樹枯萎」（Pan Serboni pálí stromy）。在波蘭文中則是：潘克拉茲、塞爾瓦茲和波尼法茲是花園裡的壞孩子（Pankracy, Serwacy, Bonifacy to źli na ogrody chłopacy），意指這些聖徒都是到花園裡搞破壞的。這些冰聖徒在中歐造成了極大的恐懼，因為他們有本事在生長季節一開始就將農作物破壞殆盡。像這樣代代相傳的天氣知識提醒農民要採取適當的預防措施。許多地方都會制定策略，以便天氣突然回冷時能保護農作物，一般的做法是「薰蒸防凍法」。[20]

這種天氣模式發生在五月中旬的機會是否高於一年中的其他時候？這點尚不清楚。[21]在一八七〇年代和一八八〇年代，一些科學家已經將五月中旬註定變冷的說法歸因於錯誤的統計數據和固執的迷信。[22]正如《因斯布魯克報》（*Innsbrucker Nachrichten*）一八八七年一篇文章所言：「那些事與願違的情況通常被人遺忘，因為克卜勒早就知道，世人總只記住事件發生的例子，卻忘記沒發生事件的情況，因為那畢竟沒什麼特別可以拿來說的。」[23]儘管如此，當時中歐有許多人還是認為五月中旬會出現一場驟冷，因此報紙編輯必須處理他們的擔憂。

因此，「冰聖徒」之所以是科學家熱中的主題，部分是因為廣大群眾渴望見到研究結果揭曉（無論什麼結果都行）。此外，「冰聖徒」還是個誘人一探究竟的自然科學問題。正如多夫最早指出的那樣，這是不同溫度之氣團間明顯的對抗。多夫認為「冰聖徒」是春季極地氣流與熱帶空氣對抗的最後一搏。他說，五月中旬的天氣之所以如此寒冷，那是因為它是從拉布拉多和格陵蘭的融冰地區吹來的。[24]一八七〇年代出現了另一種解釋，因為科學家在動力學架構下，打算根據平均壓力的分布來解釋典型之風的型態。這種由德國威廉·貝佐爾德（Wilhelm Bezold）和W·J·馮·貝伯（W.J. von Bebber）所提出的新理論乃基於如下的觀察：當時序由冬天進入春天時，土地升溫的速度要比水快。在像匈牙利和東南歐的大平原上，比較溫暖的空氣會上升，並在地表形成低壓中心。如此低的氣壓將使北方的冷空氣流入整個中歐地區，從而帶來驟冷。貝佐爾德注意到，驟冷之前常在匈牙利出現異常暖和的氣溫，因此他將這種避不掉的寒天魔咒稱為「土生土長之匈牙利人」（geborene Ungarn），而且這種說法是奧地利說德語的科學家最愛掛在嘴邊的。[25]

「土生土長之匈牙利人」的理論在大眾報刊得到熱捧。提洛省、上奧地利省、下奧地利省、波希米亞省和摩拉維亞省當地的德文報紙，都刊出相關文章肯定這種以前僅能從民間知識得知的現象之真實性。《林茨每日郵報》（*Linzer Tagespost*）宣稱，解釋「冰聖徒」現象是「現代氣象學中數一數二艱鉅的任務」。[26]《因斯布魯克報》報導，這是一次科學家決定認真看待流行知識的案例。[27]在外西瓦尼亞，路德維希·雷森伯格（Ludwig Reissenberger, 1819-1895）將動力學的觀念，帶給當地自然科學學會的同儕。雷森伯格是曾在柏林受教育並在赫爾曼施塔特（Hermannstadt，即羅馬尼亞語的錫比烏〔Sibiu〕）之高中執教的氣象學家，而且自ZAMG成立以來便一直是該機構的通信成員。他在組織當地科學學會以及激發人們對氣象學產生興趣等事情上相當積極。在他的研究中，他對氣溫變異性和死亡率之間的關聯性特別感興趣。在討論「冰人」的問題時，雷森伯格認為，直到當時的不久前，世人才開始理解氣壓的分布如何支配空氣的流動（這正是漢恩在研究的問題）。[28]

這些文章讓讀者學會從綜觀考慮當地的氣候：詳查那從瑞典到俄羅斯席捲整個歐洲的寒天魔咒。正如我們將在下文中更詳細看到的那樣，氣候的動力學理論不僅為非科學界的人士提供了對於像春末寒潮這種熟悉現象的合理解釋，而且還讓他們有機會將中歐想像成一整個自然單位，一個大氣流動空間。

「他死於新鮮的山間空氣、鳥語和玫瑰花香味」

氣候學在十九世紀後期引起了許多哈布斯堡王朝中產階級的注意，以此作為掌握個人健康情況的辦法。醫療氣候學非常重視經驗數據的收集，包括山區、海岸、外海、草原和沙漠的氣候特徵和生理影響。該領域的教科書詳細描述氣象儀器的運作原理，並主張醫生必須親自進行氣候測量。在這種情況下，氣候學強調的是關於第一手觀察，而不是理論研究。威廉·普勞斯尼茨（Wilhelm Prausnitz）在格拉茨衛生研究所的研究和教學工作，包括「室內氣候」（indoor climates）對於健康的影響，他堅信「不可能靠書本『研究』衛生狀況。衛生學的研究方法不僅要觀察，而且還要檢驗其結果。」[29] 一九〇一年，「奧地利藥劑師協會」（Austrian Society of Apothecaries）對ZAMG進行了實地考察，其成員對展示在他們面前的大量器械十分著迷：

讓每個人都知道自己居住地的氣候並投注更密切的關注，這對他們必然大有助益。然而，只有在人們每隔一段固定時間便精準地調查大氣的當下狀態，亦即氣壓、溫度、濕度、電與光學現象的種類與規模，以及氣壓、風、各種不同形式之水氣（雲、霧、霜、露水）與降水形式（雨、雪、冰雹、霙）所生成的氣流，這樣方能確實描述氣候。[30]

儘管大氣壓力似乎是人類無法直接感知的因素，但大家仍普遍認為氣壓變化會影響身心健康。ZAMG研究人員所收集的證據支持了這一信念，他們研究了氣壓變化對學生、工人和醫院病患健康的影響。[31]

醫療氣候學研究的成果被醫生及其病患廣泛吸收。《奧地利溫泉報》（*Österreichische Badezeitung*，後改名為《奧匈溫泉報》〔*Österreichisch-Ungarische Badezeitung*〕）於一八七一年出刊，並持續出版了二十五年。其次是存在時間較短的《氣候學季刊，特別著眼於氣候療養勝地、溫泉浴和旅行雜誌以及附插圖之有關療養勝地、酒店、療養院、旅行和體育的專業雜誌》（*Vierteljahrschrift für Klimatologie, mit besonderer Rücksicht auf klimatischer Kurorte, the Bade-und Reisejournal, the Illustrierte Fachzeitschrit für Kurorte, Hotels, Sanatorien, Reise und Sport*）和其他類似的雜誌。這些出版品旨在將醫療氣候學之最新研究成果同時傳達給專家和非專家的人士。正如《氣候學季刊》在創刊號中所宣布的那樣：「本季刊主要目標在支持和傳播我們對氣候的知識，尤其是氣候對人類生活和健康的影響。在目前的發展階段，這套知識的範圍和重要性不僅證明了該期刊進行彙編工作的合理性，而且同時針對醫師以及一般受過教育的讀者。」[32]大氣動力學被引進了例如伊諾．基什（Enoch Kisch）的《氣候治療法》（*Klimatotherapie*）和威廉．普勞斯尼茨的《基礎衛生學》（*Grundzüge der Hygiene*）等指標性作品[33]。

在那個時代，醫學對於疾病起源的理論，往往被互不相讓的環境派和傳染派所把持。值得注意的是，哈布斯堡政府對抗傳染病蔓延的策略，例如當時東南歐霍亂爆發期間必須將病患隔離。奧地利商業界發動反對隔離的遊說，因為認為隔離會阻礙商業交流。因此，奧地利的醫學專家在巴爾幹半島和地中海東部沿岸地區，尋求代替檢疫的公共衛生措施，例如監督君士坦丁堡的衛生改革以及醫學教育試驗計畫。[34]

與此同時，有關「什麼是構成健康氣候的條件？」的想法也不斷轉變。到十九世紀末，哈布斯堡的醫生都同意，氣候的健康性是相對的，而不是絕對性的。沒有哪個地方能提供萬靈藥式的療養。某地的氣候可能對某些人有益，但對另一些人則不然，或是在某個季節有益，但在其他季節則有害。正如馬倫巴（Marienbad）水療中心的醫療主管恩諾克・基施（Enoch Kisch, 1841-1918）在一八九八年所寫的那樣，在十九世紀的最後幾十年中，醫生建議採用氣候療法來治療的疾病種類以及據稱可能具有療效的氣候種類都急劇增加。氣候被視為潛在的治療方法。十九世紀初，採取氣候療法意味動身前往「南國」，但到這時，醫生也會建議前往寒地療養，就算在冬季也不例外。[35]

此外，醫師通常會特別建議患者在不同氣候之間來去。例如，對於呼吸系統疾病，最好的辦法是「變化氣候環境」，這也許可以指「在山谷和山上、在南方和濱海地帶、在山區森林和大海中長期逗留。」這建議是建立在希波克拉底原則的基礎上，也就是「治療痼疾應該改變居所」（**in morbis longis solum mutare**）的理論。對於其他多種疾病，也建議病患應改變居所而非固定停留一地，例如瘰癧（一種結核病引起的皮膚病）、糖尿病、關節炎、心臟和神經疾病，「以及神經系統與性器官方面的各種疾病。」據說讓人體接觸多種氣候的基本目的是「增強器官功能並改善總體營養」。簡言之，「變化氣候應該被視為所有氣候療法的共同基礎」。[36]通常，病軀最需要的是改變呼吸的空氣，任何改變都有益處。當然，這可能導致身體勞損，但通常幾天後即可適應。

要考慮的最重要因素，是療養勝地的氣候特徵相對於患者近期住所的氣候特徵。「因此，必須注意的與其說是病患前往地區的絕對溫度，而是他所習慣的溫度與療養地溫度之間的差異。」從這層意義上，如下這個關於軟骨病患者的詩句中也蘊含了醫學的面向，「他死於新鮮的山間空氣、鳥語和玫瑰花香味。」這種思想流派即使在軍人之間也發揮了影響。以哈布斯堡王朝海軍上尉卡爾．韋普雷希特（Karl Weyprecht）為例：他曾領導了一八七二至七四年奧匈帝國的極地考察團隊。韋普雷希特的證言違反了大家的直覺概念，因為那些來自亞得里亞海沿岸地區的水手船員，即使突然來到北極的氣候變化，身體的適應狀況也很好[37]。

因此，氣候變成了一個動態的、相對的概念，而患者那重新被安置的身體就成為了地理差異的紀錄。當時的醫學教科書強調氣候的相對性，而且內容基本多從大氣動力學的角度解釋氣候療法。新的動力氣候學告訴世人，在地情況並不是自我成形的：它們取決於盛行的風，因此取決於大尺度的壓力分布。[38]因為如此，氣候療法為患者提供了奧地利—匈牙利自然多樣性的動態體驗。在海洋和草原之間，哈布斯堡領土內具有許多治療功效的氣候，其多樣性雖無窮無盡，但彼此之間的互動卻也永不止息。在馬倫巴的基希引用朱利葉斯．漢恩的話寫道：「風消除了氣候區的邊界，並使鄰近氣候區不斷保持連結。」[39]

致力於平衡極端

動力氣候學很快被整合到奧地利—匈牙利的地理調查工作中，而且從一八七〇年代開始，出版社即不斷增加此類著作的出版頻率。約瑟夫．羅曼．洛倫茲（Josef Roman Lorenz）在他那些廣被閱讀、有關哈布斯堡地區氣候的著作中，解釋了溫度和壓力的局部差異是如何形成，然後又如何被氣流「平衡」起來的：「大氣流動的原因和地球流體部分的流動原因相似，水平和垂直相鄰空氣層之間的溫差是平衡極端的動力。」讓我們看看洛倫茲對布拉風的描述。布拉風是沿著王朝疆域南部邊陲的達爾馬提亞海岸吹來的乾燥冷風，而洛倫茲曾在那裡教過六年的中學課程，並研究沿海地區的氣候及其動植物（見圖二十六）。波拉風是因兩股空氣「強烈對峙」的結果所產生：其內部是一團寒冷而密實的靜止空氣，而在第拿里阿爾卑斯山靠亞得里亞海的一側，則是溫暖的空氣。波拉風的強度取決於這種對比的強弱以及氣團的大小。

> 如果兩個氣團的對峙持續了一段時間並且移動相當長的距離，那麼內陸的氣流將會流動一段時間，並會吸引北方更遠的氣團前來作為替代氣團。這樣一來，在持續颳上數天的波拉風中，溫度便降得越來越低……如果這種對峙只是局部的或是微不足道，那麼狹窄或弱小的內陸風就足以實現平衡，並出現局部而短暫的波拉風或是較溫和的「小波拉風」（Borino）。

從物理學的角度看，這種分析是相當粗淺的，因為忽略了空氣越過山脈時上升和下降的運動。但是，作為地理學的框架，這是具有啟發性的。突然之間，第拿里阿爾卑斯山（一直被視為海洋氣候與大陸氣候、文明濱海與落後山區間的分隔線）如今似乎不再是那麼突兀的障礙。布拉風代表的是跨越具明顯邊界之地區間真正的「相互依存」。[40]

圖二十六：布拉風來襲時的達爾馬提亞海岸。

奧地利－匈牙利數一數二具影響力的地理學推廣者是弗里德里希・烏姆勞夫特（1844-1923）。烏姆勞夫特是弗里德里希・西蒙尼的門徒，同時也是一名佩服於西蒙尼承諾向公眾傳播科學研究成果的高中教師。他在一八七六年出版有關王朝的《地理統計手冊》，其宗旨在於說明土地與人或是自然與文化間的相互依存以及相互影響。奧匈帝國的特點是具有「自然條件、人口與知識文化上最強烈的對比」，這就是為什麼該王朝被正確地稱為「由差異對比所構成的國家」。[41]總體而言，烏姆勞夫特根據洛倫茲那基於降雨量和溫度所劃分的氣候區（climatic zones）體系，對領土進行區分，這樣既能公平地評價多樣性又不至於見樹不見林。每個地區都能在「歐洲氣候的大區塊中保有自己的位置」，而「突出的特殊性則能在密切的觀察下被發掘。」他解釋說，總體而言，氣候乃是盛行風所產生的結果，而風則是氣壓差彼此「平衡」的結果：「當氣壓分布受到熱分布不均的干擾時，那便是促成極端之間平衡與氣流平衡的因素。」烏姆勞夫特在轉向民族誌的描述時也運用了這些「自然流」的意象。他覺得奧地利各民族之間並沒有涇渭分明的分割線，而這些民族都包含在「歐洲所有主要的文化群體」裡。「因此，奧地利的歷史與德國、匈牙利和波蘭的歷史融為一體，這類似於大河在不同階段中匯合了不同支流，然後再將所有的河水運送到下游去。」因此，奧匈帝國是一個流通和混合的空間，無論說的是空氣、人民或者水文。「各民族並未占據明確界定和封閉的區域，而是散布在許多地區。因此，在邊界地區上，經常可以發現獨特的混合人口。的確，歐洲任何地方都不像我們國家那樣可以看到各種民族的融合。」[42]烏姆勞夫特以自然地理進行類比的方法，有助於讓他的民族誌觀察顯得自然。

多夫以及後來的挪威氣象學派，選擇了「抵抗」和「戰鬥」等意象來描述不同的氣團之間的對峙，而奧地利的氣候學家則偏好「混合」、「平衡」、「交流」和「相互依存」等字眼。因此，正如基什博士在他的醫療指南中所解釋，風是「相互依存」與「消弭邊界」的力量。為了描述氣流間的相互作用，並且避談其對立面的問題，奧地利的氣候學家甚至恢復一種浪漫主義的概念，即「自我實現運動」（ausfüllende Bewegung）。例如，費利克斯．埃克斯納（Felix Exner）在其一九二五年那本實際上擁有艱深技術層次的教科書《動力氣象學》（*Dynamic Meteorology*）中，即採用了這個過時的術語。[43]說到「自我實現運動」的概念，就會想到十九世紀初期極富影響力的地理學家卡爾．里特（Carl Ritter）。此一概念反映出萊布尼茲對於宇宙的觀點：他認為宇宙既是運動各部分的整體加總，又是一個不斷發展的結構。里特認為，由於觀測、通訊和運輸的新技術不斷推陳出新，自然元素內部之間以及人類文化內部之間的地理關係一直變化。「以前遙不可及的地方，如今已幾乎達到緊密聯繫的狀態，甚至進入了日日皆有互動的領域。」因此，在里特看來，「自我實現運動」的類別包括各種大氣和海洋環流的方式及其所引起的有機反應，以及人類的遷徙與人類行為者有意造成之空間關係的轉變。[44]同樣，奧地利有一篇關於動力氣候學的論文認為，氣流中若有部分組成朝壓力梯度的方向而去，那麼就會「力求減弱對比差異，此即『自我實現運動』」。[45]當年的讀者應能會意這種對浪漫主義「不斷再生之多樣性」（continuously regenerating variety）此宇宙觀的暗示。這樣一來，氣候學為哈布斯堡王朝「多樣性中求統一」的理想提供了合理性的實例。

局部差異的動力學

一八八一年，亞歷山大．蘇潘出版了他的其中一本主要專著，將大氣動力學用來解釋全球各區域的氣候特徵。[46]套一句阿爾弗雷德．赫特納的話，這本書與科芬（Coffin）和沃耶伊科夫一八七五年合著之《地球的風》（*Winds of the Globe*）一樣，「都是首度從生理或是基因的角度切入來嘗試探究地球氣候。」[47]蘇潘很大程度上依賴於漢恩的觀察和解釋，率先提出關於風與氣壓分布之間關係的最新結論。接著，他再對北半球和南半球主要之風的系統做出概述。最後，這本書的大部分章節依次討論到世界的每個區域，包括平均風頻率表（tables of average wind frequencies），其中大部分是他直接根據漢恩所提供之觀測站數據所計算得出。無論是哪一種情況，他都說明如何使用原生壓力和次升壓力之最小值和最大值的典型位置解釋盛行風，並以此為基礎解釋一年不同時間中區域氣候的已知特徵，例如挪威海岸典型的暖冬或是新地島（Novaya Zemlya）＊極其涼爽的夏季。

蘇潘在發表了那篇有關風的論文後不久，便開始從更寬廣的角度思考漢恩的洞見對於地理學科的重要性。這幾年地理學家彼此之間爭論不休，因為他們努力定義自己的領域，以便對抗如今

＊譯注：俄羅斯在北冰洋內的群島，面積約八點三萬平方公里，全年冰封，是烏拉山脈在北冰洋內的延伸。

開始瓜分地盤的其他學科（例如地質學、氣象學、經濟學和人類學等）。地理學家眼看自己的學科分裂為狹窄的次專業。在隨後的辯論中，蘇潘擔任了領導者的角色，有力地捍衛自己這門學科的統一性。他的方法學宣告引起了奧地利—匈牙利以外地區的共鳴，影響到未來從列寧到威瑪地緣政治學派的思想家。[48]

在一八八九年的德國地理學家大會上，蘇潘提出了他對地理研究未來的願景。整合地理中自然和人文因素的關鍵，在於將它「特殊的」（或是「生物地理志的」〔chorographic〕）部分提高到「生物地理學」（chorology）的水準，換句話說，要超越系統性的描述而進行因果分析。正如他對《奧匈圖文全集》的批評：該書未能將多名作者所寫的描述，統整為一個更高層次的統一體，無法超越生物地理志的地步並達到生物地理學的洞見階段。蘇潘接著說明他理想中的生物地理學。該門學問是對自然與人之間相互關係的研究。在這方面，他不接受弗里德里希·拉茨爾（Friedrich Ratzel）人類地理學的環境決定論（environmental determinism）。生物地理學研究的第一步是找出地形、氣候、植物，也許還有動物和礦物等條件一致的「地理區位」（geographic localities）。至關重要的是，任何一個「地理區位」對其中人類的影響還要取決於鄰近區位的條件。也就是說，人類群體如何適應周圍環境並開發本地資源，必然取決於周圍環境和資源與鄰近地區的不同之處。隨著區域間相互依存關係的發展，每個地區內人與自然之間的相互作用將相應地發生變化。因此，蘇潘最關鍵的見解是：自然條件會「引導其居民的社會朝特定方向發展」，但這不是單純的宿命論，而是藉由不同區位間彼此自然條件的差異，建立起相互依存或是潛在衝突的關係。[49]

這種對鄰近地區差異之重要性的認識，成為蘇潘對地理學研究計畫要求的基礎。這包括對自然與人文區域之間的關係及其相互依存現象的研究。正如他所說的：「相鄰地理區域間那努力要使彼此維持平衡的對比差異力量，乃是一個國家生命中數一數二重要的建構力量。」蘇潘堅信，地理學的任務在於描述這些相鄰地區之間的對比，並調查它們在相鄰社會之間所造成的依存和衝突關係。

他一再用「力量」（Kräfte）這字眼來形容這種環境的差異對比。蘇潘是最早一位將氣候學視為研究壓力或溫度梯度引發大氣運動現象的學者。才過六年後的一八八七年，他就將該計畫變成了研究政治和文化的綱領。蘇潘和漢恩這樣的帝國—王國科學家發現以動力學來解釋氣候有其迷人之處，部分是因為可以類推到其他現象。的確，蘇潘以壓力—風的關係作為《歐洲地理學》（*Länderkunde von Europa*）系列（1889）中他那本奧地利—匈牙利專冊的內容組織原則。面對撰寫一個跨民族國家概況的任務，蘇潘也和漢恩一樣，抓住了「將差異性重塑為連續性」的方法。在此一概述的背景下，蘇潘寫下了如下綱領性質的字句：「所有生物都是從相鄰之對比差異的平衡中綻放出來的。我們的科學責任在於弄清這些對比並描述其對人類的影響。」[50]

平衡的政治策略

當然，「鄰近地區對比差異的平衡」只是對大氣動力學最粗略的近似描述而已。然而，從物理學的角度來看，它的權威性則不容小覷。在巧用「力」之術語的另一篇文章中，蘇潘認為，他所提議的方法將使生物地理學具有更多的「科學力量」（wissenschaftliche Kräfte）。[51] 他為國際地理訂出最普遍的方針，而奧地利學者早前即以帝國統一之名遵循於此。正如我們在前文讀到的，帝國—王國的學者們普遍認為，不同社會元素之間的對立會啟發運動的進展過程。用阿洛伊斯・里格的話說就是，「當彼此陌生的元素相遇並產生緊密而持久的關係，發展進程就開始了。」[52] 現在我們應該知道，這種對帝國統一性的詮釋乃是建立在從一些學科間發展起來的類比（analogy）之上。這些包括彼此協調但又區隔明顯之氣候學、地理學、政治經濟學、民族誌和藝術史等關心自然與文化資源空間分布的學科。這是一種將帝國視為一個循環系統的概念，而且在該系統中，能量是從一地各梯度間的張力釋放而出。

這就是將動力氣候學與帝國意識形態連結起來之強而有力的隱喻。當哈布斯堡的科學家討論壓力梯度與風之間的關係時，其實箇中便隱含了一個文化經濟的類比：差異造成流通，從而造成文化的連續性以及相互依賴性，又或是「在相鄰的對比差異中求平衡」。

此一類比尤其在一八六七年奧地利和匈牙利間簽訂賦予匈牙利內政自治權，並將帝國重新塑造為雙重君主架構的「折衷方案」（Ausgleich）後引起了普遍的共鳴。德文Ausgleich一詞通常被翻譯為「妥協」或「和解」，常與Ausgleichung互換使用，而後者字面上的意義即是「平衡」。一八八九年，蘇潘正是從這層意義上在他那篇有關奧匈的論文中使用了Ausgleichung一詞，藉此在字面和隱喻上顯示在相鄰之對比差異中求平衡的意義。

忠於哈布斯堡政府的作家在策略上利用Ausgleich和Ausgleichung之間語意的滑動，使一八六七年的現狀顯得自然。信仰自由主義、在談判「折衷方案」時起了重要作用的政治家久洛·安德拉希，因為被認為對維也納太過同理，因此喪失了在匈牙利議會中的席位。在卸任期間，安德拉希依賴歷史和地理的論據，為匈牙利與奧地利的關係提出辯護。安德拉希將現代匈牙利描繪成一個無法獨立生存的「小國」。奧地利是其天經地義的伙伴，因為如果沒有匈牙利的援助，它難以保衛邊界。兩國之間愈來愈強烈的「差異」（Gegensatze）導致了「妥協」的結果：「每個人，每個由一群人所組成的組織，唯有靠平衡彼此間的差異才能生存下來。」（nur durch die Ausgleichung der Gegensätze fortbestehen）。因此，安德拉希提出了以「妥協／折衷」作為解決不平衡問題的方案，而目標仍然是建立平衡狀態：「往日的和諧是否能重建？對立的衝突是否會導致新的妥協？是否確實能找到令迫在眉睫之雪崩不要發生的辦法？誰能預測到這些事情？」[53]這裡的關鍵字便是德文的Ausgleich。在十九世紀的人聽起來，這個字並非只是簡單地代表「外交妥協」。它更生動地暗示了一個物理過程，透過此一過程，對立的力量得以保持動態的平衡。

流通理論

動力氣候學說明了多樣性如何成為流通的動力，而流通又如何「擺平」最尖銳的對立。在政治經濟學的領域中，這被證明是極有裨益的觀點。它讓人民產生希望，期待奧地利在自然界中的對立能產生經濟上的相互依存，從而促成政治上的統一。

動力氣候學的興起與中歐政治經濟的空間轉變相互吻合。此一新的轉變是建立在約翰・海因里希・馮・圖嫩（Johann Heinrich von Thünen, 1783-1850）這位北德地主與農業改良者之思想上的。一八一一年，馮・圖嫩嘗試導出經濟生產最佳的地理分布：假設存在這麼一個只有一條聯外道路且自然環境一致的城市。馮・圖嫩以生產地點到城市市場的運輸時間為參考依據提出假想：農業生產區域將以市中心為圓心，一圈一圈向外擴展出去：首先是蔬菜園區，然後是林業區、穀物種植區和酒廠。超出一定的半徑範圍後，農業即不再有利可圖，土地將僅用於狩獵。儘管這種模式可能稍嫌粗略，但是中歐學者將其衍生為十九世紀思考擴大貿易規模的工具。他們的興趣在於環境、技術或人口變化與經濟擴張或縮小之間的動態關係。[54]

例如，這一類的探究促使一些人首次嘗試將奧地利—匈牙利在維也納經濟地理學家弗朗茲・諾伊曼・斯帕拉爾特（Franz Neumann-Spallart, 1837-1888）所稱之「世界經濟有機體」（world economic organism）中的地位加以視覺化。[55]諾伊曼・斯帕拉爾特起先是奧匈貿易統計的專家，後來轉而致力於呈現國際經濟「綜覽」（overview）的方法。為此，諾伊曼．斯帕拉爾特建議經濟學以氣候學為榜樣進行建模。在這兩種情況下，核心問題都在如何「以統計學的方式表現」「一個國家在一定期間內的整體經濟狀況」：

這項任務可以與氣象學應該負擔的任務（確定一個地區的氣候特徵）相提並論。正如氣候從某種意義上，乃是許多相互依存之元素相互作用的複雜結果，我們所謂的「經濟情勢」（wirtschaftliche Lage）同樣是反映某一群人物質生活強健程度之一連串各別事實的總和。在這兩種情況下……工作的基礎重點都在分解，亦即將整體印象分解成基本構成因素。但是，氣象學發現了諸如氣壓、溫度、濕度、風向與風級強度等元素，而且這些元素是情況真正的起因，同時各有其精確的測量儀器，所以透過因果定律的基礎推而廣之，便可以從一系列針對所有類似案例的觀察中得出結論。然而，經濟統計僅能止於借用這些自然科學的方法[56]。

換句話說，氣候學為政治經濟學提供了多因素推理（multicausal reasoning）的典範。儘管經濟學家沒有可資運用之精確的因果關係法則，但他們也可以將複雜案例解析為因果關係重要的構成元素。正如伊曼紐爾．赫爾曼（Emanuel Herrmann）在一八七二年所指出，氣候學還為經濟學提供了一種空間分析的模型。當時，赫爾曼是維也納商業學院（Vienna Commercial Academy）的一名講師，也是帝國教育部的顧問。從一八八二到一九〇二年，他在維也納科技大學（Technical University）擔任教授，負責國家經濟的課程。經濟思想史學家認為赫爾曼具有主觀主義的（subjectivist）傾向，因為他顯然試圖以自然科學為經濟學建模。但是，赫爾曼的模型依據不是牛頓的物理學，而是自然史和氣候學方面有關地理、歷史和統計領域的實際經驗。他就像探索生命多樣化的博物學家一樣，著迷於經濟生活在時間和空間上的可變性。他也像博物學家一樣，試圖透過普遍定律、在地條件和歷史軌跡之間的相互作用來解釋經濟活動的地理位置。實際上，他認為經濟學學科與進化生物學以及人類學，是相互貫通的。因此，赫爾曼指出，馮·圖嫩的經濟生產圈理論與亞歷山大·馮·洪堡德的等溫線之間有著明顯的關聯。「相對於城市市場而言，生產條件相同的生產曲線可被視為一種等溫線。」[57] 赫爾曼指出，這兩種用以呈現實況的曲線是在十年內相繼被推向世界的。[58]他繼續為經濟和氣候地理學構建了一個詳盡的類比模型，將「需求」比喻為「熱能」，因為前者就像「創造經濟增長的熱帶區」。[59]因此，自然地理學不僅為奧地利經濟學家提供經驗數據和統計方法，而且還為他們提供了一個經濟關係空間分析的新模型。一旦馮·圖嫩的理性方法經過調整以適應地理的變化性，這就指出經濟學如何能轉變為一門科學：不像抽象的力學那樣，而是以自然地理為模型的觀察性學科。

另一個這種新的空間經濟學鼓吹者是埃米爾·薩克斯（Emil Sax），他是維也納卡爾·門格爾圈子裡的獨立思想者。薩克斯和諾伊曼．斯帕拉爾特一樣，都致力將馮．圖嫩的分析調整為「全球貿易的新規模」，同時分析新運輸方式的影響。在鐵路和汽船出現之前，在馮．圖嫩同心圓的理論中，匈牙利位於距維也納第五或第六圈遠的地區。如今，匈牙利的養牛戶不得不與加利西亞的養牛戶競爭，然而將穀物從匈牙利運輸到維也納卻變得更容易了。因此匈牙利農民越來越傾向改種穀物，結果導致阿爾卑斯山土地上穀物價格也相應下降。正如薩克斯對這種改變所提出的解釋那樣，某些地區因交通運輸的改善而提昇了其產品的「可銷售性」（Absatzfahigkeit），同時也增加了「這些自然地區的價值」。[60]因此，現代化的運輸網絡使得奧匈帝國從自體內部的互補性中充分受益。在這種情況下，從一九〇〇年到一九〇四年間，服膺自由主義的總理恩斯特．馮．科伯（Ernst von Koerber）推動了廣泛的經濟發展與整合計畫，包括普及運河與鐵路網，而用他的話來說，其目的都是為了「減少民族衝突」，且其辦法是「為國家之精神建設和經濟發展……鋪平自由的道路。」[61]

像薩克斯和科伯這樣的自由主義者，並不是唯一為王朝經濟生活而發展出這一套空間觀點的人。身為社會民主黨（Social Democratic Party）主要思想家的卡爾．倫納（Karl Renner）並不同意薩克斯有關鐵路對於奧匈帝國之影響的看法，不過他也強調自然地理對於王朝社會經濟生活的關鍵意義。帝國統一的可能性取決於領土的自然條件。[62]更重要的是，倫納在自然多樣性對於國家經濟健康之價值的觀點上呼應了薩克斯：

從表層上看，商貿中心位於一個同質區域的中心似乎再自然、再合適不過了。但這觀念大錯特錯。商貿乃是一個同質區域將過剩物資和外界進行交換的活動，以便換取自己所缺乏的物資。因此，〔貿易〕總是在該地區的邊陲地區蓬勃發展，也就是在兩國之間的交界處或是在兩種不同土地間的交界處進行接觸……例如城市總在山區過渡到平原的地方、連接陸地與海洋的河口、工業地帶與農業地帶接壤之處興起。

倫納以辯證方式解釋了這種地理上相互依存的關係：「各部分的差異以及整體的獨立自主是所有國家形成的特徵，特別是大國家的形成……因此，相對立的元素被併入其存有在此（Dasein）中，以便能被消弭（aufzuheben）。」這個道理拿來印證於奧匈帝國時，便成為奧地利馬克思主義者談論超民族國家在自然多樣性之優勢的論點：「這裡不僅結合了農業地帶和工業地帶，而且還結合了結構最不同的農業用地：森林、牧場以及種植黑麥、小麥、大麥、甜菜和動物飼料的田地，還有葡萄園和果園以及放牧牛馬的土地。」[63]

儘管薩克斯和倫納都沒有明確提及動力氣候學，但所有這些分析（包括經濟的和氣候學的）都看得出來係源自相同的「全態」（whole-state）論述，該論述假設：局部的對比是流通的動力，因此也是團結的力量。氣候的多樣性尤其被視為推動貿易發展之空間分工的基礎。正如一八六六年《軍報》（*Militärzeitung*）上刊出的一篇文章，即笨拙地表達了這種與大氣相關的類比：

最廣義之世界貿易所反映的是「流動定律」(law of the flows)，而此種流動乃是以自然和文化生產之不平衡為媒介。再進一步看，這類生產又是由氣候和土壤所決定的，而刺激之所以出現，則是在人類天性和需求的範圍內其平衡性質(ausgleichend)的努力。說到這些努力，由於人類需求的組成無限複雜，其地理和歷史的淵源幾乎與氣象現象一樣難以理解。[64]

促進商業交流的不僅僅是這種多樣性，各種流動形式(大氣、經濟、移民)同樣可以消除尖銳的對比。一九一〇年，維也納舉行主要邀請經濟學家和企業家參加的國際經濟學研討會。大會邀請來自盧布爾雅那的商貿地理學家弗朗茨．海德里希在開幕演講中為外國賓客勾勒出奧地利—匈牙利「經濟生活」的「自然條件」。海德里希從王朝「明顯的地理和經濟對比」的情況開始描述。不過，自然和人類都努力要緩和這些反差並將各個部分縫合在一起：

由於河流和冰河時代冰川帶來的沉積物，平緩的斜坡才會出現在山脈與平原交界的地方，而風吹來的沉積物和緩慢縮小之水體的沉積物，進一步縮減了高度的垂直差異，並連接了形成原理不相同的區域。如此一來，自然本身就消除了地質構造的鮮明邊界，並以逐漸過渡和寬廣的邊界區域加以取代。從此一自然區域到彼一自然區域，有文化、經濟和政治生活的形式貫穿流動，首先分布在殖民地，然後逐漸合併起來……因此，王朝在實質意義上可被視為一個統一體，其各個部分就像巨型角礫岩那樣被牢固地黏合在一起。[65]

在這裡，海德里希用了兩個地質學的隱喻來說明哈布斯堡王朝的統一：其一是將王朝比喻為巨型的角礫岩（這種岩石包含由土石流粘合在一起的尖銳碎片）。它的組成部分雖保留了自己的個體性，但又因自然且不可抗拒的過程聚合在一起。其二是具氣候學隱喻的地質變體：相鄰之對比差異的平衡。在第二種情況下，因自然風化過程而減少差異的是海拔梯度而非氣壓。通過這種方式，海德里希將建構帝國描述為類似於侵蝕的自然過程，就像風和水的流動那樣不可阻擋。因此，氣候的經濟意義既是字面意義的，又是象徵意義的。一方面，氣候的對比差異可推動貿易的發展；另一方面，大氣環流則是貿易之調節作用的恰當比喻：「商品和貨幣的交換像空氣一樣沒有顏色。」[66]

最後，帝國末期氣候學與政治經濟學的交融，也為人們提供有關歐洲工業之未來的新展望。就像赫爾曼所說的那樣，現代人往往只考慮直接原因，而地球科學則提出了一個更合適的經濟思想的尺度。世界本身即是一個永續的生產系統，是「光、熱、氣、土和水的持久經濟（Wechselwirthschaft，字面意義是農作物的輪作）」。「加熱我們烤箱的煤炭是億萬年前的翠綠樹木，與其他許多樹木一樣，突然被暴風雨摧毀，被海水沖走。燈具中的煤油來自魚的脂肪……

但是地球像個保護性的容器，在數百萬或至少數千年間將這些存量予以壓縮，以致我們今天能夠不加思索地加以消耗。」[67]即使是歐洲早餐中的牛奶和奶油，也必須被視為哺乳動物數百萬年進化後的產物。赫爾曼有感於一八八〇年代資源枯竭的驚人速度，因此呼籲建立一個全球組織來調查地球資源的存量，並就其分配的方式達成共識。

＊

簡言之，氣候學可以說為「多樣性中求統一」的帝國主義意識形態，提供了動態的基礎。也就是說，對大氣現象的觀察以及用地圖繪製呈現氣象要素的做法，為科學家和非科學家都提供了一種對帝國空間而言十分直觀且具體的想像方式。地圖集、報紙和醫學指南呈現出來的大氣動力學在在教導哈布斯堡王朝的臣民，將風當作消弭對比差異的平衡力來加以體驗。「大自然平衡地方差異」的觀念為十九世紀末期不斷發展的「妥協政治」提供支撐基礎，因為波希米亞人、加利西亞人和南斯拉夫人都要求與維也納建立「平衡的」關係。在醫學和政治經濟學領域，對於「平衡相鄰之對比差異」的呼籲即以「對多民族國家居民健康和繁榮有益處」的觀點而提出的。到一八九〇年代，這種單純的大氣動力學模型已經牢牢吸引住哈布斯堡的公民（無論是不是專家都一樣）。它提供了一個生動的實質意象來說明多樣性中出現的統一。

一九〇〇年以後，許多關乎哈布斯堡氣候學的工作，都致力於讓這個理想化的大氣流動意象更完善，以便了解它如何導致當地氣候的明顯特徵。然而，「使相鄰的對比差異取得平衡」只是對大氣動力學的粗略描述而已。就像今天科學家可能會說的那樣，壓力梯度僅在「地轉流」的簡化條件下決定了風。只有在這種情況下，壓力差才能保持，而且風才能維持恆定，因為風吹的方向是垂直於梯度的。[68]然而，到一八九〇年代，該模型的意識形態力量使其顯得不證自明。正如我們將在下一節中將看到，這需要一個局外人來加以質疑。

「十足一個怪胎」

諷刺的是，一九〇〇年左右在ZAMG工作之所有成就卓著的專家中，馬克斯．馬格斯是當今唯一一個至今停留在大家記憶中的名字。在大氣物理學家中，馬格斯最為人稱道的是他提出了「傾向方程」（tendency equation）的觀念（這是早期電腦化之天氣預報的基礎），同時也是「可用位能」（available potential energy）理論（長期以來對於氣候建模者的工作一直十分重要）的發明者。[69]有些大氣物理學的教科書會告訴我們，馬格斯於一九〇〇年左右在維也納工作，不但被視為怪胎，其下場也實在悲慘。實際上，他所留下之可供後世一窺其神祕一生的線索相當少。說來諷刺，馬格斯今天雖然成了名，但他生前在帝國－王國科學界中不過是個邊緣角色。在一個反猶太色彩濃厚的學術世界中，這位猶太人從來沒有躋身高階職位的機會。根據某些資料，馬格斯不善交際，在歷史上一個人踽踽獨行，而且根據某本教科書所言，他在「知性孤立」的情況下單打獨鬥。[70]的確有證據表明他是一個對外界而言十分陌生的人。檔案館裡僅藏有幾件他的物理化學簡短手稿，都是他在一九〇六年放棄大氣物理學後開始研究的主題。即使那幾篇出版論文也滿滿都是方程式，文字敘述寥寥無幾。有關馬格斯與他所處環境格格不入的說法仍然有待評估。他的故事必須從政府紀錄以及同事證言中整理出來。

馬格斯於一八五六年出生在加利西亞東部主要的猶太小鎮布羅迪（Brody）猶太家庭裡。高中最後兩年，他移居維也納，住在利奧波德施塔特（Leopoldstadt）的猶太區。後來進入維也納大學學習物理學，然後於一八七九至八〇年間，前往柏林大學修習同一學門。當年負責柏林物理學講

圖二十七：馬克斯・馬格斯（1856-1920）。

座的是赫爾曼・馮・亥姆霍茲（Hermann von Helmholtz），那時他的研究方向又回到「大氣的不連續性」（atmospheric discontinuities）。馬格斯並沒有為這個探索方向做好充分準備，因為他接受的是以電磁學為主的數學物理學領域訓練。他的童年時光也不是在阿爾卑斯山悠閒度過，這和許多他的同事踏上地球科學專業的道路很不同。儘管如此，他還是將注意力轉向大氣科學。

二十年裡，馬格斯先後擔任過ZAMG的助理、副手和秘書，期間僅因去柏林而中斷。一八七七年，他被該研究所聘用，從事年鑑的編撰工作。該年鑑由於必須從快速增加之觀測站點所提供的數據進行艱巨的歸納工作，而遠遠落後於原本預計的出版時間。馬格斯在這件工作上取得了巨大的成功，以至於到一八八五年時已出版到一八八三年的年鑑。可能因為他諳斯拉夫語，所以負責與王朝東部和南部地區的氣象站保持聯繫。[71]正如我們在第四章中的討論，ZAMG的觀測站極不均勻地分布在整個國家的領土，早期主管將業務重點優先放在提高加利西亞、布科維納和達爾馬提亞地區的觀測站密度上。馬格斯也將這個目標定為自己努力的方向。他對於在密度較差之地區建立觀測站的成果表示滿意。[72]到了一八八八年，他負責審核網絡內所有觀測站所提交的觀測結果，並做好出版前的準備工作。他還負責檢查加利西亞、布科維納、達爾馬提亞以及波士尼亞與赫塞哥維納的觀測站，不久之後，範圍又擴展到奧地利西利西亞、上匈牙利以及外西瓦尼亞等地。[73]這些出差的機會，將馬格斯帶到帝國的遙遠地區，讓他可以就地審核觀察員和觀察活動的品質。回到維也納後，他竭盡全力與那些地區的觀察員保持聯繫。[74]馬格斯還負責歸納統整大量的原始數據。[75]他雖然不擅長與人合作，但令同事驚訝的是，他偶爾還是會為他們送去一堆測量值，並用他招牌的紅筆畫出與他們研究主題相關的觀察結果[76]。

儘管人們認為馬格斯只是「孤軍奮鬥」的「基礎」研究人員，但他的研究問題已被牢固嵌入帝國—王國的科學計畫中。他持續最久的貢獻，始於對哈布斯堡氣候學之中心隱喻的質疑：在地差異推動整體循環的潛力。

質疑中心隱喻

馬格斯在一八九〇年代即意識到，當時的觀測規模未能掌握到與這種大氣運動模型量化評估的相關現象。ZAMG網絡觀測站點的分布並不規則，即使在站點最密集的卡林西亞，每三平方英里最多也只有一個站點。[77]這樣便無法讓人追蹤像颮線這樣範圍約為一百公里的現象。因此，馬格斯定義了新的觀察尺度。也就是說，他建構了氣候學上第一個專用的中尺度觀測網絡，包括排列在距維也納六十公里半徑上的四個站點。[78]從該網絡中觀察到的數據，用來確定觀測到的壓力梯度與颮線威力之間的關係，也就是某地局部的暴風或狂風。

這是一個適合研究ZAMG之數一數二重要課題的基礎架構：根據蘇潘所說的「在相鄰差異對比之間取得平衡」，可能會產生什麼樣的風力。各觀測站氣壓計和風速計的數據表明，較大的壓差實際上與較強的風沒有連動關係，「甚至連一點點邊都談不上」。馬格斯開始認為壓力對比並不是大氣運動背後的驅動力，而是像他後來所說的「只是機器中的兩顆齒輪」。根據經驗所得到的證據，由壓差驅動的循環模型不太行得通。將它加以改善已成為哈布斯堡氣候學的新任務。

在馬格斯理論性的著作中，他設法想從基本原理去了解這種情況。以他的「傾向方程式」為例，今天大氣物理學入門課程仍在教授該方程式，而且還是許多電腦化氣候模型的常用方程式。「傾向方程式」將壓力的變化與空氣的運動聯繫起來。馬格斯於一九〇四年根據空氣的不可壓縮性，以及氣壓與海拔高度間關係的基本考量得出了這一結論。[79]任何一地點的氣壓都取決於其上方的空氣重量。馬格斯的傾向方程式（等式一）說明了某一定點的壓力變化以及吹向或離開該點的風（摩擦與地球自轉的因素忽略不計）之間的關係。第一點是氣壓的變化率，第二和第三點是空氣在水平面上的「輻散」（divergence）作用，第四點則是空氣的垂直運動。該方程式意指：當空氣水平離開某個地點時，該地點的壓力將會下降，除非有垂直流入的空氣加以平衡。

$$（一）\quad \frac{\partial p}{\partial t} + \frac{\partial (pu)}{\partial x} + \frac{\partial (pv)}{\partial y} + g\mu_h w_h = 0.$$

氣象史專家將該方程式描述為天氣預報的早期嘗試，其目的在於透過觀察風場（wind field）來預測氣壓計的上升或下降。該方程式讓馬格斯看出，風場測量中的一個小誤差將會大大扭曲預測的結果。在一九四〇年代，這個問題透過「準地轉」（quasi-geostrophic）的理論而獲得解決。這種方法是朱爾斯．查尼（Jules Charney）開發出來的，它使用「渦量」（vorticity，一種旋度〔measure of rotation〕）來估算困擾著馬格斯的輻散流動。無論如何，這種流動在熱帶以外的地區往往規模很小。然而，早在一九〇四年，馬格斯的分析就令他自己以及他在ZAMG的同事加深了對於天氣預報工作原本就抱持的懷疑。正如費利克斯．埃克斯納主張的那樣，大氣作用的數學模型僅用於解釋而非預測。[80] 馬格斯在這方面的立場是毫不含糊的：他說，「預報對氣象學家的品格而言是不道德的，也是危險的。」[81]

那我們應該如何詮釋馬格斯對傾向方程式的研究呢？他是不是努力想要證明預測實際上行不通？還是他也許在追求另一種知識？接下來讓我們看看馬格斯在早三年發表的一個非常相似的表述。在這個案例中（方程式二），他首先平衡了膨脹的空氣所達成的作用與周圍氣壓所產生的作用。方程式二與方程式一都能讓人進行類似的計算，也都假設壓力變化較小，而且空氣的流動僅發生在水平面上。

$$（二）\quad \frac{1}{2}(V^2-V_0^2)=RT\frac{p_0-p}{p_0}+\frac{RT}{p_0}\int(\partial p/\partial t)dt.$$

可以看出，方程式二以與方程式一相反的順序，陳述了相等的內容：現在要根據壓力梯度來計算風速的變化。換句話說，關注的重點不在預測晴天或暴風雨。相反的，現在的問題是，當空氣從初始位置流向最終位置（這裡壓力儘管較低卻不恆定）時會產生多少運動。壓力上升將產生較高的最終風速，而壓力下降將產生較低的最終風速。正如一九〇一年論文的標題所表明，這裡的關鍵在於理解「壓力分布的能量」（Energy of a Pressure Distribution）。換句話說，方程式二就是被馬格斯同時代人稱之為「相鄰差異對比」所產生之動力的呈現。

大氣中的能量存儲

今天，世人之所以還記得馬格斯，那是因為他的第二個關鍵概念「可用位能」（available potential energy，簡稱ＡＰＥ）在一九六〇和七〇年代的第一個循環的普遍模型中扮演重要的角色，並仍然在分析溫度突然變化之大氣區域（斜壓區〔baroclinic zones〕）的不穩定性上發揮重要作用。我們可以將「位能」（potential energy）定義為存儲在系統中的能量，而「可用位能」則是可用於做功（即產生運動）的那部分能量。在大氣中，可用位能只是總位能的一小部分。馬格斯想證明的是，可以將APE（或是他所謂的「可用動能」〔available kinetic energy〕）視為氣體的初始位能以及將氣體的位能減少到最小（但不增添或減少熱量）之最終狀態的位能差。圖二十八呈現了一個非常簡單的情況。初始狀態由被垂直壁隔開之不同溫度的空氣組成，最終狀態則是水平分層的：壓力較高且溫度較高的氣體層在上，而壓力較低且溫度較低的氣體層在下。關於這一點，應該注意APE和總位能之間的差異。我們可以想像一下在這種穩定之最終狀態下的大氣水平分層。由於分子高於地面高（ground height），所以它仍然具有「重力位能」（gravitational potential energy）。但是，該系統無法做功：如果不除去熱量，它便無法改變為較低位能的狀態（即所有分子均處於地平面上）[82]。

APE的意義在於允許我們準確算出一些新的、重要的東西：它可測量儲存在大氣不同狀態下並且可用於產生

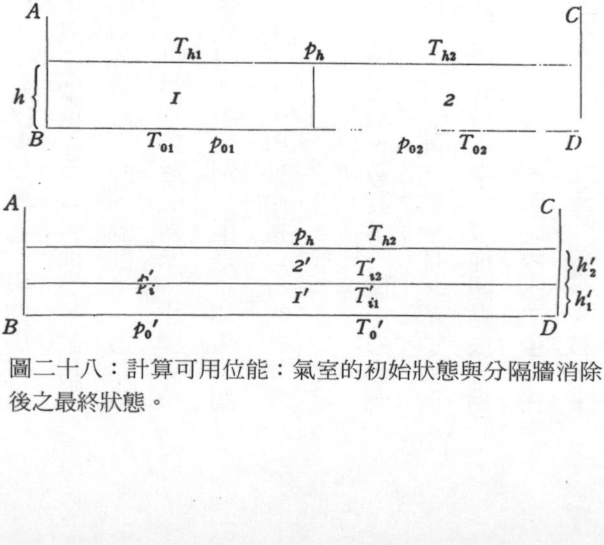

圖二十八：計算可用位能：氣室的初始狀態與分隔牆消除後之最終狀態。

運動的能量。這為馬格斯提供了一種測試相鄰對比差異假定力量的方法。假設一個五米高的房間被一堵可滑動的牆分隔成兩部分。假設一側的空氣比另一側的空氣壓力高，而地面上的汞差為十公厘。這種大小的梯度通常在強風中可以觀察得到。這時如果移走滑動壁會怎樣呢？根據馬格斯的計算，空氣的重新分布只會產生每秒一．五公尺的風（這只不過是微風而已）。而且無論房間有多大，答案都是一樣的。現在如果再將房間分成兩部分，且兩側各維持不同的溫度：一邊為攝氏〇度（華氏三十二度），另一邊為攝氏十度（華氏五十度）。這時如果移走滑動壁，那麼更只會產生每秒〇．六七米的風，比微風還要弱。當然，這種結果實在沒什麼特別。但是，如果房間的高度為六千米，即中層雲的高度，那麼達到的速度將為每秒二十三米，也就是接近強風的規模了。

馬格斯挑戰旋風形成的主流理論。漢恩那有關焚風起源的熱力學理論，激發了一個漢恩自己都難以反駁的想法：旋風的熱學說。根據該學說，旋風的攪動能量就像焚風的熱一樣，都源自於潮濕空氣的上升氣流所釋放出的潛熱。在那個痴迷於新的工業發動機的時代中，這種觀點很容易出現，因為它常將蒸汽視為扮演著推動力的角色。正如吉塞拉．庫茨巴赫（Gisela Kutzbach）在一項傑出的研究中提到，旋風的熱學原理在一八六〇年代成為正統主流，但漢恩從不曾加以採納。他反而強調壓力分布所產生的動力，但卻無法解釋維持壓力分布的原因。馬格斯向前更邁一步。他的觀察和理論計算都表明，壓力梯度與暴風無關。那麼與暴風有關的是什麼？

馬格斯受到大氣中逆溫和其他明顯溫度反差之研究的啟發，假設水平溫度梯度可以產生強風。他認為，這種溫差會造成如下情況，即規模較小的氣流可能會將較輕（較暖）的氣團推入較冷的區域，而將較重（較冷）的氣團推入較熱的區域。然後，這些氣團將承受強大的引力作用，而這種作用則傾向於將其恢復到原始的位置。根據這種解釋，暴風是大氣中不穩定狀態的結果，這種不穩定狀態會逐漸累積，直到被空氣的小規模運動突然釋放出來。馬格斯導入了滑動牆的比喻，因為正如他所承認的那樣，他無法解釋此種不穩定的條件是如何在自由的大氣中被維持的。他得出的結論是：當不穩定的平衡狀態被擾動時，被「釋放」的力量「大於對應於大氣中被觀察到之最大水平壓力梯度的力量。」[83]

馬格斯的理論在一九〇三年問世時，被許多人忽略，並遭到一些願意探究的人抵制。因此，他的同事特拉伯特（Trabert）才會為他忽略了垂直氣流而為他辯護。[84]特別有爭議的是，馬格斯聲稱凝結（condensation）的潛熱對大多數風暴的能量貢獻很小。[85]納皮爾．蕭爵批評馬格斯，認為他對濕暖空氣任意設下了限制，因為根據熱學原理，濕暖空氣的垂直對流乃是旋風的驅動力。[86]實際上，馬格斯對大氣動力學的基本貢獻在幾十年間，始終未獲德語系國家的認可。[87]

一九五四年，美國的氣象學家愛德華．洛倫茲（Edward Lorenz）創出新局，因為他理解了馬格斯有關「可用位能」的概念，亦即將此位能視為可以測出大氣中的能量流。[88]洛倫茲藉由兩種方式對這一概念進行了調整。首先，他不像馬格斯那樣將其應用於個別的風暴，而是將其應用於整個大氣層（可以更合適地將其視為一個封閉的系統，在該系統中，固定的空氣量會在固定的體積內被重新分配）。其次，他將馬格斯的術語重新命名。「可用位能」可以清楚表示，能量是以張力形式存儲在大氣中的，而馬格斯的「有效動能」卻無法明確說明此一概念。洛倫茲告訴我們如何使用「可用位能」來測得大尺度和小尺度之間，「緯向風與渦流之間」的大氣能量交換。這樣一來，就有可能證明，較大的渦流（即氣旋）由於將足夠的角動量（angular momentum）傳遞至緯向流（zonal flow）以補償由於摩擦而耗散的能量，因而起著至關重要的作用。因此，「可用位能」的概念有助於確定先前朱利葉斯·漢恩大約在一九〇〇年就已經開始以質性形式（qualitative form）想像大氣環流（general circulation）的做法，這是我們在下一章中將會探討的。

可嘆的結局

身為主管的漢恩主任考量馬格斯勤奮的工作態度和「傑出的見識」，一再敦請上級提拔馬格斯並給與加薪。[89]一八九〇年，馬格斯被任命為副手，一九〇一年，又被升任為研究所的秘書，也是那機構第一個擔任該職務的人。許多年後，他對自己從漢恩身上學到的一切表示感謝。[90]一八九七年，約瑟夫·瑪利亞·佩恩特（Josef Maria Pernter）接替漢恩擔任ZAMG的主管。佩恩特是一位堅定而且活躍於政壇上的天主教保守派，是提洛省的愛國者，立場很有可能是反猶太的。菲克爾回憶道：「任何不了解佩恩特背景的人永遠都不會想到，這位活潑好鬥的南提洛人竟對科學如此入迷……這位接受耶穌會教育的人物與其說他像科學研究所所長，倒不如說他更像一個政治人物或是鬥性堅強的樞機主教。而且，如果要為這位非凡人物的生平寫本傳記，那就不得不下一個結論：「政治和宗教的論爭對他的影響，至少與科學問題一樣多。」根據菲克爾的判斷，「任何認識佩恩特和馬格斯的人，都會覺得這兩個人不能忍受對方是一件可惜的事，但這也不難理解。」[91] 佩恩特一定讓馬格斯在ZAMG的日子不好過。顯然他永遠無法超越副手的位置。在發表「可用位能」理論的兩年後，馬格斯辭去了ZAMG秘書的職務，並永久放棄了氣象學的研究。他向教育部解釋，自己與同事發生衝突，同時指出自己始終等不到升職的機會。

身為主管的佩恩特同意馬格斯提早退休的要求，並說馬格斯是個「自成一格的怪傢伙」（eigenartigen Sonderling），又說他「過於敏感」，總自以為受人攻擊，對外界想改善他處境的努力也沒有太好的反應。[92]

其他同事對馬格斯的描述較為親切。菲克爾寫道：

我的運氣很不錯，當年進入ZAMG時，馬格斯仍在該處任職，而能與他建立緊密聯結則是我更大的福氣。我依然清楚記得……他總會用那雙灰色的眼睛看著我，然後說道：「我讀過你在焚風方面的研究。我這裡有松布利克和某個谷地觀測站多年的數據和圖表，是我特地為你準備的。你隨時可以過來分享你的研究發現，但我不會給你任何建議。」在我研究阿爾卑斯山中部地區冷氣團如何移動的主題時，他始終堅持這一立場。附帶說一句，這是根據他的新想法所進行的第一次氣象調查。只有研究成果見諸報端後，他才會提出批評。有一次他對我說：「你現在真的應該開始處理理論方面的問題，不然你很快就會受夠那些數學運算！」[93]

費利克斯·埃克斯納則向我們描述了馬格斯的悲劇性命運：

在過去的幾年中，每當我有幸偶爾探訪馬格斯時，我都發現他是個開明、友善而且睿智的人，沒有酸楚哀怨的跡象。他棄絕了世界上所有的歡樂和虛榮，並過著隱於市囂的生活。每次向他道別，他偉大的靈魂總給我留下深刻的印象。在他生命的最後幾年，實際上沒有人可以定期和他溝通交流。他是單身漢，獨自住在一個沒有裝潢的小公寓裡，也沒有人協助他做家務。馬格斯將獨立和自由看得比什麼都重，他曾寫信告訴我，他幾乎沒有東西可吃，並問我是否還在。之後，奧地利國內外都出現善心人士，他們送給馬格斯一些食物。但要說服他接受那些並不是一件容易的事。因此，馬格斯是在意識完全清醒的情況中餓死的，因為他不願成為他人的負擔，不願接受任何自己不該拿的東西。[94]

儘管馬格斯的同事們都看重他的貢獻，但他們也無法或不歡迎他進入帝國—王國科學界的圈子。馬格斯逝世的年代，亦是帝國解體的年代，他是弗朗茨·約瑟夫皇帝又一個忠實的猶太臣屬。在十九、二十世紀之交的那幾年中，馬格斯將「奧地利難題」背負在身上。他曾致力於廣泛且深入擴大帝國的觀測網絡，並與觀測者建立了良好的關係。他並不是人們通常所稱的「孤獨之狼」。[95]他只是保留了相對於帝國—王國科學思想界足夠的知性自主，並將其中心隱喻（central metaphor）進行實證檢驗。其他奧地利研究人員將追隨他的領導。

第八章　全球範圍的擾動

哈布斯堡對動力氣候學的貢獻，闡明了從行星到農業與人體健康之各種層面的現象。這些研究並非相互隔絕，而是相互依存的，共同致力於理解這些不同層面之現象間的相互作用。為此，在一九〇三年至一九二一年間，包括馬格斯、施密特和德芬在內附屬於ZAMG的研究人員開發了兩種關鍵性的尺度工具，本章將對此進行介紹：大氣運動的小尺度流體模型以及亂流運動的量化測量。[1]他們將這些與馬格斯「可用位能」的概念（見第七章）結合起來，因此得以估計亂流渦流對赤道與兩極之間熱流和角動量（angular momentum）的貢獻。這整體便構成了一個革命性的觀念。氣旋和較小的渦流不再被視為疊加在行星穩定氣流上的「局部擾動」。相反地，這些無序的運動被視為大氣系統的基本組成部分。

大氣模式及其「擾動」

氣象學史家漢斯─根特．科爾伯（Hans-Günther Körber）提出，對於大氣科學「動力」的觀點，是伴隨著十七世紀哥白尼體系的出現而獲採納。這是有史以來，科學界可以用地球運動來解釋風的現象。實際上，伽利略曾將熱帶地區吹的東風視為地球自轉的證據。[2]然而，十七和十八世紀的自然哲學家仍然服膺於亞里斯多德的「太陽氣候帶」（solar climatic zones）模式。一六八六年，埃德蒙．哈雷（Edmund Halley）將一種熟悉的風型解釋為對流效應：太陽的熱使赤道的空氣上升，而較冷的空氣則下沉以填補空隙。這樣就建立了一個與所觀察到的「信風」大致相對應的循環：熱帶地平面上朝向赤道的運動。一七三五年，喬治．哈德利（George Hadley）修改了該模型，將地球的自轉也納入考慮。如果大氣要隨著地球的自轉一起流動，它在赤道的速度必須比它在高緯度的速度更快。因此，在北半球地區的高空中，從熱帶向東流往中緯度的空氣速度相對要快，而流回熱帶地區時，地表的風將被導向西方。因此，在北半球觀察到的信風風向才會朝西南方向吹。十九世紀時，美國物理學家威廉．費雷爾（1817-1891）又進一步修改該模型。費雷爾發現，較上層的哈德利氣流在接近中緯度（在北半球朝東北方向移動）時，就開始冷卻並下沉，而且空氣與地表之間的摩擦則會減慢它的速度。地球的自轉速度是恆定的，為了契合此一事實，費雷爾便假設在北半球中緯度的地平面有一股具平衡作用的氣流朝東流向極地，而在較高的地方則另有一股朝西流向赤道的氣流（見圖二十九）。該模型直到二十世紀初都保持典範的地位。

費雷爾的大氣環流模型與他有關氣旋起源的理論相吻合。根據費雷爾的說法，氣旋是一種垂直的循環流動，就像蒸汽機一樣，都是由水蒸氣冷凝時釋放的熱量所驅動。暖空氣在上升的過程中冷卻，進而導致凝結，釋放出的潛熱會使空氣膨

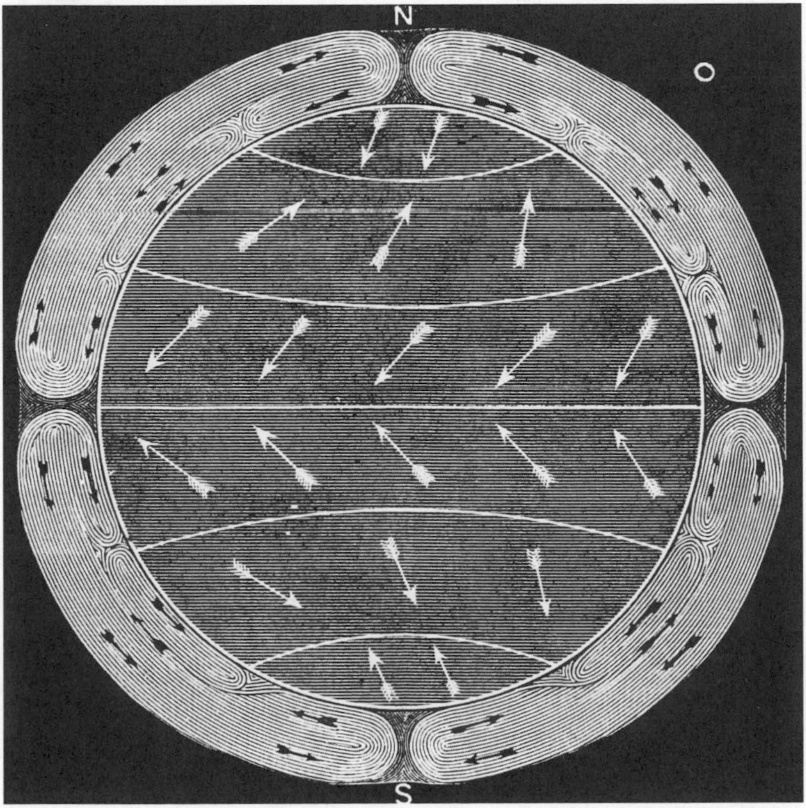

圖二十九：大氣環流示意圖，威廉．費雷爾繪。

脹。空氣膨脹又會導致表面凹陷，從而使空氣湧入下方，形成循環流動。因此，費雷爾將氣旋視為封閉系統。根據他的大氣環流模型，氣旋以及規模較小的渦流可被視為「局部擾動」（local disturbances），亦即疊加在緯向環流上並引起其「不規則性」的無序運動。[3] 普魯士的海因里希・多夫（1803-1879）提出另一種有關氣旋及其與大氣環流之關係的理論。多夫將氣旋理解為極地氣流與熱帶氣流之間的對抗，這一概念與二十世紀初斯堪的那維亞氣象學家有關的「極面」（polar front）理論只是表面上看起來相似而已。費雷爾、多夫及其幾乎所有同時代人的共同點，是他們未能說明區域現象與全球現象之間的相互作用。由於費雷爾認為氣旋的能量是由凝結釋出的潛熱所產生的，因此全球規模的氣流與它們的形成並無關聯。相反地，多夫假設旋風的能量直接來自全球性的赤道氣流。因此，他對緯向流與渦流之間的能量移動機制不感興趣。簡言之，十九世紀的大氣環流的模型將一個氣旋的大小（即持續數天、直徑在一百到一千公里的等級的）視為偏離半球環流的現象。他們沒有考慮不同規模之大氣現象間的能量交換。

到一八七〇年代，朱利葉斯・漢恩既不同意費雷爾關於「氣旋是由上升空氣凝結所產生的潛熱所導致」的理論，也排斥多夫的觀點，即「氣旋是由極地氣流和熱帶氣流的對抗而產生」之見解。相反地，他認為氣旋是由於區域氣壓差之間的張力釋放而產生，而氣壓差又是由全球規模之環流所維繫的。這是一種革命性的觀點，因為區域的無序運動在大氣從赤道流到極點再返回之循環的這背景中，顯得十分重要。

大氣「有點混亂的運動」

漢恩時代大多數的科學家幾乎沒有要將對氣旋的解釋與大氣環流模型調和起來的動機。在海軍擴張以及帝國建構的時代中，風暴比起全球規模的過程受到更多的關注。而且由於風暴繼續被視為單純之區域局部性質的擾動，因此沒有動機將其納入整體的大氣理論中。[4]

這隨著蘇格蘭氣象學家亞歷山大・布坎（Alexander Buchan, 1829-1907）的研究成果而改變。一八六九年，布坎發表了《地球平均壓力與盛行風》（*Mean Pressure and Prevailing Winds of the Globe*）。該書主張，氣旋是氣流與壓力分布（pressure distribution）之間基本關係的例證。布坎還證明了氣壓地圖對於了解世界氣候的價值。漢恩因為認定布坎在真正具「科學」精神之氣候學的發展上，比多夫更有貢獻而在德語系的受眾中引發爭議。[5]

漢恩對中歐地區氣壓和溫度分布的調查使他對氣旋風暴的形成做出突破性解釋。漢恩根據天氣圖（synoptic maps）得出如下結論：當低壓帶被兩側的高壓中心包圍時，氣旋便容易形成。他認為，高壓區域提供維持氣旋運動所需的空氣。他在這裡主張，作用於一段遠距離之很小的壓力差可能是劇烈旋轉的原因。他透過公認可行之粗略計算表明這主張是合理的（這種計算將空氣視為一面旋轉圓盤，並據此估算其動能）。漢恩繼續令這一論點更臻完善：在一八九〇年代，他得以從第一代的高地觀測站拿到新數據，而設置這類觀測站正是他孜孜不倦推動的一項創新。簡言之，漢恩的結論是風暴的對流理論混淆了因果關係。[6]它把上升和下降之空氣間的初始溫差視為運動的**原因**，就像蒸汽機的原理那樣。漢恩堅持，此一溫差對比事實上是運動的**結果**。他指出，這種封閉的循環會在不增加熱量的情況下迅速消失。漢恩的想法正好與熱學理論相反，因為他認為風暴並不是大氣環流的「例外」。推動大氣的同一力量會小規模地以風暴的現象呈現。儘管單獨對風暴加以分析時，我們看不出它的週期性，然而將它們綜合起來加以考慮時，規律性便出現了：如果以月平均值加以看待，便可以發現壓力梯度和風之間的關係其實依循著所謂的「白貝羅定律」（Buys Ballot's law）。作為一種開放的體系，氣旋可以被視為助長了海洋上的低壓氣團。從這個角度來看，我們很容易理解何以在赤道和兩極之間的溫度差異最為明顯的冬季時，中緯度氣旋的發生頻率會增加。正如漢恩在一八九〇年發表一篇前瞻的文章所言，「氣旋和反氣旋只是整體大氣環流中的部分現象罷了。」[7]

因此，漢恩堅持在分析尺度上進行變革。在哈佛大學地貌學家威廉・莫里斯・戴維斯那富有詩意的說法中，漢恩已證明氣旋是「在普遍之南極繞極流（circumpolar winds）有點混亂的運動中被驅動的渦流。」[8]漢恩從渦流本身的大小向外擴展，將周圍的壓力場和大氣環流都包括進來。氣旋和反氣旋本身並不是封閉的系統，而是整個大氣環流的組成部分。確實，根據蘇潘的說法，漢恩的觀點在這場風暴爭論中之所以獲勝，即是這種尺度改變的結果。蘇潘觀察到，以前暴風雨被認為是「非週期性的局部地域現象」，也就是說，暴風雨與多夫所描述之極地和熱帶氣流之間全球規模的競爭無關。漢恩的成就是調和了對風暴形成的解釋，以及對壓力分布與風之間關係的新認識。「總而言之，以前看起來像是例外的東西，如今已成為定律：在我們緯度上達到平衡之普遍和週期性的大氣擾動現象，是由一系列小規模的現象組成，而這些現象的特徵以前被認為是局部地域性且非週期性的。」[9]漢恩將以前看起來僅是「細節」或是「擾動」視為更大整體的構成部分，藉此揭示了其重要性。

漢恩的同事形容這種新的氣旋生成理論為「動力的」，意思是說該理論是參照地球自轉產生的力來解釋氣旋。二十年後，奧地利氣象學家威廉·特拉伯特將會感嘆「動力」一詞已太過廣泛應用於大氣理論上，以至於該詞幾乎已不再具有任何特殊意義。[10]我們將在本章結束前思考二十世紀科學家如何敘述「動力氣候學」的起源時，再回頭探討此一指責。

局部擾動

如果將氣候定義為天氣的平均狀況，那麼隨時間變化的天氣應已超出氣候學的範圍。然而，正如我們所看到的，這並不是漢恩及其同事定義氣候的方式。「多變性」（variability）在他們對於氣候的概念中至關重要（在當今人類世氣候快速變暖的時代裡，情況便是如此）。早在一八七二年，漢恩的確就將中緯度地區的氣候異常狀態確定為值得研究的特徵。「因此，溫帶和極地地區的氣候是由相反風向的交替所支配，而到目前為止，沒有人能夠找到這種交替的規則。熱帶地區的氣候（Witterung）具有永久性，而溫帶地區的氣候則全然不規則以及多變（Regellosigkeit und Veränderlichkeit）。」[11]漢恩挑戰多夫所訂下的通則，即大氣在兩個連續的氣流中循環。正如他和他的同事所指出，這種假設面對突發的陣風是無法自圓其說的。也就是說，我們都直接體驗過風的不穩定性（Boigkeit或Unstetigkeit）。例如，高高的草叢搖曳時或者樹枝顫動時便可看見。[12]

到了一八九一年，根據松布利克新高地觀測站的數據，漢恩做成了「大氣環流的基本特徵即是其不規則性」的結論：

> 按照理論（即多夫派的理論，假設氣流直接在赤道和極點之間循環），大氣環流的穩定狀態實際上是從來不曾存在的……較大的溫差及其在寒冬半球較高緯度之地表的位移現象、由此產生之空間滯後（spatial retardations）與較高層氣流的加速度，以及可變電阻（variable resistance）等因素構成了不斷變化的干擾源。在快速旋轉的較高層氣流中，這些必定會產生渦流，然後渦流進一步會導致較低層的空氣運動……如果考慮到因時間和空間變化而產生之溫度梯度與不同阻力係數等諸多誘因，我們如何能假設大氣環流完全不受局部擾動的影響呢？[13]

還要再過三十年，科學家才能根據基本物理學來證實漢恩的假設無誤。為何漢恩會覺得這張大氣能量流圖如此令人著迷呢？

漢恩在一九〇一年的《氣象學教科書》（*Lehrbuch der Meteorologie*）中對「大氣干擾」的議題提供了一個答案。據他觀察，「氣候」是濃縮經驗而得來的平均值，然而「天氣」卻是所有大氣元素「交互作用」（Zusammenspiel）給人的瞬間「總體印象」（Totaleindruck）。我們很難正確論斷一星期、一個月或一年的天氣，事實上，只要超過一天以上的時間，就很難辦到。甚至「大氣形勢」（Witterung）一詞本身也是一種抽象觀念；天氣是「真實情況」（reeler Zustand），是從不斷變化之一系列的大氣現象中挑選出來的單一「事件」（Akt）。只要我們一開始求取儀器讀數的平均值，即已從表示天氣轉移到氣候，換句話說就是呈現某一特定地點的大氣平均狀況。從這層意義上講，「天氣」會給人一種「氣候」的誤導印象。我們所說的天氣其實是大氣的穩定狀態受到干擾。漢恩認為，正由於這個原因，才會花那麼長的時間來闡明這種穩定狀態。「大氣環流實際上僅以擾動的形式產生，以至於其平均效應成為造就空氣流動的原因之一，而這流動即對應於較高緯度之大氣環流運動的示意圖。**這裡**，成功來得太晚，而且在迅速變化的現象中發現隱藏規律的這點上也才成功了一半。」[14]漢恩的觀點是，這種大氣環流的示意圖不過只是一種在地的局部視角，即中緯度地區居民的視角。因為在地球的另一些地區，氣候和天氣看起來大致相同。在熱帶地區，由於變化範圍非常狹窄，因此在任何特定的時刻中，都很有機會直接經歷「平均」

的狀況。[15]在前面那段引文中，漢恩實現了尺度的雙重逆轉。首先，他揭露了歐洲科學家所謂的全球視野其實只是一種狹隘的地方主義（provincialism）。其次，他也提出，從全球角度來看似乎微不足道的細節，實際上可能對於整體至關重要。[16]

這種定尺度過程使漢恩得以清楚認識，無序運動對於赤道與兩極之間的能量傳輸十分關鍵。但是他還沒有辦法量化和檢驗此一假設。如果不測量所涉及的能量，他將無法準確判斷大氣的「不規則性」是何規模。

測量亂流

最出色的飛鳥懂得如何藉由翅膀和尾巴的動作來適應氣流所有的細微變化！[17]

威廉・施密特（Wilhelm Schmidt）

第一次世界大戰期間，人們對於液體和氣體的不規則運動突然感到興趣，這是因為大家都想設計出更效率更高的飛機和潛艇。但是，誠如奧利維爾・達里戈爾（Olivier Darrigol）在他那本文筆優美、談論流體力學發展歷史的著作中所解釋，人們在十九世紀最後的二十年間已對大氣中的亂流運動粗具認識。亥姆霍茲在一八八〇年代著手研究大氣亂流。他在瑞士阿爾卑斯山遠足時看到天空中呈漩渦狀的薄薄雲層。他推測這些無序運動的起因是兩種密度不同之空氣相遇的結果。他也目睹到，較大的渦流會一邊旋轉、一邊分化成越來越小的渦流，形成如今我們所稱的「碎形模式」（fractal pattern）。從這一觀察中，他意識到，大氣亂流可能是減弱較高層大氣中之風力的原因。的確，若是沒有這種阻力，地球自轉就會令風加速到難以想像的速度。[18] 英國物理學家奧斯鮑恩·雷諾（Osborne Reynolds）很快便將這種亂流的擬摩擦效應（pseudo-frictional effect）稱為「渦流黏性」（eddy viscosity）。一九二二年，氣象學家路易斯·弗萊·理查遜（Lewis Fry Richardson）在喬納森·斯威夫特（Jonathan Swift）的詩句中發現這種現象：「從分子的意義上講，小渦旋從大渦旋的速度中獲取養分，而更小渦旋又從小渦旋的速度中獲取養分，如此層層下去，直到黏滯力出現為止。」比較緊迫的問題是：如何用數學來描述這種現象。

對這問題之經驗性研究的答案，或將取決於認清亂流的過程（例如發生在大氣中且易於測量的那些）。換句話說，在地球尺度的現象與可在實驗室中操作的裝置之間，其物理上的相似性情況為何？奧斯本·雷諾在英國的實驗工作為此提供了線索。雷諾使用狹長的水槽來研究流動液體的動力現象。他把彩色染料注入到流速可調節的水中，以便清楚觀察亂流運動。在一八八〇年代，雷諾茲從自己的實驗中，學到如何預測流體從有序轉變為無序運動的時間點，也就是說，他發展出一套從層流過渡到亂流的準則。

雷諾茲為此導入了一種定尺度的有效新方法。他認為如下的假設是一種邏輯謬誤：流經管道的液體「無論如何」取決於該液體「絕對的量或流速」。[19]因此，應該有可能透過小模型來研究大規模的亂流，只要讓一定的比率維持不變即可。該比率後來被稱為「雷諾數」（Reynolds number），它與流速、密度和管道半徑除以黏滯力的值成正比。原則上，如果液體流經的管道形狀和比例相同但只是大小不同，那麼因為雷諾數相同，所表現出來亂流程度也必一樣。因此，雷諾數表示在尺度上維持不變的東西，因此是一個很有用的定尺度工具。雷諾本人渴望回答漢恩早已開始關注的問題，亦即測量大小規模運動間所傳遞的能量，而以雷諾的話來說便是：「內摩擦消耗動能（vis viva）並被轉換成熱能。」[20]

如要將此方法應用在氣象學上，那麼還須解決一個問題。通過相對狹窄的長槽或管道之液體的流動，完全取決於管壁的高度和寬度。這種情況又如何可以比擬成在無界空間（例如大氣）中流動的空氣呢？如要測量像自由大氣無序運動那樣複雜而短暫的現象，就需要用新工具和新方法來另定尺度。

氣候實驗

在今天有關大氣物理學的入門課程中，學生可能有幸目睹所謂「洗碟淺桶」（dishpan）的演示。在圓柱形桶中裝滿水，然後在中心放置一塊代表極地的染色冰塊。現在，把桶子放在快速旋動的轉盤上，看看冰融化的過程中所出現的波浪式樣。如再仔細觀察，你將看到赤道和極地之間空氣在半球上循環的情況。甚至可能看到旋渦開始形成，這代表旋風產生了。

彼得．加里森（Peter Galison）所說的「摹擬」（mimetic）模型吸引了二十世紀初的科學家，但在我們這個數位時代中，其價值很難被重新掌握。[21]模型將大氣或地質的變化，轉化為人造設備的運作，使得原先因為太大、太遠或太慢而無法研究的過程，變得可被處理。透過模型，科學家可以「觀察」高高的大氣層或深深地底下許多現象的運作過程。對於研究過程太複雜而無法採用線性微分方程描述的科學家而言，模型提供了必要的簡化。此外，模型還為地球科學家提供進行「實驗」的難得機會，讓他們透過操縱模型的參數與作用在模型上的力量達到目的，這是他們原先在研究地球時所永遠辦不到的。他們可以檢驗有關造成氣旋、龍捲風或地質地層旋捲圈作用等現象之力量的假設。在實驗室中可以被摹擬的大氣狀況包括小規模亂流、斜壓不穩度（baroclinic instability，即水平溫度梯度引起的運動）、哈德里環流圈和洛斯比波（Rossby waves）等。對於許多科學家而言，利用模型做研究也具有省力的吸引力。當他們發現自己花費越來越多的時間處理來自觀測站網絡的數據，模型卻能提供他們最缺乏的實時、多種感覺並用且豐足的知識。

然而，並非每個地球科學家都喜歡建模。正如娜歐米．歐瑞斯科（Naomi Oreskes）所揭示，早在十八世紀就已經有懷疑地質模型的傳統。有些科學家並不接受與自己理論相矛盾的、源自模型的證據，而其他人則認為模型只具「試探性」（heuristic）價值而已，也就是說，模型可以證明提出的原因合理，但不能證明那些原因確實在自然界中發揮作用。[22]儘管相關的辯論經久不衰，有時甚至達到尖酸的地步，科學家卻很少關注那些可能將模型之有效性定義為地球實際經歷過程的標準。

因此，當威廉・施密特（1883-1936）在一九一〇年將建模作為其論文研究的一部分時，便感嘆到「氣象學家很少進行純實驗」。他指的「純」意味著非透過觀察而做出結論，而是根據預設目標來展開研究。[23]換句話說，純實驗是指檢驗因果假設的實驗。從歷史的縱深來看，他是對的。雖說詹姆士・湯普森（James Thompson）早在一八六〇年代即設計出一個大氣環流的模型，只是後來並沒有進一步的發展。一八五〇年代，有位名叫弗里德里希・維京（Friedrich Vettin）的柏林醫師兼業餘氣象學家，建立了一系列有關龍捲風的模型。但是，維京的貢獻在氣象學界中卻鮮為人知，據說是因為海因里希・多夫使他嚇得不敢再隨便開口。[24]施密特認為，氣象學可以從不斷磨練的實驗方法中受益，這恰恰是因為大氣現象十分複雜並取決於許多不同的因素。曾受教於弗朗茨・塞拉芬・埃斯特納（Franz Serafin Exner）和路德維希・博爾茲曼（Ludwig Boltzmann）的施密特，將自然界的波動變化視為自成體系的現象，並嘗試用數學方法對其進行描述。[25]

施密特想驗證的第一個假設是：當大量的較冷空氣與大量的較熱空氣相遇時，便會生成颱

（squall，指突起的狂風或短時的風暴）。儘管有馬克斯．馬格斯先前的努力，施密特仍然認為「數學是行不通的，或者充其量只能給出不甚精確的近似值。」實驗能否成功首先取決於假設是否精確表述，其次取決於一套能將從自然界發現之情況加以簡化的資料，不過又不能偏離真實情況太遠。「因此，如果從中得出的結論要在**大自然的規模中**加以驗證，那就必須發揮論證的力量，檢視每一個可調查的和可檢驗的類比。」[26]

施密特實驗所用的儀器是一個尺寸為181x31x4公分的水槽，並在縱向的兩端各蓋上一塊玻璃板。離其中一端四十厘米的地方設置一塊呈偏角的隔板。水槽較長的一邊注滿一種液體，而較短的一邊則倒入另一種較密度較大的液體，但其水平面尚未觸及隔板的頂部。這兩種不同密度的液體旨在模擬不同溫度的空氣。（對於像颮這樣中等規模的系統，不考慮地球自轉力的因素並非沒有道理。）當我們撤走隔板讓兩邊的液體混合起來時，便出現了典型的渦流，施密特稱其為「抬頭」（raised head，參見圖三十）。[27]這是一種檢驗馬格斯理論的方法（該理論認為較冷的氣團像楔子一樣插入較熱的氣團中）。為了更細緻地研究這種具體而微的颮，施密特將木屑撒入這兩種液體中，使其懸浮在表面，然後藉助日照，拍攝液體混合的過程。該圖像中的流線清晰可見，顯示了因冷空氣的侵入而導致的旋轉運動。在每一個點上的流速與攝影圖像中木屑移動所留下之標記的長度成正比，這說明了颮的任一側的相對風速。此外，施密特還可以調整「暖空氣」與「冷空氣」之間的溫度（即密度）差，從而改變颮的特徵，例如其擴散的速度。也就是說，他可以根據溫度差來調整模型，以便產生更弱或更強的旋風（即高寬比例較小或較大的「頭部」）。施密特還特地詢問地面觀察者眼中颮「抬頭」的樣子，從而進一步完善其定尺度的過程。首先，觀察者會看到低而密的雲層從遠處逼近，隨後出現雨牆，接著風速增強，溫度下降。如果在夏天，接著還可能會雷電交加。但是雨勢很快就停歇了，天空恢復晴朗，風也平靜下來，變成涼爽而穩定的微

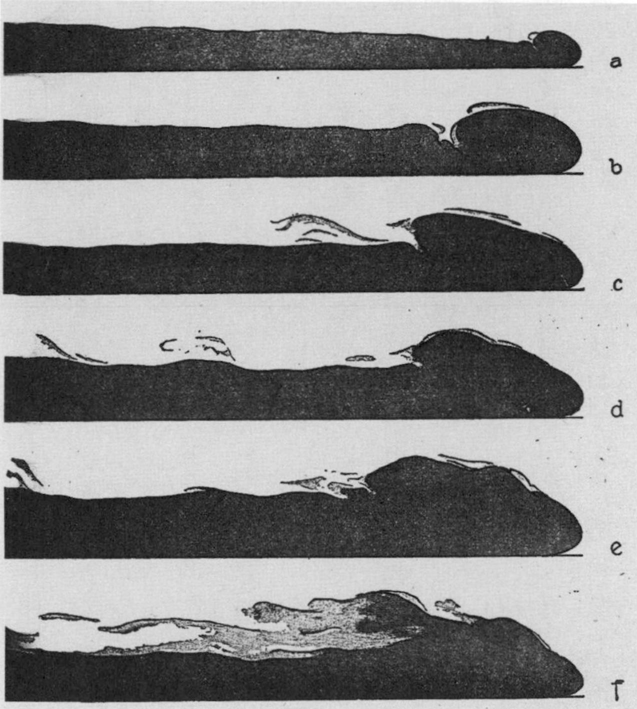

圖三十：威廉・施密特風暴實驗：「頭部」推展的情況（從右到左，較冷和較熱流體的溫差值在〇・五度（a）和三十五度（f）之間）。

風。施密特得出結論，他的模型在質和量上都模擬了颮的實際形成。

施密特接下來設計了該實驗的兩個改進方案來模仿地面的條件。首先，他在空槽的底部放進一個代表山丘的楔子，然後再讓一股模仿冷空氣的煙霧湧入槽中，這又形成了一個所謂的「頭」。不過，在這種情況下，這個「頭」在推進時會比在平坦的表面上推進時揚得更高，而其尺寸也隨著往上坡的移動而減小。相反，當煙霧被驅往下坡時，「頭」的高度雖會隨著它的向前推進而下降，但前進的速度卻加快了。施密特將這些結果解釋為證實了特拉伯特之觀察經驗，即「每種地勢都在某個特定方向上有利於風暴的形成，並在相反方向上抑制它」，而這具體取決於陸地坡面的角度。

在第二個改進方案中，施密特觀察的重點是：如果初始條件涉及地面逆溫（surface inversion）現象（冷空氣在下，熱空氣在上），冷空氣湧入時會產生何種作用？[28]。首先，他在水槽的一半注入幾公分高之濃稠且染了淡色的甘油溶液，然後再倒進水至幾乎全滿的程度。接著，施密特再向水槽的另一半（亦由隔板隔開）中添加一種染了深色的溶液，其密度介於其他兩種液體的密度之間。在這種情況下，頭部會比以前實驗中出現的更小、更平，並且可以看到中間層的形成。這些結果與馬格斯根據經驗對地面逆溫情況中「向上舔」（Auflecken）現象的描述類似。施密特認為，冷空氣團到達較高的位置時會向下產生較強的水平壓力梯度，從而「擠掉」地面的冷空氣。地面上的觀察者會感到氣溫逐漸變暖，但幾乎沒有風。最後，施密特也反駁那些批評其模型「過度簡化事實」的人，他說：「有人提出『無論什麼情況，自然都要複雜得多』的看法，然而實驗和抽象思考的情況一樣，認知的過程始終必須由簡入繁。」[29]

戰爭爆發

第一次世界大戰引進了戰鬥機和化學氣體這兩種新武器，因此為解決空氣動力學與天氣問題帶來了緊迫性。在奧地利，民用氣象學在應對軍隊需求的方面處於特別有利的位置。每所大學都有專門教授氣象學的課程，並且是學生在取得物理、數學和地理學教師資格前必修的科目。[30]一九一五年，費利克斯・埃克斯納被拔擢為ZAMG的主管，並負責領導奧地利—匈牙利軍方的氣象部門，而該部門即設於ZAMG所屬、位於上瓦特山（Hohe Warte）*的一棟別墅內。當年ZAMG有幾名年輕員工被徵召到前線去，但威廉・施密特和阿爾伯特・德芬是例外，前者因為具有ZAMG秘書的身分，而後者則是氣象部門的助理人員。[31]當時與戰地無關的研究工作實際上都被擱置了。

在國內，出版的檢查制度極其嚴格，而食物的供應也捉襟見肘。弗朗茨・約瑟夫在登基七十年後於一九一六年十一月去世，王朝的正統性陷入了危機中。國族主義者開始大聲疾呼，爭取帝國的聯邦化。一九一八年十月，新皇帝查理一世同意了。和平終於宣布到來，據統計奧匈帝國約有一百二十萬士兵死亡，近二百萬人淪為戰俘，其中不少人在俄羅斯內戰烽火的阻礙下有家歸不得。[32]

ＺＡＭＧ的研究人員相信自己的科學已經被證實在戰爭中的實用價值。他們希望戰後的政府能夠適當地加以支持。然而戰爭結束為新的奧地利共和國帶來了經濟危機。埃克斯納和同事們只能努力尋找足夠的食物以及讓家裡保持溫暖的煤炭。受到最大打擊的人當推馬克斯・馬格斯。偶爾有熟人注意到他時，便會發現其健康惡化狀況令人擔憂。戰爭期間糧食取得不易，而戰後的通貨膨脹又使這位退休的氣象學家花光積蓄。儘管如此，馬格斯仍然拒絕接受援助。一九一九年，奧地利氣象學會授予他「漢恩獎章」。馬格斯拒收該獎章附上的一紙支票，因為他堅信那筆錢可以花在其他更有用的地方。

在這樣的經濟條件下，政府根本無力資助基礎研究。更糟糕的是，隨著一九一八年帝國的瓦解，ＺＡＭＧ的科學家不再有機會從奧地利新國界以外的地方取得觀測資料。如此一來，就不得不使用比例模型進行研究了。

直到那時，施密特才聽說有一群研究人員正在研究開發類似定尺度的工具。一九〇七年，哥廷根大學在路德維希・普朗特（Ludwig Prandtl）的領導下成立了一個有關空氣動力學建模與測

＊ 譯注：位於奧地利東北部的山峰，海拔高度二百二十公尺。

試的研究所，並於次年開始運作第一個風洞。工程師出身的普朗特曾在慕尼黑工業大學接受教育。他以自己的實驗研究為基礎，開始對接近物體邊緣的空氣流動以及形成渦旋的條件使用數學描述。[33]不過直到一九二〇年代初期，普朗特都未考慮將其結果應用於氣象學上。

一九二六年，威廉・施密特基於對大氣建模的興趣，首次聯繫了路德維希・普朗特這位同好，他抱怨「奧地利為我們提供的資源十分有限」。當時，普朗特是哥廷根新成立之「威廉皇帝流體動力學研究所」（Wilhelm Institute for Fluid Dynamics）的所長。在那之前不久，施密特才向「德國科學緊急協會」（Notgemeinschaft der Deutschen Wis senschaft）申請支持自己「以更精確的方法進一步研究自由大氣中的亂流現象」。[34]這是一項基礎的大氣研究計畫，似乎專門為戰後資源不足的ZAMG而量身訂作。[35]然而，利用普朗特實驗室內各種精密儀器可以完成的工作可不只這些！普朗特對大氣亂流的研究可能部分歸因於戰後懸掛式滑翔（hang-gliding）在德國掀起的熱潮。但是他進行相關研究最大的誘因還是挪威威廉・皮耶克尼斯（Vilhelm Bjerknes）在氣旋動力學方面的新著作。普朗特和施密特與埃克斯納一樣，對於皮耶克尼斯將氣旋描述為「極地空氣和熱帶空氣之間不連續面上的波」之說法感到懷疑。如果這樣的面足夠穩定支撐波，那麼又有什麼能令這些波發展成氣旋呢？如果這樣的面不夠穩定，那麼如何將其視為大氣層恆常的特徵呢？皮耶克尼斯夢想著將大氣運動簡化為解析方程，但正如埃克斯納所指出，這種方法無法應用於如渦旋形成這種非線性的過程。他和施密特轉而付諸實驗，「目的在於透過其他方式獲取進步。」[36]

茶壺中的風暴

實際上，是埃克斯納設計出那個有關大氣環流的經典「旋轉淺桶」（rotating dishpan）模型。他在一九二三年奧地利通貨膨脹危機最嚴重的時候，首次在出版著作中討論此問題。埃克斯納在一個圓柱桶裝滿了水，然後在中心放了一個冰塊，接著令其旋轉之後，又對邊緣部分加熱，以讓赤道和極地之間產生明顯的溫度梯度。圖三十一的照片捕捉到埃克斯納那模仿旋風的渦流形狀。戰後ZAMG以有限預算發展的另一個計畫，則是埃克斯納的「人造龍捲風」。這是一個除空氣外別無他物的旋轉桶子，也是只沿著邊緣加熱。當桶

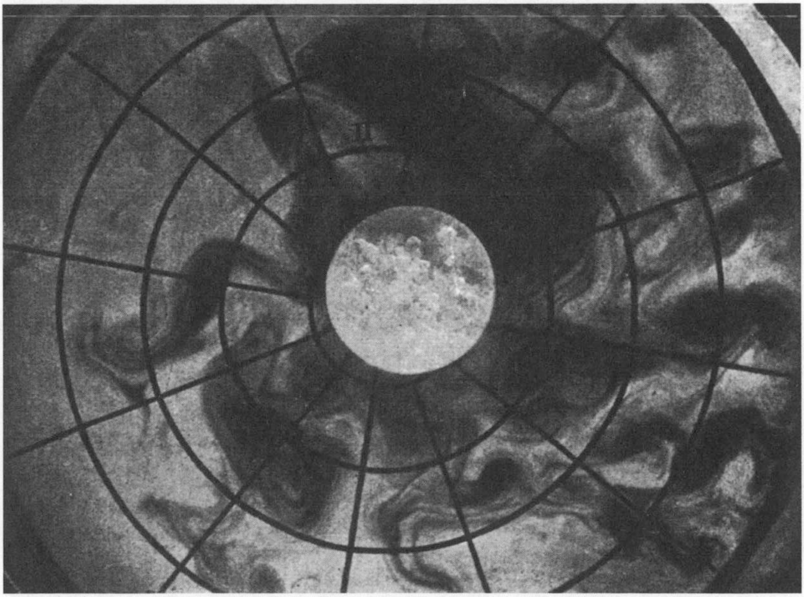

圖三十一：費利克斯・埃克斯納大氣環流的旋轉桶模型，從上方取景拍攝，一九二三年。冷水的「舌頭」從中心的冰塊向外幅射，並形成與氣旋類似的渦流。

緣上方的空氣變暖並上升時，便向中心流動，然後形成一個長長的漩渦狀氣流，埃克斯納使用煙霧使其易於觀察。最重要的是，埃克斯納可以隨意干預此一過程。如果對著瞄準桶子中心和底部的管道吹氣，即可能觸動新渦流的生成。

藉由近距離操縱這些渦流，埃克斯納覺得自己已經探究出氣旋生成的關鍵點。他表示：「如果你經常觀察到這種現象，那麼其過程就會越來越清晰（而且原理如此簡單），這不僅是形成渦流必不可少的過程，在一般氣旋發展的過程中亦是必不可少。」[37]其基本的特徵是：當冷空氣的「舌頭」向外伸至較靠近桶緣且旋轉速度較快的空氣時，便會生成一個障礙。埃克斯納推斷，其結果即是在冷空氣後面形成低壓中心，從而使空氣產生旋轉運動。更重要的是，埃克斯納還發現，如果排除旋轉桶中心和邊緣之間的溫度梯度，渦流就會消失。

在這些實驗的基礎上，埃克斯納反對皮耶克尼斯將氣旋定義為「在極地空氣和赤道空氣間、不連續之穩定極圈面上的波動」（waves in a stable circumpolar surface of discontinuity between polar and equatorial air）。埃克斯納認為這與最初由漢恩得出的結論不符，因為漢恩認為氣旋乃是大氣環流重要的構成部分。波動如何參與封閉的環流系統？氣旋反而代表表面不穩定的「開展」（Aufrollen）[38]。同時，埃克斯納野利用這些實驗的結果來駁斥魏格納（Wegener）不久之前的斷言，即氣旋乃是由兩種不同運動狀態之氣團的差異所驅動的。[39]轉桶的實驗表明，溫差是引發旋轉運動的必要條件。正如模型所呈現的，當溫暖的西風碰到冷空氣的障礙時，旋轉運動就此開展。直到一九三〇年代末，埃克斯納對於皮耶克尼斯模型的質疑才獲得明確的答案，因為這時，卡爾．古斯塔夫．羅斯比（Carl-Gustaf Rossby）闡明在極地空氣和熱帶空氣之間，形成全球規模之穩定波動所需滿足的條件。[40]

地景也是實驗模型

關於實驗模型，施密特和埃克斯納發現可以從實際地景中為實驗模型擷取靈感。在湖泊、河床和沙丘中，他們看出了與大氣層類似的自然過程。這些地景特徵不像雲朵那般短暫，它們記錄了空氣、水或泥土彼此摩擦時所形成之對比層的運動模式特徵。例如，埃克斯納在一九二一年研究沙丘和河床時，便將河床以如下的概念加以定位：河床記錄了河水流動時作用在沉積物上的過程。同樣，沙丘也可以被視為空氣和地表相互作用所遺留的痕跡。[41]地表景觀乃是流體動力學半永久性質的紀錄。

身為維也納農業大學的氣候學教授，施密特的研究強調土壤、水和空氣間的交互作用。回到ZAMG的實驗室後，施密特著手研究地球自轉對於河流及河床所產生的影響。長期以來，人們一直認為河床就像氣流，由於地球自轉力的作用而自然傾向彎曲，即所謂「巴爾定律」（Baer's law）。這可以解釋為何北半球許多河流都向右偏轉。人們很想將這種影響與白貝羅（Buys

Ballot）的大氣旋轉定律進行比較，但施密特懷疑這種類推是謬誤。他認為，河中的水流和自由大氣中氣體的流動條件之間存在根本的差異。

為了解決這個問題，施密特深入評估河流形成與大氣動力之間的類比關係。兩者之間相似的條件是什麼？他把這個問題變成了因次分析的練習。他指出，水受重力影響而向下作用的梯度力要比空氣受壓差驅動所產生的梯度力要強得多。不過，在河川的例子中，水流因有三個面被限制，所以與自由大氣相比，其摩擦力也要大得多。如果把摩擦力納入考慮，施密特估計，地球自轉的偏轉力在作用於大氣時比作用在河流上大了三百九十倍。基於這些理由，他懷疑河流的彎曲真的是受科氏力的影響。為了檢驗這項推理，施密特又設計了一個由馬達驅動的轉盤。他在此轉盤上放置一個裡面裝滿濕沙的平底大桶，而沙面是朝同一個方向傾斜的。然後，他在同一個位置上將水緩慢倒入沙中，並觀察其走向。根據此一實驗結果，施密特聲稱旋轉和侵蝕的共同作用造成了流水的向左急彎，「這正好與通常假定的方向相反，甚至與據稱親眼觀察到的結果相反。」[42]

埃克斯納並不信服。他採用沙子和淤泥的混合物設計了自己的實驗版本。他為這種材料造出的坡面比施密特造出的坡面來得平緩，並在加水之前先在材料挖出一條直渠，並在另一端加裝了排水管。如此一來，埃克斯納所獲致的結果就比較吻合針對天然河流所做的觀測結果。他發現，旋轉力將流動的水壓向渠道的右側，以致水面向右傾斜，而水流運動最快的部分不在中間，而是在右側那邊。流速的上升加重了河床右側的侵蝕，從而導致河流向右輕微彎曲。不過，在水道的某個點上，斜坡的重力位（gravitational potential）可以大於離心力，因此水道會向下向左彎曲。因此，累積的效應便造成下述情形：河床曲線一般偏右，然而當水流的量增大時，這曲線便會向左急彎。這既解釋了施密特的觀察結果，也解釋了巴爾定律包含的常識。[43]事實上，埃克斯納的觀察結果還與阿爾伯特．愛因斯坦前一年發表之有關曲流的簡潔理論性分析不謀而合，但埃克斯納顯然不知道這一點。[44]今天，地球物理學家繼續爭論造成河道蜿蜒的原因，不過一般傾向於強調一地激流和重力的影響大於地球自轉的影響[45]。

就像他對自然界中的沙丘和河曲的觀察一樣，這些實驗使埃克斯納認清所涉及現象的複雜程度。根據他的評論，細微的條件變化（例如水的流量和土壤的成分）都會對實驗結果產生可觀的影響。但這不代表科學家應放棄實驗，相反，條件的複雜性正意味數學分析有其局限，而且建模的工作不可或缺。

埃克斯納所尋求的是小尺度與大尺度之間情況更明確的相似性。例如，為了將實驗室結果與觀測多瑙河的結果進行比較，科學家必須考慮轉盤的轉速與維也納所處緯度上的地球轉速相比。如果想更貼近現實，模型除了砂子或淤泥以外還需要其他的材料，其滲透性須與天然的河床一模一樣。最後，埃克斯納又轉向因次分析，以比較實驗室中的侵蝕現象與自然中相同現象的影響。他透過數學演算對作用力進行簡單假設，求出同樣適用於實驗室模型與實際大小之河流平均流速的方程式。他得到的是一種合理可信的相似性。[46]

施密特曾計畫將這種轉盤應用於他在戰前所做的、關於冷空氣侵入的實驗，但偏偏苦於資源的不足。相較之下，普朗特到一九二六年即已造好一個整體可以旋轉的空間（被他的女兒們暱稱為「旋轉木馬」）。[47]這是一個寬度和高度分別為三公尺和二公尺的圓柱體。[48]普朗特寫信給施密特時說道：「依我看，你的實驗和我的實驗並非處於競爭的態勢。我很樂意和你持續保持聯繫，以便我們任何一方都可以將此領域的實驗結果告知對方，以免對方走冤枉路。」有一次，普朗特很善意地出借自己實驗室的設備，以便施密特可以精準確定表面布滿小凹洞之銅球的阻力係數（他打算利用該銅球來研究亂流在產生空氣阻力中的作用）。普朗特在那之前都還不知道維也納方面已在進行相關研究。施密特在隨後的信件中，提及埃克斯納早期的旋轉桶實驗，否則普朗特對此一無所知。[49]儘管如此，這位哥廷根工程師與維也納那群地球物理學家都秉持著相同的動機。施密特向普朗特抱怨道：「我們一直聽人說，風暴鋒面起源於這種不穩定層的崩解。這純粹只是拓撲意義上的，實際上不可能發生。」普朗特在一九二二年「德國物理學會」會議上也提出了同樣的疑問。[50]普朗特從根本上贊同施密特、埃克斯納和德芬特的直覺，認為截至當時為止，大氣物理學史中忽略了亂流的基本關鍵作用。施密特懷疑極地鋒面的不穩定特性，其實是地球自轉的一種亂流效應，而這正是他利用旋轉盤檢驗的假設之一。「你們可以看到實驗過程形成了特定尺寸的渦流系統，類似於我們在地球上看到的那種。」[51]

問題依然存在：研究人員如何在小得多的實驗室中，為自由大氣中大規模的亂流建模呢？施密特和普朗特在私人書信往返的交流中，也承認對自己模型的認知仍處於不確定的狀態。施密特提到有必要著手進一步的實驗，模擬大規模的環流，但他也擔心實驗室不可能重現如此規模的亂流。「最大的困難在於，必須實際地使亂流依照比例縮小。科學家處理更複雜的（maschere）的流量問題時，並沒有對此給與足夠的重視。」[52]普朗特同意：「在這些模仿大尺度氣流的實驗中，我當然會關心規模的問題。不過，如果目前只能在質的方面精進，我暫時也覺得差強人意了。」相較之下，施密特始終沒有放棄努力，希望確保實驗室模型與自由大氣之間，同時在質與量上達到相似標準。他在一九三二年四月寫給普朗特的一封信中提到，自己很想知道「是否有可能找出一個簡單的準則，確定自由大氣中亂流與層流的關係，就像你在實驗中想設法找出來的東西一樣，也就是釐清我在以前提問中所關心的一件事：自由大氣是否會表現出氣象學家將其視為層流，而物理學家卻斷定為亂流的過程（甚至見解可能相反）。」施密特對自由大氣中亂流的定義提出質疑。實驗室物理學家的一般標準不一定行得通，並且在大氣流動方面，雷諾數可能是「完全另一回事」。早在一九一七年，施密特就提出在大氣中發現「一種新運動形式」的可能性，而這形式雖與實驗室研究中所認知的「亂流」相關，但卻不完全吻合。[53]施密特和普朗特同意，若要從實驗室的實驗中得出自由大氣關於「量」（quantitative）的結論，那麼將需要訴諸極大的力量與極高的精確度。事實上，普朗特計算出任何實驗室模型都需要動用重力十至五十倍的力量，才能產生與地球大氣層相當的密度水準。[54]

一九二〇年代中歐以外的地區，很少有人重視在實驗室裡建立大氣動力模型的探索。當時，軍用和商用航空事業的成長刺激了對可靠天氣預測的需求。大多數的氣象學家都打算將鋒面和氣團的新概念，或多或少應用到天氣預報的實務中。路易斯・弗萊・理查遜曾因提出下列的想法而名聲大噪：成立一個雇用六萬四千名員工的氣象預測「工廠」。他在建議中生動地以漫畫式的貶損筆調，描寫一位躲在地下室的「狂熱分子」，專事「觀察一個巨大的旋轉碗中液態渦流運動的情況」。[55]然而，他認為奧地利人對模擬實驗的熱衷絕不僅止於天真，在某種程度上，他還批判他們妄想將大氣現象的複雜性，粗枝大葉地簡化為可用的方程式。

說來諷刺，一直要等到一九五〇年左右，用模型來模擬大氣狀況的作法才開始引起國際頂尖研究人員的注意，然而這時，第一代數位計算機的出現已實現大氣動力學的量化模擬，導致其他的方法顯得落伍。一九四七年，出生於瑞典的大氣物理學家卡爾・古斯塔夫・洛斯比出任芝加哥大學新成立之氣象學系的主任，之後他開展了一系列大規模的亂流混合實驗。一九五〇年他離開芝加哥返回斯德哥爾摩，一些同事和學生繼續改進這些模型。[56]他們的靈感來自於一九二〇年代埃克斯納寫的幾篇論文：「O・R・沃夫（O.R. Wulf）博士向我們解釋了埃克斯納利用轉盤做出的實驗，這時大家決定重複並擴大埃克斯納的實驗，尤其要採用數據測量的方法。」[57]到了一九五〇年代初期，麻省理工學院和劍橋大學也都著手進行類似的實驗，而其成果獲得了愛德華・洛倫茲等人在理論層面上的關注。[58]弗爾茨（Fultz）的團隊還對這種實驗模式的發展史進行詳細的研究。他們推測，此一實驗在氣象思想史上所發揮的影響力比以往任何事件都大。在他們看來，它對於「科學史學家」來說是個「極其有趣且有價值的主題。」[59]當然，這是普林斯頓數據化天氣預報剛起步的那幾年，史無前例的運算（calculating）威力使用模型進行模擬的方法，很快便相形失色了。

時至今日，這些大氣渦旋的實驗模型使我們想起了單憑計算（computation）並無法實現的目標。電腦的氣候模型已經複雜到令人吃驚的地步，以至於連專家都無法靠直覺來理解操作的方式。因此，艾薩克．霍爾德（Isaac Held）這位當今世界頂尖的氣候科學家呼籲構建從複雜到簡單的模型層次結構，就如同生物學家研究較簡單的生物以了解更複雜之生物的作法一樣。因此，模擬模型可能有機會發揮新的作用。誠如霍爾德所言，「旋轉和／或對流流體的實驗模擬仍然很有價值，而且尚未獲得充分採用。」[60]

量化「交換」

到了一九一三年，施密特開始設想一種通用的數學方法來研究大氣中的無序運動。[61]他的目標是效法前一代奧地利物理學家為熱力學所做的工作，也能在流體動力學的領域做出貢獻。此外，基於氣體動力學理論上取得的成就，路德維希．博爾茲曼、約瑟夫．斯特凡（Josef Stefan）

和弗朗茨·塞拉芬·埃斯特納（費利克斯·埃克斯納的叔伯）對無序中出現的有序做出了統計學上的描述。施密特在一九一六年呼應與他一起做研究的老埃克斯納：「『亂流帶有隨機的、不可估量的特徵』，如果你嘗試將過程分析到最小的細節，那麼這句話沒錯；但如果你僅想根據其影響探討基本的規律，那麼這句話就不正確了。」[62]熱力學的統計方法與施密特研究亂流的方法，兩者的相似度是很高的。描述亂流氣團交換的微分方程式，其形式與氣體動力學理論中描述熱傳導之方程式的形式是相同的。但是，亂流還是比普通傳導方式能更有效混合較熱和較冷的空氣。

一九一七年，施密特導入了對「交換」（Austausch）這概念的數學定義。[63]這個概念建立在如下由亥姆霍茲以及雷諾所認知的事實：亂流同時在多種規模上對大氣發揮作用，例如分子運動、風暴這種所謂「綜觀規模」（synoptic-scale）的運動以及整個大氣層之行星尺度的環流。因此，必然有一種方法讓人可以透過此一無序運動測出在小渦旋和大渦旋之間轉換的東西為何，測出氣團或是諸如動量（momentum）、熱能甚至是懸浮在空氣中之雜質等其他的要素。而且即使沒有掌握任何有關氣流路徑的詳細知識，也應該可以辨得到。施密特進一步推測，該方法將僅取決於渦流運動，而不取決於流體或氣體的成分，也不取決於被轉移的特性。[64]他考量到水平流動〔不具「平均垂直運動分力」（mean vertical component of motion）〕之流體或氣體的「動量守恆」（conservation of momentum）特性，並從中得出「交換」係數。那麼，「交換」係數即是在某一特定橫斷面區域（cross-sectional area）中從上層轉移到下層的動量。用今人較為熟悉的術語來說，交換係數是與混合長度、密度和局部平均垂直速度的乘積成正比的。從數學的角度來看，施密特的「交換」係數類似於氣體動力論（kinetic gas theory）中的擴散、傳導和黏度等係數，但它取決於氣體的動力特性而非分子特性。因此，它會隨大氣條件〔風切（wind shear）和熱安定性（thermal stability）〕而變化。[65] 根據施密特的測量，在平靜的情況下以及靠近地面的大氣層中，係數為 $1\ kg\ m^{-1}\ sec^{-1}$，而艾菲爾鐵塔頂端的係數為 $90\ kg\ m^{-1}\ sec^{-1}$，而北大西洋信風區上層的係數則高達 $140\ kg\ m^{-1}\ sec^{-1}$。[66]

施密特的「交換」理論填補了同時代大氣科學中的一個概念空缺，以至於它很快就被推廣開來，直到一九三〇年代依然十分流行，特別是在較寬泛的農業氣候學與「微氣候學」的領域中，以及以經驗為基礎之大氣亂流的測量中。[67] 施密特與奧地利的同事阿爾伯特·德芬、英國的泰勒（G.I. Taylor）與哈羅德·傑佛里斯（Harold Jeffreys）一起被公認為研究大氣亂流的先驅。施密特將「交換」的概念應用涵蓋到大到令人吃驚的諸多現象中。他一口氣便總合了前半個世紀學術界對大氣（和海洋）亂流的許多研究。評論家稱讚了其學術跨度之寬廣、其總合能力之傑出及其貢獻的重要意義：「威廉·施密特本人將有關『交換』的新概念全面引入氣象學中，而且這些新概念後來證明適用於該學科幾乎所有的次領域中，因此此處提供給讀者有關一般氣象現象觀念的知識都是基本的。」[68] 路德維希·普朗特在「看到你的調查已經得出美好而明確的結果」時表示「非常高興」。[69] 作為大氣物理學中衡量亂流的概念，「交換」到後來才被普朗特逐漸發展起來之

「混合長度」（mixing length）的概念所取代。

「交換」概念同時為研究開闢了兩個方向。首先，當應用於垂直於地面的空氣運動時，它具有很大的實用價值。我們必須注意，垂直運動是大氣中較高、較熱之空氣層與較低、較冷之空氣層混合的方式。大氣中「交換」係數較低的區域，表示相對獨立於較大規模大氣條件之外的在地氣候。在這方面，「交換」係數提供了「表述當地氣候特徵」的重要基礎。[70]例如，山谷的「交換」程度要比峰頂和山脊來的小。這說明了為什麼山谷每天和每年的平均高溫和平均低溫之間的差異會呈現較大幅度的波動。同樣，可以將林中空地的氣候（低「交換」係數）視為「獨立的」（independent），而將開闊土地的氣候（高「交換」係數）視為「依賴的」（dependent）。一直鍾情於現象學解釋方式的施密特指出，獵狗只要在地面上嗅一嗅，便可直覺知道「交換」係數最低之處。同樣，靠近地面生長的植物和長得較高的植物處於「不同的氣候」中。由於蒸發取決於大氣混合的程度，因此長得較高的植物，其蒸發速率也較高。「交換」係數因此呈現了對生物而言至關重要的氣候特徵。

一九二五年，施密特出版《自由大氣層中的氣團交換及其相關現象》（*The Exchange of Mass in the Free Atmosphere and Related Phenomena*）一書。他形容此舉是「嘗試」將「仍在建構中的科學研究領域以更容易親近的形式呈現給廣大讀者」。他將此書推薦給了許多應用科學家，主要是氣象學家、海洋學家、地理學家、物理學家、植物學家和農業學家。有位評論家確實認為此書「應該能讓與氣象學、海洋學、氣候學、人氣電學甚至植物學有關的所有人都感興趣。」[71]施密特回歸「文字和圖像」的傳統，不再強調方程式的重要性，代之以數值示例與量化結果表。他在結論中表示，對於自己對能以「明確易懂的圖像」（greifbaren Bilder）呈現大氣亂流運動感到滿意。[72]

「交換」係數框架具有許多實用價值。它可以使農民了解蒸發的過程（正如施密特在他一九一六年的研究中即已指出），同時可以使漁民了解海洋中浮游生物的分布情況。「交換」係數也可用於預測人類活動（例如森林濫伐和都市發展）對當地氣候所造成的影響。這些問題幾十年間一直縈繞在施密特的腦海中。早在一九〇五年，他就測量過城市空氣的「骯髒程度」，所憑藉的標準是由艾特肯冷凝室（Aitken condensation chamber）中發現之塵埃顆粒數量來決定的。[73]這些關注焦點一直是他科學生涯的核心，一直到一九三六年他突然去世為止。那時，他剛剛寫完一本與某位工業衛生專家合著的專書（請參閱本書結論），講的是「人類環境」（human surroundings）中的氣候。

儘管如此，施密特對「交換」係數的興趣，並未因其服務在地實用的需求而被耗盡。該概念同樣適用於全球規模的調查。施密特將注意力從能量的垂直轉移切換到能量的轉移，同時能夠使用與在地規模相同的數學工具，研究全球規模的作用。透過「交換」概念此一框架，人們便可以量化赤道和兩極之間亂流互換的情況。[74]如此一來，施密特早在一九一七年就已經推斷出如下的結論：在維持大氣環流這件事上，經由亂流渦旋水平傳導的能量相較於透過分子摩擦所導致的耗散（dissipation），前者的重要性更大。這是亥姆霍茲在一八八〇年代即已秉持的信念，但是日後的施密特才給出精確的數學形式。施密特希望藉此能向「理解整個地球能源和水資源供給」的目標邁進一步。[75]

大氣環流

一九二一年，幾條跨尺度研究亂流能量交換的線終於交織在一起，形成了大氣研究熱烈的新形象。那年，阿爾伯特・德芬發表了第一個奠基於大氣動力學上的氣候變異性理論（theory of climate variability）。[76]德芬用上了哈布斯堡王朝有關定尺度的全部技術，包括數學、實驗和論述技巧等方面，以作為他推出所謂「氣候波動理論」（theory of climate fluctuations）的依據。至此，終於有人首度對大氣環流做出很不一樣的解釋：將其形成歸因於像普通風暴一樣經常在時空尺度上發生的現象（以前的理論家僅將這類風暴視為「局部擾動」（local disturbances）而已）。

五年之後，碰巧英國物理學家哈羅德・傑佛里斯也得出同樣的結論，但經歷的過程很不同。首先看看傑佛里斯採用的方法，因為它與德芬的方法呈現明顯的對比。傑佛里斯從基本原理出發進行推理。他首先從地球大氣中特定的溫度分布推論出預期會產生的風。他導出來的方程式雖然正確預測了風的級數，但是所有的風卻都從東向西吹。該結果與各半球著名的西風帶相互矛盾。他認為，自己的計算過程中忽略了摩擦現象。然而光靠摩擦這一因素並不會產生西風。這次演練的教訓是：沒辦法修正這種數學模型，因為在那其中壓力分布是對稱的，並且僅由它來決定風的生成。問題的癥結在於：大氣環流必須包括小的「非地轉成分」（ageostrophic component）。這種高度形式化的論據得出如下的結論：維持整體大氣環流系統之唯一可能的壓力分布，就是中緯度地區由大型渦旋或氣旋所構成的壓力分布。若從這個新角度看，既不能說氣旋「代表大氣環流的不穩定，也不能說它代表穩定大氣環流的振盪（oscillations）。」與此相反，氣旋正是中緯度地區大氣環流唯一可能的表現形式。在整個分析過程中，傑佛里斯的手法是形式的、簡化的，其結論的威力在於抽象的數學論證。[77]

德芬的方法與眾不同。他是南提洛人，曾在因斯布魯克和維也納受教育，並於一九一九年被任命為因斯布魯克的宇宙物理學教授。在解決大氣環流的問題時，他借鑒了前半個世紀哈布斯堡王朝的研究人員開發出的一系列定尺度的實用辦法。在其著作的導論中，德芬敦促讀者要將「整個地球」納入考慮。身為凡人觀察者如何才能得到大氣環流全面的視覺圖像呢？這種行星尺度的、「時間平均」（time-averaged）的大氣運動圖是什麼樣子的？德芬呼應漢恩在《氣象學教科書》（*Textbook of Meteorology*）中的看法指出，對於居住在熱帶地區的觀察者而言，這個問題比較容易回答。若在其他地方，行星尺度之環流的圖像只能在相當長的時間尺度上方能建構。德芬隨後像阿達爾貝特・施蒂弗特那樣建構起大膽而富想像力之定尺度的辦法，十足詩意地將大小尺度並置在一起。他建議採納「溫帶緯度的氣流乃是大尺度亂流之明顯表徵」的觀念。為讓讀者直觀地了解此一觀念，德芬要讀者回想自己從日常生活中體驗過的亂流現象。他以「一條寬闊的大河」做比喻，其中的水流「不是在流動，而是滾動、旋動和悸動」。當時的讀者可能會聯想起埃克斯納和施密特對河曲的研究。如果取長時間水流的平均值，那麼對於某個特定的橫斷面而言，將能產生速度的有序分布。然而，這種分布「實際上並不存在，它僅僅是從水的無序流動中歸納出的一種抽象觀念。」因此，半球氣流所謂有序的、時間平均的意象是虛構的。好，那麼實際情況究竟如何？[78]

接著，德芬要求讀者想像一股「普通氣流」（ordinary air current）。在這種日常吹的風中，我們通常能感受到小渦流或是「不安定」（Unruhe）。除了以「微不足道的干擾」來描述那些小的亂流效應，一般還能怎麼稱呼？然而，魏格納的最新研究表明，如果沒有這種小規模的亂流，風的模式將會完全不同。[79]同樣，以前對大氣環流的研究也忽略了氣旋和反氣旋，只以「干擾」一詞草草帶過。當然，從人類的角度來看，氣旋的規模太大、範圍太廣並且存續時間太長，看起來不像是一種偶然的變動。不過，正如德芬的計算所呈現的，氣旋的壽命在空間和時間上之於大氣環流，以及風本身「不安定」的亂流運動之於風，兩者的比例是相同的。研究人員未能體認到氣旋的本質特徵，原因與他們低估這種「不安定」一樣，「因為氣旋過度強烈地影響到我們此緯度的天氣進程，並且因為就人類實際可操作的範圍而言，受擾動區域的大小和擾動持續的時間都太大了。」[80] 科學家以人類的尺度做研究，付出的代價便是輕忽了小於或超過該尺度的各種現象。

德芬分析中的另一個關鍵因素是借用施密特的「交換」概念。他建議以「交換」係數A來表示北半球中緯度大氣層的擾動程度，而該係數是一特定地點經計算後得到的年平均值。德芬自己從中推衍出水平交換（即從南向北流的亂流）的值。此舉需要估量相關的參數。他將特徵長度作為氣旋和反氣旋的平均直徑，「它們的確是我們眼中無序運動的擾動要素」，並且使用風速計數據估算風速，從而得出動量通量（momentum flux）。如此導出「中歐」地區的A值為10^7 kg m^{-1} sec^{-1}。然後，他根據費利克斯．埃克斯納的比例論證（proportionality argument）對A進行第二次的計算。我們回想一下，埃克斯納在他的河曲研究中曾得出如下的論證：可以預期兩個密度相等的流體系統在幾何意義上的擾動情況是相似的。具體來看，規模較大、速度較快的流動相應地需要更大的黏度才能產生類似的運動。這為中緯度環流的「實質」（virtual）黏度（或者「交換」）提供了一種解決的辦法。由於特定速度之普通氣流中的渦旋擾動，其規模大小的測定值（measured values）是特定的，而且氣旋的直徑亦是明確的，因此這種簡單的定尺度論證同樣可以推估出中緯度地區的水平「交換」係數約為10^7 kg m^{-1} sec^{-1}。我們在前文探討過，垂直「交換」的係數即使在艾菲爾鐵塔的頂端，其強度至少也要小個五級。它是如此之大，以至於我們無法否認亂流在赤道與兩極之間的熱輸送（transport of heat）中必然發揮的關鍵作用。這證實了亥姆霍茲早年憑直覺得出的原理：阻止地球風速超越可考之最強風速的原因，並非與地球表面的摩擦有關，而是涉及大規模亂流所產生之渦流黏度。德芬得出的結論是：熱帶以外的大氣環流是「迄今為止我們所知最大的隨機運動。」[81]

因此，德芬主張之有關大氣環流的認知，和傑弗里斯的主張建立在不同知識基礎上。傑弗里斯以數學證明做靠山，而德芬一上場便採用一套生動的言語意象。傑弗里斯始終站在整個地球的尺度上，而德芬則要求讀者將微觀到綜觀的每個層面都納入考量。德芬證明了亂流如何在各個尺度上影響自然界，從氣體分子的運動到渦流、從狹窄管道中的水到一條大川。德芬的方法論強調的確實是尺度規模的相對性。德芬的論述呼應了從揚・埃文格里斯塔・普基尼到愛德華・修斯再到他自己的老師朱利葉斯・漢恩等哈布斯堡王朝博物學家的精神和修辭，他指出人類如何天真地完全只以自身物種的感知能力來看待世界的特質。

地球氣候的穩定性

德芬又提出了一個傑弗里斯甚至沒有考慮到的問題：亂流在大氣環流中的基本作用對於氣候變遷的影響何在？也就是說，德芬打算利用「交換」理論的框架，評估局部氣候的擾動對於整體大氣環流狀態的影響。地球的氣候到底有多穩定？

這個問題源自有關於氣候變化歷史證據顯著性的長期爭論（參見第九章）。儘管世人有個普遍的印象，用德芬的話說，即「地球的溫度和壓力條件呈現一個穩定的狀態」，然而當時最新的研究成果表明，週期性和非週期性的氣候波動都是存在的。德芬在維也納的氣候學家同事愛德華．布魯克納（Eduard Brückner）曾對這些問題進行了深入的研究，而德芬在其著作的結論中也引用了後者出版於一八九〇年的《一七〇〇年以降的氣候波動》（*Climate Fluctuations since 1700*）。布魯克納根據歷史文獻確定每三十五年為一週期的寒暖階段更迭，但他並無法解釋其原因。詹姆斯．克羅爾將這種變化歸因於天文因素，即圍繞太陽之地球軌道形狀的變化，即地軸的傾斜與擺動（又稱進動〔precession〕）。[82]德芬繼約翰．丁達爾（John Tyndall）和斯萬特．阿倫尼烏斯（Svante Arrhenius）之後提出，這種可變性中必然至少有一部分「源自地球本身」。他指出，這種變化可能是由局部擾動所引起，因為這種擾動會促使大氣其他區域發生變化。那麼，「交換」理論的框架對這種擾動在大氣中傳播的方式有什麼相關呢？

德芬舉了一個具體的例子。假設在熱帶地區存在為期十一年的溫度波動（對應於觀測到的太陽活動週期），那麼這會對地球其他地方的氣候產生什麼影響？德芬的計算是以交換係數的恆定為前提，因此他預測，擾動將擴展到較高的緯度，而不會導致明顯的週期變化，不過幅度會迅速減小，也會出現輕微的相位延遲（phase delay）現象。此一說法有個問題：根據觀察，最強的氣候波動通常發生在中高緯度地區，而不是熱帶地區。德芬指出這一矛盾現象的癥結在於恆常的「交換」係數A並不合理。於是他指出：中高緯度地區大幅的溫度波動應與「交換」係數的大幅波動聯動。德芬建議，除了根據「交換」的概念設想大氣環流，還須隨時間變化的因素調整係數A（將此係數視為參數而非常數），如此一來方有可能求出一個面面俱到的「氣候波動理論」（theory of climate fluctuations）。[83]

德芬表示，在某一特定的緯度下，大氣溫度隨時間的推移而產生的變化可用兩個係數來表示，第一項取決於A隨不同緯度而起的變化，第二項取決於太陽輻射的強度以及大氣層的輻射特性（德芬用「發射係數」（coefficient of emission）加以定義，不過他也承認該係數的值極不確定）。他由此認定氣候波動可以歸因於以下三個因素：一、太陽活動的變化；二、大氣成分的變化；三、赤道與極地區域之間以係數A來表示之動力交換（dynamic exchange）程度的變化。例如，太陽活動的增加會加大兩極和赤道間的溫差，如此一來會提高係數A，進而平衡溫度梯度。德芬拿引擎的調速器做比喻，並得出如下的結論：「在發生交換（Austausch）現象之較長的時間段內，大氣環流就像調節器一樣。」但是他接下來也承認，事情可能不是那麼簡單。地質證據表明，這些波動在地球較早的歷史中更加顯著。而且，如下的事已經再清楚不過了：「由於大氣成分的變化（例如火山噴發等等因素所導致），其吸收率（absorptivity）會發生變化。」可以想見，工業二氧化碳的溫室效應也包含在德芬所說的「等等因素」裡。德芬認為，如果大氣成分的改變真的提高了「發射係數」，那麼南北的溫度梯度將更強大，進而擴大亂流的交換，再進而促使熱量的均勻分布。儘管大氣的發射率和交換係數將維持在高點，但溫度分布還是會恢復原狀。德芬認為大氣吸收率最終將恢復到較低的初始水平。如此一來，大氣交換的增加將為兩極帶來更多的熱量，而這聯帶又會減少赤道與兩極之間的交換。簡言之，地球將恢復到初始的狀態。同樣，亂流將扮演「調節器」的角色以維持大氣環流的穩定性。然而，德芬承認如下兩個關鍵因素的不確定性，首先是人在較高緯度所感受到之氣候波動的強度，其次是系統達到平衡狀態所需要的時間：前者規模可能很小，後者時間可能很短，「就像歷史時期中較小的氣候波動一樣，或者兩者都較可觀，就像在冰河時期（Diluvialzeit）地質中所發現的、跨度長達幾千年的氣候波動。」[84]

因此，若將整體大氣環流視為一種亂流現象，那麼這對解釋地球氣候的歷史變化是具有重大意義的。德芬相信，這些變化必然至少有一部分是由地球本身而非天文因素所引起。從這層意義上講，新的框架提出了一種明顯的可能性，即大氣成分的顯著變化可能導致大規模、長時間的氣候變化。不過，德芬沒有明確提及丁達爾和阿倫尼烏斯所提出的證據，即人類活動可能會改變大氣結構的說法。讀者可能會有如下的印象；地球的大氣無論面對什麼干擾因素，都能是自行恢復穩定。

德芬的確用「天意如此」的樂觀筆觸描寫自己對大氣的印象。正是中緯度的大氣亂流將足量的熵送到較高緯度的，從而調節了不同季節的溫度平衡，並促進較高緯度的溫度條件的發展，而僅此一個條件就能讓人類、動物和植物得以生存和繁衍，也確保太陽輻射在整個地球上的均勻分布，因此防止所有赤道地區的生物因高溫而熱死，防止高緯度地區的一切生物因寒冷而凍斃。**在這個充滿奇蹟的星球上，這現象可說是妙中之妙的自然現象。**[85]

在這段文字中，德芬將他的研究深植於奧地利天主教自然神學（physico-theology）的傳統中，而在這傳統中，科學的注意力都集中在神意最不可言喻的部分上。正如他一開始就向讀者保證的那樣，他的目標不僅在於呈現一個「基本方程式」（fundamental equation），而是一幅「地球全景」（the earth as a whole）。然而德芬的結論是模稜兩可的。儘管他敦促讀者讚嘆地球系統的穩定性，但他還是展示了在何種條件下，地球系統仍可能遭受長期氣候變化的嚴重侵害。在他這一框架中，我們可以解決因人類尺度的干擾所引發之全球規模的後果。

結論

到二十世紀的頭十年，大氣科學已經成為「動力學的」（dynamic），只是這詞的精確含義尚不清楚。ZAMG的新任主任威廉・特拉伯特在一九〇八年發表於《氣象學雜誌》上的一篇文章中認為，「動力學」已然成為大氣科學家的「時髦話」，但其語義卻因過度使用而變模糊了。[86]「氣象動力學」（dynamic meteorology）一詞在一八七〇年代末期出現在德文、法文和英文中。儘管各方仍在爭議該門學科是否具備適當的方法論，但這個標籤本身似乎沒有太大問題：它代表科學家從熱力學和流體力學出發，用數學方法解釋大氣運動的宗旨。相較之下，「動力氣候學」（dynamic climatology）一詞則要在二十年後才出現，而且其含義始終無法確定。

「動力氣候學」一詞是由「卑爾根氣象學派」（Bergen school of meteorology）領導人之一的托爾·伯格朗（Tor Bergeron）在一九二九年向德國氣象學會演說時提出的。[87]當時，氣象學家正嘗試將自己的科學重新塑造為一門建立在物理學原理基礎上的數學科學，此舉令氣候學家感覺自己落伍了。伯格朗談到了氣候學的「改革」（Erneurung）。該場演講的講稿後經出版，其標題為〈動力氣候學概要〉（*Richtlinien einer dynamischen Klimatologie*），這暗示了伯格朗對於該子領域開宗明義的貢獻，因為德文Richtlinien一詞最好翻譯成概要或者指導方針。伯格朗最初將動力氣候學定義為將流體力學和熱力學應用在大氣科學中的學問。此外，他還規定了這領域的一種研究方法：識別獨立的大氣系統、描述其「氣流成分」（Strömungsglieder）並確定大氣環流中這些成分的來源。在第二次世界大戰期間，這種「質性方法」（qualitative approach）廣受歡迎，因為當時以統計學方法處理數據的速度實在太慢，無法滿足「實際操作上的需求」。但是，這種方法通常被稱為「天氣概要」（synoptic）而非「動力學」，並且因其對「典型」條件的主觀判斷而受到廣泛的批評。[88]伯格朗後來進一步縮小動力氣候學的含義，其辦法是僅從「鋒面分析」（frontal analysis）中擷取實例。他的態度似乎讓人覺得，將力學觀點引入氣候學的目的僅在於預測風暴。另一方面，批評伯格朗的人有時卻也不顧歷史的真相。例如，莫斯科的謝爾蓋・克羅莫夫（Sergey Chromow）即試圖證明，海因里希・多夫早在卑爾根學派之前的半個世紀就已發明動力氣候學，「多夫的極地和赤道氣流理論可被視為大規模大氣氣流（large-scale atmospheric flow）學說的先驅。」[89]然而，多夫未曾想過從熱力學和流體力學的角度解釋這些過程。二十年後，地理學家仍在探討動力氣候學的真正含義。「世界氣象組織動力氣候學工作小組」（The Working Group for Dynamic Climatology of the World Meteorological Organization）花了兩年時間就一個定義達成共識，但很快就被指控將「天氣概要」方法和「動力學」方法混為一談。事實上，工作小組的負責人也承認：「坦白說，我一開始確實看到動力氣候學真正的光明未來，同時認識到其基本原理；但……後來迷失了。」[90]

下定義的相關問題，部分源自上世紀中葉（尤其是在美國）氣候學和氣象學之間的地位差距。在美國，所有的目光都投向數據化的天氣預報上。如果這項工作的目標在於進行長期預報，那麼很可能將其描述為「動力氣候學」。然而開發者卻有意避開「氣候學」的標籤，因為該詞已染上了塵封味，並且與沒頭沒腦的經驗主義畫上等號。用地理學博士肯尼斯・黑爾（Kenneth Hare）的話來說，「叛國罪始終流行不起來。什麼原因？如果它流行起來，誰還敢說那是叛國罪。」用「氣候學」取代「叛國罪」，道理就昭然若揭。[91]面對這種術語的混亂，我們可以開始理解，為何得花這麼長時間才能掌握動力氣候學的歷史意義。

然而，這種爭議淡化了在上世紀前二十年發生的、更形重要的轉變，即「氣候」詞義的演進。「氣候」已成為從在地到全球、適用於多種尺度的概念。早在一八九五年，在弗拉迪米爾．科本的定義中，大氣環流即標誌著氣候學擠進氣象學的極限了。[92]施密特、埃克斯納和德芬在展示如何將像「交換係數」這樣的氣候學工具應用到整個大氣時，聲稱大氣環流是氣候研究的一個標的。他們的確已經將「世界氣候」（Weltklima）的概念賦與實質意義。有人可能會反駁，對於大氣環流的研究始終屬於氣候學的範疇，因為除了熱帶以外，這些研究已經處理了大氣的時間平均狀態。但是只有在漢恩及其合作者的努力下，才能研究出夠反映出被「平均掉的」（averaged away）東西是什麼。正如「氣象動力學」在一八八五年被定義為「對大氣平衡之擾動的研究」一樣，一九〇〇年左右，奧地利帝國時期也出現了被定義為「對地球氣候系統之擾動的研究」的動力氣候學。因此，史上首次出現研究局部氣候變化對於全球影響的可能性。氣候儼然已成為一個多尺度、動力學的概念。

這種轉變的重心是帝國—王國科學「再現」（representational）技術的實踐。奧地利帝國時期動力氣候學的興起取決於縮放尺度的創新技術，從地球大氣層的桌面模型、到半球亂流與普通風明顯「不安定」之間的類比。「交換」和「可用位能」（APE）的數學語彙正是物理學家與上一章中所考察之視覺和文學技術的聯繫，而這一切的目的都是為了在不致抹滅最小尺度之差異的前提下，取得綜合的概觀。在漢恩工作團隊的努力下，氣候學的目標（一如漢恩所界定的）仍然在於產生大氣現象「盡可能栩栩如生的面貌」。因此，我們在施密特、埃克斯納和德芬的著作中發現令人回味的奇妙類比、詩意的描述以及對直覺的訴求。詞彙和圖像的功用不僅在於闡明方程式，它們還導向一個複雜的領域，而在這領域中，分析不足以應付其複雜性，但仍可以透過身體的直覺來把握。

第三部分

尺度縮放

第九章　森林氣候的問題

西格蒙德・佛洛伊德（Sigmund Freud）曾用排乾沼澤的比喻，描述文明開化過程的心理影響。本我（id）是原始生物性衝動的儲存庫，就像荒野的景觀一樣，尚未被人的雙手馴服。其後，自我（ego，即成熟的自性〔adult self〕）取代本我，這就像開墾荒地以供農用的情況一樣。佛洛伊德問道：「可是，我們是否可以假設，最初存在那裡的東西可以和後來從中衍生出來的東西共存呢？答案毫無疑問是肯定的。」[1]他認為，在精神的層次上，本我藉由「詭秘」（uncanny）經驗而讓人知道它確實存在，而這種「遭遇」（encounters）可以被視為本我勃發的衝動。前述的生態類比是很具啟發性的。心理領域和非人類的領域一樣，文明開化的進程可能產生意想不到的結果。在沼澤的比喻中，先前支配該地帶的力量只是被平息而非消滅。意料之外的洪水淹沒了那片原先排乾沼澤後取得的土地，而那來勢洶洶的洪水即所謂的「詭秘」。第一次世界大戰前，數一數二著名對奧地利文明不滿的論述是：農耕對環境所造成的破壞。而這種論述其中一個特點想必會引起佛洛伊德的興趣，那就有關記憶的爭議。居民如何能準確記住「土地原先的樣貌」？弗洛伊德很有可能從維也納同事弗里德里希・西蒙尼於一八七八年廣泛分送的一本小冊子中，讀到德國北部的一位林務官如下的見證：

> 您對水資源的報導引起我的共鳴（ist mir aus der Seele gesprochen）。身為地方行省（即昔日漢諾威王國的疆域）的第一任林務官，我過去習慣在林木茂密的山谷中健行，時間長達二十五年，但如今那裡的樹木已便得稀疏了……據此，我可以說出水資源的狀況起了多大的變化……以前泉水和地下水一度（einst）足夠滋養梣木和山毛櫸。[2]

氣候變化的證據有賴記憶加以儲存。這些記憶應是該地區每個人所共享的，但這段過去的歷史只能被形容，而無法被度量，只能用「曾經……」這個簡單的詞來喚起過去。

然而，即便當年已有一些評論者注意到，談到氣候的問題時，受訪者的記憶並不一致。很多人都知道，後來在維也納擔任教授的愛德華・布魯克納曾經指出，在旱災期間，公眾常認定濫伐森林是造成乾燥的元兇，但當洪災來臨，大家依舊將雨量的增加歸咎於相同的因素。[3]正如一九〇五年《林務政策手冊》（*Handbook of Forest Politics*）的作者所觀察，直到十九世紀中葉，因人類所導致之氣候變化的證據都源自於「歷史比較」（historical comparison），亦即將自然災害或農業條件普遍惡化與人為干預聯繫起來的在地觀察。「這一整套至今仍導致人們誤入歧途的想法本質上具有一些誘人之處，因為它與擺在每個人眼前的事實聯繫在一起，從而對公眾輿論施加充分的證據力。相反的，公眾面臨釐清因果關係、排除因主觀印象而得出之誇大結論與錯誤的艱巨任務。」作者進一步闡述，「輿論」（die öffentliche Meinung）在面對氣候變化的議題時容易犯的某些錯誤：在比較今天與過去的現象時，人們傾向於對後者加以輕描淡寫，並且動不動便將一切「反常的自然現象」（adverse natural phenomena）歸因於速度加快的森林破壞，即使到了森林已被成功保護的時代依然如此。[4]另一位專家駁斥一些主張「森林砍伐導致東南歐喀斯特土地變乾燥」的報導，並稱其為「錯得離譜」：「今天公眾耳熟能詳的一些報導，比方有史以來伊松佐河（Isonzo）的大堆礫石首次被沖入平原；如今達爾馬提亞的橄欖樹不再像古羅馬時代長得那樣茂盛；壤土全都流失了；以前雨下得比較多；由於缺乏森林濕氣，如今難得看見晨露；由於濫砍森林，春天常鬧乾旱。公眾未經明察便口耳相傳，散布這些『傳說』（Sagen）。」[5]，誠如《新自由報》（*Neue Freie Presse*）所言，「群眾確實容易受人擺布，他們寧可『盲信』也不願『求知』，因為盲信方便得多。」[6]因此，十九世紀末奧地利人對氣候變化的辯論陷入了十八世紀理性辯論的理想以及對群眾易受煽惑的世紀末焦慮之間。例如，《林務政策手冊》決不排除主觀經驗的適切性。它指出，科學專家提供之有關氣候變化的證據「絲毫不令人驚訝，因為它完全符合世人的感覺和猜測。」[7]我們不禁要問：那些不符合輿論期待的證據還有什麼發揮的空間？

在一八七〇年代，一些勇於挑戰的科學家開始反對「森林砍伐對氣候影響甚巨」的普遍看法，於是此一議題便成為關注的焦點。於是這一哈布斯堡王朝的故地便出現了一系列有關人為因素是否會導致氣候變化的爭論，乍看之下，這種爭論對於二十一世紀的讀者而言並不陌生。這種辯論無論是以前或是現在，必然都牽涉到科學證據的時空框架與集體記憶間的溝通。就本書而言，這些都是定尺度的演練。

正如我們前文探討過的，定尺度是一種身體經驗（bodily experience），與時空中的運動息息相關。但是，正如胡塞爾所言，這也是一個社會過程。所謂的「近」，部分是由自己熟悉的事物以及自己的社區所定義，而所謂的「遠」則對應於外來陌生的事物，是我們從其他人那裡學來、非第一手的經驗。[8]當我們考慮到定尺度的時間維度時，這種社會面向就變得尤其顯著。當我們回溯過往時（通常是時間的遙遠，而非空間的遙遠），通常得借助他人而非自己的記憶。因此，定尺度就成為牽涉如下兩個過程：一方面是科學家運用工具所標明的維度，另一方面又是社區認同與集體記憶所標明的維度。

關於氣候變化的吵嚷

有些歷史學家一直在尋找今天關於「人為因素造成氣候變化」的思想根源。他們認為那可能源自一種歷久不衰的「旱化理論」（desiccation theory），亦即一片植被遭清除的區域可能導致降雨減少。儘管森林砍伐乃是導致二十世紀以前大氣中二氧化碳含量增加的主要原因，但這通常只是牽涉到局部而非全球變化。理查德・格羅夫（Richard Grove）將這種理論的起源上溯到有關十六世紀帝國主義對拉丁美洲殖民所造成之後果的辯論。正如他和其他學者所闡明的，努力想要證明「森林有益氣候」的想法與「歐洲殖民對土著環境和社會造成衝擊」的批判密切關聯。早在十八世紀，就有人推測，歐洲人與從南太平洋諸島到北美平原之土著的來往影響了氣候，此即旱化理論的源頭，而且已說服許多人，讓他們相信森林對於氣候有其裨益。[9]環境史學家深受該理論的吸引，認定那是生態意識喪失的標誌，是拉丁美洲生態反殖民主義的一種形式，又或是將歐洲在亞洲和非洲之帝國主義加以合理化的方法。[10]然而，除了少數例外，這些嘗試釐清旱化理論含義的諸多努力都忽略了如下此一事實：這個與其說是理論，反倒是提問。

實際上，在十九世紀中葉一直到進入二十世紀，東歐及中歐大部分地區所謂的「旱化理論」都被稱為「森林—氣候議題」（Wald-Klima-Frage）或是在其他語言中的對應詞。誠如某位林務官員在一九〇一年所陳述，「『森林—氣候議題』被人從各個角度檢視，絲毫不留情面，這現象是空前的也可能是絕後的。」[11]東歐及中歐大部分地區的人熱烈辯論林地據稱對氣候有益的優點。大衛・穆恩（David Moon）就研究過俄羅斯的此一現象。[12]為什麼這個問題在世界的這個角落如此受人關注？部分理由也許與地面的條件有關。與西歐相比，大部分中歐和東歐地區較容易出現乾旱與極端氣溫的狀況。此外，在奧地利和俄羅斯兩個帝國，都是中心地帶比周邊區域擁有更多的森林。因此，俄羅斯的官員對帝國南部和中亞的草原缺乏森林的事實印象深刻，而匈牙利大草原和巴爾幹半島的喀斯特地帶，同樣讓奧地利的官員產生一樣的感受。

在奧地利的疆土上，有關人為因素是否造成氣候變化的辯論，也在維也納的帝國議會、各省的地方議會以及報紙中（特別是在重要性日益增大的農林業報紙）上演。這些場合不僅屬於專家，而且是「不計其數平凡鄉村百姓的論壇，他們不厭其煩地將自己的觀點和經驗披露與公眾。」[13]正如維也納自由主義者日報《新自由報》在一八七九年所觀察，「有關本地區森林覆蓋率對其氣候與水資源的影響，此一議題已經被討論得如此頻繁、廣泛，有時甚至達到激烈的程度。」[14]愛德華・布魯克納是一位為奧地利政府工作的科學家，他在這方面的研究卓有成效，套句他的話「大家在此議題上吵得不可開交（Wirrwarr）」。[15]「森林—氣候議題」因有「議題」二字，難免讓人拿來和當時其他熱門的議題（例如「女性議題」或「猶太議題」）進行比較。誠如歷史學家霍莉・凱斯（Holly Case）最近的觀察，當年的論戰也許是種策略，將地方社會的問題提升為新的國際公共領域辯論。[16]這同時表明了，我們這些歷史學家必須關注尺度的政治（politics of scale）。牽涉其中的包括地方、帝國或國際治理的權威。當一個普通公民苦苦想弄懂此一問題時，必須在如下兩種尺度之間來回：一邊是周邊自然環境和社會環境所賴以構建的鄉土語彙，另一邊則是動力氣候學所提出的框架。結果，民間論述也跟著發生明顯的變化。科學界以外的人首度開始用「氣候」一詞，意指不屬於在地環境的特徵，而是全球尺度的動力系統。

有關林務的政治

哈布斯堡王朝與其他十九世紀的歐洲國家一樣，林務政策也強調十八世紀以來「警察國家」的干預主義傳統，反對漸漸流行的私有財產原則。自一八四八年奴隸制度被廢止後，森林使用權在奧地利即變成一個特別緊張的議題。這一法案剝奪了農民使用其領主之森林和牧場的權利。其結果是，被地主斷定為「木材盜取犯」的人數增加了，然而農民卻認為只是拿走天經地義屬於自己的東西罷了。十九世紀上半葉該帝國還成立了第一所林業學院，那是一八〇五年在下奧地利省瑪麗亞布呂恩（Mariabrünn）創辦的。依據十八世紀專制主義的精神，這些機構專門訓練的對象是效忠國家的林業公僕，而非研究人員。一八四八年以後，專業的林務官員已構成一個新興的階層，他們指責農民在森林中非法放牧並且肆意砍伐樹木。他們指出木材短缺的情況日益嚴重，以此作為藉口，但後來的歷史學家卻找不到足以支持此一說法的證據。[17]林務官員同時堅稱，林地還能提供許多公共利益，比方增加降雨、調節溫度、保護周圍地區免受風害，並且防止洪水、雪崩、落石和侵蝕等天災的發生。十九世紀的林務官員援引中世紀的「禁林」（Bannwald）傳統，呼籲政府立法保護林地。[18]

第一部在帝國全境施行的森林保護法於一八五二年簽署通過，賦與政府出於「公共利益」考量可以干涉私有林地的權力。該法律背後的用意仍是各方爭辯的對象。一八四八年和一八五一年的大水災可能在一定程度上刺激了政府，使其在洪水爆發時實行保護森林的措施。不過，歷史學家注意到，該法律旨在因工業目的而保護森林的生產功能，且在當時大部分的林地仍歸國有。從這層意義上看，前述法律的精神與其說是保護森林，倒不如說是利用森林。[19] 儘管該項法律在王朝時期始終有效，但卻很少付諸執行。

到了一八七〇年代，林務官員協會發起請願活動，要求政府採取更強有力的干預措施，其中部分原因是受到法國的啟發。拿破崙三世統治下的第二帝國於一八六〇年頒布了旨在「復育山區森林」的法律，以應對法國南部發生的幾場大水災。諸如安端・貝克勒爾（Antoine Becquerel）等著名科學家也藉由證明森林對於氣候確有效益的行動來為這項政策背書。[20] 奧地利的官員後來也到法國訪問，以研究相關舉措實施的情況。[21] 之後，《奧地利氣象協會雜誌》的頁面即開始不斷討論森林—氣候問題。但是，關於該主題的專書仍然寥寥無幾。[22]

然後，到了一八七二年，波希米亞西部發生的一場特大洪災促使世人反思，森林砍伐是不是造成該地區如此脆弱的主因。波希米亞的林務官員認為，乾旱和洪水的反覆交替應歸咎於森林資源的枯竭。植物學家伊曼紐爾・普基尼在對洪水災損進行正式調查的報告中，試圖反駁有關森林破壞導致降雨減少的推論。[23] 隨後，波希米亞議會審議一項要求造林的法案，但最終未能通過。

儘管如此，森林—氣候問題仍持續受到討論，並成為大眾報章中常見的話題。一八七三年維也納舉行世界博覽會，該主題即在一併舉行的第一屆國際農林業專家大會上被提出來，所觸及的內容雖只止於皮毛，但是大會卻也呼籲建立一個國際觀測系統來研究森林對於氣候的影響。同時，在展廳中，觀眾可以仔細審視普魯士、巴伐利亞和波希米亞森林—氣候的測量成果。[24]面對各方越來越多的關注，帝國政府開始考慮改變政策路線。一八七三年，帝國發布敕令，宣布對整個帝國的林業行政管理機構進行重組，將國家森林的監督權交給了農業部。五年後，起草了一部新的帝國森林法，只是後來並未頒行。[25]

一八八一年，嚴重的洪水蹂躪了阿爾卑斯山的一些地區，約有五十一人喪生，此事引起了新一波的關注。死難人數雖不及一八七二年波希米亞的水災，但正如某位林業歷史學家所論證，這場悲劇促使維也納做出提升防災品質的改變。帝國政府首度發揮了人道主義的力量。[26]在這過程中，政府得以善加利用鐵路與電報網絡以及新近整合的專業科學家網絡。災難發生後，國家委託提洛和卡林西亞等省的科學專家對洪災區進行調查，以確定致災的主因究竟是降雨異常，還是過度砍伐森林。

令人驚訝的是，許多大林地的地主竟都支持為森林提供進一步的保護措施。在一八四八年，這些地主經常反抗國家干預其經營森林的舉措。然而，在那之後，社會經濟條件已然發生巨大變化，如今誰也不清楚哪種政策最符合該菁英階層的利益。許多地主開始看出，強大的森林法對他們應該比較有利。他們可能希望藉此不需再答應農民對傳統森林使用權的要求，同時能從更高的木材價格上獲利，並為自己的製造業進行森林開發。[27]在一八八三年奧地利林務官員協會的一次會議上，卡爾・馮・施瓦岑貝格親王（Prince Karl von Schwarzenberg）呼籲擁有土地的貴族階級支持一部新的森林法，比一八五二年那一部更為強勢。從令這些貴族最為憂懼的木材投機者，以及日益壯大的無產階級切入進行論述，他的主要論點是：比較嚴格的國家保護政策只會損害小地主的權益。一旦中農階層被迫出售土地，大地主即可以自由地以低價購進前者釋出的土地。更理想的是，貴族將因此能防止這些土地落入資本家的手中。他們可以同時挽救森林免遭砍伐，又能使農民免不致淪為無產階級。施瓦岑貝格親王操弄隱含反猶太觀點語言，主張大地主「有能力與大資本家抗爭」，因此「得以購進小塊土地，以防止農場被資本家大規模『吞併』」（他在這裡用上Güterschächterei一詞，原意是猶太教裡的儀式性宰殺）[28]。在施瓦岑貝格親王的幫助下，貴族大地主與專業的林務官員結成聯盟，共同對付小地主階層。

也就是說，在十九世紀的最後二十五年中，帝國議會面對了一系列強化森林保護措施的建議。在議會辯論的過程中，當選的代表反覆主張森林對周圍氣候有益的影響。加利西亞貴族斯坦尼斯瓦夫・米羅斯羅夫斯基（Stanisław Mieroszowski）強調該森林可以「調節」氣候，因為它「冬季時能抵抗極端寒冷，夏季時又能防禦高溫。它能大量吸受降水、將水分涵養在地下，然後逐漸將其釋回溪流和河川（夏季尤為明顯）。」[29]有時，人們會拿森林對氣候影響的「事實」作為理由，批判貴族及其使用土地的方式。因此，有一位自稱是加利西亞農民的代表指責大地主都在遂行「掠奪經濟」（Devastationswirtschaft），其後果不僅止於木材短缺而已。「曾經點綴我們的土地並保護其免受強風侵擾的林地，竟成為這種野蠻經濟的受害者。這對氣候所造成的不幸後果無需贅言。」[30]問題似乎已有定論：為了維持正常且有利於農作的氣候，大家必須以公共利益的名義來保護森林。

法律困境

然而，這些陳述的自信基調掩蓋了當前問題的複雜性。作為一個立法議題，重要的不只在於森林是否改變了周遭環境的氣候，還包括受影響的面積有多大。這種影響所及的空間範圍是關鍵性的，因為帝國的森林法包藏著含糊不清的成分。一八五二年的《森林法》允許國家在必要時基於保護「公共財」的需要干預私有林地。然而，無論是什麼特定的情況，人們如何知道「公共財」是否將受到危害呢？公眾及其利益又該如何加以定義？同樣，一八八三年三月的法律除了要求在提洛省執行防洪保護工作，還將責任劃分給帝國政府、皇室領地及「利害關係方」（Interessenten）。但是，說到森林砍伐導致氣候變化一事，誰才是受影響的「關係方」呢？正如奧地利林業政策史最頂尖的歷史學家所觀察，問題癥結在於「『關係方』的概念沒有被人清楚釐清。」[31]

法律學者和政策制定者逐漸認識到，要判定哪些人受到森林砍伐行為的影響是很困難的事。例如出版於一八九八年、講述奧地利農業政策史的一本專書提及，「我們確實缺少可以進一步界定所謂『公共財』的準則，此外，令人好奇的還有如何才能評估森林砍伐對氣候造成的影響。」[32]一八八四年，農業部承認這種含糊不清的狀況，並呼籲專家以「最嚴格」的眼光調查森林砍伐對「農業總體狀況」的影響。當局徵詢林業專家的意見，請他們「從氣候和大氣的角度，以及從受災省分或地區之農業狀況的角度出發」，探討森林砍伐預期會導致何種「副作用」。[33]

大家逐漸認識到此種含糊不清，這證明在環保思想中已發生一些轉變。讓我們看看奧地利自由主義者和林務官員之間辯論時的立場。在許多自由主義者看來，森林確實是一種「公共財」，但這並不代表它因此需要受到保護。[34]相反的，這意味每個人都應該按照自己認為合適的方式自由使用森林，無須受到任何限制，僅受市場制約即可。自由主義者主張，森林應該像空氣一樣，人人都可自由享受。林業官員反對這樣比較，理由是森林砍伐破壞了當地的氣候。後者認為，森林不應該像空氣一樣任人予取予求，因為它是一種有限而脆弱的資源，而「空氣這種公共財不可能被濫用，也不能被隨意污染。」[35]大衛．李嘉圖（David Ricardo）曾主張，空氣、水或大氣壓力都無法定價，這是因為此類資源是無窮盡的，不需要在使用和保護兩者之間做出選擇。[36]這似乎是一個簡單且不言而喻的區別：森林是一種有限的資源，空氣卻不是。說來諷刺，一八七〇年代的林務官員正是主張森林砍伐會危害空氣的人。儘管如此，他們仍然堅持將有限的森林與無限的空氣拿來對比。我們不妨說，他們之所以這樣做，是因為他們無法完全想像，像空氣這樣不受約束的東西怎麼會受到一地人類行為的影響。

當時缺的是一個框架，能用來評估毀林行為威脅大氣到何種程度的框架。讓我們想像一下變化規模的範圍：從植物蒸散作用（transpiration）的微觀尺度，到拂過或穿越森林冠層的風的中等尺度，再到全球大氣環流的宏觀尺度。原則上，氣候影響的規模將決定帝國中奧地利這半邊的森林保護政策該交付哪個行政級別執行，是市政當局？王室領地的議會？還是維也納的帝國行政管理部門？又或者這不折不扣只是私人的事。如下這個問題有待回答：如果森林真能改變周遭環境，那麼影響範圍離森林邊界有多遠（還有對未來的影響又有多久）？這個牽涉到法律的問題推動了一項森林氣候學的研究計畫。

研究計畫的興起

直到一八七〇年代，只有少數研究森林對氣候影響的科學文獻，而且幾乎完全從軼聞和推測出發。文獻一般都將「森林」一概而論，未能區分不同類型的森林和不同的地理條件。最常被引用的參考文獻可以上溯到一八二〇和三〇年代，其中最著名的首推法國軍官兼業餘博物學家亞歷山大・莫羅・德・約翰內斯（Alexandre Moreau de Jonnès），他根據比較地理學的原理，主張健康氣候所需要的林地不需太多但也不可太少。[37]一八三一年，奧地利瑪麗亞布呂恩林業學院的助理教授戈特利布・馮・佐特爾（Gottlieb von Zötl）指出：森林因能阻擋風勢並吸收陽光，固可降低周圍環境的溫度。[38]佐特爾的主張不斷被他人引用，但各方始終未能統合力量來進行實證檢驗。同樣，為林業學生編寫的「農業氣象學」（agricultural meteorology）教科書往往只對氣象學做出概述，淺白內容旨在方便讀者吸收，幾乎沒能針對與農業相關的現象進行討論。[39]一八五三年，維也納的一份農業報紙上刊出一篇文章，其作者對於這種疏忽有感而發：「為什麼我們在評估一地的氣候時經常做出錯誤的判斷？道理很簡單：因為長期以來，農林業者都沒有對自己觀察到的現象寫下足夠多的紀錄。」[40]一八六九年，朱利葉斯・漢恩在《奧地利氣象學會雜誌》第三卷中談到森林氣候問題時也承認，農民仍然會因提出「森林砍伐是否會改變降雨情況而危及收成」而使氣象學家感到「困窘」。在當時，氣候學家「無法提供明確的解釋來應對這些理論上應能回答的憂懼。」[41]

一八七三年，恩斯特・埃伯瑪耶（Ernst Ebermayer）在巴伐利亞省所做的森林實驗發表了初步結果，這為森林學的研究樹立了新的里程碑。[42]三年後，在一八七六年於布達佩斯舉行的國際統計學大會上，科學家審議了一項各國彼此協調進行的森林—氣候問題研究提案。該建議是由約瑟夫・羅曼・洛倫茲・馮・利本瑙提出的，此人在三年前被任命為維也納新成立之農業部的顧問。在其職業生涯中，洛倫茲於薩爾茨堡、阜姆（Fiume）和維也納所發表的論文中，廣泛探討了有關自然環境的各種文章，涵蓋範圍從上奧地利省的沼地到亞得里亞海沿岸，再到多瑙河谷。他贏得了以「帝國—王國科學家」身分發言的權力，其範圍涵蓋帝國的全部疆域。洛倫茲為國會設計了一項雄心勃勃的、有關農業氣象學的研究計畫，目的在於收集與農業有關的氣象數據。但是誰來負責供應這些數據呢？洛倫茲希望說服他的國際聽眾，該項負擔應該落在氣象機構的肩上。[43] 洛倫茲希望向國際間的同儕請益，承擔農業氣象學和氣候學研究重擔的究竟應是國家的氣象機構抑或者「責任不可避免須由農業部承受」。[44]

洛倫茨曾私下表示，那次在布達佩斯的場合中，大家對他的提議只進行了初步的討論。「在這種會議上所做的相關討論幾乎總是如此，既匆忙而敷衍；大家只設法在排定的時間內完成，因為接下去歡宴即將開始。顯然，這些會議的價值不在於會議做出什麼成就，而在於激盪出的前置階段，畢竟這些準備工作始終具有持久的價值，甚至可能提出意義非凡的建議。」[45] 該次大會還是發表了一項簡短的決議，呼籲各國政府「建立農業氣象觀測站，負責氣象預報、物候觀測並研究毀林和森林復育對於氣候的影響。」[46]

一八七六年「德國林務官員協會」在愛森納赫（Eisenach）舉辦會議，出席者的背景與匈牙利那次與會者多屬統計學背景的情況大不相同。前者對森林—氣候議題充滿好奇，絕對不會像統計學家那樣，由於對該議題缺乏興趣而遭指責。洛倫茲出席該次大會是有備而來的，其目的在於將向來「東拉西扯」的討論內容導向八個科學命題。在這個國際舞台上，洛倫茨引進了有關尺度的策略轉變。「為了正確理解水循環，我們必須認識到，地球及其大氣層其實共享一個大小固定之水的存量，然而，水循環在不同的時、地條件下，其分配情況非常不平均」。接著他又指出，當時現有的研究已經證明，森林對其範圍內的氣候確有影響，但對於「森林是否影響自己範圍以外或近或遠之環境的氣候」這一問題則未下定論。[47]關鍵問題在於該現象的時空尺度，須取決於森林的類型及其地理位置。洛倫茨強調，森林對其周圍環境的任何氣候影響都是動態的，而不像林務官員以前所認定的那樣，假設森林的影響只如下列描述那麼簡單：「站在冰窖上較冷，站在烤爐上較暖，聰明人一聽就懂。」[48]確切地說，我們只能透過氣流穿拂過森林時的偏斜和改變來動態地解釋森林的影響。洛倫茲主張，該問題不僅必須針對區域範圍進行研究，還必須從全球儲水量的角度來分析，而且任何區域的影響都必須與這種全球模式保持一致。他向林官員介紹了一種思考氣候的新方式：以當時正在ZAMG發展的動力氣候學作為切入觀點。

然而，令洛倫茲感到沮喪的是，林務官員並不願意拿那套術語來討論問題。正如一家德國報紙所描述：「然而，相關討論並未朝精確研究的方向發展，主要還是提供無數重複的例子，但這些例子在解決該問題的過程中幾乎沒有用武之地。」[49]在時間緊迫的壓力下，大會只得出如下的結論：與會的林務官員中，能聽懂洛倫茲觀點的人少之又少。洛倫茲唯一取得的收穫只是一項決議：日後需再對該問題進行更深入的討論。氣餒之餘，他寫給同事說道，也許林務官員至少該承認自己抱持的信念「仍然沒有太多確鑿的證據可供參考」。[50]要不是因為洛倫茲的眼光正確，以今天的標準來看，我們忍不住要稱他為氣候懷疑論者，對於明明是真理的東西，還要刹有介事提出質疑。

約瑟夫・韋塞利（Josef Wessely）這位當時已年屆六十的瑪麗亞布呂恩林業學院院長（在任直到一八七五年該校移交給維也納為止）表示，「整個大會就是一場胡言亂語。」他和洛倫茲一樣，職業生涯遍及帝國各地，從南提洛、卡尼奧拉、再到摩拉維亞甚至巴納特，因此有機會累積有關每個地區森林的專業知識。隨著一八六〇年代國家朝向自由主義轉變，韋塞利開始提出擴大奧地利木材出口量的建議。為此，他設法向公眾介紹每片皇室領地上「奧地利木材資源寶庫」的性質和分布情況。根據自己的觀察與計算，韋塞利聲稱，奧地利的森林中「尚有太多未經投資的資本」，何況這些森林「任何時候都可加砍伐而不至損害其永續性。」因此，他認為「砍伐森林會衝擊氣候」的強烈抗議對奧地利的森林產業構成威脅，而且他也對林務官員討論問題時不具科學性的方式失去耐心。正如他私下針對一八七七年林業大會所寫的一份報告所言，林務官員對於「查明真相」不感興趣，只想「以理性判斷的斗篷遮掩其土生土長的偏見」[51]，因此討論往往淪為「癡人說夢」。韋塞利在私下場合會以羞辱性的語言形容他的對手：一個是「騙術大王」，另一個是「臭臉爵士」，再另一個是「職業打手」。他又筆伐另外一個對手，說不知該形容對方是「耶穌會士、迂腐炫學還是舔屁眼的能手」才夠貼切。對於韋塞利來說，顯然沒有人願意閱讀他的建言，因為他們沒人隨身攜帶他寫的小冊子，在辯論中就不可能加以參考。韋塞利感覺到，他與自己所體認的那種反知識氛圍是格格不入的：「我長期以來忍受這些仇視、誹謗、憤怒和打壓，在我看來這些迫害完全是不公不義的。因此，我經常恨不得賞自己幾個耳光，就因為我是個可悲的奧地利人，或者至少因為我沒有動用自己的能力移民國外，畢竟在某些國家中，那些敢於稍微偏離正統路線的人不會像住在祖國（所謂藍色多瑙河畔的樂土）的我受到那麼嚴重的欺凌。」[52]

訴諸公眾

洛倫茲堅持了下來。他在一八七八年出版的《森林、氣候與水》（*Forest, Climate, and Water*）一書中將自己對森林氣候問題的動力學觀點帶給了德語區的公眾。有位美國作家稱這本書為「有關森林影響力最受歡迎的探討，由該領域最傑出的科學研究人員執筆。」[53]該書成為《自然之力：自然科學的大眾圖書館》（*Forces of Nature: A Natural-Scientific Popular Library*）系列中的一冊，不但價格低廉，並於包括女性雜誌在內的地方刊登廣告。在這本容易取得和閱讀的著作中，洛倫茲教讀者根據可能影響氣候的空間尺度來區別環境因素。

他用「修改因子」（Modificatoren）一詞來指稱「造成純太陽氣候顯著改變」的條件。「這些修改因子包含各式各樣。有些如果不算能夠完全改變世界上大部分地區的氣候，那麼至少也能產生明顯影響。其他因素的影響力就只局限在一小片土地，甚至只有範圍非常狹窄的地點。」他認為，只要區別三種尺度的修改因子便足以正確解釋氣候的現象。首先是「全球」因子，例如大陸和海洋的形狀以及主要的洋流。第二類的因子包括地形、山岳形態、日照程度、水文和植被等方面。然而，至關重要的是，洛倫茨觀察到，這些相同的因素也是第三類的構成要件，只是規模要小得多。這全都取決於「判斷者的觀點。對於一個小村莊而言，一塊個別林地，甚至一座花園或是一片耕地都具有特殊的形狀、日照程度、供水和植被分布的情況。」[54] 換句話說，觀察的尺度才具有決定性。

在《森林、氣候與水》的最後一章，洛倫茨談到了動力氣候學對於立法的影響。根據他的體認，有兩個可能出現的極端情況必須避免：一是完全禁止伐木，二是放任自由市場擺布。萬不可將世人劃分為「森林之友」和「森林之敵」兩個陣營。相反，立法者應該遵循干預的原則，但僅在需要捍衛公共財的情況下方才為之：「因此，當務之急在於認識在哪些方面以及在哪些情況下，森林會影響公共財或是特定之傍鄰而居者的利益。」他承認，這種「影響」可能永遠無法確定。但是，倒不難區分兩種狀況，一是就經濟言伐木有其必要，二是伐木避之無妨。藉著估計氣候影響的範圍，我們可以再做進一步的區分，因為「森林的影響範圍具有很大的可變性」。在他看來，鑑於眼前的人口增長率，想遏止中歐農田和放牧草地的總體擴張根本就辦不到。「為保障人類的生存（當然，整個議題的提出正是著眼於人類，而立法的程序也為了他們才動起來），擴大農業和牧業的腹地是必然的趨勢。」[55]這就是洛倫茲立場的精神所在：如果法律的目的在於為公眾利益服務，那麼必須權衡森林保護的好處以及公眾對經濟發展的需求。

不過，要判斷任何個別的情況，少不了要先清楚森林的氣候影響規模。因此，洛倫茲帶領讀者見識「不同程度之影響」的幾個例子，以便思考「在法律上和執法上可以得出的結論」。如果氣流型態（wind pattern）表明，毀林的影響是跨國界的，那麼惟有透過國際機構才能制定有效的法律。鳥類保護運動在這方面即是一個成功的例子。相較之下，如果只是清空一小片林地，那麼這種行為通常是私人層次的。住在該地附近的人以前很幸運可以享受傍鄰而居的好處，但如今他們無法繼續享受了。然而，如果森林砍伐會導致鄰人的土地變得貧瘠，情況就不同了。還有，人們有必要考慮子孫後代的利益以及他們養活自己的權利。因此，需要考慮預期中氣候影響的規模，逐案做出允許或不允許砍伐森林的法律決定。如果不允許砍伐，則應由做為「利害關係方」的行政機構（可能是市、區當局，也可能是皇室領地）向森林主支付補貼。[56]

書評人清楚看到了這一點。走自由主義路線的《新自由報》和《農報》（*Landwirtschaftliche Zeitung*）的作家十分欣賞洛倫茨對「主流」觀點的修正。兩位評論家都稱讚洛倫茲的這本著作，是為「大眾」或「外行」讀者寫書的榜樣。該書教會讀者如何使用科學框架得出自己務實的結論。兩位作家都進一步讚揚洛倫茲藉由對問題規模的現實評估，來駁斥常見的誇大其詞現象。「令人尤其欣喜的是，……該書作者矯正了外界普遍誇大森林砍伐後果的做法，並將其拉到『恰當的程度』（auf ihr richtiges Maß），而且對於那些拿得出證據證明森林對氣候確有影響的案例，作者絲毫沒有否認其重要性。」[57]同樣，《農報》也認為洛倫茨在評估許多起實際作用的「環境因素」（physical factors）上確實是個權威：「任何想以原創的、能適當闡明問題的方式寫出森林、氣候和水之間關係的人，必然曾經仔細觀察過許多自然力量彼此的交互作用，如此方能培養出判斷自然現象的從容能力。到目前為止，能達到這地步的人仍屈指可數。」[58]這段文字表明，洛倫茲之所以成為權威，是因為他能為不同規模的現象定出尺度。

洛倫茲在這次公開辯論中獲致的成就，便是擴大了氣候概念的範圍。十九世紀中葉有關人為因素之氣候變化的理論是依附在區域性的氣候定義之上。氣候被認定是一個區域的特徵，而這個特徵的涵蓋範圍大於在地，但是小於半球。這種對於氣候的解釋使得公眾認定，皆伐（Clear-cutting）*行動應該由帝國層級經手才合情理。一八七〇年代開始對此一籲求進行法律分析，這時，釐清氣候影響的確切範圍就變得十分重要。在這個由多民族組成的國家裡，處於競爭態勢的各層級權威機構開始對大氣現象進行實證研究。同樣，調查這個問題所需的資源也仰賴於這個多民族國家的結構。該調查之所以能夠成形，首先歸功於帝國協調在廣泛多樣之生態系統中進行研究的能力，其次是因為帝國的帝國—王國科學家經過扎實訓練，可以對各區域進行綜合性和比較

* 譯注：將伐區上的林木一次全部伐除或幾乎全部伐除的主伐方式。

性的思考。像洛倫茲·馮·利本瑙這樣的帝國—王國科學家在其職涯中已磨練出以多個尺度分析系統的能力：對於任何特定的觀察規模，都要知道哪些作用力必須精確計算出來，而哪些作用力可被忽略或者求出近似值即可。這就是今天大氣物理學家所謂的「尺度分析」（Scale analysis），而且依然是他們研究工作的重要環節。

波希米亞森林中的仙人掌

到目前為止，我們對於森林—氣候議題進展的了解主要是從公共紀錄中拼湊整理出來的。這些資料包括議會辯論、報紙、會議紀錄以及科學雜誌。如今，我們又在布拉格的一個檔案庫中發現一大批書信，其重要性可以媲美二〇〇九年「氣候門」*（Climategate）醜聞中揭露出來之氣候科學家之間來往的電子郵件。也就是說，這批書信將我們帶往公開辯論的幕後，揭露遭到公開抨擊的科學家所採行的策略。這批文件同時讓我們認清，哈布斯堡王朝尺度策略的另一面：「帝國—王國科學家」的誕生。

這批信件隸屬於一個沒有在任何公共紀錄留下任何痕跡的人。只有最認真讀過國會辯論紀錄的讀者才能認出他的名字。伊曼紐爾·普基尼（見圖三十二）是揚·埃文格里斯塔·普基尼這位生理學家的長子，而後者向來被視為捷克「文化覺醒」（cultural awakening）的創始知識分子之一。那是十九世紀初期的一項運動，旨在推動大眾啟蒙運動、捷克語文的改良以及有關捷克民族歷史、文化和國民生計的學術研究。他的外祖父是柏林一位生理學和解剖學的教授。他在布雷斯勞（Breslau）長大，這也是他父親任職的所在地。到他十九歲那一年，因父親轉往布拉格大學任職，他們才舉家遷往波希米亞。在布雷斯勞的年代，伊曼紐爾·普基尼受到國際觀、人文主義、泛斯拉夫愛國主義的熏陶，而這是他父親在整個職業生涯中持續推動的志業[59]。伊曼紐爾在父親的引導下接受植物生理學家的養

圖三十二：伊曼紐爾·普基尼（Emanuel Purkyně, 1831-1882）。

* 譯注：指二〇〇九年十一月發生在英國東安格里亞大學（University of East Anglia）的氣候研究小組（CRU: Climate Research Unit）遭駭客入侵，以及與溫室效應研究相關的一系列電子郵件和檔案被洩露。

成教育，後來朱利葉斯・薩克斯（Julius Sachs）和拉迪斯拉夫・切拉科夫斯基也加入接受培訓的行列，而他們都是伊曼紐爾父親兩個科學界同事的遺孤。搬到布拉格後，伊曼紐爾被判定人文學科的素養不足，以至於在獲准入讀大學之前，不得不先補修兩年中學高年級的課程。[60]一八五五年，他成為魏斯瓦瑟（Weiswasser，捷克文：Bělá pod Bezdězem）林業學院的自然科學教授。該學院是在多位大地主的倡議下於當年新成立的。[61]這是當時哈布斯堡領地上僅有的四所林業學校之中的一所。其他三所則分別位於下奧地利省、摩拉維亞省和斯洛伐克的中部。普基尼看起來很幸運便覓得教職，然而他在林業學院中就像長在松林中的仙人掌那樣突兀。

普基尼的興趣在植物生理學和地理學，而不是專業林務官員關心的那些事。真正令他著迷的是對植物解剖學的微觀研究，但當局多次要求他調查波希米亞公眾會更感興趣的其他主題。在這方面，他的研究成果對於一八五〇年代捷克植物地理學的蓬勃發展頗有貢獻。他的著作主要以捷克文發表，並刊登在《生活》這本其父親主編的雜誌上。他早期的作品例如包括：研究泥炭沼澤中植被對於一系列複雜環境條件的依賴性，以及有利於某些樹種擴散的條件。[62]他接受波希米亞國家博物館的委託編制了一份波希米亞植物的目錄，此外，他也接受布拉格捷克國家博物館的委託，在長達十多年的時間中調查農業產量為何會出現地區差異的原因。[63]在這項研究的過程中，他開始懷疑當時測量森林地區氣候之技術的可靠性。

為了深入探討這個問題，普基尼於一八五七年開始便開始在波希米亞國家博物館的花園和城市的郊區，進行了世界上第一個系統化的微氣候研究。他在不同高度的地面上以及不同深度的土壤中安置溫度計。如此一來，普基尼率先研究了大氣層最底端的氣候，即最靠近地面的氣候狀況。

正如普基尼所言，「我觀察到，在有限的區域內可以發現彼此相鄰的多種氣候。」[64]身為植物學家和生理學家，普基尼認識到這些測量的重要性：這些都是實現生活可能性的氣候條件。他有效建立了微氣候學此一子領域，這對農業和人類健康都具有至關重要的應用價值，也比德國和俄羅斯研究人員的起步早了幾十年：比埃伯邁耶（Ebermayer）於一八六六年在巴伐利亞開始從事的森林氣象觀測超前，也比沃耶伊科夫和多庫恰耶夫（Dokuchaev）於一八八〇年代開始研究俄羅斯大草原的農業氣候學，以及二十世紀初魯道夫・蓋格（Rudolf Geiger）那些較為人知的成就早很多。[65]

我們大可相信，普基尼遵循其父親在《生活》雜誌創刊號中提出的、將人類尺度加以相對化的建議。他的父親寫道，人類的需求並不是「無限自然」中唯一有意義的衡量標準。這一原則引起年輕的普基尼批評那些不分青紅皂白、只知以人類活動的空間維度進行觀察的人。如果進行測量的時候，只把溫度計放在科學家居住地附近的視線高度之處，那麼所得到的數據是不足以用來衡量氣候的長期穩定性和多變性的。氣候在不同尺度上會表現出不同程度的變異性。

普基尼特別注意到，溫度和降雨的測量值會因暴露在不同的氣流中而受影響，進而發生動態變化。暴露條件取決於自然環境和周遭建築，還有距離地表的高度。如果暴露在較強的風勢中（例如在高聳的山峰或高塔上）可能會大大減少測量到的降水量。例如，普基尼便指出，從布雷斯勞大學一處院子裡雨量計所獲得的降雨測量值，會與從該大學塔樓樓頂所獲得的降雨測量值有巨大的差異。在此基礎上，他認為以布拉格觀測站的降雨測量結果為基礎，然後據此比較森林和城市之間的氣候差異根本是無效的做法，因為布拉格觀測站一帶的強風條件會減少測得的降水量。[66]從這個角度看，普基尼認為眼下收集來的數據根本解決不了森林—氣候問題。他的微氣候學觀點暗示了，截至當時為止的一切所謂「森林增加降雨」的證據都不可靠。

普基尼更發現，氣候現象的時空尺度普遍是相互依存的。通常只有在風勢平靜且氣流很少混合的短時間內才能確定「在地氣候」。長期的平均測量值部分隱藏了其存在。因此，跨時間之氣候變化的測量結果可能會因跨空間的氣候變化而被忽略。為了描述具針對性的氣候變化，普基尼認為有必要建立一個非常密集的、均勻分布在空間中的觀測站網絡，而且觀測儀器還必須安置在離地面一定的高度。當時現有觀測站的網絡疏密受到人口分布因素的影響。永恆不變的定律是：研究人員需要校正小範圍內有關氣候變異的數據，而非單純統整比較在不同高度、不同日照程度、不同風勢的條件下所作的觀察。[67]

同時，普基尼還要求從更大的尺度上分析森林—氣候問題，也就是必須從全球和大陸的決定因素考量區域和在地的氣候。在傳達這種空間觀點，他擁有的利器是他繪製的全球森林覆蓋的大幅地圖。這些地圖可用來證明，降雨首先取決於山脈和水域分布所產生的風型，而非植物覆蓋的情況。

對於同時代人而言，普基尼訴諸視覺效果的表達方式的確比他那些沉重的散文更具吸引力。正如他私下所指出的那樣，「我經常受到敵意的對待，因為我表達出一種與菁英圈子截然相反的觀點。最終只有借助令人驚奇的、主要是地圖和繪畫的視覺表現才多少贏得了些許勝利。」[68]儘管這些資料無法加以複製出版，但他的同事還是費心地加以描述。一八七九年「波希米亞林業協會」（Bohemian Forestry Society）一次會議報告指出：

普基尼展示一幅呈現地球全景的大掛圖，上面用陰影線表示降雨區和降雨量，而森林、草原和沙漠則用不同的顏色表示。他藉這張地圖說明，北方大陸的降雨量如何從海洋向（大陸的）中心遞減，而森林覆蓋率則從沿海向（大陸的）內部遞增……（他）進一步指出（熱帶）信風地區的無雨區域……並證明在產生濕氣的地區降雨反而很少。

接著他又展示了一張北美地圖，說明降雨的分布如何取決於山脈、洋流、海風以及陸風。最後，他拿出幾張氣候「異常」的地圖，指出與長期平均值有所偏差的地方。他解釋說，在像波希米亞這樣的小區域，「想在地圖上清楚標示雲和乾燥風的走向會比較困難」，但即使在這裡，他也可以指出「波希米亞的東部或南部地區經常和北部與西部的情況大不相同，這通常僅取決於某些風的主導及其範圍。」[69]普基尼教導他的聽眾將氣候視為一個動態的力學問題，只能從全球大氣環流的角度進行分析。

普基尼還強調需要擴大分析的時間尺度。他援用歷史文獻與地質觀測資料來證明，波希米亞的降雨模式在過去的一千年中並未發生重大的變化。根據歷史紀錄，波希米亞即使在林木蓊鬱的年代，也曾經歷洪水和乾旱的困擾。簡言之，為了評估森林—氣候問題，有必要「掌握世界各地森林和草原的分布，然後是各別土地的氣候以及氣候局部變化的原因，以便闡明普遍的氣象定律以及這些定律在各個國家中因受山峰、陸地和海洋廣度等因素而產生的變化」，同時還要收集「所有已知的歷史事實。」根據所有這類的證據，普基尼對森林—氣候問題進行了全然獨到的解釋。[70]

他的核心論點是：關於氣候變化的討論隱藏了更廣泛、更根深蒂固的問題。據稱遭受氣候變化影響的地區，實際上通常也陷入全面的社會經濟與生態的危機。在許多案例中，被歸因於氣候變遷的災害其實是「不當選擇了農業專業化的種類以及定居地點，以及由於人口過剩和牛群過多而過度使用現有植被的結果。」[71]普基尼堅信，將造林視為根本解決社會經濟問題的萬能藥是危險的。他以拿破崙三世時期的法國為例：該國在貝克勒爾等科學家的支持下，將造林作為解決社會弊端之一勞永逸的解決方案。公眾被人誤導，以致「希望從大規模的造林中看到未來救贖的曙光，然而，如果不改變人口和經濟結構，這辦法是行不通的，任何真正好轉都只會被一再推遲，而公眾和政府誤以為自己只要坐下來、把雙手放在膝蓋上，事情即可迎刃而解，殊不知手腦並用才是正道。」他甚至指責國家不拿出其他救助辦法（例如修築堤防或將居民遷往較不容易受災的地帶等防範措施）卻只一廂情願迷信森林的威力。普基尼得出如下結論：「因為有因地制宜的必要，造林並非一體適用的決定。」[72]所以，早在一八七〇年代初，普基尼即成為第一位提出需為森林—氣候問題重定尺度之論據的科學家。

波希米亞的逆流

我們至少可以說，普基尼身為一個林業學院的教師，其立場令人驚訝。當年的森林專家一般堅信森林對氣候有益的原則。由於普基尼走上艱困的路，因此在這一科學領域中，他的懷疑論無法帶來什麼回報。在寫給密蘇里州聖路易一位德國移民、植物學家喬治．恩格曼（George Engelmann）的信中，普基尼自稱是經驗主義的烈士：「我無法不對自己誠實。我逆流而上的游泳方式交不到任何朋友，至少十年、二十年間都不會，但到那時為時已晚。」[73]

普基尼私底下將自己的反傳統路線歸因於受到一位「將德國科學帶上民主化道路」的人的影響。這位名為奧托．沃爾格（Otto Volger）的博物學家是個基進的民主人士和德國民族主義者，曾於一八四八年逃到瑞士以逃避迫害。十年後，他成為「自由德國科學、藝術暨公共教育基金會」（Freie Deutsche Hochstift für Wissenschaften, Künste und allgemeine Bildung，簡稱ＦＤＨ）的創始人，而該家總部設於法蘭克福的機構，宗旨在於將自然知識帶給公眾，並防範科學界的分裂。沃爾格將自己形容為約翰・沃爾夫岡・馮・歌德（Johann Wolfgang von Goethe）的門徒，但景仰的不是《少年維特的煩惱》和《浮士德》的歌德，而是《色彩論》（*Farbenlehre*）的歌德。在該書中，歌德化身為大無畏的博物學家，對牛頓色彩理論的堅固堡壘發動圍攻。（普基尼的父親揚・埃文格里斯塔・普基尼也是歌德的死忠仰慕者，同時是「主觀」色彩理論的支持者。）正是出於這種精神，沃爾格買下位於法蘭克福的歌德故居並將其機構搬遷至此。看在對手的眼裡，沃爾格成了一個「愛唱反調的人」：在地質學中，他反對主流的「火成論」（Plutonism）*，也公開挑戰達爾文學說，以「物種恆定論」（fixity of species）與之抗衡。但是對朱利葉斯・漢恩這位仰慕者來說，沃爾格正是科學誠信的典範。[74]

普基尼將德國民族主義者沃爾格視為英雄，這事乍聽之下似乎很諷刺。然而，對於普基尼與沃爾格（以及中歐許多一八四八年的老兵）而言，民族主義對種族問題的關心還比不上對階級問題的關切，其信奉者同時對貴族階級抱持敵視的態度，這才是他們的核心認同。實際上，他們的民族主義更接近我們不妨稱之的「科學國際主義」（scientific internationalism），因為它促進了後拿破崙時代中歐狹窄政治邊界之間的合作。有一次，普基尼寫信給恩格曼時談及一位過世的共同朋友和博物學家：

我們的老朋友雷歐納第（Leonardi）走了。他生前具備我們這時代罕見的特質：他對朋友用心極深，並對與自然有關的一切事情上都力求甚解。他眼裡只有一個自然界，而不在乎行政部門和行會。我很感激他，因為在一八五〇和六〇年我一直與他保持密切聯繫，即使他不能將我轉變為克勞澤（Krause）† 哲學的信徒（因為我對所有哲學都覺得格格不入），但我仍然從他那裡學到很多東西，尤其是他向我介紹了沃爾格。從那時起，我變成了一個全新的人。我了解到，一個人面對任何事情都必須自己去觀察和思考，而單純的學院鑽研對自然科學家而言是無濟於事的。歌德的精神大部分必然仍保留在法蘭克福人的心中，或者說歌德本人正是法蘭克福精神的化身。[75]

---

* 譯注：由蘇格蘭地質學家詹姆斯．赫頓提出的一種地質學理論，認為岩石是由地下熱能所變化而成。

† 譯注：德國哲學家（1781-1832），尋求統一基督教內的有神論教條和泛神論的普遍概念，創立「超泛神論」的理論，認為宇宙是上帝的一部分，但上帝的其他部份超越宇宙。由於克勞澤的著作非常複雜艱澀，在其時代沒有太多追隨者。

普基尼因此將沃爾格和歌德視為精神導師，並服膺他們容納自由思考、熱心公益的自然史傳統。普基尼有幸在一八八一年（也就是他去世前的一年），成為FDH的一員。[76]也許這是他那寂寞晚年的一大安慰。

普基尼在波希米亞還遭遇強大的競爭對手。一八七三年，數學家弗蘭蒂謝克．約瑟夫．斯圖尼奇卡（František Josef Studnička, 1836-1903）在波希米亞幾個最大地主的支持下，開始組織自己的測雨站網絡。斯圖尼奇卡是一位學校教師的兒子，比普基尼小五歲，而且實現了普基尼夢寐以求卻無緣一試的學術生涯。他才三十五歲就已是布拉格大學的數學正教授。普基尼還可能會羨慕斯圖尼奇卡是一位成功的科普作家。他寫出多本有關自然科學及其歷史的著作。普基尼的寫作風格偏向振振有詞的論證，並附帶大量的證據，而斯圖尼奇卡則擅長以詞藻華麗且含蓄內斂的古風撰文。後者習慣強調，自然科學可以增加而非消除自然界的奧妙。[77]

斯圖尼奇卡認為，對捷克的土地進行科學研究可以培養出健康的愛國主義。他顯然認為愛國主義植根於對自然環境的欣賞，這與源自「奴隸制和利己觀」的世界主義形成對比。他還贊同赫爾德（Herder）和拉采爾（Ratzel）等人將「民族和個人的特徵」歸因於「地理因素」的理論。[78]相較之下，普基尼則固執地看重捷克文中所謂的 vlastivěda（德文的 Heimatkunde，即「區域科學」）。因此，比方，普基尼在一八五三年《生活》雜誌第三期中發表一篇有關到塔特拉山脈（Tatras）探險的文章，其中他就指出，捷克人和波蘭人一直讚揚喀爾巴阡山脈無與倫比的美景，而德國遊客則「直指該山脈難以親近、無吸引力、沒有特色、令人不感舒適。」他承認，德國人說得沒錯，「因為最引人入勝的地方並不總位於兩座旅館之間……喀爾巴阡山脈有其獨特魅力，亦有其舒適之處與不便之處。」[79]我們可以得出結論，這兩個人都將自然科學視為民族自我意識和文化進步的載體，但以不同的方式解讀此一理想。此外，從一八七〇年代初期開始，普基尼便嘗試以「國際語言」（Weltsprache）向世界各地的讀者宣揚民族主義的理想。

儘管斯圖尼奇卡認為波希米亞是一個異常肥沃的地區，但他也下結論，該地的氣候正在迅速地惡化。他寫道：「我們得天獨厚，擁有一片好福氣、條件好的土地，因此，除了設法維持這些條件並在有必要且情況允許的情況下加以改善，此外就不需要其他任何東西了。但是，我們絕不容許笨拙的人手令這片土地惡化！」斯圖尼奇卡的作品中，反復出現自然界容易受到人類有意或無意破壞的主題。他寫道：「弱小的人類竟會如此嚴重地干擾自然！」他認為北美砍伐森林造成負面影響，於是據此預測，歐洲不久之後將發生災難性的氣候變化，導致歐洲喪失在全球經濟中的主角地位，並將這片大陸變成「世界上最不宜居的角落」。[80]

儘管斯圖尼奇卡非常依賴區域比較（例如歐洲和北美之間）的方法，但他也認為氣候分析可以一省、一省分開來做。他評估蒐集自網絡的數據，但沒有將鄰近區域一併考慮進去。這種視野與他對於「波希米亞氣候學」的定義相比顯得有些笨拙：「該知識領域在於解釋地球表面上方所發生的現象，涵蓋範圍只要不偏離我國的邊界即可。」[81]這種對氣候學的定義排除了應該一併重視國界以外大氣環流的原則。相較之下，普基尼反而敦促科學家追蹤整個地球表面的大氣現象。

同樣值得注意的是，普基尼和斯圖尼奇卡在氣象學和氣候學是否應由帝國進行中央掌控上持相反的立場。斯圖尼奇卡批評卡爾．克雷爾在一八四〇年代著手的整個集權計畫。他指控因維也納的介入，才使運作中之波希米亞的氣象站數量減少。反之，他臚列出波希米亞幾位大地主的姓名，推崇他們支持省內觀測站網絡擴增的作法。[82]而普基尼則直接向維也納尋求資助。

「打鐵趁熱」

直到一八七〇年代初，普基尼都沒有發表關於森林—氣候問題的文章。一八七二年，波希米亞議會委託他對波希米亞西部嚴重致災的洪水進行調查，最終他在出版的報告中發表簡短評論，否認森林會影響氣候的主流看法。[83]次年，在維也納的世界博覽會上，他展示了一系列呈現八年間氣候測量成果的大幅地圖。[84]隨後，他對遠在聖路易的恩格曼寫道：「氣象研究耗去我大部分時光，其他工作都因之擱置下來。我整理了一八〇〇年至一八〇七年間每一年德國所觀測到的降雨情況……據此證明逐月、逐年的天氣變化以及雨量多寡並非取決於在地因素。」[85]普基尼不只一次向恩格曼抱怨，這項工作沒能給他留下足夠的時間來研究自己真正感興趣的植物生理學。但他不能放棄，「因為這是一個能在立法過程中產生作用的關鍵問題。」[86]

伊曼紐爾・普基尼自從最早發表在父親那本題材廣泛的《生活》雜誌以來，即已磨練出為廣大受過教育之讀者寫作自然科學文章的技巧。正如他不久就會體會到的，在一八七〇年代為德語區專業讀者寫作所需的技能，與在一八五〇年代為捷克語區大眾寫作所需的技能截然不同。在捷克「文化覺醒」運動的背景下，沒有必要具備獨創的研究成果才能證明文章的價值。如果一篇文章能擴大以捷克文來描述更多自然現象的範圍就已足夠。正是由於這個原因，有時有人會將外文作品鬆散地翻譯成捷克文，然後以獨創研究的面貌發表出來。[87]這些文章通常採用迂迴曲折、口語化的形式，並且經常離題，將自然與文化歷史牽扯一起。但是，隨著科學專業化的程度提高，科學界開始期待科學家用德文為專業讀者寫作時的發表內容必須是獨創的研究成果，並且文體要盡可能簡潔。專家們累積越來越多在科學期刊發表的經驗，獨創和簡潔成為判斷科學寫作價值的標準。

普基尼開始呼籲維也納的科學界發表自己有關森林—氣候問題的研究。他從洛倫茨入手，在一份林業學期刊上發表有關對方一本氣候學教科書的書評，藉此博取對方的好感。不久，他要求維也納的熟人去農業部為他說句好話，因為他在林業學院的處境變得越來越難堪了，同時希望他們能夠為他的兒子奧圖卡（Ottokar）覓得一筆獎學金。

這位四面楚歌的植物學家在一八七三年八月收到朱利葉斯・漢恩第一封回信時，必定非常高興。普基尼先前將一份手稿寄給漢恩，並要求對方將其呈給科學院。漢恩的回信一開頭便保證「自己很大部分同意對方的意見」。可以肯定的是，沒有森林覆蓋之土地與有森林覆蓋之土地相比，暴風雨在前者之上傾瀉的雨水並不比在後者要多。但很少有人關注森林對氣候的影響其實取決於地理條件這一事實。另一方面，普基尼試圖用動力學的觀點解釋風暴的起源在漢恩看來意義不大。對於漢恩而言，更重要的一點是，森林—氣候議題往往忽略了森林在調節水位方面的功用。森林難道不是讓土壤吸收雨水，從而有助於防止山洪暴發嗎？第一封回信很可能令普基尼感到鼓舞，然而接下來的幾個月中，漢恩回信的語氣開始流露不耐煩了。他提議：「只要篇幅夠短，我們歡迎您來發表文章。」此後，漢恩寫給普基尼的信越來越簡短。一八七七年，他婉拒為普基尼的一篇作品撰寫推薦文，他再度指出，該作品的內容「不夠緻密、不夠濃縮」。對於像「奧地利氣象學會」雜誌這種只專注報導「氣象學領域新創見」的刊物，漢恩建議普基尼將其言論精簡為一頁的篇幅。[88]

普基尼轉而求助於ZAMG的主任卡爾・耶利內克（Carl Jelinek），希望對方可以幫助他在布拉格謀得教職。耶利內克在一八七四年一月回信表示，在這件事情上，很可惜自己是「最發揮不了影響力的」（einflussloseste）人。由於健康狀況不佳，耶利內克先前已被迫辭去在教育部的職位，更何況教育部也影響不了布拉格理工學院的決定。實際上，聘用權是獨立掌握在波希米亞省議會（Landesausschuss）手裡的。耶利內克後來表示對他的著作感到興趣，但提醒他一個明顯的事實：「我就實話實說，你走的不是主流路線。」[89]

幸好普基尼在約瑟夫・羅曼・洛倫茲・馮・利本瑙和約瑟夫・韋塞利那裡找到較多的合作意願。從一開始，兩個人就向普基尼保證他們願意支持的態度。洛倫茨同意，唯有透過嚴格的實驗研究才能解決森林─氣候問題。所謂的歷史證據大家尚無定論，因為誰也無法確定其產生的條件。韋塞利也支持普基尼的觀點，認為後者對歷史證據的調查，證明了「想要從幾年的氣象紀錄中得出氣候穩定或變化的結論有多荒謬。」[90] 洛倫茲後來宣稱，普基尼的測量結果「要比苦苦翻找老舊的歷史證據更有價值。」不過，洛倫茨也與漢恩一樣，禮貌地提出了一個問題，那就是普基尼忽略了森林對水文的影響，也就是洛倫茨念茲在茲的森林（Wald）、氣候（Klima）和水（Wasser）之間的交互作用。他同意普基尼任位迫切需要進行實驗計畫的看法，同時指望普基尼或能成為波希米亞地區（包括摩拉維亞和西利西亞在內）該領域的「副手」。「在氣候學和土壤科學中有太多疑惑需要解開，以至於需要聘用十名普基尼才夠！但願可以找足這種人才，並能應付這種開銷！」不過，鑑於當時國會對農業部預算的嚴格審議，這種志業一時看來不太可能實現。也許更重要的是，洛倫茨擔心普基尼由於對森林─氣候問題的「堅定」立場，將面臨與嚴重「偏見」的衝突。洛倫茨安慰他道：「我想要新創一個更合適你的職位，這件事我一直放在心上」。根據他的解釋，所謂「更合適的職位」是指安排一份就算不能「適合他的階級」，至少也能讓他在維也納養家活口的工作。洛倫茲再次點燃了希望：「你會發現，森林氣象學很快會在這裡成為一門顯學」。不過，洛倫茨也實話實說，的確有一位「M侯爵」十分厭惡普基尼，因此使該項任務變得不那麼容易達成。儘管如此，洛倫茨還是希望運作的結果能讓陷入困境的博物學家順利扮演「新角色」。[91]

洛倫茲進一步透露，他正在為他們在維也納的立場而戰。那是一個「如火如荼、紛擾不斷的局面」，面對像《保護森林》一書「據說開明」的作者西蒙尼那樣的對手！這場戰鬥與發生在波希米亞的那場沒有兩樣，唯一不同的是前者是口頭交鋒，「因為我現在絕對沒空投入筆伐。」[92]洛倫茲毫無疑問是個大忙人，不過他也十分機靈。他的交際技巧幫助他從省級層次提升到帝國行政的高階地位。他的確發現普基尼的直率令人震驚。人在職場上必須謹慎行事。例如普基尼對埃伯邁耶的批評如果「語氣足夠和善」的話，應該不難被某頂尖的林業雜誌刊登，這是洛倫茲在與該雜誌編輯談話後了解到的。普基尼需要學習遊戲規則：發表文章要看時機、地點以及方法。

韋塞利儘管私底下也習慣以五花八門的罵詞伺候對手，但在公開場合裡，他和洛倫茨一樣，都不願意冒得罪人的風險。正如他在一八七四年對普基尼所說的：「你的抨擊既巧妙又有效，只是措辭令我驚訝。」但是，普基尼必須懂得拿捏分寸，「如此一來，對事實不熟悉的傑出人士才不致認為這場辯論飽含惡意。」韋塞利本人因健康狀況的因素，無法公開露面。但他敦促普基尼盡快把握機會，因為立法當時已著手修訂《森林法》了。韋塞利不止一次地建議他要「趁熱打鐵。」[93]

洛倫茨同意「時機就是一切」。他用自己的職涯來說明這件事。在阜姆時，他在發表研究成果時「太過關注完整性並且引以為傲」，因此多年之間，當人家寧可聘用「成就不及我十分之一的人」當授教也不願考慮他。因此，他對普基尼的建議是：「如果你希望自己的工作獲得認可，就請不要拖延；把你的作品分次出版。」正如洛倫茨解釋的那樣，「分批少量出版你的研究成果，這樣更能對公眾意見產生影響，而篇幅較大、較完整的作品只能引起專業人士的注意。」然而外行人的觀點即「足以」左右「專業人士的命運」。更重要的是：「學術著作」絕對無法影響農業部長的決定。[94]

因此，洛倫茲和韋塞利提出了著作出版的遊戲規則。要在辯論議題炒得火熱的節骨眼上發表高見，但要避免好勇鬥狠的風格。行文簡明扼要，並把細節留在腳注中交代。必要時，使用專欄連載的方法來掩藏真實身分。長篇大論的「專業」文章，報紙永遠不會有興趣刊登。有些林業期刊確實會採用這樣的文章，但是「這些專業期刊沒有任何一種能在公眾之中流通。」通常，為新聞刊物寫作需要更加謹慎。「如果你想完全根據自己的喜好獨立撰文，那你只能寫寫小冊子；如果你想在報刊發表，那麼需要步步為營的地方太多了。」[95]韋塞利坦率地批評了普基尼的手稿，但也懇求對方不要誤解他的動機。普基尼需要打動的那些廣大受眾會期待「較輕爽的」、「較不惹人厭」的筆觸。韋塞利堅信，如果這位波希米亞的林務人員能聽從自己的建議，那麼他的著作「勢必引起轟動」，然而當時他的文章篇幅冗長，填塞各種枝節。最後，普基尼的〈論森林與水的問題〉（*On the Forest and Water Question*）一文還是分九期才刊完，總共占去韋塞利那本雜誌將近三百頁的篇幅。[96]

前述那些建議表明，如將科普寫作視為簡單而機械的「翻譯」行為，那可真大錯特錯了。韋塞利將其描述為一種「概念化」（conceptualizing）的寫作方式，也是一種習慣，需要多年的磨練才行。越常如此筆耕，這套技術就越深刻嵌入「你的血肉」。[97]

韋塞利除了在編輯方面分享自己的經驗，還為處理科學爭端的方式提供了指引。在一八七七年林業會議召開之前，韋塞利寫信給普基尼，讓對方知道「他的主題」已經列入議程。他提議讓普基尼和他的一位對手在會前先進行一場初步的辯論，以便之後能在與會人士之間「點燃火花」。結果，那次事件中碰出的火花演成燎原之火，很快在林業報刊中上失控了。[98]事後，韋塞利寫道：「在那場所謂森林問題的辯論中，你扮演的是我們科學界自由戰士的角色，誰料到事情朝令人遺憾的方向發展……我對他們所採取的戰略深感厭惡，因為既沒有藉此達到他們的目標，更不是一種高尚的手段。」儘管如此，韋塞利還是不準備讓爭端延燒到自家雜誌的頁面上。實際上，他認為「這場仗不能也不應白紙黑字、鉅細靡遺的開展下去。」最好「讓對手隨心所欲地叫囂下去吧，我們只需偶爾發表一篇簡短然意義深遠的文章，但這種文章要緊貼主題，必要時以一種全然專業的方式提及對手，且令他們無言以對才好。」韋塞利雖然引爆一場對抗，但他念茲在茲的都是如何讓自己和自己的雜誌保持不偏倚的專業形象。

普基尼大方地接受這些所有的建議。他樂觀地認為，這些位位居要津的前輩會幫助他，讓外界公平地聽取他的理念。一八七八年，他寫信給在聖路易的朋友的恩格曼，並宣稱自己已獲得農業部的青睞，甚至受邀演講，發表他在維也納的研究成果，一切進展得很順利。他又提到，自己獲得「重要人物諂媚的喝采，但他們當然對我演講的內容一竅不通」，並且連「漢恩博士」都對他讚譽有加，這讓他覺得「彌足珍貴」。更重要的是，「我研究所需要的一切物質資源都有著落」，也許他指的是創立觀測站網絡所獲得的資助。從普基尼的角度來看，關鍵中的關鍵是，現在他可以回頭研究與森林植物學相關的其他主題。洛倫茲甚至承諾，如果這些研究「能為奧地利增添榮光」，那麼將能贏得「最大的認同和宣傳效果」。普基尼眼前似乎已看見真正「奧地利」科學家的職業生涯。[99]

毫無疑問，他在維也納的贊助人對他評價很高，並希望能幫上他的忙。不過，命運愛開玩笑，我們在普基尼的文件中找到一封韋塞利寫的、顯然當初不會希望普基尼看到的信，而這使我們清楚認識到韋塞利對於他的看法。一八七八年五月，普基尼在維也納演講後，韋塞利寫信給一位我們不知收信者是誰的人，稱讚這位波希米亞學者的研究和他的「信譽」。從韋塞利的角度來看，普爾基涅的悲劇性格，在於他無法以德語公眾可以消化的方式將自己的想法訴諸筆墨。韋塞利認為，這是「奧地利真正的不幸」，因為科學專才竟要完全仰仗公眾的肯定。

另一方面，洛倫茨也感到對普基尼負有責任。「自從我們相知較深以來，你對我的信任其實令我感到苦惱，因為我依然無法在為你謀得理想職位這一事上邁出成功的一步，並藉此報答你的信任。」洛倫茲希望實驗林業研究的新計畫能夠提供這樣的機會。但是，他們通信中的友好語氣在一八七五年變調了。普基尼天真地建議以洛倫茲的名字發表他自己的一些想法。洛倫茲以一種容易被理解為遭冒犯或是開玩笑的語氣，聲稱自己無法理解普基尼為何如此建議，然後坦言對方的信令他覺得不舒服。普基尼回信道歉，洛倫茨也接受了。但是幾個月後，洛倫茲透露自己打算針對前述主題寫一些「比較全面」的東西，這時他對普基尼道：「如果我真搶在你前面發表這樣的內容，那會像我在剽竊。」[100]

但他還是率先發表了。洛倫茲的暢銷書《森林、氣候和水》（*Wald, Klima, und Wasser*）於一八七八年問世。其論點與普基涅交給洛倫茲過目的手稿中的論點，以及他在知名度相對不高之波希米亞期刊中發表之文章的論點非常相似。奇怪的是，洛倫茲的書只有一次匆匆提到了他那位在魏斯瓦瑟任教的通信討論人。那段文字出現在第一八四頁，討論的是氣候變化歷史證據的不可靠性，而且不交代對方的姓，只寫名為艾密勒（Emil）（實際上是伊曼紐爾才對）。

洛倫茨和普爾基尼之間的書信往返不久就結束了。三年後，為科學真理奮鬥的五十一歲的普基尼不幸中風。[101]對於普基尼而言，為森林—氣候問題付出心血的部分原因，是希望從中央政府及貴族那裡爭取到一定程度的自主權。早在一八七〇年代，德意志帝國和美國科學家就已將其視為理所當然的獨立形式。他的失敗表明，想要躍居帝國—王國科學家的行列需具備何種條件。普基尼終其一生只能屈居於省的層級。

「公共利益」

普基尼確實在維也納找到了另一個實力雄厚的保護人，儘管看似不太可能。喬治·馮·舍納爾（Georg von Schönerer）初入政壇時是國會中代表下奧地利省的自由派議員。只有在一八八二年投票權擴大之後，他才開始走出自己的明確路線：德國民族主義、反天主教以及基進的反猶太立場。如今，一般認為他是被希特勒視為榜樣的政治家。[102]但誰猜得到他也是氣候的懷疑論者？一八七六年，馮·舍納爾在國會發言，譴責新近在波希米亞森林保護運動所掀起的動亂。他將自己定位為小農的保護者，並支持以他們自認為合適的方式利用土地。他認為，砍伐森林使氣候惡化的理論是一種從未獲證實的「教條」。[103]「前述影響如果真有其事（但至少到目前為止誰也拿不出證據），那程度也是小到若以法律全面限制森林地主從事開發，絕對說不過去。」[104]這位剛嶄露頭角的德國民族主義者仰仗的是哪位科學權威？說來諷刺，那個人的名字與捷克民族主義密不可分。

馮·舍納爾的確對普基尼的研究如此著迷，以至於在波希米亞北部的《利托梅日采日報》（*Leitmeritzer Zeitung*）上發表一篇長文表示希望不要限制森林的開發。然而該地區因持續的乾旱導致民意期待採取反制措施，嚴格禁止開發活動。該報的編輯群在該文後面加注「本報支持從各個角度討論此一重要議題」的字樣。他們收到一封最值得注意的回信來自一位自稱「小農」的人，而且只附上其姓名的首字母縮寫。此人主張，不能胡里胡塗看待乾旱現象，應該訴諸於人民可靠的集體記憶。

> 你靠小片土地上的農產維生。在幾年間持續乾旱的夏天裡，你一定翹首期盼豐沛的降雨，但終究徒勞無功；你必然親眼看過作物如何逐漸枯萎，以致到預定收成的時候只能得到少到不能再少的回報；你必定見識過，自己最看重的那幾棵果樹病懨懨地掛著乾皺的葉子，像在哀悼什麼似的……到了漫長的冬天，穀倉裡幾乎沒有什麼活可以幹，也沒產品可以拿到市場裡賣，這時你才得出「天氣比以前乾得多」的結論。

然後，作者的語氣突然一轉：

> 接著，我們關心的問題自動浮現了：這種情況會不會繼續下去，甚至變得更糟糕？原因是什麼？有沒有補救辦法？我既不是一個科學英雄，也不是一個累積幾百年經歷，可以侃侃而談的瑪土撒拉(Methusalem)*，我只是一個全然平凡的小農。我想將這些問題的解決辦法交給專家去動腦筋，希望這場災難如果還有望化解，那些有擁有豐富農業知識、經常向農民伸出援手的人能幫大家這個忙……

作者在這裡先承認自己的知識不足以解答疑惑。他只觀察到近年來氣候變乾燥了，但是他不確定長期趨勢如何，或是造成這種變化的原因。在這次交流中，我們可以看到定尺度的過程是如何在集體記憶和專家知識之間進行權衡。

洛倫茲一八七八年的《森林、氣候和水》正是受這種沃土的滋養才得以開花結果的。此後，一八七八年起草的《森林法修正案》未能在帝國議會中交付辯論。一八八一年洪災再次引發爭議，弗朗茨．約瑟夫皇帝任命了一個委員會來研議強化帝國《森林法》的可能性。十五名委員當中有五名大學教授（包括愛德華．修斯）、七名大地主、一名律師和兩名公僕，此外，其中計有八位擁有貴族頭銜、四位的家位在遭洪水侵害的土地上、九位來自王朝中主要是斯拉夫人居住的地區，這種人事安排無疑是保守派首相愛德華．馮．塔菲伯爵（Count Eduard von Taaffe）運作的結果。委員們對擬議的法律修正案持批評態度。他們反對將法國採行的措施原封不動地襲用到奧地利。他們還批評該修正案未能將森林管理與防洪基礎設施的考量結合為一部法律。[105]在隨後的議會辯論中，有位發言人特別強調潮流已然改變。這位姓紐邁爾（Neumayr）的男士是來自薩爾茨堡的五十二歲農民。紐邁爾不相信擬議的法律修正案能保護小農的利益，又抨擊它不符民主精神，因為它僅依據專家的建議起草，便授權在未經地主同意的情況下允許在私有土地上造林。他

＊　譯注：根據《希伯來聖經》記載是亞當第七代子孫，是史上最長壽的人，壽命有九六九歲。

建議，至少應徵詢真正具有實際經驗的在地專家。[106]這種分析與普基尼所提出、對於森林保護政策的批判是一致的，而此一批判立場後來又被奧托・鮑爾（Otto Bauer）和沃爾特・希夫（Walter Schiff）等社會主義者所繼承。這些批評家一致認為，嚴格的保護措施只會大大圖利於大地主、林業業主和鐵路公司（後者尤其支持植樹造林，因為這樣可以防止破壞力極強的洪水和坍方）。他們主張，開發森林為多種用途，如此的《森林法》方能最有效地為「公共利益」服務。他們警告，不要讓森林復育當成捷徑，誤以為此舉可解決因社會不平等與忽視環境而引起的問題。[107]

此後，帝國這層級從未通過進一步保護森林的立法。實際上，直到一九七五年，奧地利用的都是一八五二年那部《森林法》。相較之下，造林問題則在下級政府中獲得處理。例如，一八八四年和八五年，提洛省和卡尼奧拉省分別通過將植樹造林作為防洪措施的法律。經過皇室領地議會的頻繁協商後，執行前述措施所需的成本決定由帝國政府、皇室領地當局和在地居民共同負擔，其中在地居民需支付之金額的比例不超過百分之五。[108]這結果不僅代表保護與開發兩派間的妥協，也代表省級自治與帝國監督之間的平衡關係。

結論

這些談判的結果重新定義了森林—氣候問題，將其從帝國立法的問題，轉變為在地行動與國際研究的重點。為了提供研究框架，帝國農業部於一八八六年批准了〈實驗林場的總體組織暨營運計畫〉（*General Organizational and Operational Plan for Experimental Forestry Stations*）。該計畫明定其宗旨為「森林—氣象觀測」。最重要的原則是：

應開始進行或繼續進行觀察，以便填補其他國家在處理該問題時所留下的空白。其中特別牽涉到兩個問題：

（一）「在相同的海拔高度上，沒有森林覆蓋之地表，與有森林覆蓋處之林冠內部和上方的空氣濕度相較如何？」其解答將為「森林對大氣濕度之影響」的問題提供最重要的參考證據。

（二）「森林如何影響周圍環境的氣候？其影響的廣度如何？」當然，這裡不僅要包括（一）中的空氣濕度，還應包括溫度、降雨頻率、降雨量以及風速。[109]

這些問題處於如下日益重要之國際趨勢的尖端：歐洲和北美各國政府已開始承擔責任，調查人類活動對環境所造成的影響（例如河流污染和城市空氣污染）。[110]該提案的作者洛倫茲認為，奧匈帝國由於其邊界內具備的各種氣候條件，該國在森林—氣候問題的實驗研究方面占有獨特地位。[111]他一共設立三個實驗站，分別位於下奧地利省、加利西亞東部靠近俄羅斯邊界附近以及喀爾巴阡地區的丘陵。這項研究證實，森林內部的氣候較潮濕，溫度範圍沒有附近未覆蓋森林的土地那樣極端，然一旦出了森林邊界，森林對氣候的影響即不明顯了。在這項研究的基礎上，洛倫茲的合作夥伴，下奧地利省阿格斯巴赫（Aggsbach）森林學院的院長弗朗茲・埃克特（Franz Eckert）認為森林—氣候問題終於獲得解決。在此之前，森林對於氣候的影響「被嚴重高估了」，而森林保護政策的指導原則通常「無涉氣候因素」。森林不能直接透過輻射或傳導來影響周圍的氣候，只能間接地、動態地（亦即藉由「氣流介導」）加以影響。因此在這方面，有必要區分「來自地表植被的局部氣流與介導這種影響的一般氣流」。[112]在此一分析中，埃克特遵循的是動力氣候學模式與帝國—王國科學界在定尺度方面的實踐。

若從比較的角度來看，奧地利未能通過更嚴格的帝國森林法也就不足為奇了。德意志帝國和美國的研究表明，在此期間的其他地方，由中央政府統一掌控環境監管的工作並非可行的做法。例如，在煙霾污染的案例中，一八四八年普魯士的《減排法》很少付諸執行（就像四年後奧地利通過的《森林法》一樣）。十九世紀大多數的決策者似乎都認為減少煙霾污染的責任應該歸城市而非中央政府。[113]同樣，在河川污染（無論源自家庭還是工業）的情況下，制定法規的工作應由市政當局負責。難怪有些城市故意忽視河川下游廢物收集的問題。負責城市規劃的人解釋，河川本身天然的「自我潔淨」（Selbstreinigung）機制可以消除污染的威脅。然而很少有人會問，到底要離汙染源多遠才能受益於此一機制。[114]

事實上，最早調查河流污染空間分布的研究中，有一項是由維也納大學的衛生學家進行，其中包括恩斯特·布雷齊納（Ernst Brezina）。他是威廉·施密特對於城市氣候學研究的合作夥伴。一九〇三年，布雷齊納從帝國「多瑙河監管委員會」（Danube Regulation Commission）借來一艘獨木舟，然後從維也納出發，航向下游的布拉迪斯拉瓦（又名普雷斯堡（Pressburg）或波茲尼（Pozsony）），沿途觀察並採集水樣。在十到二十公里間，多瑙河運河的污水與河川的淡水混在一起。到了三十一公里處，河川雖仍可見污染的「痕跡」，但「我們很難說那是一般認定的污水，即使在最不理想的情況下也是如此。」[115]這個案例和森林—氣候的議題一樣，哈布斯堡王朝的科學家也強調尺度的重要性，而在其他地方，這個問題似乎尚未受人檢視。

事實上，哈布斯堡王朝的科學家、林業業者、政治家和農民都將森林—氣候議題重新認定為尺度方面的議題：亦即在放寬森林使用限制所獲得的經濟效益，與在收緊森林使用限制所獲得的氣候效益之間進行比較。這是早期環保策略所面臨的典型困境。哈里特·瑞特沃（Harriet Ritvo）在對一八七〇年代英國瑟爾米爾水庫（Thirlmere Reservoir）建設爭議的研究中，記錄了保護和現代化之間的權衡型態。森林—氣候問題的不同之處，在於其環保論點中不確定性的程度。科學界並沒有評估森林砍伐對區域影響之可靠的量化測量（quantitative measures）。事實上，即使直至今天，森林砍伐對區域（而不是全球）氣候影響的問題仍然繼續引發爭論。如今問題的重心偏向回饋機制（feedback mechanisms）的作用。正回饋（Positive feedbacks）意味，即使砍伐部分森林也可能將一個地區推入「氣候將永遠越來越乾燥的狀況」，例如將亞馬遜的部分地區變成乾旱的大草原。另一方面，回饋的發生也可能恢復初始的平衡：已經有人證明，在某些情況下，較小規模的森林砍伐會造成更多降雨、更多植物生長。[116]今天的科學家就像當年的洛倫茲、普基尼以及他們的合作夥伴一樣，都強調需要在多個空間和時間的尺度上進行分析。否則，可能無法將局部氣候之空間和時間的波動，與氣候的漸進變化區分開來。[117]

十九世紀時的人類對自己改變地球氣候的潛力了解多少？法比安・洛薛（Fabien Locher）和讓─巴普提斯特・弗雷所茲（Jean-Baptiste Fressoz）質疑「人類世」思想中隱含假設的正確性：對於人為氣候變化的認識在二十世紀後期才突然出現。[118]然而，在我們將知識的起源回溯到過去的社會之前，我們需要考慮當年現有的證據是否符合他們自己的推理標準。正如本章所示，許多十九世紀氣候學領域的重要專家都認為相關數據有失完整而且模稜兩可。當然，沒有證據可以支持森林砍伐具有不可逆轉或是遍及全球的氣候影響。事實上，也不可能有那樣的證據，因為可用的、具一致性的儀器測量最多只有幾十年的歷史，而且，套句保羅・愛德華茲的話，因為用以「產出全球數據」所必需的基礎設施仍只處於最早期的架構階段罷了。[119]在評判這些十九世紀科學家未能公開反對人為的氣候變化之前，我們應該考慮他們所面臨的困境。根據不可靠的證據就主張加強森林保護？或者讓農村人口有機會發展經濟，讓他們有機會弭平封建制度遺留給中、東歐之嚴重的社會不平等？歷史學家有責任呈現當年科學家所面臨之抉擇的複雜性。

透過重新梳理這場辯論及其對立法結果的影響，我們已能釐清社會縮放尺度的過程。森林—氣候辯論的解決，標誌了氣候作為「公共利益」問題的新概念。正如我們所看到的，奧地利法律包藏一個矛盾：即使它把大氣視為一種無限的（因此不受管制的）資源，仍假設砍伐森林會令周圍的大氣環境惡化。動力氣候學提供了擺脫這種混亂情況的出路。一方面，動力氣候學表明，氣候是一個全球系統，如不參照大環環流，是無法在局部尺度的層面上進行闡釋。另一方面，動力氣候學根據空氣混合的程度，定義了氣候現象局部性的程度。

因此，全球氣候不是一個等待被發現的「實質性事實」（material fact）。若能看清這一點，即有助於認識到，十九世紀後期氣候學所謂的「全球」（global）並非二十一世紀氣候科學認定的「全球」。十九世紀的全球數據是二度空間而非三度空間的，因為那僅限於地球表面，是透過紙筆將第一原理加以添改與理論化之後構建的，而非參考衛星圖像和計算機模擬而來。然而，森林—氣候問題的歷史表明，十九世紀意義上的全球氣候尺度不僅只是一項技術成就；它同樣是專家意見和大眾常識之間折衷協調後的社會產物。更重要的是，全球氣候並不是這個過程的唯一結果。正如本章後半部分所證實的，同樣重要的是，這場辯論中也出現了在地氣候的尺度。

總而言之，我們可以回到佛洛伊德對於排乾沼澤和馴服無意識這兩件事的類比。十九世紀像沼澤排水和森林砍伐等環境變革的經驗，很可能帶有一絲「神祕離奇」（uncanny）的色彩。炎熱的乾旱或者致災的洪水，使弗洛伊德同時代人面對不完全來自自然的力量，而對於這些情況，自然科學既無法預測也無法解釋。對於那些相信自己因掌握了蠻橫的自然，而踏入文明開化境界的人而言，這種無法控制的力量與源自冥界的騷亂並無二致。正如阿米塔夫·戈什在談到今天人為的氣候變化時所寫的那樣，「神祕離奇」比任何其他的字眼都更能「表達如今發生我們周遭之事的怪異性質。」[120]

第十章 植物檔案

歷史學家很少親身經歷過自己筆下的往事。他沒能親眼目睹那些事；相反，他是根據手頭的資料來描述的，無論那是舊抄本和羊皮紙上泛黃的扉頁，抑或煤頁岩中棕色的樹葉化石，還是當今活植物的綠葉。

安東．克納．馮．馬里勞恩（1879）[1]

所有在十九世紀引入，為氣候定尺度的嶄新複雜工具中（目的在於了解與大範圍、長期過程相關之此時此地的天氣），沒有哪個會比植物這種大自然自身的氣候指標更有效了。植物與岩石和化石一樣，都是乘載氣候變化之可見且可觸知的物體。但它又與岩石和化石不同，畢竟後兩者的變化在人類生命的時間尺度上是看不出來的，因此可以說，活植物的功能在於跨界人類歷史和地球歷史的時間尺度。花果是氣候的指標，幾乎同時訴諸人類所有的感官。它們不僅透露出跨越巨大時空差距的氣候關係，而且以科學外行人都能輕鬆掌握的方式呈現。今天，植物學很少出現在我們了解地球氣候歷史的譜系中，因為這些譜系都側重於地質學和大氣化學方面的發現。然而，植物研究在十九世紀後期顯現出獨特的潛力，可以將對於森林—氣候問題的關注，與重建地質年代過去氣候變遷的科學研究聯繫起來。[2]

十九世紀的科學家非常看重植物，將它視為測量氣候的理想工具以及在地氣候對健康益處的線索。我們可以肯定，植物在供人辨讀溫度或氣壓等單一氣象要素方面並沒有多大用處。然而，植物測量的是與生命關係最直接的因素組合。研究人員指出，現今發明出來的測量儀器「都不像像植物那樣受到這些作用的影響」。一七八〇年代，波西米亞博物學家塔道斯·漢克（Thaddäus Haenke）仔細記錄了波希米亞和加利西亞之間山區植物分布的地點。漢克的榜樣啟發了亞歷山大·馮·洪堡德，後者在一七九一年為漢克的書寫了書評，盛讚對方在林奈二名法的基礎上根據植物的類型和生長地點對植物進行分類。在這一點上，洪堡德做出了至關重要的評論，即漢克為世界貢獻了「植物溫度計」（vegetable thermometer）[3]。三十年後，洪堡德開始出版一些精美的剖面地圖，將植物類型與海拔高度對應起來。他把一個人爬山時所看到之植物分布的變化，比擬作一個人從溫帶到極地旅途中所看到之植物分布的變化。這些利用植物來劃分氣候帶的地圖方法使得漢克聲名大噪。博物學家很快就一致同意，「不管走到哪裡，植物都能反映當地的氣候。」[4]

然而，植物與當地氣候的關係過於複雜，無法用儀器來測得嚴密的對應值。正如森林—氣候問題所呈現的那樣，我們不僅要考慮氣候對植物的影響，還要反過來考慮植物對氣候的影響。此外，要將這些影響加以歸納是很不容易的。物候學研究面臨的一大挑戰是：很難確定任何特定植物發生變化的時刻。季節性的反應在每個小小的空間範圍內（甚至從這棵植物到那棵植物）都會不同。那些願意賦與植物「主體性」（subjectivity）的人甚至將前述的反應稱為「個別的」，並認為「作為個體的每一株植物，其性格並不完全相同。」[5]

因此，到十九世紀中葉，博物學家普遍認為，植物是其生長地點的氣候指標。該觀念的新穎之處在於利用植物來估計過去的氣候狀況。當時，地質學家還要再等上幾十年才能達到如下的共識：在史前時代，氣候即曾發生過重大的變化。有些人認為，地球上現今大部分的溫帶地區早年都被厚厚的冰層覆蓋，時間大約長達兩萬年，而一些博物學家也開始將某些熟悉的地景元素，理解為冰河時代的證據。原先被稱為「漂移物」（drift）的東西如今被重新界定為冰河的沉積物，而看似隨地散置的「冰川漂礫」（erratic boulders）據說是以前由冰蓋搬運過來的。不過，哈布斯堡王朝的地質調查排除了冰河時代理論，正如受萊爾（Lyell）影響之大多數英國地質學家的立場。[6]支持冰河理論的人整整花了二十年的時間才讓自己的觀點普遍被人接受。一八七〇年代完成了對於冰河證據的全球調查，其中包括繪製出世界僅剩冰川以及海平面測量的地圖。

在一八五〇年代，對過去氣候的研究仍是一個飽受爭議的學術領域，充斥著詮釋無法統一的問題。要將當前顯然穩定的地球氣候，與假定氣候在相對較近的過去曾發生劇烈變化的理論加以協調，這可不是輕鬆的事。其中部分工作的完成靠的不是物理學或地質學，而是植物學家。這種成就部分是因為在哈布斯堡帝國及其他地區之間，建構起了一個跨越專業和業餘研究人員的網絡。

帝國—王國的植物學家

該網絡由富有遠見的博物學家安東．克納．馮．馬里勞恩（1831-1898）領頭。根據克納的傳記作者、猶太植物藝術家和作家恩斯特．莫里茨．克朗菲爾德（Ernst Moritz Kronfeld）的說法，克納一生的目標在於寫出一部完整的奧匈帝國植物學著作，而他所有的研究都是為了這項事業預做準備。他教導無論是否為科學家的人如何透過植物地理學的視角，觀察哈布斯堡帝國的領土。為此，他在奧地利被譽為「我們的洪堡德」。[7]他繪製出第一張帝國境內的植物區系圖，並為《太子全集》的〈自然科學概述〉卷撰寫了植物學的章節。《多瑙河流域的植物生態》（*Plant Life of the Danube Lands*,1863）激發了新一代哈布斯堡植物學家的靈感，其優雅的散文被摘錄於學校的讀本中。[8]此外，克納引入的、對中歐植物進行分類的術語，在他逝後很長的時間內仍受採用，而且還經常用來指稱整個歐洲大陸的植物。

克納今天偶爾被稱為「植物群落」（plant association）概念的創始人，因此也是植物「社會學」領域的創始人，也是現代生態學的奠基者。在他那個時代，克納在植物育種研究方面的成就使他贏得查爾斯·達爾文的敬佩。後者曾推崇克納關注「各種微小的、顯然不重要的結構細節」，而這些細節共同構成了「目的不一之最美妙的適應」。[9]此外，克納對氣候學的貢獻也很受肯定。值得注意的是，他的兒子福里茨·克納·馮·馬里勞恩與達爾文密切合作，後來成為古氣候學（paleoclimatology）這個新領域的首批專家之一。[10]今天，在氣候建模者努力尋找能將自己的預測生動傳達給普通大眾

圖三十三：安東·克納·馮·馬里勞恩（Anton Kerner von Marilaun, 1831-1898）。朱利葉斯·維克多·伯格（Julius Viktor Berger）繪。

圖三十四：瓦蕭河谷（Wachau Valley），水彩畫。安東．克納（Anton Kerner）繪，約一八五二年。

的方法時，大家更應記住，克納最擅長透過視覺和文學形式來傳播科學。他知道如何滿足當時大眾對植物通俗著作日益增長的需求（這可在《園圃小屋》（*Gartenlaube*）、《植物樂土》（*Bonplandia*）和《植物界》（*Flora*）等德文雜誌紛現的情況中看出來）。克納懂得巧妙運用藝術形象和詩意文字。他還像個民族誌學家，對植物在中歐民間文化中所扮演的角色產生興趣。藉由繪畫和抒情散文，他教導公眾將植被狀況視為氣候變化的指標。

克納出生在下奧地利省的瓦蕭（Wachau）河谷，大約是從匈牙利平原到奧地利阿爾卑斯山的半途上（見圖三十四）。他的父親為有權有勢之舍恩伯恩（Schönborn）家族工作，擔任高級的行政官，因此克納一家人也就住在位於毛騰（Mautern）的舍恩伯恩城堡。這個地方擁有保存完好、豐富的藝術史寶藏。[11]克納的兄弟約瑟夫雖然從事法律的工作，但也對大自然充滿熱愛，並在業餘時間從事植物學的研究。[12]克納在自己早期的一本著作中，將瓦蕭的景觀描述為「一個浪漫的森林山谷，我們在狹窄的空間中可以找到最多樣化的開花植物。」[13]這一份對瓦蕭河谷植被多樣性的迷戀，影響了克納早期的植物學研究。他經常沿著長滿自己熟悉之植物的路徑向西到達阿爾卑斯山的高處，向東到達匈牙利的草原，向南到達亞得里亞海沿岸。終其一生，他始終保持著一種意識，即自己的家鄉位於這些鮮明對比的交界處。[14]

克納遵照其父親的意願，就讀於當時歐洲最頂尖的醫學院—維也納大學醫學院。就讀期間，他與生理學家恩斯特·布魯克（Ernst Brücke）和病理學家卡爾·馮·羅基坦斯基（Karl von Rokitansky）等傑出人物一起研究最新的科學醫學。除了醫學課程，他還選修弗朗茨·昂格的「植物史」課程，這日後對他一定產生很大的影響。到一八五一年，克納向新成立的「維也納動植物學會」報告了自己在植物學研究上的成果。[15]在一八四八年革命後立即著手的這項早期研究中，克納已經開始為他的植物學注入愛國色彩。他在瓦蕭河谷發現了兩種新的蕨類植物，一種以前只在波希米亞和摩拉維亞現蹤，而第二種則原產於義大利阿爾卑斯山區。克納將這些發現視為證明「美麗祖國的植物多麼豐富、多麼取之不盡……的證據。」[16]

另外，一八五五年爆發的霍亂動搖了克納奉獻於醫學事業的初衷，因為面對疫情，醫生似乎束手無策。[17]他的老師昂格此前曾建議他捨醫學而就植物學，現在克納準備遵從這項建議。一八五五年，他通過考試，成為一名高中化學和自然史的教師。他的第一份工作是到奧芬（匈牙利語：Ofen，意即布達，今為布達佩斯市的一部分）一所帝國高中任教。一八六〇年，他接受因斯布魯克大學的招聘，出任該校植物園的主任。兩年後，他與因斯布魯克一位出身名門之醫科學生的姊妹瑪麗亞．埃布納．馮．羅芬斯坦（Maria Ebner von Rofenstein）結婚。他們在一八七八年搬到維也納，以便克納可以就近到帝國植物園擔任主任的工作。弗朗茨．約瑟夫一世皇帝授予他「內廷參事」（Hofrat）的頭銜，並授予他「鐵冠騎士勳章」（Order of the Iron Crown），將他晉封為貴族，並在他去世前兩年授予他「藝術和科學榮譽勳章」（Decoration of Honor for Art and Science）。[18] 克納因職務異動的關係，從維也納到匈牙利再到提洛，然後再回到維也納。他一生的職涯可被視為建構哈布斯堡疆域之植物史的不懈努力。然而，此一職涯也具有不止一次之重新定位的特點，因為他試圖讓植物世界嵌合在帝國民族移徙和文化交流歷史的愛國模型中，但最終以失敗收場。

牧原日漸消失的生機

在匈牙利任職期間，克納警覺到環境正不斷發生變化。鄂圖曼帝國占領地區加劇的森林砍伐，導致該地區容易發生洪水和旱災，而人口增長又進一步使土地及其資源分配顯得緊張。[19] 例如，克納指出，名稱中帶有「樺樹」一詞的地方再也看不到樺樹。「再過半個世紀，牧原上詩情畫意的生機將與早先覆蓋地面的植被一起消失。」[20]特別值得注意的是，他被捲入關於匈牙利沼澤排水對氣候造成之影響的公開辯論中，這比森林—氣候問題席捲奧地利的時間還早十幾年。克納在一八五九年為《維也納日報》（*Wiener Zeitung*）撰寫的一系列文章中，描述了匈牙利土地開墾的歷史，包括他所稱之歐洲歷史上首要的水文計畫：一八四〇年代對多瑙河最大支流蒂薩河（Theiss）的監管，目的在於排乾三百平方英里的濕地。[21]憑藉醫學訓練的背景，克納對這個計畫提出有利於有機物生長之大氣條件的關注。他和同時代大多數的博物學家一樣，認為沼澤類似於森林，都能發揮調節氣候的作用。沼澤能聚集和蒸發水分，因此可以緩和草原環境冷熱之間的突然波動。

他的貢獻是在這場辯論中導入了新的視角，即植物地理學（plant geography）的視野。起初，他承認自己的專業似乎與公眾擔憂的問題相去甚遠。然而，克納發現，奧地利大多數的林務官員對於自然科學一無所知，而且懷抱蔑視態度，而伊曼紐爾．普基尼可能也會贊同克納的看法。[22]在這種情況下，植物地理學能提供「局部植被線」（örtliche Vegetationslinien）這項工具。一八五九年克納在維也納動植物學會發表演講時，就說明了這個術語的含義。[23]「局部植被線」與「主要植被線」（principal vegetation line）相反，後者指的是可以找到某種特定植物的全部區域，而前者標誌的則是在前述那全部區域內，將該種特定植物區分為常見和少見之小範圍的界線。正如克納後來解釋的那樣，他認為局部植被線類似於氣象學所謂的等值線（isolines），且兩者都是為讓氣候狀況分布「生動起來」的技術。[24]

在他試圖理解現代化對匈牙利之影響的過程中，想到應拿此一案例來與帝國疆域中其他的區域進行比較。克納將匈牙利平原森林生長的邊界，拿來和阿爾卑斯山森林生長的上限作對比。他參考取自ZAMG網絡最新的氣象觀測資料後指出，這兩組界線源自於相同的影響：在每一種氣候中，生長季節有限的持續時間。高大的樹木每年至少需要三個月的生長期。在阿爾卑斯山，這些限制是由春秋兩季的夜間霜凍所設定的，而在匈牙利，這些限制則是由夏季乾旱時缺水的高峰期所造成。[25]關鍵點是，森林只能在某些環境條件下生長，並且只有在滿足那些條件的情況下才有可能藉由植樹來改善氣候。因此，克納堅信，隨意植樹造林並不會帶來任何好處。

這一判定等於默認植被和氣候之間存在互動關係。早在一八六〇年代，他就警告，森林砍伐、排干沼澤和其他「人為干預」（Bodenumgestaltungen）造成的損害是不可逆轉的。在損害已然造成的地方，重新造林的做法是徒勞無益的。這種努力只有肆意砍伐森林的危險跡象剛出現時方能使帝國受益。[26]這一論點的核心乃源自克納觀察比較奧地利各種「無森林覆蓋」的景觀後所得到的看法。[27]克納似乎考慮到洪堡德在增加海拔和緯度這兩個條件下比較氣候影響的方法，他也按照從覆雪山峰到「貧瘠荒漠」的順序，排出在奧匈帝國境內發現的七種景觀類型。這些類型都有一個共同點，即它們主要都充當牧場使用。然後，他根據自己八年來個人的觀測結果提出了一張初步的表格，記錄有關帝國「上部樹線」（upper tree line）變化的情況，表明其高度在較北部地區以及較靠海平面的地區都較低。[28]藉由這些方式，克納向德語通俗植物學期刊的讀者介紹新的觀點。首先，他培養讀者看到帝國最不同環境之間的生態的相似之處，也就是說，高山的環境與草原的環境可以呈現相似的難題。更重要的是，環境比較其實隱含著社會意義。匈牙利草原居民與高山農民面臨的困境沒有太大區別。如果說後者應該從農業和技術的發展中獲益，那麼前者亦復如此。但在這兩種情況下，開發都必須以負責任的態度謹慎從事。克納敦促當局採取可以抵消對自然環境所造成之不良後果的措施。這尤其意味匈牙利需發展更好的灌溉系統，而必須在阿爾卑斯山區重新造林。

為了緩解匈牙利排乾沼澤對氣候所產生的影響，他提議建造「貫穿整個平原的灌溉系統，以及收集洪水並儲存至日後乾旱時期再加利用的大型人工蓄水池」，此外再設置「可以在很長一段時間內最大限度地分配偶爾降下之雨水的給水站。」[29]克納承認，匈牙利的灌溉工程需要「投入大量的心力、金錢和時間」，而且做好「大量投資可是很久才有回報」的心理準備。但這項工作的「效益將是持久的」。他敦促讀者考量對子孫後代的好處，並引用了德國詩人伊曼紐爾·蓋貝爾（Emanuel Geibel）的話：「我們所需要的一切都有幸從父輩那裡取得；我們也有責任為後代做好準備。」[30]

他那跨地區、跨世代的觀點隱約點出，這些任務不僅是地方事務，維也納帝國政府在一定程度上也須承擔責任，因為如此宏大的事業，必然要由朝廷統一籌畫。克納認為，哈布斯堡王朝有責任為後世公民保護匈牙利平原的氣候。奧匈帝國是一個「對比鮮明的國家」，「東西南北差異極大」，「因而，在奧地利的疆域內，反差元素之間的競爭態勢幾乎無法避免」。然而，克納堅信，奧地利面對這種態勢其實無須害怕。他反而表示：

> 即使這些對立元素，偶爾因摩擦而燃起火花，那也是一種全然有益的火焰，它使我們的經脈活絡起來，使我們的力量保持清新和鮮活；我們永遠不會讓這火焰失控變成燎原態勢。奧地利是自然歷史必走上的道路。它同時是西部沿海景觀（由於各地區的高度多樣化，奧地利才有幸發展出豐富的文化生活）以及東部野性的、同質的大陸草原景觀之間屹立的堡壘與中介紐帶。[31]

在這段文字裡，年輕的克納不免俗地將「野性的」東方和「文化的」西方之間對比起來，並求方便採用了粗糙的環境決定論。不過，他的植物學研究已經讓他看到了一個更加細微的地理差異。請大家注意他強調東西方在哈布斯堡疆域上碰撞後產生的威力，同時他將其比喻為不同材料之間摩擦後產生的震盪。他也嘗試根據各地對比的活力來說明該國的多樣性。

克納那些年在他的通俗作品中所醞釀的情緒和語氣，似乎超前預告了《太子全集》中的情緒和語氣，然而這種相似性並非巧合。在一八七〇年代，在王儲魯道夫計畫推出該系列著作時，他曾向克納尋求協助。魯道夫打算親自撰寫關於多瑙河氾濫平原和維也納森林的自然史部分。然而，他最精通的是鳥類學而非植物學，所以他寫信給克納，請求對方提供專業的意見。在那次互動中，魯道夫邀請克納為自然史概論卷撰寫植物學一章，題名「奧匈帝國的植物世界」，這是該卷五章中的一章。這是一項十分符合克納雄心壯志的任務。透過對帝國植物群的研究，他嘗試構建起一幅跨越時間和空間之連續性的願景，同時這可以為他保護自然紀念物的呼籲奠定基礎。

儘管「自然紀念物」（Naturdenkmal）的概念尚未流行開來（第二章），但已隱含在克納的著作中了。隨著現代農業和鐵路網的擴張，「現代文明已令匈牙利的牧原生活漸趨式微。」克納認為，帝國—王國科學家的職責一方面在於促進現代化，另一方面在於搶救傳統自然文化景觀留存的東西，「務求以圖像和文字保存這些真實成分的最後殘跡。」在他看來，這些殘跡依然可見，但「如果我們想把至今仍展現在我們眼前的東西記錄下來並傳給後代，那麼我們必須抓緊時間。」[32]

克納的計畫，與同時期由魯道夫．馮．埃特爾伯格於一八五〇年代初期在維也納發起的建築保護運動有很多共同之處。人類活動對植物生態的影響是克納最關注的，而馮．埃特爾伯格則是在面對城市和工業發展的情況下，設法保護奧地利的藝術歷史古蹟。兩人都嘗試教導公眾以對於歷史遺蹟的新認識，看待整個國境內的景觀，無論這遺跡是中世紀教堂飽受風雨侵蝕的石頭，還是老樹那遭歲月摧殘的表皮，它們的審美效果都應該是相似的：表面清晰反映時間的流逝以及生長和衰敗的循環。[33]保護運動將這些自然的或人造的遺跡與散在在哈布斯堡領地上的其他遺跡聯繫起來，讓人聯想到跨越時空的紐帶。

植物會發聲了

一八五五年的某個春天早晨，也就是奧地利鎮壓匈牙利革命的六年後，安東・克納第一次踏上匈牙利草原的牧場。[34]克納感到被草原的景觀「深深吸引」（machtig ergiffen），「看似一望無際平坦的綠色洋面，點綴無數的牧場，間雜孤立的小屋和水井，隨處可見展現相同風采的沼澤和緩慢流動的溪流。」[35]（見圖三十五和彩圖四）克納在布達／奧芬住了五年，他一次又一次下鄉研究這個快速變化的景觀，直到這裡的特徵永遠消失為止。他繪製了地層圖（geological strata），彙編了物候觀測資料，並收集了有關當地農業技術和農民生活方式的民族誌資料。[36]

不過，克納起初對當地居民並無太多認同。他在信中寫道，「我和同伴再度回鄉，重溫了日耳曼式的禮儀和母語德語，大家打從心底高興起來。」[37]他早年的這類描述反映了時人在評論東歐時常見的刻板印象。他對那片土地的「管理不善」（Unwirtschaft）和瓦拉幾亞人的迷信性格表示遺憾。[38]當地為他擔任嚮導的人對大自然漠不關心：「他們確實不覺得有必要將目光投向遠方

圖三十五：匈牙利布爾根蘭（Burgenland）地區的沼澤。安東．克納（Anton Kerner）繪，約一八五五—六〇年。

的景色。羅馬尼亞人只關心如何抄捷徑，對於周遭環境都視而不見。」[39]在克納看來，當地人顯然缺乏審美的能力。

若說草原沒有藝術文化，克納懷疑那是因為草原沒有樹木，而且他還越來越確定，草原過去也一直如此。克納認為森林理所當然是文化創造力的搖籃。在這一點上，他是吾道不孤的。在十九世紀的這個時間點上，德國人、波蘭人、俄羅斯人和立陶宛人都已編造出有關民族起源的神話，將本族的文化根源上溯到某座「年湮代遠」的森林。[40]相較之下，克納驚訝發現草原居民的目光既狹隘又現實。當地人從不曾抬頭凝視遠方。他認為草原居民從不知從遠處眺望風景所產生之細膩的「特別心境」（即里格爾所謂的Stimmung）為何物。

二十四歲、孤獨的克納於是開始寫詩。在〈吾之花〉（*Meine Blumen*）中，他描述自己從維也納帶來並種植在窗台上之阿爾卑斯的花種，並將他的鄉愁寄託其中，同時用醫生敏銳的眼光觀察花兒成長的變化。在〈虎耳草〉（*Saxifrage*）中，他將詩人自己「全無血色的臉」比擬成這種植物的「蒼白薄葉」。人和植物都無法適應「炎熱的牧原」。這股鄉愁應同時被視為浪漫的比喻以及醫學的診斷，而此診斷乃奠基於如下這一悠久的傳統觀念：生物體在心理和生理上都依賴於其原生的氣候。詩人盼望，「只要我們重返故里，葉子變綠，臉頰也變紅潤」，人和植物都能恢復健康。在〈龍膽〉（*Gentiana*，一種生長在歐洲和亞洲低海拔山區草地上的花卉）中，詩人將植物葉子上的水滴想像成思及「站在遙遠故鄉山上的姐妹們」時流下的淚珠。他懇求花兒別再流淚，否則自己也會因同情龍膽這個「最親愛的朋友」而「像孩子一樣」哭泣：「你是我在異地所有朋友中最親近我的一位，我們因在故鄉共同擁有一個甜蜜的家而永不分開。」[41]克納自然而然將鄉愁寄託於植物上，這是因為他體認到「一方水養一方物」的道理。

正如克納後來提到的，植物在詩歌中扮演了各種各樣的角色。植物除了可以充作象徵或是喚起世人對於景觀的「特別心境」，它還可以發揮擬人化的功用，將人類的情感表達出來。[42]這就是旅居匈牙利、年輕的克納將花兒納為詩歌創作重要元素的原因。花兒表達了詩人本身的思鄉情愫。

克納想像自己在與花朵交談，並開始思考植物的聲音實際上聽起來是怎樣的。因此，他在旅居匈牙利的時候，就曾寫過一首談到植物會「說話」的別緻詩歌。文中的主角是一棵在下奧地利很常見，但在匈牙利卻罕有的菩提樹。詩人聽風穿過菩提樹葉間的聲音，也聽自遠方傳來的聲音：「那是來自故鄉甜蜜的故事，來自遙遠地方的悠長故事。我又聽見上方沙沙作響，多麼親切而熟悉的歌聲啊。哦，甘美的音調啊，停頓一下吧，為什麼你要匆促前行！」[43]少有熟悉的人聲相伴，於是克納試著以新的方式傾聽自然。

事實上，克納憑藉豐富想像力讓植物發聲的演練，逐漸改變他對草原的看法。最初，他發現當地的文化對大自然的美麗無動於衷，而藝術和建築中也不見植物的主題。但是克納運用一對詩意之耳，這使他開始適應了草原的聽覺文化，也就是詩作和民歌中蘊含的文化成分。他收集了這些詩歌的文本，甚至嘗試將其翻譯出來。他在之中終於找到植物的主題。原本草原在他看來只是一片不知審美為何物的荒地，但這是因為他不得其門而入。或者說得更確切些，他不知道該把耳朵豎向何方。

在他旅匈五年光陰結束之際，他對草原文化有了新的詮釋。一八六二年，他在德語區最受歡迎的家庭畫報《園圃小屋》上發表他的結論。他問道：在一個沒有高大樹木和長青植被的地方，「想像力可以依附於哪種植物的主題上？」為了回答這個問題，作者仔細研究了當地的視覺藝術和建築，但是徒勞無功。答案其實藏在音樂和詩歌中。在匈牙利的民歌中，植物找到了發聲的管道。

音樂傳譯匈牙利草原的「哀婉」之聲，鐃鈸模仿「灌木叢中秋風的低語」，提琴再現蘆葦中鶯鳥的鳴囀。克納要求他的讀者描繪「蒂薩河蘆葦岸上」的漁民，他們「終日凝望水面，耳邊只有草莖引發憂思的沙沙聲，還有以蘆葦叢為家之水鳥的哀音。」漁民的歌聲「與周圍的大自然完美融合起來」。克納判斷，匈牙利的抒情詩同樣表達了對自然世界的崇敬，其程度不亞於瑞士人對阿爾卑斯山的景仰。他們重新創造了草原景觀給人的「整體印象」〔Totaleindruck，即洪堡德所稱的「形貌」（Physiognomie）〕。他們也謳歌該地大自然的某些特定元素，而其中當然包括玫瑰、鬱金香、丁香和其他從東方傳到匈牙利的觀賞花卉。不過克納更感興趣的是當地引發其詩意關注的本土植物，比如蒺藜（tribulus）和月見草（evening primrose，實際上原產於北美）。這兩種耐寒的開花植物都已適應了牧原的土質和乾燥氣候。更令西歐讀者驚訝的是，長穗醉馬草〔Stipa pennata，又因其纖細的、羽毛狀的白色芒針而得「孤女之髮」（Waisenmädchenhaar）的俗名〕這種被視為低等的草竟在匈牙利的詩歌中大出鋒頭。這是一種在整個歐洲南部、萊茵河以西、南瑞典以北偏遠地區看得到的植物。[44]但克納堅信，這種植物原生於草原地區，即俄羅斯南部和匈牙利，是該地植被「最真實的特徵」，亦是其「地貌景觀」最基本的元素。克納將匈牙利詩歌中長穗醉馬草所扮演的角色，比作阿爾卑斯地區詩歌中的阿爾卑斯玫瑰〔Rhododendron ferrugineum，即「雪玫瑰」（snow-rose）〕。他為了舉例，曾親自將一首匈牙利民歌的開場詩節翻譯成德文。我們將他的譯文再譯成英文，其內容大概是：「我用孤女之髮裝飾我的帽子／我選一名孤女做我妻子／我在廣闊的草原上首度將它摘下／也在村裡找到我的終生伴侶。」和該文章一起出版的是克納的一幅水彩插圖，看得出長穗醉馬草就是牧原植物群落（Pflanzengruppe）的典型成員，而它那在風中飄揚的捲鬚則酷似鬆散的長髮（見圖三十六）。[45]

在旅居匈牙利的時間結束時，克納已經否定自己早先認為「東歐景觀很單調」的觀點。「匈牙利大平原的居民就像瑞士人熱愛阿爾卑斯山那樣熱愛自己的家鄉，同時也知道如何從平原中汲取（abgewinnen）豐富的靈感。他在詩歌中頌讚這種啟發，並將其衍生為圖像和隱喻。一個山區礦工的兒子首次踏上荒涼、一成

圖三十六：長穗醉馬草（Stipa pennata），水彩，安東．克納（Anton Kerner）繪，約一八六〇年。藏在檔案中的水彩原作比印刷出來的複製品更能捕捉到草株外觀那水汪汪的光澤。

不變的平原時，整個人陷入寂寞和孤立。然而，牧原的人卻覺得這種景色令他陶醉不已。」[46]如今他體認到整個歐洲植物的多樣性，而人類文化也知道如何該欣賞它。

多瑙河流域的植物生態

在《多瑙河流域之植物生態》（*Das Pflanzenleben der Donauländer*, 1863）一書中，克納以寓言的手法重現他與匈牙利草原的邂逅。整本書的重心都放在帝國中，克納十分了解但較不受科學界關注的區域。涉及匈牙利的部分共計十一章，至於書中其他部分，四章討論匈牙利與外西凡尼亞邊界的喀爾巴阡山脈，四章著墨於波希米亞南部、摩拉維亞和下奧地利，六章處理阿爾卑斯山區（尤其側重提洛北部）。他在匈牙利部分的開頭強調草原對於來自「西歐」、首度涉足於此的旅人來說一定非常奇怪，他們會「感覺自已被扔進一片全新的天地裡」。克納開始透過文學的載體來表達這種流離的感覺，並描述外地人在大平原上陷入幻覺的的情況。例如，地平線上的微光會令觀察者誤以為遠處矗立著山丘（見圖三十七）。草地也可能看起來像是森林、農舍或城堡。克納十分盡責地給出一個解釋：高溫的土表不均勻地加熱了地面的空氣，以至於空氣波浪狀的運動扭曲了遠處物體的外觀。然而，他才剛澄清了這一點，接著又回頭掉進另一番幻覺和扭曲。他講述了與攔路搶劫的土匪（匈牙利語稱 betyars）相遇的經過，只到後來才表明那是夢中所見，而那些土匪很快也化身變成水精靈了。即使在光天化日之下，除了空氣會扭曲視覺外，草原也可能教人迷失方向。「由於周圍環境單調少有變化，並且找不到任何參考點，我在這裡似乎無法確定方向。嚮導對這地區瞭若指掌的本事令我十分驚訝。」[47]

正如我們在前文交代過的，迷失感的體驗對於定尺度的工作是非常重要的。描述乘坐氣球飛行或在暴風雪與森林中迷路的文字，都提到需要重新定位空間和時間，同時找出衡量距離遠近的新方法。對於來自「西歐」的遊客來說，身處草原正需要這樣的重新定位，因為實際距離並不是它表面上看起來的樣子。為了直接且有力地證明這件事，克納引用了匈牙利民族

圖三十七：匈牙利大平原上的複雜蜃景，保羅・瓦哥（Paul Vago）繪，一八九一年。

主義詩人山多爾．裴多菲（Sándor Petőfi）讚美平原景觀的詩句（他在一八四八至一八四九年的革命戰爭中喪生）。這些詩句在一八四四年寫成並在一八五〇年代開始為匈牙利人所熟知。裴多菲直言，與自己故鄉的牧原相比，喀爾巴阡山脈的景觀儘管名聞遐邇，但是他卻無動於衷。最新的英文譯本如此寫道：

冷峻的喀爾巴阡山脈啊，
我對你浪漫的野松林能有什麼感受？……
我的家和我的天地就在那裡，
在匈牙利大草原，像海面一樣平坦的地方，
當我看到無垠的草原時，
我的靈魂就像掙脫樊籠的鷹那樣自在翱翔。[48]

克納那抒情式的德文翻譯為了強調草原的「無垠」（Unendlichkeit）而將其放在行末的位置。他的觀點是，平原與山頂給人的視野同樣開闊，然其效果不一定是「崇高感」（sublime），也許用里格爾所稱的「特別心境」來形容這種敬意的體驗才更適切（儘管里格爾是在面對高山和海洋的全景時才興起此一感受）。德國和奧地利的作家在挑選可以描繪「祖國」之有利的鳥瞰位置時，常看中下奧地利山丘或是維也納聖斯蒂芬大教堂塔樓的頂部。克納引用裴多菲的詩作以證明，能讓人欣賞帝國開闊景緻的視角不止一個，此外，就像我們在前文已經讀到的，同時代的施蒂弗特和克雷爾也曾提過類似的觀點。另一方面，克納那篇序言的結尾又提供一個比較可以想像的眺望地點：從維也納郊外一座山的頂部俯瞰，可將哈布斯堡領地的「遠近盡收眼底」。此外，裴多菲和克納都不忘提醒讀者，在帝國旅行的人無需從維也納出發也可得到適當的尺度感受。正如裴多菲在〈匈牙利大平原〉中所明確指出，他對草原的熱愛轉而讓他準備也要好好欣賞「巍峨的山脈」，即使山景並不特別令他「內心」激動也一樣。

好物種與壞物種

克納旅居匈牙利的歲月對他理解植物生態多樣性一事上至關重要。正如約瑟夫．胡克（Joseph Hooker）和阿爾弗雷德．羅素．華萊士（Alfred Russell Wallace）在英國所做的研究一樣，克納開始質疑「典型」（typical）物種的概念[49]。他從年輕時代開始研究植物學時就學會收集所謂的「好物種」，意思是可以根據權威的性狀列表而清楚區分彼此的植物，其目的在於為每個物種找到理想的標本，除此之外，其他的樣本皆可棄之不顧。然而，當克納到達匈牙利時，他發現自己不知所措了。「有很長一段時間，我都無法確立自己的方向。幾乎所有植物的外觀多少都發生改變，幾乎所有植物都與我在西部家鄉所認識的典型『好』物種不同。」他接著從尺度縮放的角度來描述此一困境：「如果我拿維也納的標準來衡量匈牙利的植物，那麼他們實際上都要被歸為『壞物種』了。」接著他開了一個玩笑，既揶揄傳統的植物學家，也揶揄「匈牙利人較落後」的刻板印象：「所以現在我置身於一個相當『壞』的社會。」[50]

克納也開始注意到，不同地區的不同物種經常擁有相同的名稱。例如，被稱為「黑松」（Schwarzföhre）的樹實際上可以指三種不同的樹種，一種是在外西凡尼亞和巴納特發現的，另一種在維也納盆地和加利西亞、克羅埃西亞、達爾馬提亞和波士尼亞的部分地區，最後一種則現蹤在波士尼亞和蒙地內哥羅的邊境地區。[51]同樣，被稱為報春花的開花植物，下奧地利之物種的葉子下側只覆蓋極細微的絨毛，而匈牙利的則長著天鵝絨般的灰色毛層，至於外西凡尼亞的物種則出現一層白色的厚毛。因此，克納也開始保存「壞物種」，而非隨便將其丟棄。

如此一來，其足跡所到之處，最終為他提供了可按形態異同順序加以排列的各式標本。因此，彼此相鄰的植物顯然屬於同一物種，但排在最兩端的植物看起來差異就會很大，大到如果它們之間沒有過渡樣本的佐證，他壓根猜不到兩者互有關聯。

這些經歷使克納相信，「我們絕大多數的分類都是人為的、武斷的。在大多數情況下，傳統上被視為明確品類的植物，其中間並無明顯的區別。而且，總體看來，世人尋常理解的、所謂的『物種』根本就不存在。」不過，克納仍然認為物種分類有其重要作用，但是它的定義必須修改。新定義不僅需要考慮形態，還需考慮地理分布的因素。我們在這裡舉一個令人驚訝的例子，以說明哈布斯堡帝國的結構和意識形態在採取激勵科學的措施上，與擁有海外殖民地的帝國多麼不同。當時英國一流的植物學家約瑟夫·胡克堅信，他的母國視角讓他得以看到殖民地收藏家眼中不同之處的共同性。他是傑出的「堆合分類專家」（lumper）。[52]但另一方面，克納主要是個「解析能手」。他認為自己有責任一再釐清，被歸為同一物種的標本應該被視為各不相同，因為它們是在不同的地理區域內發現的。克納本人相信，如果他不曾到奧地利以外的省分工作，他可能永遠培養不出這些洞見。為了解釋這一情況，他虛構了一個有關西歐某國植物學家的故事。那個人名叫「大而化之」（Simplicissimus）的人一向「信賴權威」。「大而化之」決定前往奧地利這個「涵蓋完全不同植被區域、對比極其鮮明的國度」，以研究不同植物區域所呈現的特徵。然而，令他非常失望的是，他發現的盡是「壞物種」，即和他書中所列出的那些典型樣態頗有出入的無用物種。「大而化之」暗想：「好奇怪的植物群，其中許多典型的物種只是壞物種，甚至稱為壞物種都不夠格！」[53]克納本人在赴匈牙利工作前一直是個「大而化之」。據他暗示，正是到那裡後，他才真正學會觀察和欣賞自然界的多樣性。

另一時代的孑遺

在一八六三年出版之「多瑙河流域植物生態」之調查報告的最後幾頁中，克納借用語言學的術語「遺傳關係」（genetic relationship，亦即「歷史關係」（historical relationship））來闡明該報告前面提及之植物型態間的關係。[54]能凸顯這種關係的地點正位於阿爾卑斯山的一處河岸。該地點以其極不穩定的地質歷史而著稱：雪崩和洪水反覆攪動地層，並為植物的生長創造出新的地表。克納對這一過程的說明可能是生態學家後來所稱之「演替」（succession）的最早描述：一種植物的成長等於為後繼植物準備之後需要的壤土。[55]他不僅論斷了這一系列事件，此外還估計該過程所耗費的時間。為此，他採用會在早春短暫開花的杜鵑作為時間尺度的縮放工具。他比較了杜鵑花長到「成株大小所需之巨量腐殖質與其每年短暫的生長時間」。藉由這種方式，他估計出每形成一英尺半厚度的腐殖質，至少需時一千年。杜鵑植株群正位於此一過程的頂點，這讓克納得出如下結論：除非遭受人為或者自然災害的干擾，否則它們會持續存在並且傳播開來。[56]

但它們會傳播到哪裡呢？氣候因素如何劃分阿爾卑斯山的植物地理範圍？在濕度較高之低平地區（可能是降雪較慢融化的陰涼處，或是靠近瀑布奔流的地方），我們可以找到與高海拔地區相似的植物形態。在某些這類的情況下，我們可以假設，種子或整株植物是被溪流沖下到山坡的。然而，當克納遇到遠離高峰之孤立的阿爾卑斯山植物群時，他覺得很難想像那些植物是如何到達那裡的。這些群體似乎正處於「滅絕」的困境中，而他也指出，阿爾卑斯山的大部分植物正「撤向……阿爾卑斯山海拔較高的潮濕地帶。」克納毫不懷疑，所有的這一切都「與溼氣減少有關，歷史上因森林砍伐、沼澤排乾以及無數其他對我們土地原始狀態的侵害而導致溼氣減少」。克納強調人類活動對植物界造成的破壞，對此，他從經驗出發，拿出一種強有力的證據：植被線（vegetation lines）。他強調人、植物和氣候會交互影響，從而推測阿爾卑斯山北部和東部的氣候早年必定較接近「濱海型」。當時的淡水湖較多，「阿爾卑斯山」植物應會覆蓋更多的低平土地。隨著氣候變乾燥而且許多湖泊消失，植被也發生了變化。

從這個角度來看，他所描述的河岸、樹椿和雪玫瑰，都是「洪荒」年代阿爾卑斯山樣貌具體而微的縮影。這是人類尚未親眼目睹這片山區「壯麗輝煌」的景觀前，該處植被「最真實的形象」。「我們任憑想像力馳騁，為這地區漫長的歷史勾勒出一幅圖畫，這是多麼愉快的經驗！我們發現自己被帶回到一片涼爽、多霧的山地。」[57]透過不起眼的植物，克納引領讀者深入一個人類從未目睹的過去。然而，這種時間尺度縮放的壯舉只是一個前奏，只是在龐大帝國土地上的小角落所進行的測試。克納的志向在於講述整個奧匈帝國的歷史，並把花朵當做切入點。

「我們的洪堡德」

克納發現一件諷刺的事：植物學家如此頻繁地用「圖象和文字」來描述遠地的植物群，至於自家後院的植物則留待別人去記錄。[58]基於此一現象，他引用了格里爾．帕澤（Grill parzer）作品《祛魅》（*Entzauberung*,1823）中的一句話：「我的印度位在摩拉維亞。」這句話後來出現在《太子全集》的〈摩拉維亞〉卷中，很可能做為克納那個年代中哈布斯堡科學界的座右銘。正是本著這種鑽研的精神，克納著手探索科學界幾乎還未深入地區，例如喀爾巴阡山脈東部、下奧地利瓦爾德地區（Waldviertel）*以及阿爾卑斯山南麓。他還鼓勵哈布斯堡其他的研究人員探索巴爾幹地區，包括波士尼亞、阿爾巴尼亞、保加利亞和蒙地內哥羅。[59]

這些調查的目的何在？動植物學會十分推崇其實用價值。這些調查或許可以解答「理性化農業在努力滿足當今經濟高度發展之需求的過程中，所提出的一切問題。」[60]因此，植物學調查便與新興的經濟地理學領域及其為哈布斯堡王朝治理所提供的理性基礎連繫起來。

與此同時，哈布斯堡的植物地理學也融入了新的「全國性」（gesamtstaatlich）研究計畫的美學理想。正如我們在前文讀到的，一八五〇年代，將自己貼上「奧地利」標籤的研究學派，其組成的動機乃是對民族主義運動研究計畫的明確挑戰。這種所謂「全國性」的研究不承認民族文化具獨特性和綿遠性的論點，因此全力收集有關哈布斯堡疆域內文化交流以及種族混合的歷史證據。克納最初也為自己那《奧地利植物史》設定此一目標。

為此，他的闡釋旨在盡可能生動捕捉在地的細節。與克納合作過的一位插畫家解釋了他們的操作模式：「我們特別重視這位植物學家關注之『私風景畫』（paysage intime）†的呈現，所以必須適當調整觀者的立足點，以及圖像的邊界或其內容。」[61]「私風景畫」是十九世紀法國體現自然主義、去浪漫化之鄉村景觀的理想。在克納的作品中，該術語指的是他在許多插圖中所採用之不同尋常的特寫視角，其中由最小的植物占據中心的位置（見圖三十五和彩圖四）。事實上，克納認為，最小的植物由於擴散的速度快，往往是景觀中最重要的一員。[62]他對奧匈帝國植物生態的概觀常從無數的私景觀中浮現出來。

克納明確地將他的歷史探究比作一個人「好奇」觀覽政治地圖時的心態，因為後者可能想知道今天「政治的和國家的邊界」是如何形成的。[63]就像民族誌領域中的馮．切爾尼格以及藝術史領域中的馮．艾特爾伯格那樣，克納於一八五〇年代也著手從融合（mixing）和交流（exchange）的歷史角度解釋整個帝國植物的多樣性。然而，那些植物說的似乎是不同的故事。

---

* 譯注：位於下奧地利省西北部，南面以多瑙河為界，西南面是上奧地利州，西北面和北面是捷克。

† 譯注：法文原意為「熟悉的風景」，是一種描繪素樸、簡單風景的繪畫風格，出現於十九世紀中葉，為印象派風格的前身。這種風格是法國藝術家團體巴比松畫派的特色，畫面不傳達任何歷史或宗教內容，只是從藝術家眼中相當簡單之對於自然的摘要，有時帶有輕微的浪漫色彩。

植物移徙

一八六〇年，克納離開匈牙利前往因斯布魯克大學擔任新的職務，此時他已經擬定出一項雄心勃勃的研究計畫，也就是為植物地理學添加一條時間軸。克納曾經將植物地理學定義為研究植物物種分布的空間界線，以及解釋形成這些界線之在地的土壤和氣候條件。不過，他的下一句話卻透露出他從地理學到植物史的非凡躍昇：「就像植被線的位移那樣，特定物種朝某方向或另一方向的擴散，以及其他物種在歷史時期中的滅絕和分布範圍的縮減也都同樣受到觀察，從而刺激了植物移徙年代的研究。」[64]這種從空間面到時間面的轉變，對克納同時代的人來說絕不是容易理解的事。說來奇怪，歷史學家經常忽略克納在這方面的傑出表現，反而站在克納同時代人（比如奧古斯特．格里瑟巴赫（August Grisebach）這位否認氣候變化之可能性，且知名度較高的植物地理學家）的立場一起品論他。[65]我們顯然需要先了解克納如何以及為何要打破格里瑟巴赫的觀念。

克納時代的植物地理學家儘管很少考慮研究對象的時間尺度，但仍十分重視自己所選擇的空間尺度。在多不勝數之業餘研究人員和低薪匠師的協助下，他們不斷繪製出越來越精細的植物地圖。在尼爾斯．格特勒（Nils Güttler）所稱之「放大檢視」（zooming in）的過程中，這些新的呈現方式將十九世紀初洪堡德的植物地理學轉化為十九世紀末的植物植物生態學。放大檢視可以根據地理條件來解釋植物分布的空間模式，這比洪堡德時代整體概括的觀點（例如「熱帶的」或是「高山的」）更加具體。因此，放大檢視可以實現生態觀點，亦即精確理解生命所需要的環境條件。[66]

然而，克納率先證明「放大檢視」的另一個重大影響：它為以歷史視角探究植物生命的方法鋪平了道路。關於植物因應不斷變化的環境而移徙的問題，只有植被在地圖上被精確地加以標示的情況下，一些異常的分布現象〔如形狀奇特的樹線（tree lines）〕才能清楚呈現出來。用克納的話來說，樹線會隨著氣候在時間軸上的變化而「擺動」。

克納認為他老師弗朗茨・昂格和英國博物學家愛德華・福布斯是植物史領域的開路先鋒。克納在思考前述兩人的研究成果後才開始構思自己的研究計畫。昂格在一八三〇年轉向地球史的研究，可能是因為他有機會檢視一批從煤礦中出土的植物化石。[67]結果他了解到，現今植物的分布不能僅靠當今的外力加以解釋。昂格雖相信進化論，但他不相信「蛻變」（transmutation）是環境直接作用的結果。他反而更欣賞具理想主義色彩的「構成本能」（Bildungstrieb）理論，也就是一種從舊物種中造出新物種的萬有驅力。此一驅力能將地球從此一個有機生命地階段，推入下一階段，好比植物界是一個單一、持續發展的有機體。他認為，在地球的歷史進程中，地球的氣候是逐漸變冷的，這解釋了在遙遠的過去為何具有「熱帶」特徵的植物其出現的頻率會比較高。昂格將植物史前史的研究比作植物地理學的研究[68]。不過，當他採用時間分析軸時，便脫離了空間分析軸。他在沒有考慮到地理差異的情況下，描述過去的氣候條件和以及植被特徵。此外，昂格還有一點與克納不同，因為前者認為，除了一些來自宇宙的變動以及人類某些活動所導致的惡化影響，當時的地球氣候基本上是個穩定的因素。因此，大自然的變化和人類的干預可能引起植物群暫時的擴張或縮減，但不至於造成永久的變化。他相信，決定未來進化過程的將不會是環境條件，而是內建於自然、追求完美的趨勢。[69]

一八五一年，昂格出版了《原始世界不同的形成時期》（*The Primeval World in Its Different Periods of Formation*）。他在書中利用發人思古幽情的筆觸和精美的插圖勾勒出那一去不復返的世界。他說，自己僅僅想「提出一種可能性」，目標在於「喚醒受過人文教育的人的興趣，讓他們注意那些長期被忽略的遠古年代，並使他們將現在視為此偉大過去所延續下來的結果。」[70]當年的文化氛圍仍處於受一八四八革命影響的動盪中，這裡沒有足夠的篇幅可以詳述昂格的假設所引發的震驚反應[71]。比較適切的作法是談談克納從那些假設中汲取的靈感。儘管克納與昂格的理想主義分道揚鑣，但他與恩師的動機依舊相同，就是將源自經驗的觀察綜合成一部生動的（雖然推測的成分很高）、通俗易懂之植物界的歷史。

同樣激發克納靈感的還有愛德華．福布斯（Edward Forbes, 1815-1854）的著作。後者是一位來自曼島（Isle of Man）*、普受敬重的地質學家和博物學家。福布斯曾嘗試解釋令克納筆下那位「大而化之」感到困惑的同一現象：為何在相似條件下生長但地理空間彼此相距甚遠的植物物種，會產生形貌相似但又不完全相同的現象？例如不列顛群島高地出現「斯堪的那維亞」的植物或是愛爾蘭西部出現「西班牙」的植物。[72]福布斯將英國植物群的分布情況歸因於從歐洲其他地方移徙而來的條件。他認為那些植物的種子並非由氣流或洋流攜帶的。福布斯服膺於萊爾的理論，提出英國曾由在大陸隆起時期形成的陸橋系統與歐洲大陸相連。在那個年代，外來植物和動物因此得以進入不列顛群島定居繁衍。後來陸地下沉，不斷變化的條件導致較老物種的「退場」，被「較適合溫和氣候的物種取代。」[73]因此，福布斯堅信，物種不是由神一次到位創造出來的，而是在不同地點、在地球史不同的時間點產生。

福布斯在他職涯的巔峰時期去世，享年三十九歲。接下來的十年，他的著作受到哥廷根植物學家奧古斯特．格里斯巴赫（August Grisebach）的批評。格里斯巴赫與福布斯一樣，相信有「多重創造中心」的原則，但他從這一原則中得出完全不同的結論。如果每個物種都是針對其特定的環境而設計，那麼則無需借助於移徙和環境變化的理論來解釋植物的空間分布。格里斯巴赫並非孤立無援，這一時期「多重創造中心」之理論的盛行也許足以解釋，何以許多歐洲博物學家對於探究「物種的空間分布會隨時間的推移而改變」的現象缺乏興趣。[74]

＊譯注：地處於英格蘭和愛爾蘭的海上，是英國王室的屬地。

格里斯巴赫甚至指責福布斯偽造證據，安東・克納見狀挺身為其辯護。本章一開頭的引語即出自該篇辯護文章。克納認為，福布斯在拼湊植物史的過程中，就像任何一位歷史學家那樣行事。在為福布斯辯護之餘，克納最後也陳述了自己那結合理論與實驗方法的研究計畫。他會藉收集植物最早分布的歷史和地質證據，以及實驗研究來評估有關其傳播機制的假設。

網絡日益壯大

第一步是建立起一個觀察者的網絡，因為只有在各方密切合作的基礎上，才有可能繪製出一貫的植物分布圖。卡爾・弗里奇的物候網絡為他提供一個基礎，而克納的私人關係亦復如此。在對卡尼奧拉進行植物學的調查過程中，他與後來成為奧地利氣象學會主席的約瑟夫・洛倫茲建立起了友誼（第九章）。[75]他還主動與整個中歐和南歐較無名氣的博物學家進行交流。與他通訊的一位塞爾維亞專家在一八六五年回信說道，他「欣然接受」克納邀他參與植物學交流的「友好舉措」。克納的科普著作也有助於擴大他的人脈網絡，這點從後來成為採集者的粉絲們寫給他的信中可以明顯看出。[76]

一八七一年，克納說服《奧地利植物學雜誌》（*Österreichische Botanische Zeitschrift*）的編輯在該雜誌上增加一個名為「植物移徙歷史」的新專欄。正如克納解釋的那樣，他經常從某種植物「最近才開始冒出」的地區收到該種植物的標本。標本採集者通常會附上有關某種植物分布歷史的注解，但很少有人認為這些細節值得發表。單獨來看，這類的觀察似乎沒什麼大的價值，但如果積少成多並「從綜合歸納的角度加以解釋」，它們就可能提供巨量的訊息。[77]克納敘述了研究過的一個例子。前一年的夏天，他從上奧地利省的一位莊園主那裡收到了一件雛菊和向日葵近親金光菊（Rudbeckia laciniata）的標本。對方告訴他，這種起先只種在磨坊和鐵工廠附屬花園中的花，那一陣子卻在多瑙河支流艾斯特（Aist）河沿岸地帶迅速增長起來。克納決定著手調查。這項工作包括查閱十七世紀和十八世紀初的「多種」善本以及數十篇十九世紀的文章。他勾勒出金光菊傳播的途徑：十七世紀從北美原鄉被引入歐洲，先是種在巴黎和荷比盧等地的花園中，最終「移徙」出花園，擴散到各地河岸。透過這種方式，該物種在歐洲便「在地化」（eingebürgert）了。令他驚訝的是，直到十九世紀中葉，沒有任何人提及金光菊變成野生植物的事，然後突然之間，這類的報告大量湧現。克納無法確定，這種植物究竟何時何地首次從花園向外擴散。但明顯的是，該物種在過去二、三十年內才被野化，而且只發生在有利其生長的環境中。

因此，克納的植物地理網絡與早期的網絡有著微妙但又顯著的差異。在追查植物跨空間變化的任務中，他又添加了跨時間的觀察。他講述某些植物和植物群如何「從一地移徙到另一地、開疆拓土」的故事。值得玩味的是，它們遇到無法「克服」的「氣候壁壘」，從而出現了「新的植被線與海拔上限」。同樣令人好奇的是「未參與移徙行動」的種物，那些可能被「趕回原地」而且現在可能「逐漸消亡」的植物。[78]

克納因此著手收集帝國境內有關植物遷徙、進化和滅絕的歷史證據。克納後來被任命為維也納大學植物學教授兼該大學植物園（一七五四年由瑪麗亞・特雷莎女皇下旨創立）的園長，這個計畫進一步被注入新的動力。克納為植物園樹立新的經營模式。他深信現代植物園必須同時為實驗研究和公眾教育服務，於是將植物園劃分為不同用途的空間。新的溫室可供實驗之用，植物園的一部分與公眾自由進出的地方區隔，保留給研究和大學教學等用途。公共區域則分為三個部分：藥用和經濟用途、分類學（systematics）和地理起源。最後一個區塊是設計中最具創意的部分，後來常被其他的植物園模仿。[79]訪客可以在這裡探索來自世界各地的典型植物群，展示包括日本、中國、伊朗、喜馬拉雅山、西伯利亞、南非好望角、澳大利亞和墨西哥在內的植物。該區域還向訪客介紹了克納為了凸顯奧匈帝國植物群的特徵而劃出的地理分區。

與此同時，克納開始著手建立一個展示所有奧匈帝國植物的綜合標本館。每件樣本都根據識別特徵、別名以及採集地點的地理條件等等資料加以標注。克納與來自帝國全境其他二十九位植物學家一起分擔編輯工作，並仰賴他的網絡中大約一五〇名成員定期彙送的報告。[80]一八八一年，克納製作了《奧匈帝國乾燥植物集》（*Flora exsiccata Austro-Hungarica*）的第一冊，並寄往世界各地的植物園以交換對方的目錄。

克納改造植物園的舉措以及建立起標本收集網絡，旨在兼顧公眾教育與研究工作。正如他在一八八六年對《新自由報》所談及的那樣，推出《奧匈帝國乾燥植物集》的目的在於「盡可能喚醒並鼓勵祖國公眾對植物種類地理學（floristics）的興趣，並將集體研究的成果分享給最多的人。」《新自由報》的報導強調，前述的網絡是跨越民族和階級鴻溝的。這篇文章指出，說到緩和民族之間緊張局勢這一方面，克納的計畫遠比馮·塔菲（von Taaffe）首相的保守政府要成功得多：

為了讓這個多頭的有機體發揮功效，讓它的能量不致分散，並讓訊息被適當且及時地加以應用，有必要創立一個統一的、精心設計過的組織。……合作的對象應廣泛分布在帝國的所有區塊，其中包含盡可能多樣化的民族、信仰和階級。在這裡，日耳曼人與捷克人、波蘭人、魯塞尼亞人、馬扎爾人、克羅西亞人和義大利人攜手參與和平的科學活動。在政治上，馮·塔菲伯爵遲遲無法實現帝國各民族的和解，但在這個科學領域裡，此一和解已經具體而微地實現了。我們可從這個角度考察合作夥伴的社會地位是多麼地多樣化。當然，學者和神職人員構成其中最大的群體：前一類計二十七位，從大學教授到鄉村老師都有，後一類計十三位，從紅衣主教、提洛阿省爾卑斯山或外西凡尼亞偏僻山谷的基層牧師牧師都有。除此之外還包括五名醫生、八名各類型的公僕、三名藥劑師、三名學生和五名普通公民。[81]

在其他大都市博物學家都漠視「在地」標本採集者這一角色的年代裡，[82]克納和崇拜他的人都十分看重哈布斯堡植物地理學界的合作精神。他的植物遷徙史是為超民族國家之意識形態所量身定制的計畫。

克納的網絡連結了地理空間上彼此相距遙遠的觀察者。比較不那麼明顯的是，它還將這些觀察者與過去和未來的觀察者串聯起來。該網絡的任務亦在重新發現隱藏在歷史資料中的觀察結果，並為後代保留觀察到的新結果。克納體悟到自然史需要建立在知識的連貫性上，他甚至在私人生活中也優先考慮這個目標。他不但對科學界的先驅懷著深深敬意，同時也關注應該培養接棒的人。他的兒子、女兒和女婿都在晚年協助他完成巨著《植物生態》（*Das Pflanzenleben*）的撰寫工作。他的兒子弗里茨・克納・馮・馬里勞恩延續其父親的氣候學研究。同樣，克納以前的學生、後來成為他女婿的理查・韋特斯坦（Richard Wettstein）也接替擔任維也納大學植物學教授的職務，並經常以各種方式表達對他的敬意。

在克納看來，科學合作無論是跨越民族還是世代，似乎都需要一定的德性胸襟。在這方面，他贊同帝國—王國動植物學會第一任主席、植物學家愛德華・芬茲（Eduard Fenzl）的觀念。芬茲敦促他的同事克制自己的私心，懂得欣賞哈布斯堡某些研究人員同事看似「狹隘」的興趣。成為一名帝國—王國的科學家科學家，意味著個人要從更寬廣的地理範圍和更悠長之知識歷史的角度，重新調整他對在地專業認知的意義。克納堅信，無論是專業人士還是業餘愛好者，無論是附近在地或是世界各地的標本採集人，大家對植物學的任何一點貢獻都可能是很有價值的。關鍵是要學會在新尺度上進行思考：

在當今堅持勞力分工原則的時代裡，每個研究人員似乎只能沿著一條極其狹窄的道路前進，這幾乎已成為一條規則。然而，狹隘往往導致狂妄。因此，同時代其他人各自走的不同道路常常會被我們倨傲地低估。同樣，由於我們傾向對當前科學成果的正確性過度自信，以至於認為早期的研究幾乎沒有價值。[83]

克納在這裡描述的是一個社會在尺度縮放上的過程。為了防範「狹隘」（Einseitigkeit）和「妄自尊大」（Selbstuberhebung）產生，研究人員必須與受人尊敬的合作者保持聯繫，重新調整對空間或時間距離遙遠之事物的評斷。

植物界的棄兒

一八五〇年代和六〇年代，年輕的克納在匈牙利和卡尼奧拉旅行的途中，特別關注他所謂的「棄兒」（Findlinge）現象。這些是遠離主要種群核心地帶的孤立植物群落，例如在卡尼奧拉低海拔海岸山脈發現的阿爾卑斯玫瑰和火絨草（edelweiss）等高海拔地區的花卉，或者生長在匈牙利的無花果樹、鬱金香和芍藥等地中海地區的特有植物。當年，這種異常現象的歷史因素似乎不言自明。這些植物孤島一定是因人類的移動和交流（再加上風、水和動物遷徙的助長）導致種子散播所造成的。

例如，請參考克納對自己家鄉瓦蕭河谷地區開花植物分布的描繪（見圖三十八）。在克納於一八六〇年代引入（但後來以其他詞彙取代）的地理術語中，瓦蕭是三個不同地理區域的交集：赫奇尼亞型（herzynisch）、潘諾尼亞型（pannonisch）和阿爾卑斯型（alpin）。赫奇尼亞指的是中歐的森林地帶，潘諾尼亞指的是歐洲中東部和東南部。他用這些古代地名，輕而易舉避免提及他那個時代的任何政治邊界。基於這個原因，瓦蕭成為一個特別引人注意的田野地點：

當你穿越山谷時，許多涼爽陰涼處的植被讓人想起阿爾卑斯山山麓谷地中的植物群。再往前走，赫奇尼亞地區的植物群則讓你想起波希米亞—摩拉維亞山上那片松樹和雲杉的乾燥沙林。如果再往前走，你也許還會發現從黃土階地飄下的「孤女之髮」，或者在一些白橡樹（white oaks）和土耳其橡樹（turkey oaks）周圍的灌木叢中看到潘諾尼亞植物界的一分子，讓你不禁想起遙遠的匈牙利平原。因此，我們可以得出如下的結論：就植物地理學而言，我們發現自己處於一片非常值得注意的土地上，因為中歐的三大植物區正好匯聚於此。[84]

這種了不起的多樣性究竟是什麼因素造成的？克納求助於歷史證據以便從中找出部分答案。在人類歷史的進程中，潘諾尼亞型的植物似乎已經向西移徙了。由於當地河川都向東流，潘諾尼亞型植物的種子不可能靠水從匈牙利向西帶來。人類的貿易交流才是主因。

然而，人類的貿易交流並不能完全解釋目前植物的分布狀況。克納發現其他一些東方的

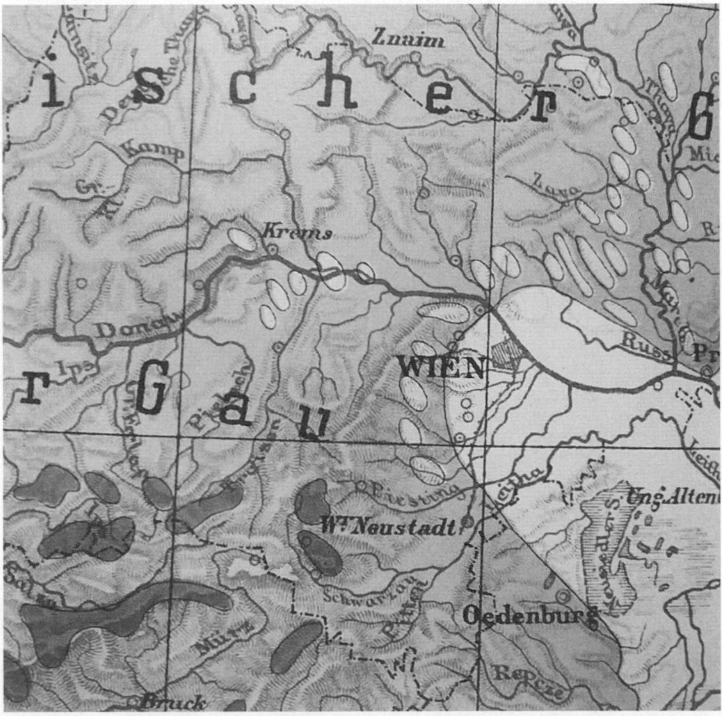

圖三十八：《奧匈帝國植物地圖》（*Floral Map of Austria-Hungary*, 1888）瓦薾河谷的細節，安東．克納．馮．馬里勞恩（Anton Kerner von Marilaun）。該圖顯示波羅的海植物群與黑海植物群之間的邊界，而高海拔地區則為阿爾卑斯植物群。

物種是新近才落腳瓦蕭河谷，況且也沒觀察到由西方向東遷徙至此的物種，因此這些新來的物種不太可能是「東、西方」之間活絡來往的結果。在一八六〇年代克納手稿的注記中，我們看到他對瓦蕭植物分布的觀察。他開始懷疑氣候變化的影響。由於他存有森林會對氣候產生影響的定見，因而提出「森林砍伐正在將瓦蕭的氣候推向『大陸性』」的論點，亦即推向濕度較低而且冷熱更為極端的氣候。[85]克納認為自己正在追蹤歐洲「東、西方」之間一條不斷變遷的邊界。在點上，他仍然依靠粗略的文化地理學作為植物地理學的參考座標。他猜測這條悄悄移動的線，最終會在阿爾卑斯山腳下止步：「正如阿爾卑斯山曾經作為歐洲東西方諸國之間的界線，如今它變成了東歐植被的西邊界牆。」

進入一八六〇年代後，克納認為植物就像人類的殖民者一樣，懂得積極利用對其有利的氣候和土壤。他像達爾文一樣，強調「個別有機體的移徙能力。」[86]因此，例如在克納看來，生長在匈牙利的地中海型植物是對鄂圖曼帝國征服史之鮮活的回憶。當莫里茨·瓦格納（Moritz Wagner）在一八六八年提出類似的觀念時，克納是最捧場的讀者。瓦格納主張，移徙和孤立是激發物種形成的關鍵因素。如果沒有防止雜交的實體障礙，雜交種將在後繼的世代中恢復祖先物種的特徵。[87]雖然瓦格納很快被進化論的捍衛者壓倒，但克納還是在一八七一年發表的文章〈雜交種能成為物種？〉中探討對方的想法。[88]然而，克納此時已經著手進行一系列了不起的實驗，以檢驗移徙因素在物種形成中所扮演的角色。

抵達因斯布魯克後不久，他即注意到山谷和山上植物形態的差異。這為他提供一種驗證拉馬克（Lamarck）所提出之假設的方法。他將山谷中常見的植物群，移植到他那位於高海拔地區的花園中，然後觀察新環境是否對移植過來的植物產生可遺傳的變化。結果是否定的：大部分低平地區的植物在高海拔的實驗植物園中根本無法繁殖，但那些小部分可以繁殖的，其後代並未遺傳到祖輩後天的變異跡象。直到一八六六年，克納還在出版品中宣揚拉馬克的觀點，但到一八六九年，他已改而支持天擇理論。[89]在〈植物形態對氣候和土壤的依賴性〉（*The Dependence of the Plant Form on Climate and Soil*）一文中，克納發表了他對相關植物物種空間分布的觀察。他一直想知道，為何在不同地區看起來不同的植物，會採用相同的名稱。以前，他曾假設移植到新環境的物種會直接受到當地條件的影響而改變，並且新的特徵會遺傳給後代。如今他已放棄了「蛻變是環境直接作用所導致」的假設，並且主張，當變異能讓生物體在原始物種範圍的邊緣附近「填補空缺」（fill a hole）時，就會形成新的物種。

然而，他真正的興趣不在於遺傳機制，而在於生物種群與自己必須適應、不斷變化的環境之間的關係。因此，達爾文的理論對克納來說最重要的一點在於它對有性生殖的解釋。透過有性繁殖，植物避免了「物種混沌」（species chaos）和「缺乏變化」（monotony）的極端情況。換句話說，有性繁殖能讓一個物種產生足夠多的變異來抵禦環境波動，同時又讓變異的範圍足夠狹窄，以允許某些可供識別為物種的東西穩定下來。正如克納在一八六九年所說，物種既可變異又趨恆定，乃是自然界的一個明顯事實，而這兩個面向並不相互衝突。至關重要的是，一方面「轉變為新物種的能力並非無限」，而「恆定只是暫時」。這個定理有兩方面值得注意。首先，總體而言，生物的其中一項非凡特徵，在於它們面對環境變化時所具備的彈性。其次，物種「恆定性只是暫時」的事實，是對觀察尺度的一種主張：植物物種之所以固定，那只是從人類經驗的時間尺度上而論。植物教會克納要根據人類尺度以外的尺度來衡量時間。[90]

植物移徙的動力

一八六〇年代當克納開始研究這個問題時，還很少有人對植物的「移徙」現象進行過實驗研究。博物學家較傾向於假設，當前植物的分布乃是種子因人類或動物的移動、水流或氣流的運送所造成的結果。達爾文在《物種起源》一書中已證明，種子在浸入海水、被鳥吞食或者嵌入喙、爪、排泄物、浮木等試煉後仍具發芽的能力。他的證據表明，植物種子是吃得起苦的長途旅行家。因此，他習慣從移徙的角度解釋當今植物的分布，並排拒像福布斯在一八四六年提出的那種解釋，將植物的分布歸因於地理的變化（例如陸橋的形成和消失）。[91]

克納很早就認為植物酷嗜移徙，然而他在一八六〇年代後期開始懷疑這個假設。克納像達爾文一樣，透過實驗相信許多類型的種子可在通過鳥類的消化系統後生存下來，並且繁衍能力絲毫不打折扣。然而，考慮到候鳥季節性移徙的時間點及其偏好的食物，這也不太可能解釋為何南方植物的品種會出現在阿爾卑斯山上。反過來看，在阿爾卑斯山高海拔地帶發現的動物中，沒有哪一種生活在距此遙遠的地區。此外，人類的交通也無法解釋何以在荒無人煙的地區仍存在這種外來植物。[92]到一八七〇年代，年輕的德堪多（de Candolle）得出如下結論：大多數植物的種子實際上很難在經水運送之後仍然倖存。[93]排除這些可能性之後，似乎將植物的移徙歸因於風力作用還是合邏輯的。克納接受挑戰，設法檢驗這個假設的真假。

這意味著要採用當時正在ZAMG建構的動力氣候學觀點。克納是那些年來奧地利大氣科學發展的熱心參與者。他的三篇研究論文發表在奧地利氣象學會的雜誌上，此外，他還在特林斯（Trins）自家的避暑別墅附近為帝國的觀測網絡建立了一個氣象觀測站。朱利葉斯．漢恩在他的《氣候學教科書》中讚許並引用克納對土壤溫度與日照變化關聯性的研究。克納堅持如下做法的重要性：持續觀察隨時間推移而不斷發展的大氣現象。光憑這點，他已有資格躋身最優秀之動力氣候學專家的行列。這意味應該在關鍵時刻主動出擊，而不是依賴常設觀測站表定的測量工作。在廣泛研究氣候問題的自然地理學家卡爾．馮．松克拉（Carl von Sonklar）看來，克納的工作因其「探究之徹底而值得稱道。……更了不起的是，作者對該問題面面俱到的務實理解。」[94]克納甚至設計了一種用來解決森林氣候爭論之核心問題的儀器：如何將露水的測量方法加以標準化。幾十年前，ZAMG物候網絡的負責人卡爾．弗里奇曾向克納抱怨，自己的露水測量方法「看起來並不成功」。他到哪裡都找不到可信賴的觀測結果，「至於露水的量是如何取決於日照和氣流變化的，我更是一籌莫展」。[95]克納發明的露量計（drosometer）正好滿足這一需求。它使用薄鋁葉收集露水，而露水量則靠一條細管內水的位移來估算，此外，這個量同時由露水的絕對重量（absolute weight）和等量雨深（height of precipitation）表示。依某份林業期刊的判斷，該設備終於成功地給出了「可以相互參酌比較的數據」。[96]

克納開始研究植物的大尺度的移徙性，並在最小尺度上觀察植物的生命。想像一下在陽光燦爛的日子裡置身阿爾卑斯山的高海拔地帶。如果你在陰涼處休息，可能會注意到，從側面被照亮的空氣中充滿了微小的種子，而且每一顆都配備了用於滑翔的細毛結構。克納想要伸手抓來估計其數量。他發現每一分鐘在每一平方公尺平均通過二八〇顆種子，其中有些竟重達〇．〇二毫克。對克納來說，阿爾卑斯山植物史問題的關鍵點在於：這些種子一旦搭上山風的便車後，到底能飄多遠？。[97]

首先，這是一個訴諸經驗之空氣動力學的問題。他用風扇產生能受控的水平氣流，測試了不同類型種子實際可以滑翔的距離。實驗結果證明，最適合飛行的是那些配備了克納所說之羽翅降落傘的種子。它們似乎的確能到達很遠的距離並上升到「驚人的高度」。克納十分讚嘆其上之「附屬物的奇妙構造」，因為它令種子與空氣接觸的面積最大化。同樣重要的是，這種降落傘是由細毛而非連續膜（continuous membrane）所構成，因此能將相同表面積的重量加以最小化。看來這類種子確實可以被風吹到很遠的地方。但有證據可以證明真有這樣的飛行嗎？

根據克納的判斷，冰磧（moraines）便是絕佳的「天然試驗場」。在冰川退縮後的幾年內，植物會開始四處在岩石之間的積沙裡生長。大約十年後，這些先驅植物將產出足夠第二代植物定居的腐殖質。[98]因此，只要在冰川退縮留下的冰磧土（till）上發現開花植物，似乎可以得出「其種子新近才散落該處」的可信結論。不過，這也不那麼令人驚訝，畢竟克納發現在冰磧上生長的或是被凍結在冰川中的物種，都可在周圍的山谷中找到。儘管如此，克納還是認為，遠地的種子可能會隨著「赤道氣流」擴散開來。南風可能會將種子當作「產自遠方溫暖家園的禮物和紀念品」而帶到別處。[99]也請讀者注意，克納仍然服膺多夫的觀點，認為像欽諾克風和焚風這樣的中歐暖風是從熱帶地區吹過來的。然而，值得注意的是，克納接下來會開始從他自己的熱力學角度思考。實際上，他將植物地理學的問題轉變成動力氣候學的問題。

克納指出，要使種子傳播出去並飄浮在空中一定的高度，那就必須保持乾燥。正如克納的實驗所證明的那樣，潮濕空氣中的種子會很快掉落地面。但他主張，這種情況在現實中永遠不可能發生。根據熱力學的定律，它的可能性「總是並且必然」被排除掉。任何攜帶種子的氣流都會在爬升的過程中膨脹並冷卻，而其相對濕度也會相應增加。種子會被送到一定的垂直極限，然後就無法再上升了。該限制會因種子類型、季節、一天中的時間點和地形而異。克納或許是根據風箏的實驗，估計它的最大值落在最高峰頂上方的五百到六百公尺處，並認為這是垂直氣流的上限。

更重要的是，克納觀察到，在陽光溫暖、濕度低（有利於產生上升氣流及保持種子乾燥）的日子裡，水平風分量（wind component）往往較弱。因此，無論種子上升多高，它都會很容易被阿爾卑斯山的高聳山峰所限制，而降落在相對較近的距離。[100]

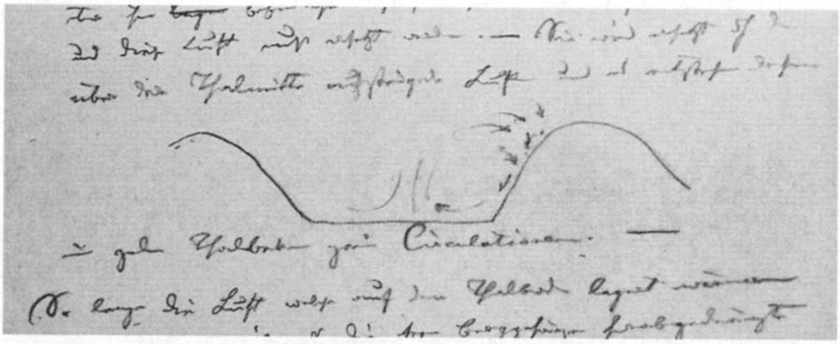

圖三十九：克納有關大氣動力學之未發表的筆記，圖中顯示山谷氣流的方向。

克納的推理奠基在對於谷壁上下大氣條件的費心觀察上（見圖三十九）。從一八五〇年代到一八八〇年代，他的幾十本筆記寫滿氣象要素的測量、雲的觀察和風向圖。他甚至親自發明偵測那些力量小到轉不動風向標之微風的方法，使用的材料只是一支連在桿子上的蠟燭和幾根火柴。一旦燭火熄滅，那縷輕煙自會指出風的方向。

在這種動態分析的基礎上，克納排除了「空中的種子可跨越廣闊的陸地和海洋被運送到遠方」的可能性（至少在阿爾卑斯山情況確實如此）[101]。最近科學界運用種子播遷理論和種子庫分析所進行的研究證實了克納的發現[102]。這結論對「棄兒」這一怪現象產生了重要的影響，特別針對在阿爾卑斯東部發現之孤立植物群落（通常母群主要生長在該山南部）的現象。克納如今排除了這些種子是人類、動物、水流或空氣所帶來的這一想法。在他眼中，這些離開主要群落的孤立例子實際上毫無疑問是「以前生長在該地整片區域之群落中被遺忘的前哨」。他繼續說道：「這種南部植物群落出現在阿爾卑斯東部幾個地方的事實，可以讓人得出如下結論：在上一個冰河時期結束之後，阿爾卑斯東部地區的氣候變暖了。……但後來，由於氣候條件的變化，這些物種被限制在較南部的地區，以及北部氣候條件較有利的零星地區。」[103]因此，克納對山谷之風的費勁觀察，再結合他早期對大氣熱力學的理解，令他確信山區植物的變動性其實是受到嚴格限制的。可以說目前高山植物的分布狀況是了解過去氣候的重要線索。克納在植物的引導下，成功地將動力氣候學的儀器（溫度計、氣壓計、濕度計、風速計、蠟燭和風箏）轉變為時間尺度的工具。

《奧匈帝國花卉史》

克爾納在生命的最後十年中出版著作的頻率較低，原因並非他精力枯竭，而是他全神貫注在撰寫那本來日將大受歡迎的巨著《植物生態》（*Das Pflanzenleben*）。該作品於一八八八與九〇年分兩上下兩冊出版，並在一八九六年和九八年（即他去世的那一年）推出修訂版。在一八八〇年代，他還為奧匈帝國的花卉史做出了一項決定性的貢獻：以自己為《太子全集》中植物學概論所寫的內容為基礎，在新書《物理統計圖表手冊》（*Physikalische Statistische Handatlas*）中附上一幅「奧匈帝國花卉地圖」。這是他以綜合視覺的方式呈現自己對哈布斯堡植被多樣性研究的終生成果。它將帝國描繪成四個花卉區域的匯合點（參見彩圖五）。[104]

這種時間尺度的演練始於如下這個熟悉的問題：解釋奧地利阿爾卑斯山「棄兒」現象是如何發生的，而在他的植物學地圖上，該地區正好位於黑海型和地中海型植物區系的交界處。到了一八八八年，克納已從經驗中積累了大量的資訊來支持如下的理論：花卉界的「棄兒」現象是氣候急劇的、相對較新的變化跡象。他從奧匈帝國和歐亞大陸其他的山地和草原環境（包括斯堪的那維亞半島、俄羅斯南部和喜馬拉雅山脈）中獲得了現代植物分布進一步的詳細證據。這些觀察表明，阿爾卑斯山的植物群生長的範圍遠超出阿爾卑斯山之外：東到喀爾巴阡山脈、高加索、阿爾泰和喜馬拉雅山，北到斯堪的那維亞，南到第拿里阿爾卑斯山、庇里牛斯山和巴爾幹地區。這種廣泛的分布如何才說得通？當然不能用洪堡德的框架來解釋。克納提醒他的讀者，洪堡德假設緯度和海拔變化之間存在整齊的對應關係，因此假設阿爾卑斯和北極植物群的一致性，然而詳細的調查證明情況並非如此。克納強調，問題在於阿爾卑斯山的物種如何傳播得這樣廣泛，不過只要用地球歷史學的理論加以解釋就足夠了。幸運的是，他握有可資利用的新證據：植物和動物化石以及最近的地質發現，例如冰河時代阿爾卑斯山和喀爾巴阡山之間的（背斜）高海拔陸橋。

從這個立足點出發，克納提供從冰河時代到他自己的時代、再到未來概括哈布斯堡疆域的全景圖。已有證據表明，目前的植被分布是由於最後一個冰河時代之後漫長、溫暖乾燥的夏季所造成的。就在那時，原先覆蓋斯堪的那維亞和阿爾卑斯山的冰河，開始從中歐的平原上撤退。為了尋求較涼爽的環境，一些北極的品種會逐漸向南移徙到更高的海拔，而一些原產於阿爾卑斯山的物種則向北移徙尋找避難之所。從這層意義上，移徙意味植物分布界限極其緩慢的轉變，而不是殖民者遠征式的開疆拓土。巴爾幹地區存在阿爾卑斯型的花卉是比較難以解釋的，因為那裡沒有冰河作用的地質證據。克納認為，這些品種實際上是中海拔地區的原生種，隨著氣候變暖和冰河撤退，這些植物便移徙到阿爾卑斯山的高地。克納和他同時代大多數的人一樣，常將這種「深刻」氣候變化的成因擱置不論。不過，他確實大膽提出如下的假設來解釋自己最感興趣的區域變化：黑海植物群與地中海植物群的分離。他與愛德華・布魯克納當時提出的理論相呼應，認為這是由於黑海和里海周圍「大陸地質構造的變化」所導致，而這些變化正好造成歐亞大陸東部和南部迥異的氣候。[105]

透過這種方式，克納發展出山區植被對氣候變化之反應的一般性理論。在降溫期間，需要較長生長季節的植物會從山谷消失，為高海拔的植被騰出空間。相反，在氣候變暖和冰河退縮的時期，山谷中的植被會沿山坡向上移徙。它們會分階段到達，每個群落都會為下一個群落備好壤土。在阿爾卑斯山東部的情況中，這些定居者可能來自南部和東部，即來自地中海和黑海植物群的地區。

有人已經證明那些「想家」的植物作為尺度縮放工具的價值。它們提供讓人一窺空間和時間的連續性：從阿爾卑斯山東部向北到斯堪的那維亞，向東到歐亞大草原，向南到巴爾幹半島，也從最後一個冰河時期直至現在。「今天與最後一次冰河期之後的溫暖時期並無明顯區別，這段過渡是非常緩慢、漸進的。」[106]

展望未來，克納認為，沒有理由相信氣候條件會一直保持現狀。「如果妨礙高海拔植物群從邊界向外移徙的限制一旦消失或是擴大、縮減，那麼這些植物群即使再穩定，也會再次改變分布情況。」[107]克納將植物世界比喻成一座「倉庫」（Lager），但這不是傳統意義上的倉庫，不是用來儲備人類所需求之資源的地方，而是另外的新意義：一個能夠適應不斷變化之氣候的系統。他觀察到，山脈擁有種類繁多的植物（無論發芽還是休眠的），不管谷地變得多冷，它總會為低海拔地區提供合適的移徙者。[108]今天的植物遺傳學家也以同樣的方式將森林或珊瑚礁等生態系統稱為生物多樣性的「倉庫」，將人類中心的比喻轉換為以生物為中心的比喻。

來自土地的祝福

克納堅定倡導想像力在科學研究中的作用。即使想像力（Phantasie）在「未受觀察經驗的約束而任意馳騁」的情況下經常導致錯誤，但它依然是必不可少的「研究輔助工具」。[109]事實上，克納的尺度縮放實驗正取決於他有能力想像人的生命週期以外的其他時間性。

克納四十多歲獲得內庭參事的榮銜後，便和妻子決定在提洛州格施尼茨（Gschnitz）山谷的特林斯冰磧附近建造一座避暑別墅。這是他們往後每年夏天必來暫居的地方。克納經常在這裡接待來訪的國際科學家，而他的兒子弗里茨和女婿理查．韋特斯坦也在附近建造自己的小屋。因為這樣，特林斯成為深入研究地質植物學數一數二的理想田野地點。基於此一歷史傳統，今天它仍然是研究阿爾卑斯山東部氣候史的基準。

在選擇這個站點的過程中，克納已經在思考其歷史意義：因為一八六七年他正是在這裡發現報春花的。克盧修斯曾在三個世紀前在這裡尋覓這種花的身影，但只白忙一場。克納對阿爾卑斯山氣候變化的灼見可能讓他對這一發現產生新的體會。克勞修斯在維也納（1573-1588）居住的期間，恰逢阿爾卑斯山明顯降溫時期（1570-1630）的開始。或許克盧修斯在一五七〇年代前來考察之際，報春花的種子已被封進冰層之中。反觀克納，他是在小冰河時代結束後的變暖階段進行調查的。克納避暑別墅附近的冰磧，大約是在一萬五千年前特林斯冰河消退後所沉積，當時阿爾卑斯山其餘的大部分地區已經不再冰封，可能正因如此，這裡成為其他地方遍尋不著之植物的家園。冰川在小冰河時代（Little Ice Age）*再次前進，並大約在一八五〇年達到了最大的範圍。有證據表明，克納發現報春花的山坡地，其受冰河封凍的時間比周圍的山峰更長。[110]根據

* 譯注：在中世紀溫暖時期之後，一段全球氣溫開始下降的時期，約自一五五〇年開始。

最近的研究，許多阿爾卑斯山植物的種子可以長時間保存在冰凍的狀態下，並且解凍之後仍可發芽。[111]克納在一八六七年來到特林斯時，眼前在冰磧上綻放的那片報春花可能是三個世紀以來首見的榮景。

一八七四年，為歡慶夏季度假別墅的竣工，克納寫了一個文藝復興風格的劇本，在那其中，角色大都被塑造成例如岩石和植物等自然世界的元素。該劇以弗林特（Flint）此一角色回憶冰河時代的情景開場，此外，他還評論了自那時代以來景觀的變化——突然，他聽到一陣敲擊聲，並看到了冰磧上斧頭的閃光。他轉向落葉松（Larch，一種常綠植物）和歐白芥（Charlock，一種會開花的野芥菜），並問誰在「擾亂山谷的寧靜？」落葉松告訴他，一對人類夫妻「兩個月前」才剛搬來。歐白芥敦促弗林特釋出雪崩和洪水來嚇跑這些不速之客。不過，其他角色卻開始討論這些人是怎樣的人。他們在推測這對夫婦的意圖時，我們看到氣候研究的工作如何得以從植物和礦物的角度加以看待。「他們用杖和尺開始測量、記錄和勾勒出山的輪廓。」接著人類便「舒舒服服地躺在地上」，而一旁的青草則在偷聽他們的談話。最後，眾角色下結論，這對夫婦未造成傷害。石頭和花朵於是祝福克納和他的妻子，希望他們可以享受周圍的環境，「直到他們的頭髮變成環繞他們心愛小屋之山壁的顏色為止」。[112]

我們從前述對克納私人生活的簡述中可以得知，他那些尺度縮放的實驗其實深受充滿詩意之想像力的影響。藉著讓植物自展喉舌的方法，克納再次成功地讓個人年歲增長的經歷與地質變化的時間尺度並列對照。克納那些植物鄰居間的對話細膩地詮釋了修斯的格言，即「自然須由人來衡量，但非根據人的尺度來衡量。」在這種情況下，其結果是，測量過程本身並非從人類的視角切入。它不僅從地質力量和地質年代的角度關照，傳達了人類生命的短暫性和脆弱性，還強調了人類的測量儀器對非人類世界的觀點有多片面。

結論

克納最重要的成就在於，他領悟到劇烈的氣候變化可能是地球未來和過去無法割捨的一部分，並為與他同時代的人（無論是否為科學家）提供工具，讓他們得以藉此想像自己所熟悉之生物在面對氣候激烈的轉變時能夠如何做出反應。他不諱言自己的方法先天包藏的不確定性，但他仍提出了一個符合所有已知數據資料之可能的未來。這是一個想像色彩很濃厚的方法（克納一直坦率承認這點），然而也是一個奠基於大量實證研究和精密計算的洞察。克納植物史的核心在於他對空間和時間之尺度縮放的實踐。在帝國新繪製的地圖中，植物成為定位陌生地區與遙遠時代的工具。外來的植物成為衡量距離的指標，而熟悉的植物則是經由移徙和交流實現文化親近性的跡象。與此同時，克納也在檔案、圖書館、植物標本館和植物園裡發掘證據，將他的觀察與早期的學術研究聯繫起來。「我們的每一個理論都有它的歷史。……只有狹窄的心胸和食古不化的蠢材（Gelehrtendunkel）才會將當前的〔科學〕法則視為絕對正確、視為不可改變。」[113]他精心砥礪歷史敏感度的做法，部分反映了他身為奧地利自然史傳統（從馬克西米利安和魯道夫的宮廷到他自己領導下的維也納植物園）繼承人的自我意識。

然而，克納摒棄舊理論的能力表明了帝國—王國科學家跳脫哈布斯堡意識形態，並建立自主權的能耐。儘管他以愛國精神的歷史書寫為模型，開始他對奧地利的植物史研究，但細緻的實證研究最終使他堅信，必須修改這個模型，以便解釋帝國植物多樣性的精確分布。有關植物移徙的假設必須由動力氣候學的證據加以支持。帝國的歷史有必要像氣候史那樣改寫。克納認識到，他那個時代大多數的植物學家對這些結論不感興趣，因為他們只專注於狹隘的尺度。但他確信時代終將改變：「即使在科學領域，潮流也在改變。……因此，必定會出現一個能更適切體會這些觀察之價值的時代。我輩所記錄之植物漸進變化的數據資料將會讓後代感激不盡。」[114]

第十一章 慾望風景

在公開場合中，帝國－王國科學家似乎對自己調和處於競爭態勢之測量和估算系統的能力充滿信心，但私底下，他們對這項任務是深感焦慮的。當施蒂弗特《夏暮初秋》中的年輕主人翁向老師黎薩賀報告自己已經明瞭尺度相對性的道理時，這位睿智的博物學家卻認為道理並不那麼容易掌握：「如果我們心中存在過多的願望和需求，我們只會注意到這些，而完全忽略身外事物的純真性。可悲的是，一旦它們成為嗜欲的對象，我們會將其視為一等重要，但如果它們與這些嗜欲無關，我們便認為不重要。」主人翁反思到：「當時我還太年輕，不明白這些話的全部真諦，經常只聽得見內心的聲音，看不到身邊的事物。」[1]施蒂弗特的散文與浪漫主義那令人心蕩神馳的崇高感（ecstatic sublime）相去甚遠，目的在於讓人明瞭黎薩賀那番話的含義。今天讀者可能會因為該文過度冗長的描述感到驚訝，但我們可以將其當作耐心、清醒、無私觀察物質世界的一堂課，是讓敘述者解脫「過多願望和需求」的靈藥。

帝國—王國科學家的人格同時代表了道德和實質的理想。從道德上講，它意味對於地方的關注要服從於「總體研究」的目標。從實質上而言，它意味腳踏實地、一步步積累對奧地利土地多樣性的具體知識。為了追求這一理想，許多科學家都陷入了緊張的內心衝突。他們在哈布斯堡王朝的疆域內四處旅行時，經常被自己不知道該如何滿足的渴望所困擾，無論是受異地風情誘惑還是被懷鄉情緒所支配。這些科學家時時操心的是，如何區分小而重要的事以及確實瑣碎的事。他們常因不相干的細節或僅僅是個人的掛慮而分心，這讓他們備感苦惱。尺度縮放也牽涉私人層面，就在於竭力調和這些衝突。

許多科學史學家會跳過此類包含私人經驗的檔案文件。唯有耗費最大的苦心才能讀懂，而且可能一下子就被歸類為詩歌而非科學。但我主張，任何對於動力氣候學歷史的真正理解都必須面對一種情緒動盪，也就是這些科學家在重新定位自己的遠近感時所體會的混亂。

因此，本書最後一章的主題就是慾望。我們要探討那些曾體驗自己被慾望支配是何感受的人。在他們身上，氣候學扮演的角色普遍是宗教性質的，同時是宗教的某種倫理力量。氣候科學除了充作衡量身體和心靈變幻莫測之慾望的工具外，它也被用來估計事物的重要性。這門科學可以讓實際研究的人將個人傾向嗜好與普遍規律分開，將局部的偶然性與一般模式分開，還能讓他們培養辨別輕重緩急的能力，看清那些真正重要之「小事」的意義，忽略那些著實微不足道的「小事」。在這方面，定尺度的工作在一定程度上是為了穩定能支持帝國—王國科學社會關係的男性性別認同。

定尺度的私人著作

一八五六年春天，十八歲的朱利葉斯．漢恩開始「以日記的形式撰寫有關經驗、知性生活與個人興趣的小筆記」。他說，這些筆記只不過是記錄「自己閱讀和研究的心得」以及描述「隨天氣和季節變化而呈現的景觀特徵，總是給我留下深刻印象之景觀特徵」的「小小自然速寫」（little nature sketches）。在他看來，這些筆記在許多方面「既無意義而且瑣碎」。他甚至曾考慮銷毀，只是沒有付諸實現，因為後來他開始將其視為個人成長進步的紀錄。他提到一個在自己日記中反覆出現的空間隱喻，同時寫道：「當我們的視界和努力迷失在淺薄、無聊的細枝末節中時」，串串的回憶可以令個人的心靈甩掉束縛。

圖四十：相片中的朱利葉斯．漢恩（1839-1921）。

回顧過去，漢恩將這些日記視為自己努力適應帝國首都科學社交圈，以及迎接專業職涯「使命」的編年紀錄。「為了儘量擺脫這種孤獨的、表面上自我完足之生活方式的習慣和訓練，並且經營及提升與外界真正、獨特且豐富的人際關係，我們必需一再嘗試痛苦的鬥爭與經驗。」因此，漢恩決定保留這些日記，並拿尺度的相對性來證明此一行為的合理性：

直到最近，我還一直認為，一旦有機會用過去生活的簡純和瑣碎來衡量（messen）未來更豐富、更美好的生活時，之後最好把那段過去扔掉。萬一真那樣做可就大錯特錯。我們如果想履行職責並且善待自己，最好的方式便是以最適當的（maßvoll）尺度培養和發展大自然賦與自己的東西。……如果這東西與更豐富、更強大、天生更好的條件相比顯得渺小，它依然有其價值，因為這是精采生活數一數二重要的驅動力。

若從適當的距離考察，那麼看起來很小且僅是個人的東西可能很具價值。[2]漢恩的無力感可能反映了他的社會地位。他的父親約瑟夫．漢恩（Josef Hann）是一名工匠的兒子，後來擔任施塔爾亨貝格城堡（Schloss Starhemberg，位於林茨附近一座十六世紀的宮殿）的總管，而朱利葉斯也在那裡度過最初的九年。[3]早年的生活環境對他來說始終記憶猶新：他常憶起當地空氣和陽光的特質，甚至提到想單憑記憶畫出城堡的景致。[4]「我經常回想起那個完全在大自然懷抱中度過的年代，在我稱為家之城堡的孤寂中、在繁花盛開的田野中消磨的時日。如今，在我的記憶裡，那已變成常年的春天。」[5] 約瑟夫在一八四八年的革命時期失去工作，這是土地所有制改革的結果。隨後，他被帝國任命為附近克雷姆斯明斯特的地方法官。但兩年後，也就是一八五二年朱利葉斯十三歲那一年，他去世了。次年，全家人在林茨度過一整年，朱利葉斯在那裡就讀中學一年級。他的自然史老師是多米尼克．科倫巴斯（Dominik Columbus），後者是林茨第一位在卡爾．克雷爾（原籍上奧地利省）新建之氣象觀測站擔任觀測員的人。但朱利葉斯並未在林茨停留太久。他的母親沒有養老金，因此為了養活一家人，只能帶著孩子搬到克雷姆斯明斯特，並在那裡開設了寄宿之家，專收修道院附屬中學的學生。寄宿之家生意興隆，一直到二十世紀初都是該校學生生活的重心。一八七三年，朱利葉斯的母親去世，寄宿之家轉由朱利葉斯摯愛的妹妹安娜經營。朱利葉斯後來有幸入讀克雷姆斯明斯特修道院附屬中學。在校期間，他始終都是個熱切又專注的學生。[6]

漢恩對修道院的生活產生了複雜的感受。正如他在一八六一年寫的那樣，經過八年的學習：「基督聖體節。這些天與一些見習修道士（有些已是牧師）互動，我清楚感受到修道院生活的反面：裡面瀰漫著駭人的陰鬱與精神的冷漠，嚴格隔離無疑是悲慘、制式、缺乏知性和體魄鍛鍊之生活的主因，一片昏昏沉沉，沒有外來刺激和心靈交流，人都快發霉了。也五年了！」修道院的的隱居生活雖然吸引不了漢恩，但他卻對裡面的「數理之塔」（Mathematical Tower）著迷。他結識了一位名叫加布里埃爾．斯特拉瑟（Gabriel Strasser）的牧師，後者當時是觀測站站長的助理，也在該中學教授物理和數學。斯特拉瑟是一位磨坊主人的兒子，但他的聰明很早就被一位鄉村教師看出，因此才有機會入讀克雷姆斯明斯特中學。從一八七三年到一八八二年去世為止，他一直擔任觀測站的站長，而在此期間，他頻繁發表了（在ZAMG的年鑑及其他園地）修道院氣象站的觀測結果。[7] 漢恩欽佩施特拉瑟並羨慕對方職涯的某些面向：「所以我當年一度認為，如果能忍受修道院的生活，那麼作個牧師可能也挺開心。在我看來，像加布里埃爾神父那樣的職位是特別誘人的，我覺得那幾乎可以從各個角度滿足我所有的願望。像加布里埃爾那樣既有審美眼光，又有深刻感情和想像力的人，他在那個位置上如何能不開心呢！喔，你一定很快樂，我想！」

漢恩雖說不走宗教正統路線，但確實是一個性靈的青年。他祈禱的對象不是上帝，而是大自然。他這舉措呼應了本篤會以「寬闊」心胸聆聽神聖話語的教誨。因此，他在日記中常向周遭的自然環境吐露心聲：「春夏時光，感謝你再次歡迎我投入你的懷抱！願你讓我的目光更加明亮、胸襟更加開闊，意志更大堅強，願你驅散所有奪走光陰和歡樂的那憂悒的重擔。」[8] 他也以類似的心情對空氣說道：「你這令人強身健體、充滿活力、心靈澄靜的森林空氣啊！請你流經我的身體，將我淨化，清除一切沉悶、慵懶和病懨。」[9]

漢恩正是在這段年歲裡，第一次接觸了偉大的散文作品，而這些作品都成為日後他描述自己情感生活和自然世界的範本。他引用了歌德的長篇文章，包括《義大利紀行》（*Italian Journey*）

和《少年維特的煩惱》，這在他描述自身內心狀態的私人書寫中都找得到迴響。他的文體風格還模仿亞歷山大・馮・洪堡德的著作，而且在那段時間中，他也滿懷激動地閱讀了對方的《宇宙》（*Cosmos*）。當他從報紙上獲知對方的死訊時，體會到「奇異的、教人不寒而慄」的感受。[10]他也受到德國薩克森醫生兼藝術家古斯塔夫・卡魯斯（Gustav Carus）所提出、科學風景畫之理想的啟發。卡魯斯預見了風景藝術的美好未來，並將這種新的藝術命名為「靜景」（Erdleben，其中最重要的是對大氣現象的描繪），是類比於靜物（Stilleben）所造的新詞。卡魯斯是一位浪漫主義者，他將這種風景畫理解為揭開大自然神祕面紗的過程。「千變萬化的大氣現象多麼微妙啊！無論哪個面向都足以在人心中引起共鳴；雲朵變亮和變暗、生成和消解、聚合和破壞，種種過程都以微妙的形式訴諸吾人的感官。」[11]在他的日記中，漢恩引用卡魯斯有關科學和藝術可以相互激盪的潛力：「知識或科學從覺知中產生，而藝術則源自於技能。在科學中，人感覺自身在上帝裡；在藝術中，人感覺上帝在自身裡。」一本著這種精神，漢恩的日記毫不費力地遊走在美感描寫和科學觀察之間。詩意的描述可能變成對雲的科學觀察及其分類，並從那裡轉化為對於風暴天氣景觀的想像。[12]

漢恩的日記記錄了他對天氣和氣候科學越來越深入的參與。在後來的篇幅中，他對氣象現象的描述變得越來越詳細、精確。從一八六一年開始，他記錄了自己的溫度計數據，以及奧地利其他地區（甚至更遠地方）之氣象狀況的電報報告。他對天氣事件的記憶非常敏銳。[13]在閱讀一八六二年發表之一篇有關一八五四年侵襲維也納一場風暴的論文後，他竟能回憶起該場風暴在克雷姆斯明斯特所造成之影響的細節：「當日的光景至今我仍歷歷在目。那天是星期五，下午拉丁文課的時間很長。十點鐘左右。我從學校回家時，強勁的東風吹得雲朵向前跑，也吹著我家那棵高瘦的梨樹，而樹枝則不停敲打著客廳的窗戶。才過幾個小時，風暴即從西南方向席捲而至。」[14] 根據這些回憶和風暴到達維也納的時間，他甚至粗略計算了風暴的速度。還有一次，漢恩在獲得海因里希·多夫的一冊氣象學的論文時評論道：「一個隨時準備好吸收新知的人，當他收到這樣的一本書時內心是多麼雀躍。」才一個多月後，他就能夠親眼觀察多夫所描述的現象。[15] 他不只一次寫道，對於新氣象科學的參與是在「實現自己的願望」。漢恩對氣象學和氣候學的熱情反映了像鮑姆加登（Baumgartner）這樣著名的哈布斯堡物理學家的態度，亦即設法讓宇宙物理學與廣泛之審美和倫理的抱負相結合。他曾說過要訓練「一雙看遍全球的眼睛」[16]。

漢恩漢恩對這門科學的興奮之情乃是從如此宏大的抱負中迸發出來的。在他那些標註日期的記載中，我們可以看出，作者在那些年裡時而表現出欣喜若狂的樂觀，時而表現出自我懷疑的心路歷程。他經常藉由空間的隱喻來傳達這種對比。寬闊的視界代表信心，而狹隘的限制則引發絕望。他決心要超越「小格局」（Kleinigkeiten），因為其中瑣碎的操煩令他在學習和享受大自然的樂趣中分心，用他的話來說就是：「我的弱點與意欲實現宏偉目標的意志，兩者經常性的比例失衡（Missverhältnis）常令我倍覺痛苦。」本著類似的精神，洪堡德在《宇宙》一書中亦透露過相

圖四十一：從克雷姆斯明斯特附近眺望法爾肯卯爾（Falkenmauer），阿達爾貝特・施蒂弗特（Adalbert Stifter）作，約一八二五年。

同的困境：「我們意志所嚮往的無限與我們渴望逃避的狹隘，兩者的對比如此強烈。」[17]

鮑姆加登之宇宙物理學的傳統讓個人面對自己渺小狹隘這一不可否認的事實：「讓你我更深刻地感受到自己目光的短淺（Beschränktheit）。」青年人無法想像自己的無所不能，也無法認知自己的局限，所以宇宙物理學就可以矯正他們的尺度感：「永恆不變的自然啊！因此，你嘲笑我們內心的風暴，我們的歡樂和我們的痛苦！」[18]與天空中的風暴相比，個人日常生活的「風暴」顯得多麼無害。漢恩因此為自己設定目標，要發展出更具現實的分寸感。

渴望

漢恩日記的一個中心主題，是他對異國風景的渴望與他那揮之不去的鄉愁（Heimweh）之間的衝突。說到鄉愁，漢恩引用德國地理學家卡爾．里特的話，他認為個人家鄉的景觀為其留下的印象「如此深刻」，以至於與此環境分離會給人造成不適，「在這種情況下，個人的生活可能會整個被渴望占據。」里特將鄉愁解釋為人類原始階段生活之「不可思議」的殘留，它持續糾纏著本來已經擺脫了大自然束縛的現代社會。[19] 漢恩提到的鄉愁暗示兩個層面，其一是對青春（其象徵通常是一個俊美的少年）的懷舊，其二是對一個特定地方的執念，此即克雷姆斯明斯特修道院。

漢恩與克雷姆斯明斯特的老師和同學建立起如此密切的關係，以至於在學期結束、長假開始而必須與他們分開時，他都感到無比的痛苦。他對於比自己年輕、偶爾由他教導的學生（「活潑可愛的小伙子」）表現出特別的感情。他提到某位年輕的學生時曾說：「這個俊美男孩清新的直爽和不造作的靈性讓我非常感動。他天生的活力完好無損，那是魅勁勃發的泉源。」[20] 在與一群少年重聚之後，他也傾吐類似的感受：「我要向所有親愛的伙伴致敬，我覺得他們總能激動人心、讓人覺得快樂。少年階段的清新和天真流露一股奇異的魅力。我們的知識越是累積，越是將自己局限在一個小範圍內，然後我們又必然覺得被束縛在層層的常規慣俗之中，如此一來，這種魅力就越讓我們覺得生氣橫溢，進而心嚮往之。」漢恩特別提到一個同伴，一個被他稱為「小亞歷克斯」的少年。[21] 亞歷克斯離開克雷姆斯明斯特後，他寫道：

> 接下來的日子裡，我籠罩在一片愁雲慘霧中！這次離別，我與深愛的一切離別。我得割捨掉如此親密、如此徹底融入我內心世界的那一部分，這使我陷入痛苦。由於我天性敏感，又沒有其他的刺激可鼓舞我，我幾乎陷入那壓垮我的麻木恍惚。一切嘗試自我控制（mich zu ermannen）的努力都不奏效，我在學習社無法專注，沒有任何東西可以將我從煎熬的（quälend）的記憶中拉走。[22]

漢恩忍受這種渴想，忍受朋友和家人不在身邊的孤獨，這些於他而言都是令他頓失生活重心的弱點。他感到「無人可以寄託」。他責備自己的膽怯和孤獨的處境。顯然，他在克雷姆斯明斯特產生的同性戀情愫，有可能危及他在帝國首都的職涯。

在那段歲月中，漢恩經常幻想著旅行。他經常閱讀詹姆斯·費尼莫爾·庫珀（James Fenimore Cooper）和查爾斯·西爾斯菲爾德（Charles Sealsfield）等作家的遊記，尤其欣賞後者「對北美自然與社會的精彩、生動描述」。他那些年的日記也包含了一張希望購入之科學探索書籍的清單，從羅斯對南極洲的描述、達爾文筆下的南美洲，再到環遊世界的記敘合集。[23] 他經常寫道自己對於某些外國地方的「渴望」。「我讀的書再次激發了我對海濱的強烈渴望，我滿腦子的白日夢和想像中的風景。」[24]他設想的風景（經常引自文學作品）結合了外界對地中海的人云亦云以及脫韁的幻想：紫紅月亮、密西西比河上輪船的轟鳴聲、那不勒斯海灣上空從維蘇威火山那裡射過來的金色光芒。某一年夏天，他在克雷姆斯明斯特時寫道，光線的特質「喚醒了我整裝出發的慾望以及對南方遙遠國度之奇觀的渴想，尤其嚮往一大片空曠之藍色大海那豐富色調的渴想！」然後他親手抄寫了一八三八年伊曼紐爾・蓋貝爾創作的詩歌〈渴望〉（Sehnsucht）。這首詩是蓋貝爾在柏林的朋友出發前往雅典、實現那趟期待已久之旅行的前夕所寫下的告別詩。一開場即點出旅人的矛盾心理：

我觀照內心，我凝望寰宇，
直到一滴灼熱的淚從眼眶中滾落，
遠方雖然泛著金光，
北境依舊牢牢將我繫絆——我到不了那裡。
哦，紐帶如此緊密，世界如此廣闊，
時間過得如此飛快！[25]

漢恩想透過詩歌，尋找一種表達方式來呈現對旅行的渴望及對家鄉的思念之間的衝突。在他熟悉的上奧地利省山丘上，在熱門的湖畔度假勝地格蒙登（Gmunden），他對遊客的膚淺眼光表示不屑：「這個地方到處是遊客，此處的生活讓被陽光照得目眩的我迷失了方向，因為我的心已習慣孤獨、習慣自己熟悉的環境。我的雙眼被周圍環境的光彩蒙蔽和誘惑，以致我忘了自己心性（Gemüt）的深處。」[26]儘管如此，漢恩相信旅行可以使心靈受益。一八六〇年八月，在與中學同伴分開後不久，在他身陷孤獨之中時，漢恩仍能踏上首次的鐵路之旅來排解憂悶。在薩爾茨堡，他似乎沉醉在觀光客的角色中。不久之後，他又安排前往上奧地利省第二大城韋爾斯（Wels）散心的兩天一夜行程。他興奮地將該趟旅行描述為擴展自己視野的舉動：「這次輕旅行讓我認清，在我先前的視界之外，還有很多美麗和引人入勝的東西。」[27]

漢恩的日記因此記錄了他為控制自身敏感性格而付出的努力，而這番努力是為日後打入帝國—王國科學家的圈子鋪路。這一條路的肇端，始於一八六〇年秋季他在維也納大學註冊入讀。這座城市不很如他的意。他的學院生活缺乏安全感，因為教授群令他心生畏懼。學生生活的娛樂消遣讓他不很舒服，甚至生起病來。他記錄道：「今晚待在家裡，百無聊賴，情緒低落，身體一整個不對勁，而外面的天氣又那麼陰冷。先前參加了一些空洞乏味的活動，引發鬱悶的心情。」[28]漢恩特別討厭進實驗室工作，總覺得比不上出野外的實地研究。聖誕節期間，他都在用木炭粉做化學實驗，僅成功地將「寶貴的時間和金錢化為一堆髒東西和刺鼻的惡臭」。在那時候，整所大學燒著一股「電機熱」。學生們自己用木料、玻璃和金屬打造各式機器，大家的手上都割出了傷口。

> 整個冬季我都在萊頓瓶（Leyden jars）*和電池之間忙個沒完，直到金色的燦爛春光從窗戶透進來，才讓我們無法抗拒，紛紛走出室外，投入繁花再度盛開之大自然的懷抱，而實驗室裡所有的文件、紙箱、瓶罐和圓盤也難得清靜了。直到此刻為止，原先被禁錮在狹窄的房間裡、被釘死在實驗器具上的思想和感情得以再次轉向外界，順著雲、隨著風，奔向湛藍的天空，像戀人一樣迎向草木滋長的大地。[29]

春天意味解放，但等待它的到來卻是痛苦的。實驗室工作造成他不安的感受，即「我生命中所有的根都被斬斷，被從土壤中扯掉。」[30]

十二月，漢恩回到克雷姆斯明斯特過聖誕節，期間，他愉快地研究上升空氣對風暴形成的影響。「這片熟悉而友善的景緻，突然向我展示千百件新奇而美好的事物，全部深深觸動了我的心靈。」[31]在後來漢恩於日記中抄錄的詩句中，摩拉維亞詩人耶羅尼繆斯・洛姆（Hieronymus Lorm）†解釋過「鄉情」（Heimatsgefühl）的重要性。洛姆認為，這種感情如果是以犧牲與更廣闊世界的接觸為代價的話，那未免太遺憾了。「即使最小的部分也是大整體的縮影。假設不是這樣，那麼一個積極活躍的人只專注於了解和享受如此多樣之萬物中如此微不足道的一部分，那未免太豈有此理了。」[32]學習將家鄉視為更開闊之世界的縮影，這是尺度縮放過程中關鍵的一步。

隨著漢恩對自己在維也納的新同事感到自在，他的信心又逐漸回來了。有一回，在度過了一個特別愉快的夜晚後，他於凌晨兩點回到他在維也納的租屋處，此際，他望向窗外，看到夏日的曙光已開始染亮東方的天空。他又瞥見遠處的一場暴雨，這時他感到「從東方吹來涼爽、清新、帶有植物香澤的空氣」。這些印象與他對家鄉山區清晨時光之愉快的回憶「混合」起來。此一結果讓他覺得不安：「我經歷過痛苦的早晨、痛苦的夜晚！時機尚未成熟！我什麼時候才能真正平靜下來，眼裡終於又是藍天，又是陽光！」[33]「時機尚未成熟」（das Maß ist noch nicht voll）說明了漢恩的感受，即他的鄉愁其實是過去和現在之間不成平衡比例的狀態。另一個晚上，他在朋友家聽完一場音樂會後，覺得「所有的小憂煩、生活中的虛浮和瑣碎，我覺得都煙消雲散了，因為我不再注意它們，它們也就不再影響我了。」細碎的、局部的、個人的事並非沒有意義，但我們必須學會如何在更大的整體背景下，解讀這些事的含義。他轉而研究大氣科學，將自己定位在一個剛開始顯露其重要性的開闊天地中。

＊　譯注：一種用以儲存靜電的裝置。萊頓瓶的發明，標誌著開始對電的本質和特性進行研究。

†　譯注：出生於摩拉維亞布爾諾（Brno）的奧地利詩人、記者和文學評論家（1821-1902），發明洛姆盲人點字字母表。

某個春天傍晚，太陽快要下山之際，漢恩放下實驗室「磨人的工作」，心裡正感「煩躁」。他走過「塵土飛揚、惡臭的街道」來到普拉特*（Prater）。在那裡「夕陽在雄偉的樹木上灑下閃閃金光」。他迅速穿過「人滿為患」、「充滿生機、喧囂和音樂」的空間，很快就置身於一片森林中。環境如此「精緻」，惠風自東而來，清新的空氣微帶新綠植物的辛辣。漢恩「彷彿置身夢境」中，從一個迷人的場景遊蕩到另一個迷人的場景，「陶醉在悶熱、薄霧般的空氣中」，眼前不禁浮現家鄉「明媚的、發人憂思」的春景，「半是幻想，半是回憶。」[34] 普拉特成為他日後經常涉足的地方，一個他可以重新定位自己的空間。他開始喜歡上維也納的生活，喜歡他的同學和教授，喜歡首都的文化。

一八六一年十月上旬，漢恩動身離開克雷姆斯明斯特，回去大學讀二年級。他經常到森林裡消磨光陰，為再度投入維也納的生活預做準備，並特別關注大自然小尺度和大尺度間的關係。

> 我到森林中享受遠近五光十色的交融（Farbenschmelz），欣賞最清新、最奇異之大自然小尺度的生機，在溪邊聆聽植物和動物的交互作用，看著流水漫過長滿苔蘚的冷杉樹根。……再見了，親愛的谷地和山峰，你又一次安慰了我！你教會我從每一個逆境中提取能供我心胸安定的東西，讓我無論身處何處，都能以超然的態度掌握和駕馭外部的環境，讓我保持內在的自由。

讀者應該認真看待漢恩的感受。該景觀中的苔蘚、冷杉和山峰起到了縮放尺度之工具的作用。這些元素在這裡「交融」成單一的印象，並教他體會「遠近」的相互關係。

如今，漢恩似乎準備進一步展開冒險。他花了一天的時間乘輪船在多瑙河上旅行，眼前狹窄蜿蜒的河道處處呈現「新的景觀」。「我心中油然生出強烈的旅行渴望。」[35]他對許多旅行目的地的夢想生生滅滅，但只對義大利海岸的鍾情始終如一。一八五七年，一段連接維也納和亞得里亞海的「南方鐵路」（Sudbahn）竣工。漢恩在一八六二年聽人說起「的里雅斯德特快車」（Triest pleasure train）。終於有機會親眼目睹奧地利帝國自己的海岸了，漢恩「興奮地」抓住了這個機會。六月七日，他從維也納的鐵路南站（Sudbahnhof）出發。這條鐵路沿著布魯克河（Bruck River）穿過史泰利亞，再駛經卡尼奧拉的盧布爾雅那，然後越過石灰岩平原，沿著伊斯特里亞半島的海岸前行。儘管車上的咖啡「嚥不下去」，而飲用水「實在可怕」，他發現窗外景色還是讓人嘆為觀止。[36]經過二十四小時的旅程，他到達了的港，整個人被澎湃的情緒淹沒。「眼前一下子呈現這麼多新事物，這番光景太具震撼力了。這是純粹的喜悅和幸福，就像一個人看到自己最熱切、最隱密的願望突然實現了一樣。」漢恩和他的旅伴從火車站出發前往港口，然後徒步遊覽穆賈（Muggia）鎮並欣賞那裡的海景。入住旅館、吃過午餐，他們又回港口，登上觀光船遊覽

---

* 譯注：維也納的一座公園城。

海岸。漢恩記錄了雲層的外觀、光線不尋常的特質、浩瀚無垠的海面以及延綿不斷、不受拘束之天水一色的藍。不僅眼前的風景深具魅力，連船上其他的遊客也令他好奇：「船上一片歡樂，遊客甚至隨著樂聲跳舞。」漢恩決定將「全部注意力」投到他周圍「天空和海洋的奇觀」以及「令人振奮的生機」上。義大利船長幾個「可愛、曬得黝黑的兒子在我身旁不斷打鬧、拌嘴」，他們那柔美的語音深深打動了他。「我幾乎羨妒起這群小夥子了，對他們而言，海洋是生命重要的標竿。」[37]在早期那抓不住方向的年代過後，漢恩在這個新環境中找到了定位。他能看懂其中的光和雲，並與它的居民產生共鳴。

危機

一八六二年秋天，漢恩接受維也納一所中學物理和數學教師的職位，這所中學距離大學僅幾步之遙。在ZAMG，他可以參閱來自哈布斯堡全境，不斷增加之地球物理學的數據檔案。在那裡，他看到的研究人員不僅和他一樣對氣候學充滿熱情，而且還決心將這門新科學組織起來，並為其建立與公眾互動的管道。一八六五年，奧地利氣象學會成立，並於一八六六年出版了第一期雜誌，漢恩是兩位編輯中的一位。當年他還發表一篇關於焚風成因的文章，奠定了他身為動力氣候學先驅的美譽。

在一八六六年的日記中，他的條目斷續不定，而且筆跡變得較不清楚。那些文字通常是從報紙或科學出版物中記下的、有關遠地天氣現象的報導。日記的作者顯然是一位精力充沛的年輕研究人員，具有國際人脈和廣博的參考框架，並全心倘佯在學問的天地。漢恩已經開始將遠地的天氣模式關係進行對比，例如，評論里加（Riga）附近和北美各個城市的極光觀測，或者對照西伯利亞和西歐的季節性天氣模式。他正是從這裡開始為日後一部關於宇宙物理學的科普著作奠定基礎。該著作旨在解決「地球作為一個整體，受宇宙運動和光照影響」的問題[38]，這顯然是他一八七二年的「普通地理學」（*Allgemeine Erdkunde*，前後共計五個版本）的萌發階段。也是在這期間，他開始彙集有關格陵蘭島氣候的資訊。十八世紀以來，即有摩拉維亞的傳教士記錄了格陵蘭的天氣觀測數據，並發表在德國的期刊上，[39]只是這些數據從未經過仔細的審查。漢恩對格陵蘭島異常的天氣模式及其與中歐天氣異常之時間點的關係很感興趣。年紀比他輕的同事埃克納和德芬將會跟進這方面的研究。因此，漢恩是第一個開始提出各種統計問題的人，這些問題最終讓科學界得以識別現在被稱為「北大西洋震盪」（North Atlantic Oscillation, NAO）的模式。[40]漢恩在一八九〇年和一九〇四年再次發表關於這個主題的文章，而在此之前，其他研究人員已經開始探討這種「遙聯繫」（teleconnection）的現象。在一九〇六年發表的一篇文章中，漢恩對這種尺度的轉變進行反思：

很高興看到氣象研究再次努力拓展更廣闊的視野。長期以來，它只專門研究以低氣壓形式通過歐洲地區的小型大氣擾動。……如果考慮歐洲在地表上占據的面積，我們必然會立即意識到，僅只對此有限空間內發生的在地現象進行精確研究，並無法促成氣象學的進步。[41]

漢恩暗指，歐洲十九世紀的氣候學因它的局限性而苦於無法開展。必要導入的是一種新的比例觀念，認識到歐洲大陸的天氣只是一個更大謎團中的一小部分，畢竟遙遠地區的大氣很可能影響歐洲的氣候模式。漢恩觀察到，大英帝國的遼闊疆域似乎是這類研究最理想的基地。無奈英國人是如此狹隘地僅關注風暴預警，以至於沒能考慮蘊藏在自己所掌握之數據中的氣候學意義。根據漢恩的看法，他們並未意識到對帝國南方領土大氣現象的研究，可能有助於解釋故鄉不列顛群島的天氣模式。氣候學提供獲得恰當比例感所必備的工具。

隨著漢恩所受教育的層級越來越高，他就越來越將自己的未來定位為帝國─王國科學家的角色，從而讓他思考為國家服務所必需具備的特質。他是否適合擔任這樣的領導職位？他觀察到：「國家需要的是全人個體，而不單是學者、藝術家或企業家。」[42]然而，他同時也看不起那些「自以為適合任何職位的菁英人物。他們從這屆政府做到下屆政府，除了出入部長的辦公室外，不曾參訪過哪個教學研究機構。」[43]「鄉愁」的持續作用又令他的自我懷疑更形複雜。他仍然希望學得在世上安身立命的道理，「以便能在任何地方從容生活、快樂工作，且經常與人接觸」。然而，「我的內心渴求一個像故鄉那樣的地方，一個處於無盡流浪中的孤點。」[44]他尋覓一個重心，一個源頭，亦即胡塞爾所說的「零點」（null point）。

一八六九年初夏，他表現出的思鄉之情更形濃烈，而且年輕時代的一幕幕不斷湧現，幾乎令他不知所措。例如八月九日的內容，他承認自己對未來懷有極大的不確定感：「多悲傷的時日！我已做出決定，不要將自己的生活押注在不確定的未來上，因為那很可能是一場虛幻。」他自稱是個被命運擺弄的人。「森林啊，帶我重回你的身邊；你的寧靜，你會對一顆飽受折磨、受傷的心投以憐憫，就像在我青年時代那樣。……我是帶著懺情回歸你懷抱的兒子，回歸你那快樂平安的最深處。」我們不知道到底什麼挫折讓他如此懷疑未來。兩週後，他已回到克雷姆斯明斯特，讀詩、遠足並與老友重聚。他的日記從一八六九年秋天到一八七〇年春天這段期間少有記載。然後，在一八七〇年夏天，他匆匆交代在維也納郊山的幾番遠足經驗，他潦草寫道：「七月二十五日。對比——前景清晰起來——堅決揚棄目前的生活方式。」緊隨其後的是一條加注：「參見一八六九年八月九日！」那天正是他確定離斷維也納「不確定未來」的日子，但日記的下一頁卻被剪掉。下一個條目是八月二十四日寫的，記錄他已抵達克雷姆斯明斯特。日記的下文並未進一步交代他的「決定」。[45]他是否一直在考慮放棄學術生涯，去追隨他先前在日記中勾勒的夢想，亦即回去克雷姆斯明斯特以修士和博物學家的身分過活？日記中找不到進一步的線索。

七年後，三十八歲的漢恩成為ZAMG的主任和維也納科學院的正式院士。第二年，他與上奧地利州一名地方法院官員的女兒（也是卡爾．克雷爾的孫女）路薏絲．溫邁爾（Louise Weinmayr）結婚，而這對夫婦後來生了四個孩子。[46]看不出他對這些選擇表示後悔。然而，正是一八六九至七〇年的危機，塑造出後來漢恩回顧自己日記敘事時的主軸線。這確實是一個帝國—王國科學家的成長故事，充滿了自我懷疑以及慾望與責任之間的衝突。漢恩尋求氣候學工具來重新調整他對事物相對之重要性的感覺。

插曲：慾望的歷史書寫

漢恩不像施蒂弗特那樣不假思索就將慾望視為在自然世界研究上的分心。漢恩歡欣鼓舞地將慾望與生命活力聯繫起來，他甚至似乎已經接受同性情愛在教育場合中的適當性，只要它可以被轉移到對自然世界的探索，或以其他方式作為知識追求的刺激元素。

在間隔漢恩與海因茨．菲克爾（1881-1957）的那一代人之間，慾望的面貌和內涵都發生了顯著的變化。在一八六〇年代，漢恩嘗試透過描繪普拉特那人工化的野地和南方鐵路軌道沿線的石灰岩地貌，來抗衡他對「阿爾卑斯故鄉」（Alpine Heimat）的懷舊之情。透過這種方式，他建立起自己作為帝國—王國科學家的意識，並對自己縮放尺度的能力充滿信心。漢恩的幻想向南漫游到地中海，而菲克爾的幻想則向東延伸到穆斯林世界。一八七八年，哈布斯堡的帝國軍隊占領波士尼亞，將四十九萬九千名穆斯林置於奧匈帝國的統治之下。歷史學家認為，信仰天主教的奧地利人日後對穆斯林表達的好感使得此一軍事行動被合理化了，並藉此暗示奧地利人和土耳其人從此被納入「共同經歷」的框架中。[47]就像漢恩在想像中對的港講義大利語的男孩的認同一樣，菲克爾對克羅埃西亞和中亞穆斯林的迷戀，也應該被置於帝國意識形態的架構下理解。

到十九世紀後期，談論慾望的方式也在發生變化。這個一度是浪漫主義的重要概念，越來越常被醫學病理學的論述所框定。從達爾文的角度來看，凡是偏離正統異性戀的情慾都需要以神經生理學（neurophysiological）的學理加以解釋。正是在這個時期，歐洲醫學專家開始強調氣候對於人類性功能的強大影響。他們將氣候列為性成熟的關鍵因素，經常為因神經系統失調而導致性功能障礙的人開出氣候療法。[48]西格蒙德．佛洛伊德於一九〇五年寫道：「即使在歐洲文明開化的民族中，氣候和種族對於同性戀的盛行以及對同性戀的態度能發揮最強大的影響。」[49]雖然當年的歷史學家關注的是種族對性之影響的理論，但許多與弗洛伊德同時代的人卻強調氣候對性的影響，甚至將種族因素排除在外。根據理查．伯頓爵士（Sir Richard Burton）那著名的主張，在他所謂的索塔德斯（Sotadic Zone）*區域內，同性戀「猖獗地流行」。這個地區涵蓋了大部分有

* 譯注：英國東方學家和探險家理查．伯頓爵士於一八八六年提出的假設。他斷言，歐洲有某些地區居民普遍存在同性的性行為，並加以歌頌。這個名詞源自公元前三世紀的希臘詩人索塔德斯（Sotades），是一專門寫作淫穢、有時是同性情色之諷刺詩的作家。

人居住的世界，只有北歐、俄羅斯和非洲南部除外，而後面這些地區的居民對於同性性愛「非但不會身體力行，還以最強烈的嫌惡感看待它」。伯頓強調，這種現象是「地理和氣候因素而非種族造成的。……我懷疑這種男女心性混合的現象是受到氣候多種微妙影響匯聚而成的結果。」[50] 這一信念在埃爾斯沃思．亨廷頓（Ellsworth Huntington）那全球「人類精力普遍受氣候影響」的理論中得到了附和。[51]

在奧匈帝國，氣候對性的影響乃是加利西亞作家利奧波德．馮．薩克－馬索克幾本頗受爭議之小說的中心主題。他的小說充滿對哈布斯堡疆域東北邊緣之風景的情色描寫。我們舉他最聲名狼藉的小說《穿皮裘的維納斯》（*Venus in Furs*）為例。故事發生在「喀爾巴阡山的一處療養勝地」，主角當時正「倚靠窗戶」呼吸新鮮空氣。他根據一個了不起的「系統」過活，而說這系統了不起，部分是因為它會借助「溫度計、氣壓計、氣體比重計和液體比重計」執行氣候學的自主觀測。外面的山景「顫動」和「律動起伏」，它會引誘人並令人陶醉。有一次，他騎上一頭驢子，打算「讓喀爾巴阡山脈的壯麗景色麻痺我的慾望和渴想。」然而他回來後只覺得「累了、餓了、渴了，但愛慾比以往任何時候都更強烈。」他那位頭髮被形容為「像帶了電」的愛慾對象，將自己的性能力歸功於身上那件皮裘所產生的大氣電力（atmospheric electricity）：「這是一種讓你感到刺刺麻麻的物理刺激，沒有人能全然擺脫它。科學最近發表，電和暖之間存在一定的關係；無論如何，兩者對人體的作用是相關聯的。炎熱的地區會造就較熱情的個性，昇溫的大氣會

圖四十二：海因里希・馮・菲克爾（1881-1957），約一九二〇年。

帶來刺激。雹也有一樣的作用。」[52] 如果想想這幾組關聯，十九世紀晚期哈布斯堡氣候學家熱中探究「大氣狀況是否會引發興奮」的問題也就不足為奇了。

氣候學的現代主義

正如歌德的浪漫小說給與我們一把打開漢恩日記的鑰匙，現代主義詩歌也幫助我們破解漢恩年輕同事海因茨・菲克的個人日記（圖四十二）。要讀懂菲克爾一九一三年遠征中亞的那本日誌，就必須先了解他搬回因斯布魯克家鄉時身處的文學圈子。因為菲克爾並非像漢恩和克雷爾那樣是克雷姆斯明斯特出身，也不像普基尼和修斯那樣原籍波希米亞。他生在巴伐利亞，但十幾歲時搬到提洛省的首府，其父朱利葉斯．菲克爾（Julius Ficker）成為那裡的歷史教授。海因里希的兄弟路德維希．菲克爾（Ludwig Ficker）是因斯布魯克著名之現代主義文學圈的核心人物。這場文學運動起因於其成員著迷於邏輯和實證科學無法企及的經驗領域。[53]

一九〇六年，海因茨．菲克在因斯布魯克完成了探討焚風的論文；三年後，他的兄弟路德維希創辦一本名為《焚風》（*Der Föhn*）之提洛文學的新雜誌。雖是巧合，卻也饒富深義。這本雜誌的內容主要在歌頌提洛的家鄉。正如其編輯所言，該雜誌的目標在於完整呈現「提洛知識分子生活的方方面面」。它充滿了對阿爾卑斯山大自然的讚美，以及有關提洛民間文化的報導。然而，在該雜誌創辦不久後，路德維希．菲克爾即因《焚風》的編輯群只將目光狹隘地鎖定於在地的文化而與其分道揚鑣。這時，他打算創辦自己的雜誌，這個念頭是在他與詩人卡爾．達拉戈（Carl Dallago）對話時形成的構想。正如他們來往信件所顯示的那樣，菲克爾和達拉戈努力要調和他們「本於提洛」的價值與他們卓眼國際的雄心。其間的拉鋸反映了提洛省保守派和自由派之間日益加劇的衝突，而這種緊張局面在一九〇九年提洛反抗拿破崙占領一百週年紀念活動的期間變得尖銳起來。對提洛地區的兩種認同態度在這時間點上產生了衝突：其一是政治保守主義的、沙文主義的、反猶太主義的和日耳曼本位的立場；其二則是進步主義的、四海一家的立場。[54] 對路德維希．菲克爾而言，二者間的競爭正是文學新天地的一片沃壤，正如他向另一位朋友解釋的那樣，提洛的成分不會獨搶鋒頭，「否則雜誌的前途就窒礙難行了；我只打算在每一期的卷末放上一篇探討地方性問題的專題文章，但前提是這種文章必須持有更普遍意義的觀點。」[55]因此，正如達拉戈所言，這份新雜誌將實現「從家鄉走向公眾」的目標。[56]有位猶太詩人嗅出該項創辦行動的政治含義，於是寫信給路德維希，以確認此本新雜誌是否適合他這個猶太復國主義者發表文章。[57]

路德維希·菲克爾的新雜誌將是德國現代主義史上數一數二具影響力的期刊。菲克爾為這本雜誌命名《布倫納》（*Der Brenner*），而這也是該雜誌唯一反映其提洛根源的地方，布倫納正是連接提洛北部和南部之間、位於阿爾卑斯山鞍部的山口。在奧地利，布倫納山口象徵著日耳曼文化和地中海文化之間的重要聯繫。但這也引發了阿爾卑斯山以南德語人口和義大利語人口之間的民族主義緊張局勢。對於路德維希和海因茨的父親、歷史學家朱利葉斯·菲克爾來說，這是一個意義重大的地方。為了捍衛奧地利帝國的完整性，他同時反對「小日耳曼」（small-German）統一計畫以及義大利民族主義運動。他研究過義大利後得出的結論是，它最好讓奧地利統治，因為後者可以提供統一和保護，同時又能滋養多樣性。因此，布倫納（無論是作為山口抑或雜誌的名稱），不僅僅是一條擺脫地方孤立的道路，它還象徵哈布斯堡帝國在世界歷史中的使命。在海因茨·菲克爾為《奧地利氣候學》所撰寫之關於提洛的分冊中，布倫納也占了同樣重要的地位，因為這個山口同時呈現差異鮮明之氣候間的對立和一致。[58]此外他也將提洛的地方主義主張提升到「人在當地、放眼世界」的層次，也是薈萃北歐文化和南歐文化的橋樑。

就像圍繞在路德維希・菲克周圍的那些現代主義文學家一樣，海因茨・菲克爾也嘗試在自己的風景描繪中加入象徵主義的元素。他曾在一本熱門的登山雜誌上刊登一篇探討焚風現象的文章，文中他想像到「山谷中寒冷的冬夜」。即使在寂靜、風平的山谷中，也能聽到、看到焚風逼近時那令人不安的跡象，高處森林中冷杉針葉的沙沙聲和詭異的光線特質：「顏彩的變化充滿狂野而病態的熾烈，這是變天的險兆。」[59]令人驚訝的是，《布倫納》刊出的第一批且最出名的詩歌中，有一首描寫焚風到來時景象的作品即密切呼應前述文章所言。這首詩讓世界認識了一位二十世紀德國偉大的現代主義作家格奧爾格・特拉克爾（Georg Trakl）。〈焚風襲來的城郊〉（*Suburb in Föhn*, 1912）從描述焚風期間那壓迫的、有害的空氣轉變為對於全然不同之異世界的想像，一種東方學學者眼中的東方浪漫以及耽慾風情。

> 焚風將乾枯的灌木叢染得更加多彩，紅色在光流中緩緩蔓延開去。……
> 雲朵之間闢出一條閃亮大道，
> 其上壯麗戰車熙熙攘攘，車上滿載勇敢乘員。
> 接著，你還會看到一艘船停落懸崖之上，
> 有時還會看到玫瑰色的清真寺。[60]

正如菲克爾和特拉克爾強調的那樣，焚風襲來會伴生沉降壓力以及停滯空氣，更突顯出他們那在地家園壓迫的孤絕感。然而，風勢掩至也帶來如此絢麗多彩的光影，因此海因茨·菲克爾才將焚風描述為「大師級畫家」。[61]在特拉克爾眼中，焚風喚起了異域的奧秘，因為那裡或許才是它的源頭。焚風以這種戲劇化的方式被包裝，成為一個恰當比喻，讓提洛年輕的自由主義者得以藉此鼓吹提洛省和國際的融合。

阿賴山（Alai）*，阿賴山！

在探訪俄羅斯東部的期間，菲克爾將繼續他的文學實驗。一九〇三年，他首度前往俄羅斯帝國的南部邊陲地帶，那時他仍在因斯布魯克唸地質學。該次旅行的條件相當克難，因為菲克爾不是以帝國—王國科學家的身分而是以尋常登山客的身分踏上旅途。那一次他抱定「征服」該地區幾座山峰的決心。他和妹妹錢奇（Cenzi）加入了一個由威利·里克默·里克默斯（Willi Rickmer Rickmers）領導的中歐團隊（他也是將滑雪運動引入提洛的人）。錢奇攀登了一座四千七百公尺

* 譯注：中亞山脈，從吉爾吉斯向西延伸至塔吉克，長三百五十公里、寬二十公里，最高點海拔高度為五千五百四十四公尺。

的山峰，此舉讓當地一位貴族留下深刻的印象，以至於對方想將這座山送給她「當作禮物」。62 錢奇很快就贏得當代最傑出之女性登山家的美名。一九〇七年，她與里克默斯一起返回東部，目的在於記錄一些氣象觀測數據，以供她兄弟的海因茨隔年發表的研究時所用。一九一三年，他們兩人都跟隨里克默斯去了突厥斯坦。

一九一三年那冊名為《帕米爾探險誌》（*Diary of the Pamir Expedition*）的日記還包括十幾頁菲克爾日後從未公開發表的草稿，例如〈最美時光〉和〈遠地之夜〉。從表面看，這些小品旨在描寫風景及其所勾起的情緒，並詳述團隊成員沉迷其中的「快活小樂子」（里克默斯的講法）。然而仔細閱讀之後，我們發現這些草稿的內容多是當菲克爾對異國情調的幻想和實地經歷發生衝突時所做的精闢描述。整本日記都清楚表明，菲克爾在想像中對許多自己所遇到的當地人都抱有認同感，尤其是對那些他認為遭到壓迫的人。因此，例如，有個條目即以充滿東方學視野的文字開場：「我們旅程的目標與限制。那裡是阿富汗，封閉且富含奧密的國度。」某位當地的酋長向他們指出領地的範圍後，便向他們道過晚安，並退回菲克爾認為必定是對方妻妾女眷居住的「髒洞」。門靜悄悄打開，菲克爾瞥了裡面的女人一眼：「看到兩個女孩的眼白，接著耳邊傳來從女人的嘴裡發出來的、令人一聽難忘的低而怪的聲音，還有男人盡量壓下音量的耳語。」菲克爾驚呼道：「一千零一夜！」，並嘲弄自己的天真。他尚不清楚自己所見事物，但其意義的模糊和四周的寂靜（「群山悄然矗立，守護著即將沉落卻桀驁依舊的月鐮」）卻令人不安。此情此景令菲克爾想到一個問題，一個他在日記其他地方明確提出的問題：在這廣闊的世界裡，誰該為這種顯而易見的不公正負責呢？[63]

當然，歐洲長久以來即對穆斯林社會虐待婦女的傳統發出不平之鳴，但這觀點往往帶有種族主義的偽善色彩。然而菲克爾的觀察不含道德說教，而其高度的自覺性亦值得注意。在撒馬爾罕附近的一個村莊裡，他的一個粗魯的俄羅斯同伴，帶他去找酒喝外加嫖妓。「才幾年前，賣杜松子酒和葡萄酒的人會被處罰。我的同伴低聲說道：『這文化真可怕！』」。接著他又笑道：「但我們還是買得到酒呀！」這個熟人很快就和幾名妓女離開辦事去了，這時菲克爾得知，這些女人接一次客才掙十五戈比。另一個俄羅斯人評論道：「你想想看，接一百個客人也只能賺十五盧布！」他們步入深沉夜色，菲克爾心裡想，這些女人也曾經是嬰兒，她們的母親也曾經「站在搖籃旁為她的孩子祈禱」。第二個俄羅斯人對妓女和當地的男人都表示同情：「這不是很可怕嗎？我們征服了這片土地，卻讓這裡流行起杜松子酒和嫖妓！」菲克爾將下一行劃掉，然後只用「我沒再進一步問下去」來為這篇小品收尾。[64]菲克爾常以選擇沉默的方式結束這些後來未公開發表的草稿，因為他體會到自己所提出之問題的複雜面。

另一個條目專門描寫杜尚別（Duschanbe）*這個「鄂圖曼帝國的避暑勝地」。菲克爾一行人

---

* 譯注：今日中亞國家塔吉克的首都。

在這裡體驗了「令人精神振作的涼爽夜晚、潮濕的早晨以及炎風吹拂與漫天飛沙的酷熱白天。」某天晚上，樂師開始為他們演奏，還有「一個蒼白、精緻、安閒自得但可能已墮入風塵」的女孩來到面前跳舞。菲克爾看著她的動作，看著圍繞在女孩四周那些目光明亮有神的男人。……「我身邊的一位同伴一邊說：『這可會讓你無法自拔！』，一邊擦了擦額頭上的汗水。我知道他這話的意思。沒錯，我們應該都知道：這可能不是女孩。……只是個會跳舞的男孩，穿女裝的男孩！小傢伙多俊啊！」菲克爾隨後承認，他知道同伴在期待什麼，但只一笑置之。事實上，歐洲早已流傳有關穆斯林世界中舞者男扮女裝的說法。[65]如今身臨其境的歐洲人發現自己抗拒不了誘惑。菲克爾對慾望的突然湧現感到不知所措。「直到剛才為止，旅途中的每一件事都很圓滿。沒有騷動的慾望，沒有浮躁的渴想。突然之間不安分的東西（hin und her）冒出頭來，彷彿你天生註定該受感官支配（Wie hergestellt sind die Sinne）。」他和同伴雖然準備離去，但那個慾念仍如影隨形地跟著：「如果沒有女人，為什麼不拿男孩湊合？」總之，他們「再也受不了了」。他們將狗餵飽之後轉身就走。菲克爾認為：「如果得在這種地方待上更長時間，天曉得會發生什麼事！」[66]這篇文章流露夢境般的情調，現實與幻想的邊界是模糊的，情慾出人意料地燒燎起來，讓人想起薩赫—馬索克（Sacher-Masoch）*那些描寫帝國邊陲地帶的小說。在東方主義的傳統中，菲克爾賦與景觀本身一種誘人的特質，並將這股突然湧來的慾念波濤與「蒸騰」的熱氣以及狂風聯繫起來。那麼，假設他仍留在突厥斯坦，他會做些什麼？這個問題該從他的寫作風格裡找答案。菲克爾和薩克—馬索克一樣，在想像中都和被壓迫者站在同一陣線，這很容易漸漸變成「走向本土」的思想實驗。

在更深層次上，該日誌反映了菲克爾的突厥斯坦經歷對於他看待自己之方式的微妙影響。這在他回程途經哈布斯堡境內克羅埃西亞的穆斯林社區時尤為明顯。在那地方，他遇到了一個年約十四、在磨坊裡驅牛工作的美少女，當時她正被磨坊的主人殘酷毆打。「這孩子默默受苦，她烏亮的雙眼閃爍著慈悲的光芒。」菲克爾「震驚」之餘，做手勢阻止對方繼續施暴。「周圍的男人全都哈哈大笑，因為我的憤怒逗得他們十分開心。我很震驚，這一切為何會發生在我們身上（Wie kam uns alles）？」我國的兒童難道不是「比其他地方的兒童受到更尊貴的待遇嗎？」我國的婦女和兒童不是不必辛苦工作嗎？因此，菲克爾帶回了道德責任的問題。

菲克爾不得不承認，他所目睹的最令人痛心的暴行不是發生在俄羅斯的亞洲地區，而是發生在哈布斯堡的領地克羅埃西亞。「每當我回想起那一刻，我的額頭還會冒汗。為什麼我當時不揚起鞭子，抽在磨坊主人的臉上？為什麼我能容忍一個人在我面前被如此虐待？不是我怕事。或許因為我覺得自己無力改變女孩的命運。」菲克爾覺得這個女孩受苦的目光將永遠縈繞在他的

＊　譯注：奧地利作家（1836-1895），以描寫加利西亞生活的文章和浪漫小說而聞名當代。受虐癖（masochism）一詞即來源於他的姓氏。

腦海，「她那雙眼睛告訴我，在那一刻，我沒個男人樣。」他究竟有無男性氣概似乎難以直下定論。或許是為了平衡這種自責，他回顧了自己的旅程，並得出一個結論：我從頭到尾沒勾搭過女人。「和女人上床在我看來是長期求愛過程到盡頭時才應發生的事。」他以這種方式確定了自己的男性認同，然後接著表示，將這些經歷記錄下來的價值在於「了解遠行旅者的心理狀態，也許這比對異域的泛泛描述更加重要。」[67]事實上，這批草稿的主題應是「旅行如何能深刻改變一個旅人」。

從提洛到突厥斯坦

接著讓我們看看菲克爾從自己在中亞收集到的第一手資料中，導出什麼科學性結論。在他一九〇八年關於突厥斯坦氣候的論文中，在那篇他出發探險之前即已發表、並僅根據觀測站數據寫成的論文中，他認為俄屬突厥斯坦是一片「奄奄一息、被遺棄的」土地。這個多山而乾燥的地區因有冰河融冰的灌溉才能發展農業，但這些冰河正在退縮，該地區於是面臨不可逆轉的旱化。它當時的肥力完全依靠人工灌溉，但這並非一種永續性的做法：「今天如果我以人為干預的方式將水轉輸某個地區，我就等於剝奪另一地區的水資源，最終導致後者的荒蕪。」[68]在中亞之行後所發表的研究論文中，菲克爾加入了該地區旱化的進一步證據，從林地縮小到冰河消退都有。他比以往任何時候都更確信突厥斯坦是一塊氣數將盡的土地，然而，現在他是從一個更寬廣的框架看待突厥斯坦的問題：「無論如何，人類在該地區所造成的破壞永遠都不會被自然修復；事實證明，由於受到人類破壞，例如喀斯特地區和南阿爾卑斯山許多地區的樹木就永遠消失了。」[69]因此，菲克爾不遺餘力地警告俄羅斯人不可過度開發其自然資源；他還暗示了奧地利也有必要保護它的每個地區。他眼裡看到的不是開化的西方和未開化的東方之間的刻板對比，而是兩個由全球氣候系統聯繫在一起、面臨相同命運的地區。

因此，菲克爾的日記可以解讀為縮放情感尺度的工作紀錄。正如他在已發表的報告中所表明，自然環境的觀察與人類慣俗的觀察是分不開的，因為自然環境對於人為干預非常敏感。同樣，將阿爾卑斯山與帕米爾高原聯繫起來的想像，似乎與對突厥斯坦居民的同情心密不可分。尺度縮放既是一種身體的、動覺的過程，也是一種道德行為。為了用分隔理論（degrees of separation）來代替遠近距離的絕對區分，僅靠第一手觀察是不夠的；某些時候，對外國人的信任就變得至關重要了。根據胡塞爾的學生路德維希．蘭德格雷貝的說法，想像自己社群之外的能力正是「無窮」這個的數學概念的起源。簡言之，菲克爾在日誌中所流露的同理心乃是他對提洛阿爾卑斯山的了解，到他對帕米爾高原的掌握，再到他於全球層面上進行推斷之尺度縮放過程的核心。

結語

菲克爾的日記也顯示他對歷史變遷的敏銳直覺。從一九〇八年到一九一九年，在他探討突厥斯坦旱化現象的出版品中，我們讀出了一個隱含的主題：文明的衰落和帝國的滅亡。里克默斯從一九二〇年代後期的角度回顧一九一三年的旅程時曾寫道：「那是一大轉變，從發現之旅到變化（processing）之旅，從單純的觀察到行動的觀測站，從驃騎兵到科學裝甲車的轉變。」[70] 對於里克默斯來說，這是儀器取代肉眼、統計學家取代說故事人的時刻。這種對比只能在回顧中看出，但早在一九一三年，里克默斯就暗示，探險家這角色其實處於高壓之中。他很感嘆，一場嚴格「分工」的大型探險活動幾乎不給團員保留個人自由。在他看來，菲克爾的作為正代表了自由的不受限制。探險隊領隊和地形學家（topographer）離不開地面上的定點，而地質學家那份「不安分的精神」則需要「自由」才能工作，才能「到每個角落探頭探腦，品嚐探索的樂趣。」[71]

說來諷刺，菲克爾的下一次也是最後一次的俄羅斯東部之旅，竟是以戰俘的身分結束。這一次，他的研究僅限於計算已發表的數據，因此沾上階下囚的污點，因為第一手的觀測行動是與失落的自由時代緊密連在一起。直到戰後的一九一九年，即國際聯盟成立之年，他才有機會發表自己的《帕米爾地區氣象狀況調查》（*Investigations on the Meteorological Conditions of the Pamir Region*），而事後回顧起來，這一時刻也標誌著個人探索時代的終結以及國際化之系統性科學研究的肇端。在此背景下，菲克爾認為氣象學的旅行敘事「未來將繼續熱門下去」的信念似乎不符趨勢。當然，這只能歸咎於他沒能預見電腦和衛星的發明，因為這兩項發明在統整大量數據、產出生動圖像以及建立全球氣候模型這三方面具有前所未見的效能。在電腦時代，大氣科學的全球化，意味從產出知識的人和地方中擷取氣象知識。皮耶克尼斯的「極面」概念於一九一九年開始大行其道就是一個很好的例子。菲克爾和皮耶克尼斯都認為極地和熱帶空氣之間存在半球的不連續性，並體認到它在生成氣旋方面的作用。不過菲克偏重於研究此一發現在氣候學上（甚至可說是生態影響上的）的意義。在菲克爾眼中，為了更廣泛探知提洛和突厥斯坦等脆弱氣候之間的關聯，有必要尋找歐亞大陸寒潮的源頭所在。[72]相較之下，皮耶克尼斯從較窄化的、較工具性的立場推崇「極面」概念，認為它是風暴預測的關鍵。

隨著皮耶克尼斯的解釋在一九二〇年代迅速走紅，從此沒有人再有動機從區域、乃至地方的層面闡明此一現象的影響。天氣預報的時代已經來臨，要求將氣象觀測數據縮減為計算機或計算器可以操作的精準數字。氣象學家和自然地理學家很快就要分道揚鑣了。[73]菲克爾的報告屬於一個不同的時代，充滿了無法加以抽象化和量化的觀察與離題敘述。他的氣候科學仍依附於大陸型帝國那種全觀式路線的地理事業。因此，他才決定盡可能在著作中多多放入儀器曲線、腳注等等，同時要求印刷品質精美。

菲克爾在帕米爾探險日誌中，承認個人經驗和科學觀察之間的界線是模糊的。有一則條目描述了彼得大帝山脈（Peter the Great mountain range）的遠景，並指出沙皇是個「威勢的人，據說應該只有他鎮得住這壯闊的山脈」。他繼續說道：「科學是美好的東西，尤其像我們可以在馬背上搞科學更是如此。在從阿爾瑪立克（Almalik）前往山脈中段的旅程中，我們高坐馬鞍之上、穿越繁花盛開的草原，我們暫時忘掉科學。」菲克爾提到彼得大帝其實帶有諷刺意味，因為人和山脈相比，無論在空間或時間的尺度上都相形見絀。後來，菲克爾斷定「彼得大帝」並非單一主脈，而是由兩支分脈組成，於是提議將彼得的舊名保留給西脈，至於東脈，他提議另外命名為凱瑟琳大帝。由於團隊中包含兩名女性隊員，他才提出這一合宜的意見。[74]事實上，菲克爾在突厥斯坦體會過的性慾衝突經驗，已將帝國衰落與英雄主義式微的主題與陷入危殆之男性氣概聯繫起來。在這個背景下，此一段落反思性地強調從個人場域轉向科學場域時所導致的意義損失。藉著「忘掉」科學，菲克爾可以完整地、感性地體驗這座山脈以及當下的那一刻。人們可能在那其中聽見卡爾．達拉戈在《布倫納》中論及科學的說法：「《布倫納》中談的科學是真實的，但那裡面不再僅有科學。」[75]或者，人們也可能會想起這個文學圈子另一位成員更有名的一句話：「凡是不能談論的，我們必須沉默以對。」這是路德維希．維根斯坦（Ludwig Wittgenstein）《邏輯哲學論》（*Tractatus Logico-Philosophicus*，一九二一年，原先打算發表在《布倫納》上）中最後的一句話，這是對科學極限的另一種探索。[76]

當然，有人可能會建議科學史學家，在科學家「忘記科學」時就不要再讀下去。然而接下來會發生什麼？科學「之外」究竟還有什麼？這些問題實在太重要了。

科學帶領我們來到這裡，
然而一剛開始並非如此。
把我們帶到六千公里之外的，
難道不是對於這些未知而神祕之山脈的渴望嗎？
我們渴望山上的美景。……

進一步讀下去是否有失輕率？當科學家私下為一座被他形容為「強大、威嚴」或是「群山中的帖木兒」的神魂顛倒時，我們是否應該三思，到底要不要再窺探下去？有一些更美麗、遠遠更美麗的、像偉大科學一樣的東西，那就是偉大的山。

樹蔭下站著一個少女，宛如石像一般，大大眼睛，衣著輕盈。在雪地裡，她的雙頰泛光，棕色溫柔的眼睛無助地環顧四周。這美麗的孩子像隻年幼的松雞站在我面前。她抬眼望一望，又低下頭。阿爾瑪立克的女孩！每當憶起那一刻，我的心就暖呼呼。我有一個心願（我仍然覺得那是心願，不是慾望），但也許終究是熾烈的、罪惡的慾望。[77]

也許該是把手稿歸檔並回頭認真做研究的時候了。但是，這個感性的、無言的時刻確實告訴我們一些有關菲克爾與「科學」的事呢？用菲克爾的話來說，「科學之外」的東西讓人想起胡塞爾所說的「前科學」（prescientific）或「自然世界」（natural world）。在胡塞爾看來，恢復這個領域的經驗並不需要放棄科學。相反的，其目標在於找回在原始背景下，賦與科學理念最初意涵的經驗。對胡塞爾來說，這是解決二十世紀初歐洲文化中意義危機的辦法。在提出科學與慾望之間關係的問題時，菲克爾可能也有類似的直覺。「那麼，科學是什麼，山是什麼？」

結論　帝國之後

一八七七年出生於維也納的地理學家雨果・哈辛格（Hugo Hassinger）在一九四九年那戰敗、聲名掃地且被外國勢力占領的奧地利，即將嚥下生命的最後一口氣。戰後奧地利的面積大約只是奧匈帝國的十分之一。由於哈辛格從未加入納粹黨，因此一九四五年之後仍可繼續擔任維也納大學的主管職務。儘管如此，外界仍對他的政治立場存有疑慮。在戰爭期間，身為「東南歐研究團隊」（*Southeastern Europe Research Community*）的負責人，哈辛格曾發表旨在合理化希特勒入侵該地區的學術著作。[1]他甚至策劃將德國人重新安置於被征服之土地上的方案。他的出版物常以「日耳曼生活空間」的觀念為論述的基底。戰後，在盟軍占領的中歐，這套語彙成了禁忌。因此，在他漫長職涯的暮年階段，在冷戰即將開始之際，哈辛格又回到了帝國—王國科學的論調上。

在《奧地利的自然與命運：根植於其地理位置》（*Austria's Nature and Destiny, Rooted in Its Geographic Situation*）中，哈辛格為這個奄奄一息的國家在戰後世界秩序中的重要性提出了辯護。他認為奧地利不僅是意識形態彼此對立之區域間的「邊界地帶」，它還是哈布斯堡王朝超民族傳統以及「歐洲」此一根本理念的保護者。他認為，哈布斯堡王朝一直是「歐洲的」，不僅在思想上，而且風景也是如此。他特別指出了「氣候現象的多樣性」，體現在「阿爾卑斯高山冰冷地區與地中海氣候之間的鮮明對比；森林和高山草原滴落濕露並受來自海洋的西風吹拂，而乾燥的潘諾尼亞氣候帶則灌溉條件差，湖泊沒有出水口。」[2]這種「受海拔高度、土壤與地方氣候因素影響的能量在小小空間內的快速轉換」造成最多樣化的「經濟活動類型」。正如馮．布魯克部長一個世紀前強調的觀點一樣，哈辛格將奧地利的活力歸因於相鄰地區的對比，歸因於與空間中「能量」的「快速轉換」。不過，他用的意象大多借自多夫和卑爾根學派傳統的「大氣交戰」（atmospheric warfare）而非哈布斯堡氣候學中尋常的意象。中歐是「**大陸和海洋勢力相互較量的地區**」，而「中歐更深層的意義也在這裡。」它是「大氣層和地球上海洋和大陸勢力的戰場，植物、動物和人類及其文化都這裡相互激盪。」然而，他也堅持，這些對立勢力「也相互依賴以尋求妥協（Ausgleich），因此中歐也可以被視為**歐洲的「平衡空間」**（Ausgleichsraum）。[3]哈辛格就像馮．布魯克及其十九世紀同時代的人，將中歐的命運與各鄰國間相互的「平衡」關係與首重「妥協」的外交策略聯繫在一起。

這個人四年前還盼望納粹政權來統治整個地區，如今筆下竟那麼自然地勾勒出此一願景！想當初他曾計畫將非日耳曼族群全部趕出南提洛、布爾根蘭（Burgenland）*和內喀爾巴阡山

（Inner Carpathians）地區，如今卻歌頌起這些地方奇妙的多樣性。這樣豈不怪哉？

氣候和中歐的命運

哈布斯堡王朝關於「多樣性中求統一」的說法從一開始就受到挑戰，而此懷疑態度隨著一九一四年戰爭的爆發而愈演愈烈。兩年後，經濟學家路德維希·馮·米塞斯（Ludwig von Mises）認為王朝想統一對比鮮明的差異根本緣木求魚，因此加以猛烈批判。馮·米塞斯主張，為自由貿易設壁壘是不合理的，他嘲諷國家在邊界徵收保護性關稅以促進政治團結的政策。關於戰後歐洲秩序重建，他批判了當年頗受歡迎的兩種觀點：一是弗雷德里希·瑙曼（Fredrich Naumann）《中歐》（*Mitteleuropa*, 1915）一書中的經濟理論，二是卡爾·倫納的聯邦社會主義。雷納認為，加利西亞與奧地利儘管彼此的邊界多山，「卻因天生的互補關係」而註定連結在一起：前者提供給後者糧食、木材、石油和烈酒，而後者提供給前者鐵、紙和紡織品。馮米塞斯打趣道，照這說法，那麼奧地利人也吃糖、茶和可可，那麼奧地利和英國及其殖民地豈不也是「天生的共同

---

* 譯注：奧地利最東面、最平坦且最晚成立（1921）的省分。東面與匈牙利接壤，西部則分別與下奧地利省和史泰利亞省為鄰。

體」。最終，馮米塞斯堅信，未來任何著眼於保護的統一措施都會阻礙其中至少一名成員的工業發展。從這層意義上說，統一不會造就「經濟共同體」，而是挑起一場「經濟戰爭」。然而，在拒斥這些機能隱喻的同時，馮．米塞斯同時也採用了物理主義（physicalism）*有關「平衡」（equilibration）的語彙。在他對勞動力與資本流動的分析中，他即提到工資和利潤差異間的「平衡」（Ausgleichung）。[4]

匈牙利歷史學家奧斯卡．賈西在其一九二九年那本諷刺意味濃厚的歷史著作《哈布斯堡王朝的解體》（*The Dissolution of the Habsburg Monarchy*）中，同樣瞧不起自然多樣性的意識形態。儘管賈西和馮．米塞斯在政治立場上存在分歧，但他們都將這種花巧說詞視為一種掩飾，以遮蓋一群人對另一群人經濟剝削的事實（儘管他強調的是階級區分而非國族區分）。如下是他對奧匈帝國有關自由貿易區舊論調一針見血的諷刺：「你瞧，哈布斯堡王朝給諸多在自然條件、語言、文化、經濟發展如此不同的國家和民族在沒有關稅壁壘的障礙下實現貿易，從而以最和諧的方式相互完足。……這種自由貿易可真有利，可真進步啊！」[5]賈西的這種論點在一九二〇年代尚未失去魅力。這一點從自由貿易對泛歐運動的重要性中即可看出端倪。然而，值得注意的是，儘管賈西的語氣很是高傲，但他也接受了自然多樣性具有其內在價值的前提。他肯定道：「兩個或數個經濟區域可以相互提供的東西越多，它們相互完足的程度就越高，而且自由貿易給它們帶來的優勢就越多，但如果關稅壁壘越將它們分隔，它們的劣勢就越深化。」值得注意的是，他列舉幾項哈布斯堡關稅同盟失敗的原因，其中一項是其氣候具相對的一致性。「帝國所需的物資絕大部分由氣候溫和的地區生產，從這方面來看，其內部的差異不是很大，而且作用很小。」[6]賈西之所以積極參與有關前哈布斯堡疆域氣候多樣性程度的辯論，那是因為，中歐命運的問題有一部分仍繼續以一八五〇年代導入之自然主義的（naturalistic）論述為框架。

事實上，奧匈帝國以「自然單位」自詡的立場，在第一次世界大戰期間曾引發激烈的爭論。甚至在一九一八年之前，德意志帝國的地理學家即普遍預言，奧地利是一個將來注定要沿著民族區界線崩解的「非自然」國家。[7]然而奧地利的地理學家仍繼續捍衛哈布斯堡王朝的「地理基礎」，這是繼承自一八五〇年代「國家整體性」的話語。例如，諾伯特・克雷布斯即在一九一三年寫道，奧匈帝國的自然多樣性使得「各種產品得以積極交換，從而支持文化的發展，此外，國家也因擁有這些產品得以更加自主。」[8]羅伯特・希格曾於一九一五年堅決表示，哈布斯堡地區具體的自然多樣性不可避免地造成了「最強烈的文化對比」，因此是經濟自給自足的良好基礎。[9]

一九一八年帝國政權垮台後，氣候仍然是討論前哈布斯堡領土命運的指導方針，不過已經有人開始將氣候解釋為一種決定性的力量，而不是一種適應性的資源（adaptable resource）。哲學家

* 譯注：本體論其中一種二元論的存在形式，一個「單獨實體」的對自然真實世界的視角，這是與「雙實體」（二元並存理念）和「多實體」（多元並存理念）所對立的世界觀。

和政治家理查・尼古拉斯・庫登霍夫—卡勒吉（Richard Nikolaus Coudenhove-Kalergi，父親是奧地利外交官，母親是日本人）對於未來勾勒出相當不同的遠景。庫登霍夫—卡勒吉於一九二三年發起的「泛歐」運動將統一的歐洲設想為由技術官僚治理的烏托邦。用他的話來說，技術是歐洲的一項發明，是一種駕馭自然以實現人類目的的「精神」力量。他認為，歐洲社會問題的關鍵在於氣候。歐洲人生活在「氣候不自由」的狀態中，受制於寒冷的冬天和短暫的生長季節。透過技術，歐洲人已經成功地將「北方的原始森林和沼澤地變成了耕作的天堂」。[10]因此，解決社會問題的方法不是政治而是技術。庫登霍夫—卡勒吉被認為是歐盟同時具技術官僚主義和浪漫主義之理想的精神源頭。然而，一般人都忽略了他最強調的一點，即氣候是歐洲自由最終的一道障礙[11]。

正如奧地利地理學家埃爾文・漢斯利克（Erwin Hanslik）在他那些頗具影響力的作品中所主張，氣候因素對於中歐未來的重要性同樣不可小覷。漢斯利克曾在維也納大學師從彭克。一九一五年，他創立了總部設於維也納的文化研究所，致力於為新時代重塑奧地利的理想。[12]漢斯利克的研究領域還涵蓋「日耳曼—斯拉夫語言邊界」的計畫。正如他在論文的引言中所解釋，此一計畫起源自他身為加利西亞工人之子，於一八八〇和九〇年代成長過程中對德國和波蘭文化之間差異對比的個人感受。正如傑里米・金（Jeremy King）和其他歷史學家所闡明的，鼓動民族主義的人，正是在漢斯利克青年時代開始競相將個人和社群確定為單一民族語言的單位，就算他們宣稱自己可以輕鬆使用多種語言也一樣。[13]正如漢斯利克所解釋，他希望自己的研究能藉由「對語言邊界與奧匈合體之性質的科學洞察，對語言戰爭產生一定程度的影響」。[14]也就是說，他希望利用在地圖上劃線的辦法，一勞永逸地解決語言認同的問題。

出身加利西亞的工人家庭的漢斯利克似乎一心想繼承帝國—王國科學的精神。根據那個傳統，他將自己的權威性科學主張，建立在對帝國自然多樣性的親身體驗上，因為他「多年來習慣於交替踏查研究東部和西部的山脈」，他的思慮「深入所有細節」，以勾勒出一條真正的「自然邊界」。漢斯利克的分析方法顯然以漢恩和克納．馮．馬里勞恩的氣候學和植物地理學研究為模型，而且大部分數據也出自於此。他借用對方的方法，追蹤記錄氣候和植被在空間中的細微變化，藉此定義「自然區域」。但他也有不採納對方看法的地方，比方他不相信「氣候邊界」（climatic borders）是主觀、需視條件而定的，而是認為取決於統計學程序與植物分類模式的選擇。在漢斯利克的手中，哈布斯堡氣候學的方法成為將歐洲一分為二的粗略手段。他聲稱，根據氣象學和植物學的證據，人們「一眼就看得出來」，歐洲斷然可以分為西方「海洋」和東方「大陸」兩大地理區塊。帝國的東部和東南部構成的不是「平衡氣候」（Ausgleichsklima），而是「邊界氣候」（Grenzklima），亦即「西部和東部主流（Herrschaft）氣候的變體」。在氣候學方面，他將此一主張建立在親身體會的經驗上：「生活在這些地方的人，不管是誰，透過親身的觀察都可以輕易了解這一點。為了自身的健康著想，他便據此調整自己的生活。」[15]透過這種簡化辦法，漢斯利克實現了概念上的飛躍，這在漢恩或克納的著作中是找不到的。也就是說，他將氣候帶與國家空間聯繫起來。「西歐偉大的日耳曼—羅馬國族僅限於海洋地區，而斯拉夫國族則偏處於大陸與過渡地區。因此，歐洲的橫向分類與氣候分類尤其密切相關。」這很快使他得出了一個值得注意的結論，即「日耳曼人和斯拉夫人之間的語言邊界絕非一條簡單源自歷史進程的隨機線。」相反，「這是一條由自然劃定的線。」[16]在這一條空間邊界上，漢斯利克還看出了時間分野，也就是「文化發展階段」（Kulturstufe），亦即文化發展兩個階段間的差異對比。

漢斯利克透過他的文化研究所出版的作品，向廣大公眾展示了歐洲地理的此一形象，而這些出版物通常使用顯眼的、現代化的圖形來表示他為歐洲東西部劃出的那條邊界。[17]他還在一九一五年發表的一篇收錄在《吾之奧地利，吾之祖國》（*Mein Österreich, Mein Heimatland*）那本插畫書中、討論喀爾巴阡山脈的文章裡提出這一觀點。[18]乍看之下，這部分為上下兩冊的作品看起來可能像是《太子全集》的更新刪節版。它也從自然地理探討到文化地理。然而，其抱持日耳曼民族主義精神的各作者放棄了魯道夫皇太子的多元文化理想，處處只堅持日耳曼文化的優越性。漢斯利克那篇文章隨附的照片（圖四十三）即呈現一位德國科學探險家俯視「東部地方」人跡罕至「荒野」的畫面。

漢斯利克得出如下結論：歐洲的東西部之間存在「文化梯度」（cultural gradient）。在《發明東歐》（*Inventing Eastern Europe*）一書中，拉里・沃爾夫（Larry Wolff）將這種觀念的根源上溯到十八世紀西歐作家的旅行敘事。然而，文化「梯度」的隱喻大約在第一次世界大戰期間才首度成形。希格在一九一五年使用了此一說法，並以讚賞的口氣地將其歸功於漢斯利克。[19]這個頑強的概念是二十世紀討論東歐之眾多學術理論的核心，是哈布斯堡氣候學混雜化的直接結果。哈布斯堡早期的思想家喜歡將跨文化的互動與相互抗拮之氣團的物理平衡聯繫起來，而漢斯利克是第一個假設文化的差異對比可以在線性尺度上分級的人，一如氣壓計上的讀數一樣。

漢斯利克的主張，反映出哈布斯堡王朝動力氣候學的傳統在第一次世界大戰時期被

圖四十三：隨附於漢斯利克發表在《吾之奧地利，吾之祖國》（*Mein Österreich, Mein Heimatland*）中那篇文章的照片，一九一五年。

誤用，其目的只在奉迎日耳曼民族主義的論調。他和哈辛格、希格以及庫登霍夫—卡勒吉一樣，都傾向於相信環境決定論（Environmental determinism）*。儘管他借用漢恩、克納、修斯、蘇潘及其同儕的經驗作為氣候多樣性的證據，卻用它來劃出一張文明／落後二元對立的幼稚地圖。在他的思想中，完全看不到氣候學在十九世紀後期那動態框架中所取得的新含義：在此框架，氣候被理解為一個對小規模擾動十分敏感之多尺度的、動態的系統，也被視為一種連結而非分裂的循環，創造相互依賴關係的循環。漢斯利克心目中的氣候比較接近十八世紀的含義：靜態的、區域尺度的，並且先天與離散分立的、按等級排序的人類文化有關。這些二十世紀初奧地利人的著作，也缺乏十九世紀氣候學所隱含的受眾：準備行使其遷移權與私有企業自由競爭權的公民。漢斯利克的自然地理著作是寫給無視於中歐和東歐之人文與自然的複雜性、打算透過武力對這些地區強行統治的領袖人物看的。

如此一來，十九世紀那「多樣性中求統一」的自然主義觀念，竟被移作支持二十世紀日耳曼帝國主義的基礎。這種轉變反映了第一次世界大戰邁向極端的進程。繼馬克斯．伯格霍爾茲（Max Bergholz）之後，有人可能會試驗性地將其描述為「突具國家地位」（sudden nationhood）的現象：一種「違反直覺的動態，在那其中，暴力造成了對立的身分認同，而非對立的身分認同導致暴力。」[20]我們可以在哈布斯堡某些地理學家（尤其是布魯克納、希格和克雷布斯）戰時的私人通信窺見這一過程。戰爭初期，這些人對自己研究的前景感到鼓舞，因為他們的研究不僅可為軍事戰略提供資訊，而且最終可以為歐洲的未來藍圖提供資料。到一九一五年，克雷布斯已經表示，他寫作的對象「不再是沙場上的元帥」，而是「外交官」。一九一九年，他表示將為自己所謂之「德意志認同」（Deutschtum）服務的目標。[21]後來戰爭局勢的逆轉對這些人的打擊尤其嚴重。戰爭剛結束時，布魯克納和希格就酸楚地抱怨和平條約的條款「不自然」（unnatural）。他們的意思是，奧地利被剝奪了「生產區域」，在經濟上根本無以為繼。凡爾賽的外交官「以不自然的邊界將奧地利與其必要的援助源頭斷離開來」；他們硬生生「撕裂」了一個「統一的經濟區域」。[22]暴力已經滲透到地理論述的語言中。

科學多元主義

然而，我們沒有理由相信，在一九一四年之前，博物學家對哈布斯堡疆域多樣性環境的讚頌已包藏日耳曼民族主義的居心。相反，按照二十一世紀的標準來判斷，帝國—王國科學界的實踐精神是高度多元化的。[23]由於今天的科學實踐僅被認可由專家等數量極其稀少的人執行，主要以單一語言（科學英文和數學符號）進行，且研究成果只會發表在屈指可數的菁英期刊上，一般

---

* 譯注：也稱地理決定論或氣候決定論，是自然環境如何造成社會和國家傾向於不同的發展軌跡的研究。

讀者難以得其門而入。相較之下，哈布斯堡的田野科學吸引了廣泛的參與者。儘管這種科學側重於阿爾卑斯山和波西米亞地區的探索，但國內的志願觀察員進行了氣象、浴療、物候和地震等方面的觀測，而且通常使用德語以外的語言。事實上，即使在帝國瓦解之後，前帝國—王國疆域上的各個站點仍繼續按月向維也納彙送氣候觀測的數據。[24]這些觀測員中的佼佼者包括當地教師、醫生、藥劑師、公僕、浴療中心和度假村的業主，其中甚至包括幾名女性。可以確定的是，ZAMG的主管一成不變都是信奉天主且母語為德語的男性。但ZAMG聘用的科學家並非都是日耳曼背景的。戰爭結束時，其中一名取得捷克與斯洛伐克的公民身分，並在布拉格的觀測站找到工作，而另外兩位擁有捷克文名字的人，則在等待上級批准他們申請繼續留在奧地利工作的請願書。與此同時，曾在奧地利新邊界以外之哈布斯堡觀測站工作的科學家，則正忙著將帝國科學的基礎設施國有化。新的民族國家急切地要接收氣象站和儀器，這表明氣象事業從來都不只是由德國和奧地利壟斷。[25]的確，我們所看到的對於哈布斯堡疆域氣候多樣性的推崇之語，都是用德文發表。但這並不代表作者就被認定為日耳曼身分。與此相反，在第一次世界大戰之前，德文是中歐國際科學的主要語言。只有少數東、中歐的科學家打著泛斯拉夫主義的旗號，選擇用俄文發表研究成果來建立自己國際聲譽。除此之外，哈布斯堡王朝的科學家都無視自己的民族屬別，習慣用德文發表自己的原創研究。[26]大氣科學界更是如此，總部設於維也納的《氣象學雜誌》是一份居國際領先地位的期刊。這些不同的參與者為氣候科學帶來了許多不同的目標。與當時其他的國家的氣象局相比，ZAMG所支持之研究目標的範圍要寬廣得多。

另一方面，在後哈布斯堡王朝的中歐民族國家當中，大家期望科學首先能為國家利益做出貢獻。在這種情況下，科學家都努力思考國家尺度以外的尺度。很少有人比地理學家朱莉．莫舍萊斯更費心要達到此一理想（見圖四十四）。她排除萬難，開始在布拉格的德語大學師從阿爾弗雷德．格倫德（Alfred Grund）攻讀地貌學的博士學位。戰爭期間，她的興趣延伸到了氣候學，並以氣候志（climatography）的描述法和統計法進行研究。氣候是這位多產學者幾個研究領域中的一個，並在一九二〇年代中期從自然地理學的研究擴展到人文地理學。事實上，大家對她的要求遠遠超過對其他男性同事的期望。雖然通常一本專書長

圖四十四：朱莉．莫舍萊斯（Moscheles/Moschelesová, 1892-1956），茲登卡．蘭多瓦（Zdenka Landová）作。

度的研究便足以獲得大學教師的資格，但她卻要花上二十年的時間，出版五部專書和大約六十篇科學期刊的文章方才遂願。[27]

但性別只是牽制她投身科學志業之各種障礙其中的一種。她出生在布拉格的一個富裕的猶太家庭，童年的大部分時間都和一位英國籍的父執輩一起度過。這個長輩是一位鼓吹和平不遺餘力的活動家，經常攜她一起旅行。在新成立的捷克與斯洛伐克國裡，捷克人以為她是德國人，而德國人又以為她是英國人。正如她在一九一九年（用英語）向威廉．莫里斯．戴維斯解釋的那樣：「你不知道有些人會因民族仇恨而變得很殘忍，也不明白他們如何讓受害者吃苦！」儘管如此，她仍然保持樂觀並為新成立的捷克與斯洛伐克國付出心血，並越來越常用捷克文（而非德文）發表研究成果。她寫道：「因此，基於血緣和友誼的緣故，我隸屬於兩個國家，並生活在第三國裡。也許正因如此，我對民族間的嫌隙沒有感覺。」她在自己的身分和科學研究間做出一個發人深省的類比：「就像在地景中一樣：我們辨別出氣流和冰河週期（glacial cycle）所造成的地貌，但我們到處也可以發現由水流塑成的地貌，我們不妨將後者比擬成所有人的生命與心靈，它們只是略受環境影響，但始終能被辨視並欣賞。」[28]這是哈布斯堡科學家被訓練用來觀察自然世界的鏡頭：跨越空間和時間的限制，觀察形塑當地景觀特點的流動與交換。說來諷刺，帝國垮台之後，最能成功體現哈布斯堡超民族科學理想的博物學家，竟是一位女性。

尺度縮降

然而，奧匈帝國戰敗後，朱莉．莫舍萊斯在努力保持這種國際主義（Internationalism）*精神的過程中並不孤單。身為一九三〇年代初期ＺＡＭＧ的主管，威廉．施密特向奧地利教育部進言：「在奧地利所有的科學機構中，本研究所的特色是：儘可能照顧到最多的受益者（從最普通的農民、遊客到研究生活各面向的專家）；另一方面，它當然也建立了最廣泛和最深入的**國際**脈絡，畢竟我們的天氣和氣候也是整個地球大循環的一部分。」[29]這種視野遠遠超出了一位急需資金援助之科學家通常該掛慮的事務。正如我們所見，施密特對大氣「交換」（exchange）的研究旨在以數學的精準度呈現這些「關聯」。與此同時，捷克與斯洛伐克正提案準備籌設第一個氣候學的「世界中心」，其倡議者是猶太出身的利奧．文澤爾．波拉克（Leo Wenzel Pollak），曾在布拉格的德語大學接受宇宙物理學的教育，師從氣候學家魯道夫．斯皮塔勒（Rudolf Spitaler）。一九二七年，受到美國商業界使用「打孔卡」（Punched card）†的啟發，波拉克設計出一種適合氣候學家、地球物理學家和天文學家需求的計算器，並且獲得專利。第二次世界大戰結束，美國的科

* 譯注：指倡導和支持國家間為共同利益而開展更廣泛的經濟和政治合作的意識形態，帶有自由主義性質。

† 譯注：在預先安排的位置上，利用打洞與否的方式來表示數位訊息的一塊紙板。現在是過時的記憶體，但其設計轉變成現今常用於考試及彩券投注等用途的光學劃記符號辨識卡片。

學家立即展開大氣物理學數據化的工作，波拉克則不同，他並未設法解決天氣預報問題。他只希望自己發明的計算器能分析氣候數據中的週期性，而這項工作正是以前朱利葉斯．漢恩以手工方式才能費力完成的。[30]一九四二年，波拉克贏得了「在實務上首次將打孔卡系統引入氣象學」的美譽[31]。然而那時，他卻被逐出納粹占領的捷克與斯洛伐克。他後來有幸在都柏林找獲得庇護，並在那裡出版他最後一本作品，那是與另一位來自前哈布斯堡領地的猶太難民維克多．康拉德（Victor Conrad）合著的氣候學統計方法手冊。科學史學家保羅．愛德華茲（Paul Edwards）甚至認為，如果沒有經濟和政治危機的阻礙，捷克與斯洛伐克可能已經「執世界氣候學研究的牛耳」。[32]

然而，像這樣具國際主義精神的科學，並不是介於兩次世界大戰中間那年代奧地利和捷克與斯洛伐克政府優先處理的事項。奧地利和捷克與斯洛伐克這兩個奧匈帝國的繼承國最成功的大氣研究領域反而是最新出現之「局部氣候學」和「生物氣候學」的子領域，而其研究方向部分是對於戰後形勢的務實回應。帝國崩解之後，中歐氣候學家失去了尺度上所占的優勢。正如和平條約簽署後希格所說的那樣，「政府更有必要下令觀測在地環境，因為火車一次就必須暫停服務好幾週，而且車票價格過高、車廂人滿為患。」[33]此外，大氣科學家也必須向新政府證明自己的價值。面對戰後的經濟危機，ZAMG的負責人費利克斯．埃克斯納同時向交通、國防、司法、貿易、農業和衛生各部門發出呼籲。他預告自己的研究所在航空運輸、農林業、水文、採礦、風力發電、侵權案件的法律決策、衛生、交通和旅遊方面的價值不可估量。儘管如此，證明這種潛力需要方法上的根本轉變。

在介於兩次世界大戰之間的年代裡，中歐的氣候學將透過微尺度和中尺度的研究來補充「大尺度」（Großraum）氣候學的不足，這已是無可避免的事。儘管如此，這些局部的、地方的科學並不代表與哈布斯堡傳統的決裂。相反的，它們能將帝國—王國科學的尺度縮放，實踐應用於後帝國的民族國家中。它們定義了分析尺度的等級，從細部到全局，並發明適用於每個等級的專屬方法。

在介於兩次世界大戰之間的年代裡，奧地利和捷克與斯洛伐克研究重點之一是山地氣候學。正如埃克斯納抓住每一個機會提醒執政當局，研究山區氣候是一項很好的投資。在瑞士的達沃斯（Davos）（湯馬斯・曼（Thomas Mann）一九二四年小說《魔山》（*The Magic Mountain*）的背景所在），醫生卡爾・多諾（Carl Dorno）為結核病患者開具陽光療法。戰後由於通貨膨脹的關係，奧地利公民到瑞士度假的行程變得過於昂貴，於是埃克斯納和菲克爾開始尋找替代之「奧地利的達沃斯」。在一九二一年的《氣象學雜誌》中，菲克爾堅信，阿爾卑斯山東部有日照足夠充足的山峰可供治療「來自歐洲各地的苦難人民」。[34]與此同時，捷克與斯洛伐克的氣候學家和醫生也將注意力集中在高塔特拉山上。雖說水療中心和療養院在十九世紀後期已經遍布該地區，但對氣候狀況的詳細研究則遲至一九二〇年代才開始。布拉格觀測站的氣候學主任阿洛伊斯・格雷戈爾（Alois Gregor, 1892-1972）對山區氣候的研究特別感興趣。他利用濕球溫度計（Wet-bulb thermometer）*來測量當地大氣的「熱舒適性」（thermal comfort），利用他在布拉格的同事利奧．波拉克設計的劑量計（dosimeter）測量紫外線輻射強度，此外更借助標準化的藍色色調深淺尺度計（一九二二年由法蘭克福氣候學家弗朗茨．林克（Franz Linke, 1922-1944）所發明）來推斷大氣的「濁度因數」（turbidity factor），從而從視覺上推斷大氣的「純度」（purity）。格雷戈爾以捷克文寫文章向大眾解釋，大氣就像一棟多層建築，二樓會比一樓的「生物品質更高」（higher biological quality）。[35]

隨著生物氣候測量的標準化，「氣候治療所」（Luftkurott）的認證過程也跟著標準化了。在奧地利共和國，當地社區可以向ZAMG提出獲得此一頭銜的申請，然後科學家便會前去檢查該一地區。如其初步評估是通過的，他會下令設立一個「氣候觀測點」，放置由當地志願者操作的八台儀器。捷克與斯洛伐克也有類似的系統，由衛生部和國家氣象研究所共同管理。然而，並非每個社區都能獲得所期待的結果。例如，下奧地利省的默尼希基興（Mönichkirchen）鎮夏季和冬季溫度適中，雲量平均，但降雪量太大。它在一九二九年被評定為可設立收留初癒人士之療養院的地點，但染患重病的人則不宜前往。套句不幸被任命為奧地利旅遊營銷總監之埃爾文．納斯維特（Erwin Naswetter）博士的話，這些地點支持「現代的廣告倫理，將佳評的客觀性和真實性視為好廣告須具備的主要特質。」正如旅遊行業其他人所強調的，氣候療法的廣告必須排除「投機」。[36]

在兩次大戰之間的時期中，奧地利和捷克與斯洛伐克氣候學研究的另一個重點是城市環境。

一九二〇年代社會民主黨領導下的「紅色維也納」†是許多現代主義計畫的孵化器，旨在打造一個更加平等的城市。因此，城市氣候學的目標受眾包括城市規劃者、衛生學家、建築師和工程師。在維也納率先開展這項研究的威廉·施密特堅信，城市的氣候正在戕害兒童的健康，從而逐漸弱化城市的人口。在《人類環境中的人造氣候》（*The Artificial Climate of Human Surroundings*, 1937）中，他和與自己長期合作的衛生學家恩斯特·布雷齊納寫道，城市氣候學的任務「在於正確引導市政的住房政策，並為城市人口創造較堪忍受的生活條件，而這些條件要比今日城市居民通常享有的條件，更符合人類身體和精神的本性。」[37]因此，城市氣候學發展為以經驗為本之「人造氣候」的物質科學。在布拉格，阿洛伊斯·格雷戈爾一再大聲疾呼，城市的發展導致「人類對氣候破壞性的影響」，就像美國的「黑色風暴」（Dust Bowl）災難‡那樣。[38]正如維也納氣候學家弗里德里希·施泰因豪瑟（Friedrich Steinhauser）在一九三四年所反思的那樣，「衛生住房設計與社區的功能設計」加大了對於「城市溫度模式調查」的需求。他補充道：「當年最迫切需要的是發明新的調查方法。」[39]威廉·施密特解釋：「封閉空間內的空氣流動只剩下極弱的風這一

* 譯注：濕球溫度係指對一塊空氣進行加濕，其飽和（相對濕度達到一〇〇％）時所測得的溫度。

† 譯注：對一九一八年至一九三四年間奧地利社會民主黨治下之奧地利首都維也納的暱稱。

‡ 譯注：或稱骯髒的三〇年代（Dirty Thirties），是一九三〇—一九三六年（某些地區持續至1940年）期間發生在北美的一系列沙塵暴侵襲事件。

主要型態，其強度比我們在戶外觀察到的風要小得太多。氣象學常用的方法在這裡就行不通了，取而代之的方法不是間接的就是高敏感度的。」[40] 氣候學對於城市環境的研究必須重新調整尺度。

威廉・施密特的「移動式氣候觀測站」是其中一種解決方案。它不過就是配備氣象儀器的大型歐寶汽車，是在「德國科學緊急協會」以及農業部和教育部的贊助下購入的。這套設備讓他和同事能夠在整座城市及其郊區的地點進行時間間隔相近的測量。因此，施密特得以測量熱島效應並分析空氣樣本中的雜質。在城市環境中，大家相對比較不熟悉的氣象變量也變得十分重要，例如二氧化碳和灰塵的含量。在布拉格，格雷戈爾強調城市氣候裡中尺度（即高度大約五十公尺以下的建築物）的影響。在維也納，施密特和布雷齊納更在意微尺度的問題，關注對象從某一街區到單一建築甚至房間。他們甚至考慮一個人衣服和皮膚之間那一點空隙的「氣候」。他們還發明了「個人氣候」（personal climate）的概念，亦即個人從家裡出發、搭有軌電車去實驗室然後再返家的日常行程會對氣候產生何種效應。在務實的層面上，格雷戈爾建議的措施包括擴大市區公園、拓寬街道和改善室內通風系統。[41] 另一方面，施密特和布雷齊納可能受到奧地利政治日益流行之基調的影響，支持「綠色城市」運動，這將在城市範圍之外建造工人定居點。他們期待城市居民擺脫「極端的城市性格」，「不再只以城居者的身分思考和感受」，並「與他們耕作土地的祖先一樣，重新和自然連結在一起。」[42]

一九三四年，法蘭克福和維也納的科學家創立了《生物氣候學增刊》（*Bioklimatische*

Beiblatter），這是原來奧地利期刊《氣象學雜誌》的一個分刊。編輯林克和施密特的目標是將科學各分支（物理學、醫學、植物學和地理學）處理氣候生物學的方法統一起來。在這過程中，他們將「氣候」的含義擴展到了大氣之外，包括那些早先被稱為「大地」（telluric）的現象：源自於土壤中以及最靠近地表之空氣層的作用。[43]總之，其研究對象包括修斯所稱的「生物圈」（biosphere）並且涵蓋全球領域。在兩次大戰中間的年代裡，奧地利和捷克與斯洛伐克當之無愧是這個新子領域公認的領頭者。林克在抱怨威瑪政府對健康相關的氣候學研究漠不關心之餘，也指出奧地利人和捷克與斯洛伐克人是此一有價值的新領域先驅。一九二八年，在巴登舉行的浴療學大會正式感謝奧地利和捷克與斯洛伐克政府對醫學氣候學或「生物氣候學」的支持，因為該學門越來越廣為人知。[44]

至於氣候科學的小尺度分析，山地、城市和生物氣候學研究一概建立在植物學家開發的方法上，目的在觀測大氣狀況在微小空間中的變化。我們已經看到伊曼紐爾・普基尼如何於一八六〇年代在波西米亞率先開展此類研究。更直接的是，在《最小空間內的氣候和土壤》（*Klima und Boden auf kleinstem Raum*, 1911）一書中，維爾茨堡（Würzburg）的植物學家格雷戈爾・克勞斯（Gregor Kraus）發表了對距地面兩公尺以下的空氣各種驚人狀況的觀察結果。然而，主要在介於兩次大戰之間的年代裡，中歐人才建立起「地方氣候學」的理論和方法論的基礎。《生物氣候學增刊》的第一期首先討論合適的尺度範圍。它可能是首度提出「微觀」（micro）「局部」

（local）、和「大尺度」（large scale）等術語定義的地方。[45]一九三四年，施密特和魯道夫・蓋格（廣被閱讀之教科書《地球附近的氣候》的作者），認為氣候學的大尺度舊方法是從人們環遊世界的經驗中發展起來的。它的目標是「研究景觀中的氣候」。相較之下，「當地局部氣候」僅覆蓋景觀的一小部分，例如單一山谷或是懸崖。「微氣候」的範圍甚至更小，甚至小到無法被看出是景觀的一部分。因此，每一種情況都需要採用不同的方法。[46]施密特在對新興之量子力學做出解釋時便指出，我們不能「在觀測到空氣中有明顯擾動的現象時，便將大尺度氣候學的儀器應用於微氣候的研究上。」用施密特的話說，微尺度對人類活動更敏感，更「人為」。大尺度氣候學依靠長期觀測來弭平氣象要素的波動，而小尺度氣候學則對短期變化且對影響植物、動物和人類生活的大氣極端狀況感到興趣。正如格雷戈爾所說，「我們不可能根據常見的宏觀氣候值（例如每月的溫度和降水量），在特定的目的上判斷這些地點的性質。」畢竟，一場早發的霜凍從長遠來看毫無意義，但在短期內可能會危及人民生計。因此，正如格雷戈爾・克勞斯總結的那樣，「局部氣候學是二十世紀氣候學的一項主要資產，值得被歸類為一門獨立的科學。」[47]

根據威廉・施密特的看法，地方氣候學的興起是戰後地緣政治動蕩所導致的直接結果。於他而言，版圖縮小後的奧地利既歡迎又亟需一種新的氣候研究方法。在奧地利的新國界內，由於其地形多山，天氣「在空間向度上」（räumlich abspielt）和在時間向度上一樣重要，因此縮小氣候學的尺度成為一種必要的手段。施密特寫道：「以前大家熟悉的大尺度如今不再適合氣候的觀測工作；它需要之觀察、分析與標示的方法已不同於我們習以為常的那一些。」[48]

文字和圖像中的氣候

一九一八年後，中歐氣候學最後一個表現出與前代相連貫的環節是對「氣候圖像」的重視。一九三七年，布爾諾的波胡斯拉夫．赫魯迪契卡（1904-1942）有步驟地論證了將氣候學的動態方法，作為地理學中一種再現和解釋模式的價值。在這方面，他呼應了哈布斯堡前幾代氣候學家所表達的許多價值觀。統計值不足以「記錄氣候對有機與無機世界的影響。……因為氣象各種要素並非各自單獨對生物界和非生物界產生作用，而是作為一個複雜的整體而發揮作用。」赫魯迪契卡強調，視覺化的氣候概念是不可或缺的，他同時堅持，天氣作為氣候的「基底」，「不能像在氣象要素值的統計表中那樣，完全消失在氣候的圖像中。」為了在小尺度上、在其「區域特性」中解釋氣候，科學界不能省略「文字描述」以及「大量插圖」。[49]

這樣看來，兩次大戰中間那年代中歐的氣候學堅持奉行「文字和圖像」的理想。事實上，一九二〇和三〇年代的奧地利文學作家常將動力氣候學的生動語言融入作品中，表現出與前帝國空間的連結感。例如，因個人對天氣的敏感度而聞名的雨果．馮．霍夫曼史塔（Hugo von Hofmannsthal）反覆使用「浪潮」的意象來比擬文化和意識形態衝突的影響。在「奧地利理想」

（*The Austrian Idea*, 1917）的論文中，他指出有一種「能量」正從奧地利的「新浪潮」中釋放出來，又提及奧地利的「內在極性」（inner polarity）、「真正彈性」（genuine elasticity）和「流動邊界」（flowing border），也提到該國「向東方傳播文化的浪潮，但也接受或準備接受向西湧來的反向浪潮」。在呼籲擴大「國族精神空間」之餘，霍夫曼史塔爾也使用大氣意象來比喻政治體中唯物主義和理想主義觀念間的平衡。[50]

氣候學還塑造了大戰後一些小說對於中歐空間的想像。在撰寫《斯特魯德爾霍夫之梯》（Strudlhofstiege，一九五一年，故事背景放在一九二五年的維也納）時，多德勒爾（Heimito von Doderer）*與ZAMG始終保持密切的聯繫，「因為他在安排情節的時候必須知道一九二〇年代某一天是否下雨，若是下雨，雨勢又是如何。」[51]這種史實的準確性對馮．多德勒來說十分重要，因為大氣環境會對他小說中人物心理產生作用。它調節了人物對近與遠、過去與現在的轉換感。例如，在小說前面的一個段落中，光線和空氣的品質與某位女性的一絲特殊口音結合起來，勾起主人翁一閃而過的意識，讓他感覺到從「遙遠地平線」吹來的一股氣流，將他「從東南西北吸入綠色的、開闊的空間」，讓他進入城市居民已經感到「疏離」的空間。他渴望回到一個只存在於腦海中、想像中的帝國土地，想像那些「一度隸屬於城市的那片了不起的南邊土地，被割裂已經五年了的神經束。」[52]這個主題讓人聯想起另一部魯道夫．布倫嘉伯（Rudolf Brunngraber）†筆下有關奧地利第一共和的經典小說《卡爾與二十世紀》（*Karl and the Twentieth Century*）。其中我們讀到，「渴念遠方（der Trieb ins Weite）似乎已成為二〇年代的一種流行病。」主人翁強烈感知到天地的寬廣，他的旅行慾望從此越變越強烈了，而他把這種體驗比作風給人的印象：「他突然感覺到世界的大小，彷彿他就站在戶外的夜風中。」然而，隨著一九三〇年代經濟蕭條的肆虐，維也納變得死氣沉沉，這又讓卡爾覺得「生命之風」止息了。[53]「運行中的大氣」，此一意象再次傳達了兩次大戰之間歐洲中部不斷變化的、不確定的地理狀況。

毫無疑問，對哈布斯堡氣候學在文學上最著名的體現是《沒有個性的人》（*The Man without Qualities*）開篇的那段文字，這是羅伯特．穆齊爾描寫奧匈帝國崩解前最後幾年的一本未完稿哲學小說。該書以對中歐大氣狀態的細膩描述開場，這點令人頗感困惑：

> 大西洋上空有一片低氣壓。它向東移往俄羅斯上空的高壓區，但未有向北偏離這高壓區的徵兆。等溫線情況正常。空氣溫度相對於年平均溫度以及每月非週期性的溫度波動皆在正常範圍。太陽和月亮的起落，月亮、金星、土星環的相位以及許多其他重要的現象都符合天文年鑑中的預測……套用一個即使有些過時卻可以相當準確描述事實的說法：這是一九一三年。[54]

---

* 譯注：（1896-1966），奧地利小說家，作品擅長描寫不同歷史下維也納的生活，曾五次獲得諾貝爾文學獎提名。

† 譯注：（1901-1960），奧地利作家、畫家，出生於維也納，其小說被譯成十八種語言，並有超過百萬的銷量。

這是對於正規統計語言的滑稽模仿，而小說的中心主題在正文的第一段中也立即出現：人類經驗與科學對現實之描述間的拉扯。這份天氣報告是對於自一八七七年以來，哈布斯堡王朝報紙上出現之氣象報告文體的絕佳模仿，但是那些精確描述的現象真的對等於「八月一個晴朗的好天氣」？如果其意義可以用「過時的」方式表達，為什麼還要求精確呢？如果你對個人及其獨特故事到興趣，那麼統計平均值又有什麼價值呢？在這種情況下，科學描述似乎遠遠超出了人類經驗的範疇，只全神貫注於與人類關心範疇完全不同的東西。然而，如果我們就此止步，不再深入探究，那就會錯過氣候學在穆齊爾作品中作為個人與社會關係的隱喻所扮演的關鍵角色。在《國家—理想與現實》（*The Nation as Ideal and Reality,*1921）一書中，穆齊爾用大氣術語回憶了一九一四年大戰來臨前的氛圍：「你突然變成了一個微小的粒子，卑微地消溶在超越個人的事件中，你被國家覆蓋，以一種絕對實質的方式感知它。」他將這個國家描述為「巨大的異質群體……在固體和液體之間搖擺不定」，強調愛國主義經驗那種類似於「大氣不確定性」的現象。[55] 兩年後，他在《德國人的症候》（*The German as Symptom*）中，穆齊爾將歐洲人想像成一個空氣粒子，其前途取決於壓力、溫度和地形之無限的偶然性。個人可能會被排山倒海的歷史洪流沖刷而去，但他的生命歷程卻取決於在地的偶然性和「相互競爭的影響力」，就像下雨的機率可能取決於某一特定的山脈如何移轉某一特定的氣流。從這層意義上說，歐洲人的身分認同不是取決於種族或時代精神，它只能由某一軌跡所確立，但此軌跡太複雜以致無法提前計算。歐洲人不是「命中注定」而是「後天被定位的」。

在這些地理的意象中，我們可以認識到哈布斯堡科學與政治相互作用的傳統。「氣候書寫」（climatography）此種文類尤其能讓讀者以動態的方式，想像自己與帝國領土的關係，不是像馬丁·海德格當時正嘗試加以理論化的「定居於地方」（dwelling in place）概念，而是將這關係視為一個偶然而且可能動盪的循環。

拉大尺度

帝國—王國田野科學的最後一項遺緒，在於其所激發之具科學國際主義精神的計畫。許多科學家將哈布斯堡國家的超民族科學機構，當作為超越國界之科學國際化的典範。這些人認為，曾在奧地利實施之有效的合作和整合方法可以推廣開來，以促進全球科學的合作事業。從一八七三年在維也納舉辦的第一屆國際氣象大會開始，奧地利的科學家即帶頭投入一系列的工作，協調全世界的科學研究和自然資源的管理。例如將一八八三年定為第一個國際極地年，其目的在於以三度空間的方式完善有關地球系統的科學圖像。它起自哈布斯堡海軍軍官卡爾·韋普雷希特的提議，而他的國際主義精神則源於十九世紀晚期民族主義造成的挫敗感，以及對僅知忠於「國家虛榮心」之航海時代的不耐煩。[56] 韋普雷希特促成了一系列舉措，而在一九五七—五八年國際地球物理年時達到最高的熱度。在哈布斯堡王朝主導之國際主義精神的科學計畫中，例如還可以指出愛德華・修斯那里程碑式的地質調查報告《地球表面》（*The Face of the Earth*）、一八九一年由維也納地理學家阿爾布雷希特・彭克首次提出的《國際世界地圖》（*International Map of the World*）、弗朗茨・諾伊曼・斯帕拉爾特所撰寫的《世界經濟概覽》（*Overviews of the World Economy*，正如我們所見，它的方法部分借自氣候學）以及一八八五年成立的國際統計研究所（部分歸功於諾伊曼・斯帕拉爾特的提議）。哈布斯堡的科學家還推動自然資源的國際化管理。例如，約瑟夫・羅曼・洛倫茲・馮・利本瑙支持協調整個歐洲跨國的森林保護政策。同樣，愛德華・修斯也嘗試藉由評估地球上貴金屬的總儲存量，以便在更穩固的基礎上制定國際的經濟政策。伊曼紐爾・赫爾曼同樣推動了針對煤炭、石油和其他資源管理的國際規劃。由於赫爾曼指望歐洲和平運動得以成功，他甚至提議將此「支離破碎」的大陸轉變為一個共同的經濟區。[57]但他豈料得到，要實現這樣的理想需要先經歷兩次災難性的世界大戰。在前述所有的案例中，研究人員根據自己在奧匈帝國境內的跨民族區域科學經驗進行推論，以擬定能協調世界各地多尺度研究的機制。

雖然那些計畫回顧起來往往既是歐洲中心主義又是烏托邦式的，但面對我們當前的氣候危機，某些元素在今天仍然具有指引意義。正如我們所見，哈布斯堡王朝的科學家堅信，環境研究不能完全交由民族國家處理，而自然資源的使用也不能任由市場機制隨意擺布。與此同時，也有許多科學家預見到全球化的危險。一些人警告說，帝國成立可能會為人類和自然造成可怕的損失，造成對殖民地經濟掠奪（Raubwirtschaft）的暴力。亦有一些思想家從不同的角度切入，開始質疑保護措施的正當性，因為這些措施只不過是帝國以犧牲殖民地原住民人口的利益為代價，是侵占土地和資源的障眼法罷了。同樣，他們指出，旨在保護居民免受自然災害侵害的帝國政策，也絕不能淪為導致某些族群比其他族群變得脆弱易受傷害的不平等問題。[58] 這些科學家也擔心全球經濟的同質化對多元文化造成的負面影響。亞歷山大．蘇潘在一九〇六年頗具影響力的研究《歐洲殖民地的領土發展》（*The Territorial Development of European Colonies*）中指出，歐洲人已從受他們殖民的人的文化中學到許多東西。他展望一個被歐洲帝國主義改造的世界，預測「將不會出現統一的世界文化，這是好事一樁，因為動能和生機只會寓於多樣性中。」[59] 在這裡，我們看到了哈布斯堡科學界認定地方差異方能造就動力的原理，並將此一希望注入世界的未來。

雖說這種多元主義的理想，在執行面上並非總是哈布斯堡王朝奉行的準則，但本書認為它確實組成了田野科學的實踐。帝國—王國科學機構協調整個中歐的研究工作，卻沒有強加單一的價值觀，也沒有要求統一的研究方法。今天，面對與氣候變遷相關的緊迫問題，國際和跨學科合作的主要事務已交由「聯合國政府間氣候變遷專門委員會」（Intergovernmental Panel on Climate Change，簡稱ＩＰＣＣ）處理。迄今為止，來自八十五個國家的研究人員已為五份評估報告做出了貢獻（儘管前四份報告（1990、1995、2001與2007）的作者中，來自北美和歐洲的研究人員占了百分之七十五，而在第五份報告（2013）中，這項占比亦高達百分之六十二。」[60]不過，IPCC因將諸多不同的聲音壓縮進科學共識的僵化模式中而遭到批評。就地理分布而言，研究偏向於氣候變化對工業化國家的影響；在方法論上，它強調經濟分析而非其他社會科學的觀點；在認識論的層面上，它缺少了標誌有效多元主義的那種成熟反思。[61]在這種情況下，值得我們回顧的是，帝國－王國科學的目的不在「統一」其諸多活動的方方面面，而是將其「和諧結合」（orchestrate，這裡借用一八八二年出生於維也納之科學哲學家奧托．紐拉特（Otto Neurath）的用字）起來而已。紐拉特已預見後代子孫需要解決「將世界組織起來的問題」。然而，他相信這個問題終將可以解決，同時又能讓「各種生活方式並肩共存」。為此，人類需要的不是統一，而是「協作」，不需要統一的世界政府，而是普遍「得過且過」（muddling through）的心態，準確用德語說就是「打混」一詞（fortwursteln），這是通常用來描述哈布斯堡王朝晚期的統治風格的字眼。[62]紐拉特看不出未來的國際科學需要犧牲多元主義原則的理由。

氣候和尺度縮放策略

在十九世紀有關人類活動對氣候影響的辯論過程中，科學家的權威以一種新的方式被定義。科學家開始根據比人生狹窄空間與短暫時間之框架更持久的尺度，來判斷事物重要性，並以這種定尺度的能力來證明自己的干預是合情合理的。可以肯定的是，早期的科學家會以他們的宇宙視野或對自然細節的欣賞而自豪。十九世紀科學家的不同之處在於，他們聲稱有權在此基礎上也對公共政策問題加以干預。一八六九年，朱利葉斯・漢恩首次提出肯認這種能力的主張。在討論森林砍伐與乾旱之間的關係時，漢恩堅持專業知識的必要性，因為惟有科學的圈內人方知道如何評估自然界中的「微小因素」：「自然科學家習慣於考慮微小因素發揮的影響；未受教育的人對此是視而不見的，他們只關心那些令自己感到驚訝或恐懼的力量。」[63]正如我們所見，漢恩認定自己為博物學家，對他來說，沒有哪種細節是「微不足道」的，然而身為一名領導者，他又不受少數人狹隘的利益所左右。

在接下來的二十年裡，隨著森林氣候問題公開辯論的聲量不斷擴大，其他地方的科學家也接受了這一論點，其中最著名的首推歐仁—伊曼紐爾・維奧萊—勒—杜克（Eugene-Emmanuel Viollet-le-Duc）。維奧萊—勒—杜克雖然以修復中世紀建築而享盛名，但他也著迷於地球的結構以及自然與人為因素對其造成的改變。地質學家觀察山坡地，便可以透過侵蝕現象推測逐漸發生的改變，就像建築師可以從廢墟中想像其往日的結構。[64]就這樣，維奧萊—勒—杜克投入了十九世紀關於人為氣候所導致之實際改變的辯論。渺小的人類真的能改變如此巨大而古老的星球嗎？「在壯闊的地質現象面前，人究竟是什麼？」面對這個問題，維奧萊—勒—杜克的回答是：每一次大幅度的改變都是無數次要原因造成的結果，因此人類也可以藉由小小舉動對地球產生影響，至於這影響是好是壞，端看人類如何選擇。地球的前途命運取決於人類是否能重新思考「小」的定義：「自然界沒有不重要的東西，或者說，大自然的運行正是不重要的東西所積累的結果。」[65]法國和奧地利的林業工作者在隨後有關森林氣候問題的辯論中，重申此一聲明。[66]在這些意見中，我們聽出專家自詡有權指導環境政策的聲音，因為他們能夠掂量門外漢可能完全忽視的事實。他們暗示自己有能力根據地球本身的尺度來為世界下判斷。

如果二〇一七年左右，在美國還有人訴諸於這種倫理權威，那絕對不是科學家。今天的氣候科學家往往抱持謹慎態度，不輕易做出任何超越自己研究領域的公開聲明。很少有人認為他們的研究會為自己造就什麼超凡的智慧，甚至會讓他們以更了不起的方式看待人類行為的影響。如果他們真的這樣做，誰會相信他們？對於懷疑論者而言，科學家若將注意力轉向長期影響，那是在神祕化此時此地所發生之更緊迫的問題。甚至許多擁護者也會對科學家越過事實和價值觀之間界限的行為皺眉頭。他們會說，即使是最優秀的人才，也沒有能力根據長期的、全球性的後果，反思個人一己的選擇。事實上，今天大家常說，氣候變化是一種超出人類尺度的現象，也超出了我們的認知能力。要讓我們認識到自己是地球歷史上第六次大滅絕的元兇並不容易。在計算成本和效益時，我們似乎在權衡未來幾代人福祉的問題上遇到考驗。社會科學家懷疑，人類對自己跨大陸和跨世代行為的後果，是否能有倫理道德的直覺。心理學家甚至正在收集證據，以證明人類在進行深遠思考時其實受制於認知障礙。引用哲學家戴爾．傑米森（Dale Jamieson）的話，「像氣候變遷這種規模的問題可能令人束手無策。」[67]

這兩種對於氣候科學的思考方式（其一，氣候科學是特別有遠見之思想的產物；其二，它是一種違反人類認知本質的知識形式）都面臨相同的問題，而如今我們已有能力加以理解。這兩種觀點都忽略了氣候科學背後非認知性（noncognitive）的作用。正如本書歷史分析試圖表明，關於人類行為對地球變化之重要性的科學判斷，並非來自獨特的感知能力，也不是來自個人的智慧。這並非源自誰的靈光乍現，而是一個尺度縮放**過程**的結果。尺度縮放是一個學習過程，但它不單是認知性的。它當然可以是一個計算的過程，根據新的相稱性（proportionalities）重新校準規模大小或是持續時間。但這種重新校準往往取決於新的呈現（representation）模式，以及看待世界的新方式。從這層意義上看，那是一個審美過程。它還具體呈現在如下的事實中：為了修正我們對遠近關係的感覺，我們經常依靠動覺，依靠我們自己的四肢在空間中移動的知覺。因此，尺度縮放是一種軀體學習的體驗，只不過那不是由個人單獨執行的。為了將自己定位於遙遠的地方或是久遠的過去，我們必須依賴他人的知識。這也使得尺度縮放成為一種社會過程，通常以衝突和協調為其特色。最不容易察覺的一點是，尺度縮放也是一個情感過程。所謂修正我們對萬物彼此之間相對意義的判斷，就是在形成新的依戀之際，同時放下一些舊有的執著。因此，尺度縮放往往伴隨產生渴望和失落感、異國風情的誘惑以及思鄉的痛苦。

因此，從歷史的角度來看，現代氣候科學是尺度縮放的產物，這個過程不僅是知性的，也是感性的、熱情的且有政治意涵的。尺度縮放一直是氣候科學史的組成部分，而且對其未來同樣重要，因為全球暖化威脅著某些社群的生活，而這些社群在國際科學最高層中的代表性嚴重不足。氣候學在哈布斯堡科學那制度化的多元主義上蓬勃發展，它從多個角度對每一次綜合概述的嘗試皆抱持懷疑。觀瞻未來的研究，極可能將其他科學和政治機構納入考量，伴隨著不同的基礎設施和不同美學文化，都必須處理尺度縮放的工作，以及考驗對其他環境知識領域所造成的影響。今天，帝國—王國科學的歷史提醒我們，「奧地利問題」（Austrian Problem）的解決方案並非單一的。每一種在多樣性中求統一的方式，都不可避免地以犧牲某些樣態為代價來掩蓋差異。用奧地利第一位稱帝之統治者的話來說，事情是大是小，這不是一個先天即可判斷的問題。所以，尺度相互參酌的工作往後仍將繼續。

致謝

我在寫這本書時受到的關懷和協助是無法估量的。早期我很幸運地獲得三位大氣科學史先驅的建議和鼓勵，他們是吉姆．弗萊明（Jim Fleming）、弗拉德．揚科維奇（Vlad Janković）和凱蒂．安德森（Katey Anderson）。二〇〇一年秋天在維也納，克莉絲塔．哈默爾（Christa Hammerl）慷慨和我分享了她對ZAMG的認識。從二〇〇四年到二〇〇六年，我有幸能夠成為哈佛研究員協會的初級研究員，進而著手研究氣候學的歷史。我也在那裡接受了成為哈布斯堡歷史學家的再培訓，非常感謝負責指導初級研究員的東、中歐學的學者，尤其是塔拉．扎赫拉（Tara Zahra）。我從二〇〇六年到二〇一七年期間曾在哥倫比亞大學的巴納德學院任教，許多優秀的同事和我一樣都對各帝國的歷史感到興趣，我在與他們交談的過程中受益不淺，此外，二〇一一至二〇一三年間，我有幸出任國際歷史中心代理主任一職，負責組織相關活動。二〇一四—一五年間，我獲聘為紐約公共圖書館卡爾曼中心（Cullman Center）的研究員，特別感謝讓．

斯特魯斯（Jean Strouse）和地圖部門的保管人員，由於他們，我在那一年的收穫才能如此豐富。在那之後，我很高興能與哥倫比亞大學科學與社會中心的環境科學和人文研究群組的成員分享想法。我也很感激有機會向賓夕法尼亞、哈佛、劍橋、芝加哥等大學以及紐約植物園和幾場科學、技術與醫學史研討會助益頗大的聽眾介紹自己的研究。

幾位同事竭盡全力回答我的提問或閱讀我的部分手稿並提出建議。衷心感謝米奇・艾什（Mitch Ash）、馬克・甘恩（Mark Cane）、努拉・考姆哈納赫（Nuala Caomhanach）、霍莉・卡茲（Holly Case）、迪佩什・查克拉巴蒂（Dipesh Chakrabarty）、哈索・張（Hasok Chang）、保拉・薩特・菲希特納（Paula Sutter Fichtner）、伊莎貝爾・加貝爾（Isabel Gabel）、艾米麗・格雷布爾（Emily Greble）、莫特・格林（Mott Greene）、克里斯・哈伍德（Chris Harwood）、安娜・亨奇曼（Anna Henchman）、伊娃・霍恩（Eva Horn）、弗雷德里克・瓊森（Fredrik Jonsson）、彼得・賈德森（Pieter Judson）、丹・凱夫勒斯（Dan Kevles）、馬修・科爾（Matthieu Kohl）、梅麗莎・萊恩（Melissa Lane）、本・奧洛夫（Ben Orlove）、傑瑞・帕薩南特（Jerry Passannante）、多蘿西・皮特（Dorothy Peteet）、史蒂夫・平卡斯、（Steve Pincus）、亞當・索貝爾、（Adam Sobel）、簡・蘇爾曼（Jan Surman）、朱莉婭・阿德尼・托馬斯（Julia Adeney Thomas）、康維利・博爾頓・瓦倫修斯（Conevery Bolton Valencius）、安德里亞・韋斯特曼（Andrea Westermann）、娜塔莎・惠特利（Natasha Wheatley）和納賽爾・扎卡里亞（Nasser Zakariya）。

他們都以極大的耐心擔待我在從文藝復興時期王權到古植物學等學科方面表現出的粗淺程度。有機會向這些傑出的學者和朋友學習，我感到非常幸運。

我還要感謝「晚期帝國認識論」（Late Imperial Epistemologies）（哥倫比亞大學，二〇一三）、「創造性的比較」（Creative Commensuration）（蘇黎世大學，二〇一六）、「體驗全球環境」（柏林馬克斯普朗克科學史研究所，二〇一六）以及「生物多樣性及其歷史」（劍橋大學、哥倫比亞大學與紐約植物園，二〇一七）等幾場研討會的參與者，因為她們給我的回饋十分有用。

對於翻譯方面的協助，我要感謝克里斯・哈伍德（Chris Harwood）、博格丹・霍巴爾（Bogdan Horbal）、丹尼爾・瑪拉（Daniel Mahla）和丹尼爾・馬戈西（Dániel Margócsy）。曼努埃拉・克雷布瑟（Manuela Krebser）和格琳德・菲希廷格（Gerlinde Fichtinger）檔案文件的抄錄上幫助很大。還要感謝四位優秀的研究助理：凱瑟琳・赫爾曼（Cathrin Hermann）、卡佳・莫蒂爾（Katya Motyl）、約翰・雷莫（John Raimo）、和莎拉・海尼（Sara Heiny）。感謝我的編輯凱倫・達林（Karen Darling）和手稿編輯馬克・雷施克（Mark Reschke），由於他們那關注細節的一貫態度，本書方有機會面世。

本書研究、寫作和出版所需的資金共同由美國國家科學基金會（案號#0848583）、紐約公共圖書館卡爾曼中心、美國學術協會理事會、巴納德學院、哥倫比亞大學科學與社會中心與和哈里曼研究所等單位提供。本書部分的研究以前曾發表在《科學來龍去脈》（*Science in Context*）、

《現代歷史雜誌》（*Journal of Modern History*）、《奧西里斯》（*Osiris*）、《艾弗里評論》（*Avery Review*）和《親密的普世性：天氣和氣候歷史中的本地和全球主題》（*Intimate Universality: Local and Global Themes in the History of Weather and Climate*）等刊物上。

但最受我虧欠的人應該是我的丈夫保羅・圖奇曼（Paul Tuchmann）和我的孩子阿瑪利亞（Amalia）和亞當（Adam）。孩子對我表現出的耐心已比任何媽媽有權要求的要多。只要情況允許，保羅就送我「時間」這項珍貴禮物，同時附帶愛和鼓勵。我們很幸運能得到雙方父母茹絲（Ruth）和斯坦利・寇恩（Stanley Coen）、娜歐米（Naomi）和羅布・圖奇曼（Rob Tuchmann）以及我們雙方兄弟姐妹的支持。我特別想用這本書來紀念我那才華橫溢、勇敢而充滿愛心的姐姐格溫・貝辛格（Gwen Basinger），她於二〇一七年八月因癌症與世長辭。

現年分別為十一歲和八歲的阿瑪利亞和亞當，已經學會與我分享我在執行這個計畫過程中的點滴。這個計畫有時看起來就像需耗費精力照顧的第三個孩子。當我遇到瓶頸時，他們表示同情，如果我有進展，他們懂得為我歡呼。有時我因參加會議需到外地，這時他們搖身一變成為令人愉快的旅伴。有時，我為此書花上很長時間尋找參考資料，這時他們也會帶著玩興加入我的蒐獵行動。最讓我感激的是，當我埋頭寫作時，姊弟倆起爭執時沒有做出導致對方受傷的事。這本書也要獻給他們。我全心全意希望他們這個世代能夠回顧人類認知氣候變遷的歷史。

注釋

導論

1. 德國最著名的科學家赫爾曼・馮・亥姆霍茲（Hermann von Helmholtz）在當年的一場演講中提出過相同的解釋，但是漢恩（Hann）發表在奧地利氣象學會（Austrian Society for Meteorology）新學報上的說法才是最引人注目。Wilhelm von Bezold, "Noch ein Wort zur Entwicklungsgeschichte der Ansichten über den Ursprung des Föhn," *Meteorologische Zeitschrift* 3 (1886): 85–87，第86頁尤其重要。
2. 我們將在第八章的結論處理關於動力氣候學（dynamic climatology）之定義與譜系爭論的問題。
3. 1867年以後，奧匈聯合體各機構均冠以k. und k.的正式法律稱號，旨在強調弗朗茨・約瑟夫（Franz Josef）身為奧地利皇帝和匈牙利國王的雙重身分；k.k限指內萊塔尼亞（Cisleithania）地區的機構。為了簡潔和易於發音的考量，我採用的英文對等翻譯詞是imperial-royal，並不區分這些詞的含義。
4. Hann, Diary C, 85, JH.
5. Yi-Fu Tuan, *Cosmos & Hearth: A Cosmopolite's Viewpoint* (Minneapolis: University of Minnesota Press, 1996). 試比較十九世紀地理學家卡爾・裡特（Carl Ritter）對於「思鄉病」（Heimweh）的詮釋，請參考第十一章的討論。
6. 有關「尺度互動」（scale interactions）的初步介紹，參見：Günter Blöschl, Hans Thybo, and Hubert Savenije, *A Voyage through Scales: The Earth System in Space and Time* (Baden bei Wien: Lammerhuber, 2015).
7. Pitman et al., "Regionalizing Global Climate Models," *International Journal of Climatology* 32 (2012): 321–37表明，有許多決定氣候變化衝擊的因素在空間尺度上是與決策者以及與影響、適應問題息息相關的，但這些因素都被排除在全球氣候模型之外。
8. Peter Cebon et al., eds., *Views from the Alps: Regional Perspectives on Climate Change* (Cambridge, MA: MIT Press, 1998).

9. Cleveland Abbe, review of Hann's *Handbuch der Klimatologie*, 3rd ed., Science 34 (1911): 155–56，第155頁尤其重要。
10. Hew C. Davies, "Vienna and the Founding of Dynamical Meteorology," in *Die Zentralanstalt für Meteorologie und Geodynamik, 1851–2001*, ed. Christa Hammerl et al., 301–12 (Graz: Leykam, 2001)，第310頁尤其重要。
11. Hans Schreiber, "Die Wichtigkeit des Sammelns volksthümlicher Pflanzennamen," *Zeitschrift für* österreichische *Volkskunde 1* (1895): 36–43，第43頁尤其重要。除非另有說明，否則所有翻譯都是出自作者之手。
12. Matthew Mulcahy, *Hurricanes and Society in the British Greater Caribbean, 1624–1783* (Baltimore: Johns Hopkins University Press, 2008); David Blackbourn, *The Conquest of Nature: Water, Landscape, and the Making of Modern Germany* (New York: Norton, 2007); Charles Walker, *Shaky Colonialism: The 1746 Earthquake-Tsunami in Lima, Peru, and Its Long Aftermath* (Durham, NC: Duke University Press, 2008).
13. Rich Richard Grove, *Green Imperialism: Colonial Expansion, Tropical Island Edens and the Origins of Environmentalism* (Cambridge: Cambridge University Press, 1995); Tom Griffiths and Libby Robin, eds., *Ecology and Empire: Environmental History of Settler Societies* (Seattle: University of Washington Press, 1997); Peder Anker, *Imperial Ecology: Environmental Order in the British Empire, 1895–1945* (Cambridge, MA: Harvard University Press, 2001); Michael Osborne, "Acclimatizing the World: A History of the Paradigmatic Colonial Science," *Osiris* 15 (2000): 135–51..
14. Basalla, "The Spread of Western Science," *Science* 156 (1967): 611–22.
15. Kapil Raj, *Relocating Modern Science: Circulation and the Construction of Knowledge in South Asia and Europe, 1650–1900* (Basingstoke and New York: Palgrave Macmillan, 2007); Simon Schaffer et al., eds., *The Brokered World: Go-Betweens and Global Intelligence, 1770–1820* (Sagamore Beach, MA: Science History Publications, 2009); Londa Schiebinger and Claudia Swan, eds., *Colonial Botany: Science, Commerce, and Politics in the Early Modern World* (Philadelphia: University of Pennsylvania Press, 2005)，第五至九章。
16. Robert E. Kohler, *All Creatures: Naturalists, Collectors, and Biodiversity, 1850–1950* (Princeton, NJ: Princeton University Press, 2006)，第一章。有關大洋洲之氣候科學與定居型殖民主義的問題，請參考：On climate science and settler colonialism in Oceania, see James Beattie et al., eds., *Climate, Science, and Colonization: Histories from Australia and New Zealand* (New York: Palgrave, 2014).
17. Grove, *Green Imperialism*; Helen Tilley, *Africa as a Living Laboratory: Empire, Development, and the Problem of Scientific Knowledge* (Chicago: University of Chicago Press, 2011). 亦請參考：Libby Robin, "Ecology, a Science of Empire," in Griffiths and Robin, *Ecology*

and Empire, 63–75; Paul S. Sutter, "Nature's Agents or Agents of Empire? Entomological Workers and Environmental Change during the Construction of the Panama Canal," *Isis* 98 (2007): 724–54.

18. Griffiths and Robin, *Ecology and Empire*; Anker, *Imperial Ecology*; Denis E. Cosgrove, *Apollo's Eye: A Cartographic Genealogy of the Earth in the Western Imagination* (Baltimore:Johns Hopkins University Press, 2001). "Planetary consciousness" had a different meaning in Mary Louise Pratt's *Imperial Eyes: Studies in Travel Writing and Transculturation* (London: Routledge, 1992).

19. 請參考：Rohan Deb Roy, ed., "Nonhuman Empires," special section of *Comparative Studies of South Asia, Africa and the Middle East 35* (2015): 66–172.

20. Dr. Witte, "Über die Möglichkeit, das Klima zu beeinflussen," *Medicinische Blätter, Wochenschrift für die gesamte Heilkunde* 31 (1908): 1–2，第1頁尤其重要。

21. 有關古氣候學的發展，請參考：John Imbrie and Katherine Palmer Imbrie, *Ice Ages: Solving the Mystery* (Cambridge, MA: Harvard University Press, 1979).

22. Alexander von Humboldt, *Cosmos*, trans. E. C. Otte (New York, 1858), 1:317.

23. Robert Marc Friedman, *Appropriating the Weather: Vilhelm Bjerknes and the Construction of a Modern Meteorology* (Ithaca, NY: Cornell University Press, 1989); Katharine Anderson, *Predicting the Weather: Victorians and the Science of Meteorology* (Chicago: University of Chicago Press, 2005); Lorraine Daston, "The Empire of Observation, 1600–1800," in *Histories of Scientific Observation*, ed. Daston and Elizabeth Lunbeck (Chicago: University of Chicago Press, 2011), Michael Reidy, *Ocean Science and Her Majesty's Navy* (Chicago: University of Chicago Press, 2008). 在歐洲和北美地區以外，人類還以其他方式構想氣候，而且人類學家也記錄那些在「生物物理世界」（biophysical world）和「社會世界」（social world）之間未做出「明顯區別」的理念Julie Cruikshank, *Do Glaciers Listen? Local Knowledge, Colonial Encounters, and Social Imagination* (Vancouver: UBC Press, 2005), 258.).

24. Anton Kerner, *Das Pflanzenleben der Donauländer* (Innsbruck: Wagner, 1863), 3; Albrecht Penck, "Das Klima Europas während der Eiszeit," *Naturwissenschaftliche Wochenschrift* 20 (1905): 593–97，第594頁尤其重要。

25. 關於農業的氣候學知識，請參考：*Notes from the Ground: Science, Soil, and Society in the American Countryside* (New Haven, CT: Yale, 2009); Denise Phillips and Sharon Kingsland, eds., *New Perspectives on the History of Life Sciences and Agriculture* (New York: Springer, 2015); Fredrik Jonsson, *Enlightenment's Frontier: The Scottish Highlands and the Origins of Environmentalism* (New Haven,

CT: Yale University Press, 2013); David Moon, *The Plough That Broke the Steppes: Agriculture and Environment on Russia's Grasslands, 1700–1914* (Oxford: Oxford University Press, 2013).

26. 這就是 Gisela Kutzbach 在 *The Thermal Theory of Cyclones: A History of Meteorological Thought in the Nineteenth Century* (Boston: American Meteorological Society, 1979)一書中所談及之氣候學第三維度的發現。此外，有關氣候學在自然科學與人文科學之間的地位，請參考：Deborah Coen, *Climate Change and the Quest for Understanding* (New York: Social Science Research Council, January 2018).

27. Frank Trentmann, *Free Trade Nation: Commerce, Consumption, and Civil Society in Modern Britain* (Oxford: Oxford University Press, 2008), 155.

28. James R. Fleming, *Historical Perspectives on Climate Change* (Oxford: Oxford University Press, 1998), chapter 1. However, eighteenth-century settler colonialists believed in their capacity to "improve" climate; see Anya Zilberstein, *A Temperate Empire: Making Climate Change in Early America* (Oxford: Oxford University Press, 2016).

29. Lisbet Koerner, *Linnaeus: Nature and Nation* (Cambridge, MA: Harvard University Press, 1999); Suman Seth, *Difference and Disease: Medicine, Locality, and Race in the Eighteenth Century* (Cambridge: Cambridge University Press，即將出版).

30. Eric Jennings, *Curing the Colonizers: Hydrotherapy, Climatology, and French Colonial Spas* (Durham, NC: Duke University Press, 2006).

31. Spencer Weart, *Discovery of Global Warming* (Cambridge, MA: Harvard University Press, 2009), 10.

32. Mark Carey, "Inventing Caribbean Climates: How Science, Medicine, and Tourism Changed Tropical Weather from Deadly to Healthy," Osiris 26, no. 1, *Klima* (2011): 129–41.

33. Alexander Supan, *Statistik der unteren Luftströmungen* (Leipzig: Duncker & Humblot, 1881), 1.

34. Napier Shaw, "Address of the President to the Mathematical and Physical Section of the BAAS," *Science* 28 (1908): 457–71，第463—64頁尤其重要。有關 John Herschel早期批評英國氣象學中盲目經驗主義的見解，請參考：Vladimir Janković, "Ideological Crests versus Empirical Troughs: John Herschel's and William Radcliffe Birt's Research on Atmospheric Waves, 1843–50," *BJHS* 31, no. 1 (March 1998): 21–40.

35. 關於1914年以前大英帝國氣候標準化的失敗，參見：Martin Mahony, "For an Empire of 'All Types of Climate': Meteorology as an Imperial Science," *Journal of Historical Geography* 51 (2016): 29–39. 關於英國氣候中央集權化的問題，參見：Simon Naylor,

"Nationalizing Provincial Weather: Meteorology in NineteenthCentury Cornwall," *BJHS* 39 (2006): 407–33.

36. 此段話被引述於：Jim Endersby, *Imperial Nature: Joseph Hooker and the Practices of Victorian Science* (Chicago: University of Chicago Press, 2008), 155. 亦請參考：Christophe Bonneuil, "The Manufacture of Species: Kew Gardens, the Empire and the Standardisation of Taxonomic Practices in Late 19th century Botany," in *Instruments, Travel and Science: Itineraries of Precision from the 17th to the 20th Century*, ed. M.-N. Bourguet, C. Licoppe, and O. Sibum, 189–215 (London: Routledge, 2002); Richard Drayton, *Nature's Government: Science, Imperial Britain and the "Improvement" of the World* (New Haven, CT: Yale University Press, 2000); Bruno Latour, *Science in Action: How to Follow Scientists and Engineers through Society* (Cambridge, MA: Harvard University Press, 1987), chapter 6.

37. 這是本人2013年在哥倫比亞舉辦之一場會議的主題，我感謝與會嘉賓分享他們的研究成果與洞見；引號中的句子取自瑪麗娜・莫吉內（Marina Mogilner）的講稿。

38. James Scott, *Seeing Like a State: How Certain Schemes to Improve the Human Condition Have Failed* (New Haven, CT: Yale University Press, 1998); Karen Barkey, *Empire of Difference: The Ottomans in Comparative Perspective* (Cambridge: Cambridge University Press, 2008); Tilley, *Africa as a Living Laboratory*, 21, 130.

39. J. B. Harley, *The New Nature of Maps: Essays in the History of Cartography* (Baltimore: Johns Hopkins University Press, 2001); David Harmon, *In Light of Our Differences: How Diversity in Nature and Culture Makes Us Human* (Washington, DC: Smithsonian, 2002)..

40. Pieter Judson, *The Habsburg Empire: A New History* (Cambridge, MA: Harvard University Press, 2016).

41. 此段話被引述於：Werner Telesko, *Kulturraum* Österreich*: Die Identität der Regionen in der bildenden Kunst des 19. Jahrhunderts* (Vienna: Böhlau, 2008), 15.

42. 有關哈布斯堡王朝科學與民族主義的問題，請參考：Tatjana Buklijas and Emese Lafferton, introduction to the special section on "Science, Medicine and Nationalism in the Habsburg Empire from the 1840s to 1918," *SHPBBS* 38 (2007): 679–86; Mitchell Ash and Jan Surman, eds., *The Nationalization of Scientific Knowledge in the Habsburg Empire, 1848–1918* (New York: Palgrave, 2012), Jan Surman, *Biography of Habsburg Universities, 1848–1918* (West Lafayette, IN: Purdue University Press，即將出版).

43. Schreiber, "Wichtigkeit des Sammelns," 41.

44. Julius Hann, "Die Temperatur-Abnahme mit der Höhe als eine Function der Windesrichtung," *Wiener Berichte II* 57 (1868) 740–65，第749頁尤其重要。

45. Ursula K. Heise, *Imagining Extinction: The Cultural Meanings of Endangered Species* (Chicago: University of Chicago Press, 2016), 50.
46. Friedrich Kenner, "Karl Kreil, eine biographische Skizze," Österreichische *Wochenschrift* 1 (1863): 289–366，第360-61頁尤其重要。
47. 如下的著作提供具啟發性的反面例證：James Bergman, "Climates on the Move: Climatology and the Problem of Economic and Environmental Stability in the Career of C. W. Thornthwaite, 1933–1963" (PhD diss., Harvard University, 2014); Jamie Pietruska, "US Weather Bureau Chief Willis Moore and the Reimagination of Uncertainty in Long-Range Forecasting," *Environment and History* 17 (2011): 79–105.
48. Nailya Tagirova, "Mapping the Empire's Economic Regions from the Nineteenth to the Early Twentieth Century," in *Russian Empire: Space, People, Power, 1700–1930*, ed. Jane Burbank et al., 125–38 (BloominGon: Indiana University Press, 2007). 亦請參考：Marina Loskutova, "Mapping Regions, Understanding Diversity: Russian Economists Confront Natural Scientists, ca. 1880s–1910s," Encounters of Sea and Land (6th ESEH conference), Turku, 1 June 2011.
49. Henry Francis Blanford, *A Practical Guide to the Climates and Weather of India, Ceylon and Burmah* (London: Macmillan, 1889), 95.
50. Anderson, *Predicting the Weather*, chapter 6. Mahony, "Empire of All Types of Climate," 這裡表明，直到第一次世界大戰結束後殖民地民族主義發展到顛峰狀態時，英國才支持氣候學的區域化研究。
51. Wladimir Köppen, "Die gegenwärtige Lage und die neueren Fortschritte der Klimatologie," *Geographische Zeitschrift* 1 (1895): 613–28. Cf. A. Kh. Khrgian, *Meteorology: A Historical Survey*, ed. Kh. P. Pogosyan (Jerusalem: Israel Program for Scientific Translations, 1970), vol. 1. 有關俄羅斯科學界的帝國邏輯，參見：Gordin, *A Well-Ordered Thing: Dmitrii Mendeleev and the Shadow of the Periodic Table* (New York: Basic, 2004).
52. 此段話被引述於：Ellsworth HuntinGon, review of Voeikov's *Le Turkestan Russe, Bulletin of the American Geographical Society* 47 (1915): 708. Cf. Voeikov, "De l'influence de l'homme sur la terre," pt. 2, *Annales de Géographie* 10 (1901): 193–215，第193–95頁尤其重要。
53. Moon, *The Plough That Broke the Steppes*.
54. Catherine Evtuhov, *Portrait of a Russian Province: Economy, Society and Civilization in Nineteenth-Century Nizhnii Novgorod* (Pittsburgh: University of Pittsburgh Press, 2011), 160; Khrgian, Meteorology，第十六章：Olga Elina, "Between Local Practices and Global Knowledge: Public Initiatives in the Development of Agricultural Science in Russia in the 19th Century and Early 20th Century,"

Centaurus 56 (2014): 305–29.

55. Lorin Blodget, *Climatology of the United States* (Philadelphia: J. B. Lippincott and Co., 1857), 25.
56. 同前注，208–9.
57. 關於在聯邦政府層面忽視氣候學和地震學的情況，參見：Deborah R. Coen, *The Earthquake Observers: Disaster Science from Lisbon to Richter* (Chicago: University of Chicago Press, 2013)，第九章。
58. Rajmund Przybylak et al., eds., *The Polish Climate in the European Context: An Historical Overview* (Dordrecht: Springer, 2010); Simron Jit Singh et al., eds., *Long Term Socio-Ecological Research: Studies in Society-N ature Interactions across Spatial and Temporal Scales* (Dordrecht: Springer, 2013); Lajos Rácz, *The Steppe to Europe: An Environmental History of Hungary in the Traditional Age* (Cambridge: White Horse Press, 2013).
59. 此段話被引述於：Eva Wiedemann, *Adalbert Stifters Kosmos: Physische und experimentelle Weltbeschreibung in Adalbert Stifters Roman Der Nachsommer* (Frankfurt am Main: Lang, 2009), 685.
60. Komlosy, *Grenze und ungleiche regionale Entwicklung: Binnenmarkt und Migration in der Habsburgermonarchie* (Vienna: Promedia, 2003); David F. Good, *The Economic Rise of the Habsburg Empire, 1750–1914* (Berkeley: University of California Press, 1984).
61. 例如關於波士尼亞的情況可參考：Voeikov, "De l'influence de l'homme," 202.
62. Julius Hann, *Die Vertheilung des Luftdruckes* über *Mittel-und Süd-Europa* (Vienna: Hölzel, 1887), 5.
63. *Der Kaiserstaat Oesterreich unter der Regierung Kaiser Franz I*, vol. 2 (Stuttgart: Hallberger, 1841), 263.
64. 我非常感謝安德雷亞・維斯特曼（Andrea Westermann）和尼爾斯・古特勒（Nils Guttler）在我撰寫此定義時所提供的幫助。以下對於尺度（scale）的討論特別有幫助: Jacques Revel, ed., *Jeux d'échelles: La micro-analyse à l'expérience* (Paris: Gallimard, 1996); Francesca Trivellato, "Is There a Future for Italian Microhistory in the Age of Global History?," *California Italian Studies* 2 (2011): 1–26; Wendy Espeland and Mitchell L. Stevens. "Commensuration as a Social Process," *Annual Review of Sociology* 24 (1998): 313–43; Nicholas B. King, "Scale Politics of Emerging Diseases," *Osiris*, 2nd ser., 19 (2004): 62–76; Dipesh Chakrabarty, "The Climate of History: Four Theses," *Critical Inquiry* 35 (2009): 197–222; Julia Adeney Thomas, "History and Biology in the Anthropocene: Problems of Scale, Problems of Value," *AHR* 119 (December 2014): 1587–607.
65. John Tresch, "Cosmologies Materialized: History of Science and History of Ideas," in *Rethinking Modern European Intellectual History*,

ed. Darrin M. McMahon and Samuel Moyn, 153–72, (Oxford: Oxford University Press, 2014), 162.

66. Benedict Anderson, *Imagined Communities* (London: Verso, 1991)，第二章。

67. Richard White, *Railroaded: The Transcontinentals and the Making of Modern America* (New York: London, 2011)，第四章。

68. Jürgen Osterhammel, *The Transformation of the World: A Global History of the Nineteenth Century*, trans. Patrick Camiller (Princeton, NJ: Princeton University Press, 2014), 573.

69. Jennifer Raab, *Frederic Church: The Art and Science of Detail* (New Haven, CT: Yale University Press, 2015).

70. Anna Henchman, *The Starry Sky Within: Astronomy and the Reach of the Mind in Victorian Literature* (Oxford: Oxford University Press, 2014), 3. 亦可參考：Adelene Buckland, *Novel Science: Fiction and the Invention of Nineteenth-Century Geology* (Chicago: University of Chicago Press, 2013).

71. Jesse Oak Taylor, *The Sky of Our Manufacture: The London Fog in British Fiction from Dickens to Woolf* (Charlottesville: University of Virginia Press, 2016), 11.

72. Allen MacDuffie, *Victorian Literature, Energy, and the Ecological Imagination* (Cambridge: Cambridge University Press, 2014)，第79–80頁尤其重要。

73. 《生活》雜誌（*Živa*）前言：Živa 1 (1853), iv.

74. Eduard Suess, *Das Antlitz der Erde*, vol. 1, 2nd ed. (Vienna: Tempsky, 1892), 25. 此段話被翻譯並引述於：A. M. Celâl engör, "Eduard Suess and Global Tectonics: An Illustrated 'Short Guide,'" *Austrian Journal of Earth Sciences* 107 (2014): 6–82，第30頁尤其重要。

75. Karl Kreil, *Die Klimatologie von Böhmen* (Vienna: Gerold's Sohn, 1865), 2–3.

76. 例如：Jan Patočka, *Body, Community, Language, World*, trans. Erazim Kohák (Chicago: Open Court, 1998), 54–56. Michael Gubser在他對於中歐現象學裡政治影響的分析中，強調氣象學此類關於距離和鄰近的譬喻，請見*The Far Reaches: Phenomenology, Ethics, and Social Renewal in Central Europe* (Stanford, CA: Stanford University Press, 2014).

77. Ludwig Landgrebe, *The Phenomenology of Edmund Husser*l, ed. Donn Welton (Ithaca, NY: Cornell University Press, 1981), 191.

78. David Woodruff Smith, *Husserl*, 2nd ed. (New York: Routledge, 2013), 329.

79. Simon Schaffer, "Late Victorian Metrology and Its Instrumentation: A Manufactory of Ohms," in *Invisible Connections: Instruments, Institutions, and Science*, ed. R. Bud and S. E. Cozzans, 23–56 (Bellingham: SPIE Press, 1991); Ken Alder, *The Measure of All Things: The*

SevenYear Odyssey and Hidden Error That Transformed the World (New York: Free Press, 2002).

第一章　哈布斯堡王朝與自然收藏品

1. Anton Kerner, "Die Geschichte der Aurikel," *Z. d. ö. AV* 6 (1875): 39–65，第58頁尤其重要。
2. 有關馬克西米利安的介紹，請參考：Paula Sutter Fichtner, *Emperor Maximilian II* (New Haven, CT: Yale University Press, 2001).
3. Anton Kerner von Marilaun, "Die Geschichte der Aurikel," 4.
4. 如今各界的共識是：栽培種的報春花即是*Primula pubescens*，其本身又是*Primula auricula*和*Primula hirsuta*的雜交種，顯然在克勞修斯的年代已雜交成功。
5. Kerner, "Die Geschichte der Aurikel," 46.
6. Marjorie Hope Nicolson, *Mountain Gloom and Mountain Glory: The Development of the Aesthetics of the Infinite* (Ithaca, NY: Cornell University Press, 1959).
7. 此段話被引述於：Kerner, "Die Geschichte der Aurikel," 55.
8. Kerner, *Die Botanischen Gärten, ihre Aufgabe in der Vergangenheit, Gegenwart und Zukunft* (Innsbruck: Verlag der Wagnerschen Universitätsbuchhandlung, 1874), 3–4.
9. Werner Telesko, *Geschichtsraum* Österreich: *Die Habsburger und ihre Geschichte in der bildenden Kunst des 19. Jahrhunderts* (Vienna: Böhlau, 2006); Christine Ottner, "Historical Research and Cultural History in Nineteenth-Century Austria: The Archivist Joseph Chmel (1798–1858)," *Austrian History Yearbook* 45 (2014): 115–33; Natasha Wheatley, "Law, Time, and Sovereignty in Central Europe: Imperial Constitutions, Historical Rights, and the Afterlives of Empire" (PhD diss., Columbia University, 2015).
10. Chmel, "Über die Pflege der Geschichtswissenschaft in Oesterreich," *Wiener Berichte* Phil-Hist. Kl. 1 (1850): 29–42，第29頁尤其重要。
11. Chmel, *Die Aufgabe einer Geschichte des* österreichischen *Kaiserstaates* (Vienna: Hof-und Staatsdrückerei, 1857), 13.
12. Joseph Chmel, "Über die Pflege der Geschichtswissenschaft in Oesterreich (Fortsetzung)," *Wiener Berichte* Phil-Hist. Kl. 1 (1850): 122–43，第127–28頁尤其重要。
13. Ottner, "Historical Research," 119, 126, 129.
14. Kerner, *Die Botanischen Gärten*; Alix Cooper, *Inventing the Indigenous: Local Knowledge and Natural History in Early Modern Europe*

(Cambridge: Cambridge University Press, 2007).

15. Robert Kann, *The Habsburg Empire: A Study in Integration and Disintegration* (New York: Praeger, 1957), 4.

16. Fichtner, *Maximilian II*; Howard Louthan, T*he Quest for Compromise: Peacemakers in Counter-Reformation Vienna* (Cambridge: Cambridge University Press, 1997).

17. Selma Krasa-Florian, *Die Allegorie der Austria: Die Entstehung des Gesamtstaatsgedankens in der* österreichisch-ungarische *Monarchie und die bildende Kunst* (Vienna: Böhlau, 2007). 1

18. Pamela H. Smith, T*he Body of the Artisan: Art and Experience in the Scientific Revolution* (Chicago: University of Chicago Press, 2004).

19. Thomas DaCosta Kaufmann, *The Mastery of Nature: Aspects of Art, Science, and Humanism in the Renaissance* (Princeton, NJ: Princeton University Press, 1993), 181; Paula Findlen, *Possessing Nature: Museums, Collecting, and Scientific Culture in Early Modern Italy* (Berkeley: University of California Press, 1994).

20. Lorraine Daston and Katharine Park, *Wonders and the Order of Nature, 1150–1750* (Cambridge, MA: Zone Books, 1998).

21. Bruce Moran, "Patronage and Institutions: Courts, Universities, and Academies in Germany; An Overview, 1550–1750," in *Patronage and Institutions: Science, Technology and Medicine at the European Court, 1500–1750*, ed. Bruce Moran, 169–83 (Rochester, NY: Boydell Press, 1991), 174.

22. Marlies Raffler, *Museum—Spiegel der Nation? Zugänge zur Historischen Museologie am Beispiel der Genese von Landes-und Nationalmuseen in der Habsburgermonarchie* (Vienna: Böhlau, 2008), 165; Findlen, "Courting Nature," in *Cultures of Natural History*, ed. N. Jardine, J. A. Secord, and E. C. Spary, 57–74 (Cambridge: Cambridge University Press, 1996).

23. Fichtner, *Maximilian II*, 96.

24. Eliška Fučiková, "Cabinet of Curiosities or Scientific Museum?," in *The Origins of Museums: The Cabinet of Curiosities in Sixteenth-and Seventeenth-Century Europe*, ed. O. Impey and A. MacGregor (Oxford: Clarendon Press, 1985).

25. Thomas DaCosta Kaufmann, "Remarks on the Collections of Rudolf II: The Kunstkammer as a Form of Representatio," *Art Journal* 38 (1978): 22–28; *Thomas DaCosta Kaufmann, Court, Cloister, and City: The Art and Culture of Central Europe, 1450–1800* (Chicago: University of Chicago Press, 1995), 179.

26. Erik A. De Jong, "A Garden Book Made for Emperor Rudolf II in 1593: Hans Puechfeldner's 'Nützliches Khünstbüech der Gartnereij,'"

Studies in the History of Art 69 (2008): 186–203，第200頁尤其重要。

27. Rita Krueger, *Czech, German, and Noble: Status and National Identity in Habsburg Bohemia* (Oxford: Oxford University Press, 2009), chapter 4.

28. 參見：Kaufmann, "Remarks on the Collections," 25–26, and Smith, "Body of the Artisan," 77.

29. Thomas DaCosta Kaufmann, *Arcimboldo: Visual Jokes, Natural History, and Still-Life Painting* (Chicago: University of Chicago Press, 2009), 163.

30. 同前注，115, 66.

31. Peter Marshall, *The Magic Circle of Rudolf II: Alchemy and Astrology in Renaissance Prague* (New York: Walker, 2006), 156.

32. Peter Barker, "Stoic Alternatives to Aristotelian Cosmology: Pena, Rothmann and Brahe," *Revue d'histoire des sciences* 61 (2008): 265–86.

33. Liba Taub, *Ancient Meteorology* (London: Routledge, 2003); Craig Martin, *Renaissance Meteorology: Pomponazzi to Descartes* (Baltimore: Johns Hopkins Press, 2011).

34. Patrick J. Boner, *Kepler's Cosmological Synthesis: Astrology, Mechanism and the Soul* (Boston: Brill, 2013).

35. Katharine Park, "Observation in the Margins, 500–1500," in Daston and Lunbeck, *Histories of Scientific Observation*, 15–44.

36. Christian Pfister et al., "Daily Weather Observations in Sixteenth-Century Europe," in *Climatic Variability in Sixteenth-Century Europe and Its Social Dimension*, ed. Pfister et al., 111–50 (Dordrecht: Springer, 1999).

37. Fritz Klemm, "Die Entwicklung der meteorologischen Beobachtungen in Österreich einschließlich Böhmen und Mähren bis zum Jahr 1700," *Annalen der Meteorologie* 21 (Offenbach am Main: Deutscher Wetterdienst, 1983), 14–16.

38. 同前注，21.

39. Geoffrey Parker, *Global Crisis: War, Climate Change and Catastrophe in the Seventeenth Century* (New Haven, CT: Yale University Press, 2013).

40. 布拉赫所做的觀測現在被認定是有價值的，因為他「記錄了諸如風向之類的項目，並且每天記錄數個觀測結果，同時也不使用有限的術語。」(Pfister et al., "Weather Observations," 130）。在十九世紀，他的紀錄被用來調查松德海峽（Øresund Sound）地區氣候的穩定性（布拉赫曾在文島〔Hven〕）上安家落戶）。一八七六年，普爾．拉庫爾（Poul La Cour）注意到，布拉赫時代降雪日的頻率要高於他自己的時期，而且風向亦有所不同。但是他也強調，雲和雨的模式並沒有明顯的改變。不過，當瑞典氣象學家尼爾斯．埃克霍爾姆（Nils Ekholm）曾根據一八八〇年代在烏拉尼堡（Uraniborg）的觀測數據親自進行計算，他發現在那三個世紀之間氣候有暖化的趨勢，即二月的平均氣溫上升了一．四度。Nils Ekholm, "On the Variations of the Climate of the Geological and Historical Past and Their Causes," *Quarterly Journal of the Meteorological Society* 27 (1901): 1–61，第52–55頁尤其重要。

41. Sigmund Fellöcker, *Geschichte der Sternwarte der Benediktiner-Abtei Kremsmünster* (Linz: Verlag des Stiftes, 1864), 95.

42. Andreas von Baumgartner, "Der Zufall in den Naturwissenschaften," *Almanach der kaiserlichen Akademie der Wissenschaften* 5 (1855): 55–76，第64頁尤其重要。Josef Durdík, "Kopernik a Kepler," *Osvěta* 3 (1873): 123–34.

43. Norbert Herz, *Keplers Astrologie* (Vienna: Gerold's Sohn, 1895), 61.

44. 同前注，八十頁。

45. Romuald Lang, "Das unbewußte im Menschen," Programm des k.k. Gymnasiums zu Kremsmünster für das Schuljahr 1859: 3–22，第17頁尤其重要。二十世紀初期，德國醫師兼政治家威利．赫爾帕奇（Willy Hellpach）對他所謂之「地球心理學」（Geopsyche）的研究引起了普遍的關注。

46. Anderson, *Predicting the Weather*, chapter 2; Jamie Pietruska, "Propheteering: A Cultural History of Prediction in the Gilded Age" (PhD diss., MIT, 2009)，第四章。

47. Bohuslav Hrudička, "Meteorologie v české populární literature prvé polovice XIX. století," Říše *hvězd* 14 (1931): 109–14.

48. Coen, *Earthquake Observers*, 53–55.

49. Anderson, Predicting the Weather, 267; Mike Davis, *Late Victorian Holocausts: El Nino Famines and the Making of the Third World* (London: Verso, 2001).

50. Fleming, "James Croll in Context: The Encounter between Climate Dynamics and Geology in the Second Half of the Nineteenth Century," *History of Meteorology* 3 (2006): 43–54，第43頁尤其重要。

51. Aleksandar Petrovic and Slobodan B. Markovic, "*Annus mirabilis* and the End of the Geocentric Causality: Why Celebrate the 130th Anniversary of Milutin Milanković?," *Quaternary International* 214 (2010): 114–18.

52. Vanessa Ogle, *The Global Transformation of Time, 1870–1950* (Cambridge, MA: Harvard University Press, 2015).

53. R. J. W. Evans, *Rudolf II and His World: A Study in Intellectual History, 1576–1612* (Oxford: Clarendon Press, 1973), 243.

54. H. W. Reichardt, "Ueber das Haus, in welchem Carl Clusius während seines Aufenthaltes in Wien (1573–1588) wohnte," *Blätter des*

Vereines für Landeskunde von Niederösterreich 2 (1868): 72–73，第72頁尤其重要。

55. Evans, *Rudolf II*, 244, 172–73.
56. Fichtner, *Maximilian II*, 104.
57. Pamela Smith, *Body of the Artisan*, 64.
58. Evans, *Rudolf II*, 217–18.
59. Franz von Hauer, "Die Geologie und ihre Pflege in Österreich," *Almanach der Kaiserlichen Akademie der Wissenschaften* 11 (1861): 199–230，第209頁尤其重要。
60. Carina L. Johnson, *Cultural Hierarchy in Sixteenth-Century Europe: The Ottomans and Mexicans* (New York: Cambridge University Press, 2011)，第六章。
61. Kaufmann, *Arcimboldo*, 120.
62. Dóra Bobory, *The Sword and the Crucible: Count Boldizsár Batthyány and Natural Philosophy* (Newcastle upon Tyne: Cambridge Scholars, 2009), 90.
63. 不過，十六世紀的博物學家（naturalists）與十九世紀的博物學家不同，前者沒有交代自然標本原產地的習慣。君主的收藏品一般不加組織分類，即使有的話，也與地理分類無涉。
64. Krueger, *Czech, German, and Noble*, 164–65; Monika Sommer, "Zwischen flüssig und fest: Metamorphosen eines steirischen Gedächtnisortes," in *Das Gewebe der Kultur: Kulturwissenschaftliche Analysen zur Geschichte und Identität* Österreichs *in der Moderne* (Innsbruck: Studien-Verlag, 2001), 105–26，第111頁尤其重要。
65. Christa Riedl-Dorn, *Das Haus der Wunder: Zur Geschichte des Naturhistorischen Museums in Wien* (Vienna: Holzhausen, 1998); Michael Hochedlinger, Österreichische *Archivgeschichte vom Spätmittelalter bis zum Ende des Papierzeitalters* (Vienna: Böhlau, 2013), 109.
66. Hochedlinger, Österreichische *Archivgeschichte*, 88–90; Raffler, *Museum*, 181–89; Telesko, *Kulturraum*，第十四章。
67. Telesko, *Kulturraum*, 380.
68. Kaspar von Sternberg, *Umrisse einer Geschichte der böhmischen Bergwerke* (Prague: Gottlieb Haase Söhne, 1836), xiii, i, v–vi. 有關史坦柏格與波西米亞國家博物館（Sternberg and the Bohemian National Museum），請見 Rita Krueger, *Czech, German, and Noble*，第五章。

69. Verein für Landeskunde von Niederösterreich, *Topographie von Niederösterreich*, vol. 1 (Vienna: Verein für Landeskunde von Niederösterreich, 1877), 559.
70. Eduard Suess, *Die erdbeben Nieder-Österreich's* (Vienna: k.k. Hof-und Staatsdruckerei, 1873); M. Porkorný, "Astronomie a meteorologie," *Památník druhého sjezdu* českých *lékařův a přírodozpytcův* (Prague: Komitét sjezdu českých lékařův a přírodozpytcův, 1882), 38–41，第38頁尤其重要。
71. Josef Schwerdfeger, *Die historischen Vereine Wiens, 1848–1908* (Vienna: Braumüller, 1908), 75; F. A. Slavík, ed., *Vlastivěda Moravská*, vol. 1 (Brno: Moravské akciové knihtiskárny, 1897), 8; Jindřich Metelka, "J. A. Komenského mapa Moravy," Časopis *Matice Moravské*, vol. 16 (1892), 144–51.
72. Ad. Horčička, "Dr. Wenzel Katzerowsky," *Mitteilungen des Vereins für Geschichte der Deutschen in den Sudetenländern* 40 (1901): 303–4.
73. Klemm, "Entwicklung," 11–13.
74. Reichardt, "Ueber das Haus," 72; H. W. Reichardt, *Carl Clusius' Naturgeschichte der Schwämme Pannoniens* (Vienna: k.k. Zoologisch-Botanische Gesellschaft, 1876), 3，粗體字是我強調的部分。
75. Hauer, "Die Geologie," 209.
76. 同前注，230.

第二章　理想的奧地利

1. A. J. P. Taylor, *The Habsburg Monarchy, 1809–1918* (Chicago: University of Chicago Press, 1976), 175. See too Claudio Magris, *Der habsburgische Mythos in der modernen* österreichischen *Literatur*, trans. Madeleine von Pásztory (Vienna: Zsolnay, 2000); Mark Cornwall, *The Undermining of Austria-H ungary: The Battle for Hearts and Minds* (Basingstoke: Macmillan, 2000); Daniel Unowsky, *The Pomp and Politics of Patriotism: Imperial Celebrations in Habsburg Austria, 1848–1916* (West Lafayette, IN: Purdue University Press, 2005.
2. 2. Paul de Lagarde, "Über die gegenwärtigen Aufgaben der deutschen Politik," in *Deutsche Schriften*, 22–46 (Göttingen: Dieterich, 1886), 45.
3. Julius Andrássy, *Ungarns Ausgleich mit* Österreich *vom Jahre 1867* (Leipzig: Duncker & Humblot, 1897), 41; cf. Alfons Danzer, *Unter den Fahnen: Die Völker* Österreich-Ungarns *in Waffen* (Vienna: Tempsky, 1889), 4.

4. Tamara Scheer, "Habsburg Languages at War," in *Languages and the First World War: Communicating in a Transnational War*, ed. Julian Walker and Christophe Declercq, 62–78 (London: Macmillan, 2016), 62; Christa Hämmerle, "Allgemeine Wehrpflicht in der multinationalen Habsburgmonarchie," in *Der Burger als Soldat: Die Militarisierung europäischer Gesellschaften im langen 19. Jahrhundert: Ein internationaler Vergleich*, ed. Christian Jansen, 175–213 (Essen: Klartext, 2004). István Deák, *Beyond Nationalism: A Social and Political History of the Habsburg Officer Corps, 1848–1918* (New York: Oxford, 1990).
5. 克羅埃西亞語、捷克語、德語、匈牙利語、義大利語、波蘭語、羅馬尼亞語、羅塞尼亞語／烏克蘭語、斯洛伐克語、斯洛文尼亞語和塞爾維亞語；第十二個是波士尼亞語，但不具官方地位(Scheer, "Languages at War," 65).
6. Franz/František Palacký, "Eine Stimme über Österreichs Anschluß an Deutschland," in *Oesterreichs Staatsidee*, 79–86 (Prague: J. L. Kober, 1866), 83.
7. David Luft, ed., *Hugo Von Hofmannsthal and the Austrian Idea: Selected Essays and Addresses, 1906–1927* (West Lafayette, IN: Purdue University Press, 2007)..
8. David F. Lindenfeld, *The Practical Imagination: The German Sciences of State in the Nineteenth Century* (Chicago: University of Chicago Press, 1997), Lisbet Koerner, *Linnaeus: Nature and Nation* (Cambridge, MA: Harvard University Press, 1999).
9. 此段話被翻譯並引述於：Isaac Nachimovsky, *The Closed Commercial State: Perpetual Peace and Commercial Society from Rousseau to Fichte* (Princeton, NJ: Princeton University Press, 2011), 83.
10. Werner Drobesch, "Die ökonomischen Aspekte der Bruck-Schwarzenbergschen 'Mitteleuropa,'" in *Mitteleuropa—Idee, Wissenschaft und Kultur im 19. und 20. Jahrhundert*, 19–42 (Vienna: Austrian Academy of Sciences, 1997), 24.
11. 這是對班納迪克・安德森（Benedict Anderson）《想像的共同體》（*Imagined Communities*）一書所提出之問題的迴響，不過他未將多國社群的問題考慮進去。
12. Stifter, *Nachsommer*, 118.
13. Karl Winternitz, *Länderspiel vom Kaiserstaate Oesterreich. In 21 Stücken sammt der Karte* (Vienna: Rudolf Lechner, 1861); Johannes Dörflinger, *Descriptio Austriae:* Österreich *und seine Nachbarn im Kartenbild von der Spätantike bis ins 19. Jahrhundert* (Vienna: Edition Tusch, 1977), 146.
14. 此段話被引述於：Drobesch, "Die ökonomischen Aspekte," 25.

15. Wolfgang Göderle, *Zensus und Ethnizität: Zur Herstellung von Wissen* über *soziale Wirklichkeiten im Habsburgrreich, 1848–1910* (Göttingen: Wallstein, 2016). 哥德勒（Göderle）藉由普查技術提供我們哈布斯堡「多樣性之產出」（production of diversity）的重要歷史，但並未探討有關非人類界的統計調查數據。
16. Sander Gliboff, "Gregor Mendel and the Laws of Evolution," *History of Science* 6 (1999): 217–35.
17. Albrecht Penck, foreword to *Geographischer Jahresbericht aus* Österreich 4 (1906): 1–8，第4頁尤其重要。
18. Norbert Krebs, *Länderkunde der* österreichischen *Alpen* (Stuttgart: Engelhorn, 1913), 3.
19. Adler cited in Michael Steinberg, *Austria as Theater and Ideology: The Meaning of the Salzburg Festival* (Ithaca, NY: Cornell University Press, 2000), 120; Kraus cited in Edward Timms, *Karl Kraus: Apocalyptic Satirist*, vol. 1, *Culture and Catastrophe in Habsburg Vienna* (New Haven, CT: Yale University Press 1986), 10; Jászi and Masaryk cited in Mark Mazower, *Dark Continent: Europe's Twentieth Century* (New York: Knopf, 1998), ix, 45.
20. Tatjana Buklijas, "Surgery and National Identity in Late Nineteenth-Century Vienna," *Studies in History and Philosophy of Biological and Biomedical Sciences* 38 (2007), 756–74; Lafferton, "The Magyar Moustache: The Faces of Hungarian State Formation, 1867–1918," *Studies in History and Philosophy of Biological and Biomedical Sciences* 38 (2007): 706–32; Bojan Baskar, "Small National Ethnologies and Supranational Empires: The Case of the Habsburg Monarchy," in *Everyday Culture in Europe*, ed. Ullrich Kockel (Aldershot: Ashgate, 2008). 說捷克語的醫師伊曼紐爾・拉德爾（EmanuelRadl）認為，小民族國家正是藉其獨特的歷史和語言而為世界科學做出貢獻的，揚・蘇曼（Jan Surman）則稱此為「小國的科學哲學」。Jan Surman, "Imperial Knowledge? Die Wissenschaften in der späten Habsburg-Monarchie zwischen Kolonialismus, Nationalismus und Imperialismus," *Wiener Zeitschrift zur Geschichte der Neuzeit* 9 (2009): 119–33.
21. Diana Reynolds Cordileone, *Alois Riegl in Vienna, 1875–1905: An Institutional Biography* (BurlinGon, VT: Ashgate, 2014)，此書展示了自然科學對於維也納藝術史學派的影響。在這裡，我參考了她的分析，但也說明了源自超民族國家結構之空間研究條件中較為基本的共同點。
22. Matthew Rampley, *The Vienna School of Art History: Empire and the Politics of Scholarship, 1847–1918* (University Park: Penn State Press, 2013), 84.
23. T. G. Masaryk, Otázka Sociální (Prague: Leichter, 1898), 647. 參考第三章及以下。

24. Peter Stachel, "Die Harmonisierung national-p olitischer Gegensätze und die Anfänge der Ethnographie in Österreich," in *Geschichte der* österreichischen *Humanwissenschaften*, vol. 4, *Geschichte und fremde Kulturen*, ed. Karl Acham (Vienna: Passagen Verlag, 2002), 323–67; Brigitte Fuchs, *"Rasse," "Volk," Geschlecht: Anthropologische Diskurse in* Österreich, *1850–1960* (Frankfurt: Campus, 2003)，第十章。
25. Matthew Rampley, "Peasants in Vienna: Ethnographic Display and the 1873 World's Fair," *Austrian History Yearbook* 42 (2011): 110–32.
26. Rudolf von Eitelberger, *Gesammelte kunsthistorische Schriften*, vol. 2 (Vienna: Braumüller, 1879), 333.
27. 此段話被引述於：Cordileone, Alois Riegl, 99.
28. Rampley, "World's Fair," 132.
29. 里格的這段話被引述於：Bernd Euler-Rolle, "Der 'Stimmungswert' im spätmodernen Denkmalkultus: Alois Riegl und die Folgen," Österreichische *Zeitschrift für Kunst und Denkmalpflege* 59 (2005): 27–34，第30頁尤其重要。
30. Max Dvorak, "Einleitung," in *Die Denkmale des Politischen Bezirkes Krems*, ed. Hans Tietze (Vienna: Anton Schroll, 1907), xvii.
31. 例如 Thomas M. Lekan, *Imagining the Nation in Nature: Landscape Preservation and German Identity, 1885–1945* (Cambridge, MA: Harvard University Press, 2004).
32. Johannes Straubinger, *Sehnsucht Natur: Geburt einer Landschaft* (Norderstedt: Books
33. on Demand, 2009), 239, 264–67.
34. 此段話被翻譯並引述於：Rampley, *Vienna School*, 203.
35. 此段話被翻譯並引述於：Cordileone, *Alois Riegl*, 276.
36. 同前注，xviii，粗體字是我強調的部分。
37. Rampley, *The Vienna School of Art History*，第九章。
38. Richard Charmatz, *Minister Freiherr von Bruck, der Vorkämpfer Mitteleuropas: Sein Lebensgang und seine Denkschriften* (Leipzig: S. Hirzel, 1916), 24.
39. 同前注，頁五三。
40. 引文出處同前注，頁一八八。
41. 同前注，189. Lynn Nyhart, "The Political Organism: Carl VoG on Animals and States in the 1840s and '50s," *Historical Studies in the Natural Sciences* 47, no. 5 (Fall 2017). 作品中討論使用生物學研究對低等生物（lower organism）分析將器官—國家作為類比的結果；我想

指出這類類比促使將國家疆域比擬為擁有代謝機制的有機體（organic unit）等研究。

42. *Die Denkschriften des* österreichischen *Handelsministers* über *die* österreichisch-*deutsche Zoll-und Handelseinigung* (Vienna: Carl Gerold, 1850), 94.
43. *Denkschriften des* österreichischen *Handelsministers*, 257.
44. Charmatz, *Minister von Bruck*, 227.
45. "Ueber die Weltstellung Oesterreichs," *Innsbrucker Zeitung*, 15 January 1850, 52.
46. Ferdinand Stamm, *Verhältnisse der Volks, Land und Forstwirthchaft des Königreiches Böhmen* (Prague: Rohliček, 1856).
47. Ferdinand Stamm, "Landwirtschaftliche Briefe," *Die Presse*, 14 December 1855. 甚至連普魯士人都認可這項氣候上的優勢，可參考 Ernst Von Seydlitz, *Handbuch der Geographie* (Breslau: F. Hirt, 1914), 79.
48. Maureen Healy, *Vienna and the Fall of the Habsburg Empire: Total War and Everyday Life in World War I* (Cambridge: Cambridge University Press, 2004).
49. 此段話被引述於：John Deak, *Forging a Multinational State: State Making in Imperial Austria from the Enlightenment to the First World War* (Stanford, CA: Stanford University Press, 2015), 103.
50. David Good, *Economic Rise*. 馬克斯・史蒂芬・舒爾茲（Max-Stephan Schulze）和尼古拉斯・沃爾夫（Nikolaus Wolf）指出，從一八八〇年代後期開始，民族主義就對經濟產生了影響，因為它令「具有類似民族語言背景之地區彼此間的聯繫比與帝國其他地區的聯繫更為緊密。」; "Economic Nationalism and Economic Integration: The Austro-Hungarian Empire in the Late Nineteenth Century," *Economic History Review* 65 (2011): 652–73.
51. Andrea Komlosy, "State, Regions, and Borders: Single Market Formation and Labor Migration in the Habsburg Monarchy, 1750–1918," *Review* (Fernand Braudel Center) 27 (2004): 135–77.
52. A. Zeehe, F. Heiderich, and J. Grunzel, Österreichische *Vaterlandskunde für die obserte Klasse der Mittelschulen*, 3rd ed. (Ljubljana: Kleinmayr & Bamberg, 1910), 8.
53. Good, *Economic Rise*, 246.
54. "Volkswirtschaft," *Oesterreichische Neuigkeiten und Verhandlungen* 53 (1850): 417–19，第418頁尤其重要。
55. Alexander von Bally, *Das neue* Österreich, *seine Handels-und Geldlage* (Vienna: Beck, 1850), 8.

56. Dominique K. Reill, *Nationalists Who Feared the Nation: Adriatic Multi-Nationalism in Habsburg Dalmatia, Trieste, and Venice* (Stanford, CA: Stanford University Press, 2012), 177.
57. Margaret Schabas, *The Natural Origins of Economics* (Chicago: University of Chicago Press, 2005), 150.
58. Carl Menger, *Principles of Economics*, trans. J. Dingwall and B. F. Hoselitz (Auburn, AL: Institute for Humane Studies, 1976), 167.
59. *Die* österreichisch-ungarische *Monarchie in Wort und Bild*, vol. 15, *Böhmen*, vol. 2, (Vienna: k.k. Hof-und Staatsdruckerei 1896), 464.
60. 正如弗雷德里克・瓊森（Fredrik Jonsson）向我指出的那樣，英國的經濟學家威廉・斯坦利・傑文斯（William Stanley Jevons）亦有同樣想法：他認為人口增長是預測煤炭枯竭的一個因素。
61. Quinn Slobodian, "How to See the World Economy: Statistics, Maps, and Schumpeter's Camera in the First Age of Globalization," *Journal of Global History* 10 (2015): 307–32，第316頁尤其重要。
62. Eugen von Philippovich, *Grundriss der politischen Oekonomie*, vol. 1 (Freiburg i. B.: J. C. B. Mohr, 1893), 86. 試比較卡爾・波蘭尼（Karl Polanyi）在《鉅變》（*The Great Transformation*）一書中對自由貿易的批判：他抨擊新古典經濟學無視於經濟的繁榮與衰敗會取決於與市場無關的自然條件。
63. 例如可以參考卡爾・馮・羅吉坦斯基於1870年2月在維也納人類學學會（Vienna Anthropological Society）開幕式上對於種族差異之環境成因所作的評論。
64. Franz Heiderich, "Die Wirtschaftsgeographie und ihre Grundlagen," in *Karl Andrees Geographie des Welthandels*, vol. 1, ed. Franz Heiderich and Robert Sieger (Frankfurt am Main: H. Keller, 1910), 39.
65. *Beiträge zur Wirtschaftskunde* Österreichs: *Vorträge des 4. International Wirtschaftskurses* (Vienna: A. Hölder, 1911), 1–39.
66. 例如可以參考：Jennings, *Curing the Colonizers*; Michael A. Osborne and Richard S. Fogarty, "Medical Climatology in France: The Persistence of Neo-Hippocratic Ideas in the First Half of the Twentieth Century," *Bulletin of the History of Medicine* 86 (2012): 543–63.
67. "Sterblichkeit," *Militär-Zeitung*, 10 July 1863, 17–18, on 17; Hämmerle, "Allgemeine Wehrpflicht," 202; Teodora Daniela Sechel, "Contagion Theories in the Habsburg Monarchy," in *Medicine Within and Between the Habsburg and Ottoman Empires, 18th–19th Centuries*, ed. Sechel, 55–77 (Bochum: D. Winkler, 2011)，第73頁尤其重要。
68. "Einfluss des Klimas, der Orts-und Landesverhältnisse so wie der Lebensweise der Soldaten auf den Gesundheitszustand," *Allgemeine Militärärztliche Zeitung*, 25 August 1867, 276–80.

69. E.g., Alois Fessler, *Klimatographie von Salzburg* (Vienna: Gerold & Co., 1912), 17.
70. August von Härdtl et al., *Die Heilquellen und Kurorte des oestreichischen Kaiserstaates und Ober-Italien's* (Vienna: Braumüller, 1862), iv–v.
71. Enoch Kisch, *Klimatotherapie* (Berlin: Urban and Schwarzenberg, 1898), 641.
72. Alison Frank, "The Air Cure Town: Commodifying Mountain Air in Alpine Central Europe," *Central European History* 44, no. 2 (June 2012), 185–207; Jill Steward, "Travel to the Spas: The Growth of Health Tourism in Central Europe, 1850–1914," in *Journeys into Madness: Mapping Mental Illness in the Austro-Hungarian Empire* (New York: Berghahn, 2012), 72–89.
73. Adalbert Stifter, "Zwei Schwestern," in *Studien*, vol. 2, 6th ed. (Pest: Heckenast, 1864), 388.

第三章　帝國—王國的科學家

1. Karl Kreil, "Über die k.k. Zentralanstalt für Meteorologie und Erdmagnetismus" (Vienna: k.k. Hof-und Staatsdruckerei, 1852), 85.
2. 請參考克雷爾從米蘭寫給洪堡德的信，該文件收錄於如下作品：*Annalen der Physik und Chemie* 13 (1838): 292–303; 16 (1839): 443–58.
3. Adalbert Stifter, *Der Nachsommer: Eine Erzählung*, vol. 1 (Pest: Heckenast, 1865), 177.
4. 同前注，337。
5. Eduard Fenzl, "Eröffnungsrede," *Verh. Zool.-Bot. Ver.* 2 (1852): 1–5，第4頁尤其重要，粗體字是原作強調的部分。
6. Ulrich L. Lehner, *Enlightened Monks: The German Benedictines, 1740–1803* (New York: Oxford University Press, 2011), 5.
7. William Clark, "The Death of Metaphysics in Enlightened Prussia," in *The Sciences in Enlightened Europe*, ed. William Clark, Jan Golinski, and Simon Schaffer (Chicago: University of Chicago Press, 1999), 423–73, on 434; Katharine Park, "Observation in the Margins, 500–1500," in *Daston and Lunbeck, Histories of Scientific Observation*，15–44，第23頁尤其重要。
8. Fellöcker, *Geschichte der Sternwarte*, 241.
9. P. Augustin Reslhuber, "Die Sternwarte zu Kremsmünster," *Unterhaltungen im Gebiete der Astronomie, Meteorologie und Geographie* 10 (1856): 382–88, 392–96.
10. 試比較：Cooper, *Inventing the Indigenous*.
11. Marian Koller, *Ueber den Gang der Wärme in Oesterreich ob der Enns* (Linz: F. Eurich, 1841), 7.
12. Karl Fritsch, autobiographical sketch, *Zs. Ö. G. Meteo.* 15 (1880): 105–19，第106頁尤其重要。

13. 在摩拉維亞，類似的努力也在帝國的支持下做出成績。Rudolf Brazdíl, Hubert Valášek, et al., *History of Weather and Climate in the Czech Lands: Instrumental Measurements in Moravia up to the End of the Eighteenth Century* (Brno: Masaryk University, 2002), 2–23.
14. Monika Baar, *Historians and Nationalism: East-Central Europe in the Nineteenth Century* (Oxford: Oxford University Press, 2010), 264.
15. Jan Janko and Soňa Štrbáňová, *Věda Purkyňovy doby* (Prague: Academia, 1988), 193; Karel Krška and Ferdinand Šamaj, *Dějiny meteorologie v* českých *zemích a na Slovensku* (Prague: Karolinium 2001), 87.
16. Strbanova, *Věda Purkyňovy doby*, 118–19.
17. Pseudonym of Heinrich Landesmann, *Die Muse des Glücks und moderne Einsamkeit* (Dresden: H. Linden, 1893), 14.
18. Jan Evangelista Purkyně, "Čtenářům ku konci roku," Živa 1 (1853): iii–iv，第iv頁尤其重要。
19. Surman, *Biography of Habsburg Universities*.
20. 此段話被引述於：E. M. Kronfeld, *Anton Kerner von Marilaun* (Leipzig: Tauchnitz, 1908), 306.
21. Baar, *Historians and Nationalism*, 11.
22. Fasz. 683/Sig. 4A/Nr. 7757/1868: 27 June 1868, MCU.
23. Michael von Kast et al., *Geschichte der* Österreichischen *Land-und Forstwirtschaft und ihrer Industrien*, vol. 1 (Vienna: Moritz Perles, 1899), 558.
24. Josef Wessely to Emanuel Purkyně, undated, ca. 1878, EP.
25. *Die* österreichisch-ungarische *Monarchie in Wort und Bild*, 1:135.
26. E.g., *Osiris* 11 (1996): "Science in the Field," ed. Henrika Kuklick and Robert E. Kohler.
27. Larry Wolff, *The Idea of Galicia: History and Fantasy in Habsburg Political Culture* (Stanford, CA: Stanford University Press, 2010).
28. ZAMG的一名研究人員患了結核病，主管打算送他去南提洛（South Tyrol）接受氣候治療。這位患病的科學家拒絕了這一美意，堅信自己唯一須接受的高山療法是便是在卡林西亞省三一〇五公尺高的索恩布里克（Sonnblick）天文台進行研究。Fasz. 684/Sig. 4A/Nr. 45052: 30 November 1905, MCU.
29. Hammerl, *Zentralanstalt*, 37.
30. Mary Louise Pratt, *Imperial Eyes*; Edney, *Mapping an Empire: The Geographical Construction of British India, 1765–1843* (Chicago: University of Chicago Press, 1997).

31. Adalbert Stifter, *Bunte Steine*, 4th ed. (Pest: G. Hackenast, 1870), 56, 61. 卡夫卡《城堡》（*The Castle*）一書中的超現實效果部分源自於主人公平凡的職業：他是土地測量員。
32. Denise Phillips, *Acolytes of Nature: Defining Natural Science in Germany, 1770–1850* (Chicago: University of Chicago Press, 2012), 80–82; and Krueger, *Czech, German, and Noble*, 37.
33. 此段話被引述於：Inge Franz, "Eduard Suess im ideengeschichtlichen Kontext seiner Zeit," *Jahrbuch der Geologischen Bundesanstalt* 144 (2004): 53–65，第64頁尤其重要。
34. F. K. Branky, "Die Exkursionen des geographischen Seminars der k.k. Wiener Universität," *Zeitschrift für Schul-Geographie* 26 (1904): 65–72，第62頁尤其重要。
35. Andreas Helmedach, *Das Verkehrssystem als Modernisierungsfaktor: Strassen, Post, Fuhrwesen und Reisen nach Triest und Fiume vom Beginn des 18. Jahrhunderts bis zum Eisenbahnzeitalter* (Munich: Oldenbourg, 2002), 479.
36. Margarete Girardi, "Bericht über die Feier des 90 jährigen Jubiläums der ehemaligen k.k. Geologischen Reichsanstalt," *Verhandlungen der Zweigstelle Wien der Reichsstelle für Bodenforschung* (1939): 243–54，第247頁尤其重要。
37. Eduard Suess, *Erinnerungen* (Leipzig: Hirzel, 1916), 100.
38. Karl Kreil and Karl Fritsch, *Magnetische und geographische Ortsbestimmungen im* österreichischen *Kaiserreich*, vol. 1 (Prague: G. Haase, 1848), 3.
39. Hann, Diary B, 65a, 65b, JH.
40. Hann, Diary B, 102–3, JH.
41. Suess, *Erinnerungen*, 161.
42. Kenner, "Karl Kreil," 334.
43. Helmedach, *Verkerhrssystem*, 267–73.
44. Quoted in Christina Bachl-Hofmann, ed., *Die Geologische Bundesanstalt in Wien: 150 Jahre Geologie im Dienste* Österreichs (Vienna: Böhlau, 1999), 77.
45. Vejas Gabriel Liulevicius, *The German Myth of the East: 1800 to the Present* (Oxford: Oxford University Press, 2009), 7.
46. Marie Petz-Grabenhuber, "Anton Kerner von Marilaun," in *Anton Kerner von Marilaun (1831–1898)*, ed. Grabenbauer and Michael Kiehn,

7–23 (Vienna: Academy of Sciences, 2004), 10.

47. Anton Kerner, *Das Pflanzenleben der Donauländer* (Innsbruck: Wagner, 1863), 23.
48. Bachl-Hofmann, ed., *Die Geologische Bundesanstalt*, 76.
49. Surman, *Biography of Habsburg Universities*, 14, 237.
50. 例如：Kapil Raj, *Relocating Modern Science: Circulation and the Construction of Knowledge in South Asia and Europe, 1650–1900* (Basingstoke and New York: Palgrave Macmillan, 2007).
51. Eduard Brückner, "Dr. Josef Roman Lorenz von Liburnau, Sein Leben und Wirken," *Mitt. Geog. Ges.* 56 (1912): 523–51，第541頁尤其重要。
52. Karl Fritsch, "Nachruf an Anton Kerner von Marilaun," *Verh. Zool.-Bot. Ver*. 48 (1898): 694–700，第696頁尤其重要。
53. Vittoria Di Palma, *Wasteland: A History* (New Haven, CT: Yale University Press, 2014).
54. 尤其可以參考：Michael S. Reidy, "Mountaineering, Masculinity, and the Male Body in MidVictorian Britain," *Osiris* 30 (2015): 158–81.
55. 參見如下著作中的附圖：Ficker, "Untersuchungen über die meteorologischen Verhältnisse der Pamirgebiete (Ergebnisse einer Reise in Ostbuchara)," *Wiener Berichte IIa* 97 (1921; submitted June 1919): 151–255.
56. Ficker, "Föhnuntersuchungen im Ballon," *Wiener Berichte IIa* 121 (1912): 829–73，第830頁尤其重要。
57. 此段話被引述於：Jennifer Tucker, *Nature Exposed: Photography as Eyewitness in Victorian Science* (Baltimore: Johns Hopkins University Press, 2005), 154.
58. Ficker, "Wirbelbildung im Lee des Windes," *MZ* 28 (1911): 539.
59. Hann to Wladimir Köppen, 28 October 1886, WK.
60. Voeikov, *Le Turkestan Russe* (Paris: Colin, 1914), vi.
61. Robert DeCourcy Ward, "The Value of Non-Instrumental Weather Observations," *Popular Science Monthly* 80 (1912): 129–37，第131頁尤其重要。
62. Alfred Hettner, "Methodische Zeit-und Streitfragen: Die Wege der Klimaforschung," *Geographische Zeitschrift* 30 (1924): 117–20，第117頁尤其重要。
63. Hann, *Klimatographie von Niederösterreich* (Vienna: Braumüller, 1904), 4.

64. Ficker, “Pamirgebiete,” 153.
65. Hasok Chang, *Inventing Temperature: Measurement and Scientific Progress* (Oxford: Oxford University Press, 2004).
66. Wilhelm Schmidt, “Zur Frage der Verdunstung,” *Ann. Hyd.* 44 (1916): 136– 45, on 142.
67. Edmund Husserl, *Ideas Pertaining to a Pure Phenomenology and to a Phenomenological Philosophy*, vol. 2, trans. R. Rojcewicz and A. Schuwer (Dordrecht: Springer, 1990), 61, 166; Patočka, *Body, Community*.
68. Hann, “Über die monatlichen und jährlichen Temperaturschwankungen in ÖsterreichUngarn,” *Wiener Berichte* IIa 84 (1881): 965–1037; Hann, “Untersuchungen über die Veränderlichkeit der Tagestemperatur,” *Wiener Berichte* II 71 (1875): 571–657.
69. 此段話被引述於：Christiane Zintzen, “Vorwort,” in *Die* österreichischungarische *Monarchie in Wort und Bild. Aus dem “Kronprinzenwerk” des Erzherzog Rudolf* (Vienna: Böhlau, 1999), 9–20, 10.
70. Suess, *Erinnerungen*, 101.
71. 同前注，130.
72. “Farewell Lecture by Professor Eduard Suess on Resigning His Professorship,” *Journal of Geology* 12 (1904): 264–75，第267頁尤其重要。
73. Mott Greene, *Geology in the Nineteenth Century*, chapter 7; engör, “Eduard Suess.”
74. Norman Henniges, “Human Recording Machines? The German Geological Survey and the Moral Economy of Scale,” paper for the workshop “Creative Commensuration,” Zurich, 2016.
75. “Erinnerungen von Albrecht Penck,” AP.
76. Penck, “Das Klima Europas während der Eiszeit,” Naturwissenschaftliche Wochenschrift 20 (1905): 593–97; Penck, foreword to *Geographischer Jahresbericht aus* Österreich (Vienna, 1906), 4:4.
77. Norman Henniges, “‘Sehen lernen’: Geographische (Feld-)Beobachtung in der Ära Albrecht Penck,” *Mitteilungen der* Österreichischen *Geographischen Gesellschaft* 156 (2014): 141–70，第163頁尤其重要。
78. Cvijić, La Geographie des Terrains Calcaires (1960), reprinted in Cvijić and Karst, ed. Zoran Stevanović and Borivoje Mijatović (Belgrade: Serbian Academy of Science and Arts, 2005), 147–304，第173頁尤其重要。
79. Cvijić, “Forschungsreisen auf der Balkan-Halbinsel,” *Zeitschrift der Gesellschaft für Erdkunde zu Berlin* (1902): 196–214，第197頁尤其重要。

80. Cvijić, *La Péninsule balkanique* (Paris: Colin, 1918), 13–14, 18; Karl Kaser, "Peoples of the Mountains, Peoples of the Plains: Space and Ethnographic Representation," in *Creating the Other: Ethnic Conflict and Nationalism in Habsburg Central Europe*, ed. Nancy M. Wingfield, 216–30 (New York: Berghahn, 2003).
81. Suess, *Erinnerungen*, 125.
82. 套句「世紀末」（fin de siècle）作家赫爾曼・巴爾（Hermann Bahr）的話，公僕（Beamte）是負責維護「奧地利理想」的人，亦即「舊國家理念的保管人」（"the trustee of the old *Staatsidee*），參見：Bahr, *Austriaca* (Berlin: S. Fischer, 1911), 33. 巴爾對這些「保管人」並無好感，並認為這些人過時且幼稚。但是他沒有考慮自然科學家如何將公僕重新塑造為現代人物的方式。
83. Kreil, *Klimatologie von Böhmen*, 2.
84. Josef Durdík, *Rozpravy filosofické* (Prague: Kober, 1876), 49.
85. Tomáš Garrigue Masaryk, Česká *otázka* (Prague: Čas, 1895), 240.
86. Cf. Barry Smith, "Von T. G. Masaryk bis Jan Patočka: Eine philosophische Skizze," in *T. G. Masaryk und die Brentano-Schule*, ed. J. Zumr and T. Binder, 94–110 (Prague: Czech Academy of Sciences, 1993).
87. Eduard Suess, *Das Bau und Bild* Österreichs (Vienna: Tempsky, 1903), xiv.
88. Henniges, "Human Recording Machines?"
89. Marianne Klemun, "National 'Consensus' as Culture and Practice: The Geological Survey in Vienna and the Habsburg Empire (1849–1867)," in Ash and Surman, *Nationalization of Scientific Knowledge*, 83–101.
90. Hann, *Die Vertheilung des Luftdruckes* über *Mittel-und Süd-Europa* (Vienna: Hölzel, 1887), 5.
91. Hann, "Der Pulsschlag der Atmosphäre," *MZ* 23 (1906): 82–86，第83頁尤其重要；Hann, *Lehrbuch der Meteorologie*, 3rd ed. (Leipzig: Tauchnitz, 1915), 637.

第四章　雙重任務

1. Kreil, "Einleitung," *Jb. ZAMG* 1 (1848–49): 1–32，第2–3頁尤其重要。
2. 關於「雙重性」這層涵義的法律用語，例如可以參考：Georg Jellinek, *Ueber Staatsfragmente* (Heidelberg: Gustav Koester, 1896), 28–29，該項資料被引述於：Wheatley, "Law, Time, and Sovereignty," 61.

3. Fabien Locher, "The Observatory, the Land-Based Ship and the Crusades: Earth Sciences in European Context, 1830–50," *BJHS* 40 (2007): 491–504.
4. 此段話被引述於：Kenner, "Karl Kreil," 332.
5. Fritsch, autobiographical sketch, 112.
6. Hedwig Kopetz, *Die* Österreichische *Akademie der Wissenschaften: Aufgaben, Rechtsstellung, Organisation* (Vienna: Böhlau, 2006), 34.
7. Christine Ottner, "Zwischen Wiener Localanstalt und Centralpunct der Monarchie,"
8. *Anzeiger der Akademie der Wissenschaften, phil.-hist. Kl.* 143 (2008): 171–96，第174，178頁尤其重要。
9. Reprinted in Hammerl, *Zentralanstalt*, 21, 23.
10. Fasz. 677/Sig. 4A/Nr. 6015/694: 20 July 1850, MCU; Fasz. 677/Sig. 4A/Nr. 2372/167: March 1852, MCU.
11. Kreil, "Einleitung," *Jb. ZAMG* 1 (1848–49): 1–32，第1—2頁尤其重要。
12. Fasz. 677/Sig. 4A/Nr. 9369/609: 6 September 1852, MCU.
13. Kenner, "Karl Kreil," 360–61.
14. Egon Ihne, "Geschichte der pflanzenphänologischen Beobachtungen in Europe," *Beiträge zur Phänologie* 1 (1884): 1–176，第36頁尤其重要。
15. 此段話被翻譯並引述於：Gliboff, "Mendel and the Laws of Evolution," 225.
16. Franz Unger, *Versuch einer Geschichte der Pflanzenwelt* (Vienna: Braumüller, 1852), 5.
17. Kreil, "Einleitung," *Jb. ZAMG* 1 (1848–49): 1–32，第2–3頁尤其重要。粗體字是我強調的部分。
18. *Die Markgrafschaft Mähren und das HerzoGhum Schlesien in ihren geographischen Verhältnissen* (Vienna: Hölzel, 1861), iii.
19. František Augustin, *O potřebě zorganisovati meteorologická pozorování v* Čechách (Prague: Otty, 1885), 6, 13–16.
20. Jindřich Metelka, review of *Zeměpisný Sborník, Hlídka Literarní* 4 (1887): 44–48.
21. Fasz. 680/Sig. 4A/Nr. 1605: 7 January 1914, MCU.
22. Fasz. 680/Sig. 4A/Nr. 8888: 25 February 1914, MCU.
23. David Aubin, Charlotte Bigg, and H. Otto Sibum, "Introduction," *The Heavens on Earth: Observatory and Astronomy in Nineteenth-Century Science and Culture*, ed. Aubin, Bigg, and Sibum (Durham, NC: Duke University Press, 2010), 7.

24. Simony, "Das meteorologische Element in der Landschaft," *Zs. Ö. G. Meteo*. 5 (1870): 49–60.
25. Kreil, "Einleitung," 9.
26. Jelinek, *Anleitung zur Anstellung meteorologischer Beobachtungen* (Vienna: k.k. Hof-und Staatsdruckerei, 1869), 1.
27. 同前注，64.
28. Kenner, "Karl Kreil," 362.
29. 同前注。
30. Fritsch, autobiographical sketch, 115.
31. Wilhelm von Haidinger, *Das Kaiserlich-Königliche Montanistische Museum und die Freunde der Naturwissenschaften in Wien in den Jahren 1840–1850* (Vienna: Braumüller, 1869), 72, 115.
32. Haidinger, "Gesellschaft der Freunde der Naturwissenschaften," *Berichte* über *die Mittheilungen von Freunden der Naturwissenschaften in Wien* 5 (1848): 274–78，第275頁尤其重要。
33. Karl Fritsch, "Nekrologie [W. v. Haidinger]," *Zs. Ö. G. Meteo.* 6 (1871): 205–8，第207頁尤其重要。
34. Haidinger, "Historische Entwicklung und Plan der Gesellschaft," *Berichte* über *die Mittheilungen von Freunden der Naturwissenschaften in Wien* 5 (1848): 280–87; cf. Karl Kadletz, "Krisenjahre zwischen 1849 und 1861," in Christina Bachl-Hofmann, *Geologische Bundesanstalt*, 78–92.
35. *Verhandlungen des* österreichischen *verstärkten Reichsrathes* 1 (1860): 305. Cf. Böhm, "Erinnerungen an Franz von Hauer," *Abhandlungen der k.k. Geographischen Gesellschaft in Wien* 1 (1899): 100.
36. Advertisement, *Zeitschrift der k.k. Gesellschaft der Aerzte zu Wien* 17 (1861): 392.
37. "Dr. Carl Jelinek," *Zs. Ö. G. Meteo.* 12 (1877): 69–80，第71頁尤其重要。
38. Hammerl, *Zentralanstalt*, 58.
39. Anderson, *Predicting the Weather*, 143–44.
40. Hann, "Arthur Schuster über Methoden der Forschung in der Meteorologie," *MZ 20* (1903): 19–30，第28頁尤其重要。
41. Josef Chavanne, *Die Temperatur-Verhältnisse von* Österreich-Ungarn *dargestellt durch Isothermen* (Vienna: Gerold's Sohn, 1871).
42. 同前注，21.

43. Fasz. 677/Sig. 4A/Nr. 3128/478: 19 April 1849, MCU.
44. János/Johann Hunfalvy, "Die klimatischen Verhältnisse des ungarischen Länderkomplexes," *Zs. Ö. G. Meteo.* 2 (1867): 273–79, 289–98.
45. Jelinek, "Meteorologische Stationen in Ungarn," *Zs. Ö. G. Meteo.* 1 (1866): 171–72.
46. Josef Chavanne, *Physikalisch-Statistisches Hand-Atlas* (Vienna: Hölzel, 1887). 匈牙利中央觀測站年鑑以匈牙利文和德文出版。
47. Fasz. 677/Sig. 4A/Nr. 8208: 19 August 1864, MCU.
48. Josef Roman Lorenz, *Physikalische Verhältnisse und Vertheilung der Organismen im Quarnerischen Golfe* (Vienna: Karl Gerold's Sohn, 1869), 2–3.
49. "Korespondencya Komisyi," *Sprawozdanie Komisyi Fizyograficnej* 28 (1893): vii–xxv. 感謝揚・蘇爾曼（Jan Surman）提供的參考訊息以及單尼爾・馬拉（Daniel Mahla）的翻譯。
50. Moriz Rohrer, *Beitrag zur Meteorologie und Klimatologie Galiziens* (Vienna: Carl Gerold's Sohn, 1866), 1.
51. Janina Bo ena Trepi ska, "The Development of the Idea of Weather Observations in Galicia," in *Acta Agrophysica* 184 (2010): 9–23，第13頁尤其重要。亦請參考如下著作：Przybylak et al., *The Polish Climate*.
52. Jan Hanik, *Dzieje meteorologii i obserwacji meteorologicznych w Galicji od XVIII do XX wieku* (Wrocław: Zakład Narodowy im. Ossoli skich, 1972), 87, 89–94. 我感謝伯格丹・霍巴爾（Bogdan Horbal）將此材料翻譯出來。
53. 同前注，157–59. 可與如下資料進行比較：卡尼奧拉是另一塊較貧窮的君主領地，它融入ZAMG網絡的情況比加利西亞理想。到了一八九一年，卡尼奧拉有二十六個氣象站，足以應付撰寫〈卡尼奧拉氣候〉所需。該專欄在一八九一年至一八九三年間在「盧布爾雅那博物館學會」（Museum Society of Ljubljana）的雜誌上以德文連續刊出。作者斐迪南・賽德勒（Ferdinand Seidl）是戈裡齊亞實驗中學（Realschule）的教師。賽德勒收集當地人主要以斯洛文尼亞文撰寫的氣象觀測紀錄，而他本人也以斯洛文尼亞文發表科學著作。一九一八年後，他領導南斯拉夫共和國盧布爾雅那的氣象觀測站。（Tanja Cegnar, "Beginnings of Instrumental Meteorological Observations in Slovenia," http://cagm.arso.gov.si/posters/Beginnings_instrumental_meteorological _observations_in%20_slovenia.pdf.）
54. J. Valentin, "Der tägliche Gang der Lufttemperatur in Österreich," *Denk. Akad. Wiss. math-nat.* 73 (1901): 133–229，第201頁尤其重要。
55. 同前注，210.
56. 參見：Conrad, *Methods in Climatology* (Cambridge, MA: Harvard University Press, 1944), 2.

57. 同前注，129.
58. Fasz. 679/Sig. 4A/Nr. 22093: 18 May 1910; Fasz. 679/Sig. 4A/Nr. 30079: 23 June 1913, MCU. J5/ 中央測站（Zentralanstalt）願意為加利西亞東部的新觀測站提供儀器，但拒絕支付其建設費用。Fasz. 679/Sig. 4A/Nr. 23858: 22 May 1911, MCU.
59. Fasz. 679/Sig. 4A/Nr. 52972/1913: 19 November and 31 December 1913, MCU.
60. Victor Conrad, *Klimatographie der Bukowina* (Vienna, 1917), 20.
61. 同前注，25.
62. Conrad, "Beiträge zu einer Klimatographie von Serbien," *Wiener Berichte IIa* 125 (1916): 1377–417，第1411頁尤其重要。
63. 同前注，1377.
64. 同前注，1380, 1400.
65. 同前注，1410–11.
66. Ludwig Dimitz, *Die forstlichen Verhältnisse und Einrichtungen Bosniens und der Hercegovina* (Vienna: W. Frick, 1905), 11; 亦請參考：Alfred Grund, *Die Karsthydrographie: Studien aus Westbosnien* (Leipzig: Teubner, 1903).
67. Hann, "Über die klimatischen Verhältnisse von Bosnien und der Herzegowina," *Wiener Berichte* II 88 (1884): 96–116, on 96; "Das meteorologische Beobachtungsnetz von Bosnien und der Hercegovina und dessen Gipfelstation auf der Bjelašnica," *MZ* 13 (1896): 41–49，第41頁尤其重要。
68. Philipp Ballif, *Wasserbauten in Bosnien und der Hercegovina* (Vienna: Adolf Holzhausen, 1896).
69. Srećko M. Džaja, *Bosnien-Herzegowina in der* österreichisch-ungarischen *Epoche, 1878–1918* (Munich: Oldenbourg, 1994), 82.
70. J. Moscheles to W. Morris Davis, 15 August 1919, folder 336, WMD.
71. 有關奧地利民族誌學家在哈布斯堡王朝殖民波士尼亞過程中與王朝的共謀關係，請參考：Christian Marchetti, "Scientists with Guns: On the Ethnographic Exploration of the Balkans by Austrian-Hungarian Scientists before and during World War I," *Ab Imperio* (2007).
72. J. Moscheles, *Das Klima von Bosnien und der Hercegovina*, vol. 20 of *Kunde der Balkanhalbinsel (Sarajevo: J. Studnička & Co., 1918), 3.*
73. Conrad, *Methods*, 140–49.
74. Robert Klein, *Klimatographie von Steiermark* (Vienna: ZAMG, 1909), 4–5.
75. "Bedeutung des Sonnwendstein als Wetterwarte für den praktischen Wetterdienst," *MZ* 20 (1903): 268–70，第268-269頁尤其重要。

76. Leopold von Sacher-Masoch, "Auf der Höhe," *Auf der Höhe* 1 (1881): iii–v，第iii頁尤其重要。
77. 關於山岳科學，請參考：Charlotte Bigg, David Aubin, and Philipp Felsch, eds., "The Laboratory of Nature — Science in the Mountains," special issue of *Science in Context* 22, no. 3 (2009).
78. 有關這方面的資料，請參考：Coen, "The Storm Lab: Meteorology in the Austrian Alps," *Science in Context 22* (2009): 463–86，第473–75頁尤其重要。
79. Patrice Dabrowski, "Constructing a Polish Landscape: The Example of the Carpathian Frontier," *AHY* 39 (2008): 45–65.
80. Fasz. 678/Sig. 4A/Nr. 15530: 5 May 1902, MCU; Fasz. 680/Sig. 4A/Nr. 47480: 18 October 1913, MCU.
81. 請參考：Coen, "Storm Lab," 470–71.
82. 同前注，475–77.
83. Fasz. 680/Sig. 4A/Nr. 52972: 19 November und 31 December 1913, MCU. 關於一八九七年以後之氣象預報的推定分區地圖，請參考如下著作：Coen, "Climate and Circulation in Imperial Austria," *Journal of Modern History* 82 (2010): 839–75，第872頁尤其重要。
84. Fasz. 677, 678, and 679/Sig. 4A, MCU. 亦可參考：A. E. Forster, "Die Fortschritte der klimatologischen Forschung in Österreich in den Jahren 1897–1905," *Geographischer Jahresbericht aus* Österreich 5 (1905): 156–91.
85. Johann Gottfried Sommer, quoted in Josef Emanuel Hibsch, "Der Donnersberg," *Erzgebirgs-Zeitung* 50 (1929): 26–28.
86. Maximilian Dormitzer and Edmund Schebek, *Die Erwerbsverhältnisse im böhmischen Erzgebirge* (Prague: H. Merch, 1862), 1.
87. Fasz. 678/Sig. 4A/Nr. 21535: 29 June 1902, MCU.
88. Eduard Brückner, "Bericht über die Fortschritte der geographischen Meteorologie," *Geographisches Jahrbuch* 21 (1898): 255–416，第257頁尤其重要。
89. Hann, "Die meteorologische Verhältnisse auf der Bjelašnica," *MZ* 20 (1903): 1–19，第1頁尤其重要。

第五章　帝國面貌

1. Gerhard Mandl, *Die frühen Jahre des Dachsteinpioniers Friedrich Simony, 1813–1896* (Vienna: Geologische Bundesanstalt, 2013), 124.
2. Franz Grims, "Das wissenschaftliche Wirken Friedrich Simonys im Salzkammergut," in *Ein Leben für das Dachstein: Friedrich Simony zum 100. Todestag, ed. Franz Speta* (Linz: Francisco-Carolinum, 1996). 西蒙尼將在他整個職涯中探討氣候學的問題，其中包括冰

河時代的定年、維也納氣候的多變性以及對森林砍伐對於氣候影響。有關地理學的部分，請參考：Petra Svatek, "'Natur und Geschichte': Die Wissenschaftsdisziplin 'Geographie' und ihre Methoden an den Universitäten Wien, Graz und Innsbruck bis 1900," in *Wissenschaftliche Forschung in* Österreich*, 1800–1900: Spezialisierung, Organisation, Praxis*, ed. Christine Ottner, Gerhard Holzer, and Petra Svatek, 45–71 (Göttingen: V & R, 2015).

3. *Mémoires Metternich*, vol. 6 (Paris: E. Plon, 1883), 659; Hedwig Kadletz-Schöffel and Karl Kadletz, "Metternich und die Geowissenschaften," *Berichte der Geologischen Bundesanstalt* 51 (2000): 49–52. 西蒙尼也是在梅特涅的府邸中認識施蒂弗特的。
4. Kadletz-Schöffel and Kadletz, "Metternich," 51.
5. Albrecht Penck, *Friedrich Simony: Leben und Wirken eines Alpenforschers* (Vienna: Hölzel, 1898), 8.
6. Franz Wawrik and Elisabeth Zeilinger, eds., *Austria Picta:* Österreich *auf alten Karten und Ansichten* (Graz: Akademische Druck-und Verlagsanstalt, 1989), 70.
7. Madalina Valeria Veres, "Putting Transylvania on the Map: Cartography and Enlightened Absolutism in the Habsburg Monarchy," *AHY* 43 (2012): 141–64.
8. Wawrik and Zeilinger, *Austria picta*, 86.
9. Veres, "Putting Transylvania."
10. Komlosy, "State, Regions, and Borders," 148–49; Cooper, *Inventing*, 97.
11. Komlosy, *Grenze und ungleiche regionale Entwicklung*, 65, 67, 76.
12. Wawrik and Zeilinger, *Austria picta*, 97.
13. 有關交通事業的擴展情況，請參考：Helmedach, *Verkehrssystem als Modernisierungsfaktor*.
14. Johannes Dörflinger, *Descriptio Austriae: Osterreich und seine Nachbarn im Kartenbild v.d. Spatantike bis ins 19. Jahrhundert* (Vienna: Edition Tusch, 1977), 190, plate 63.
15. Ingrid Kretschmer, Johannes Dörflinger, and Franz Wawrik, Österreichische *Kartographie: Von den Anfängen im 15. Jahrhundert bis zum 21. Jahrhundert*, Wiener Schriften zur Geographie und Kartographie 15 (Vienna: Institut für Geographie und Regionalforschung, 2004), 91, 137.
16. 同前注，139–41.

17. Veres, "Putting Transylvania," 147.
18. Paula Sutter Fichtner, *The Habsburgs: Dynasty, Culture, and Politics* (Chicago: Reaktion, 2014), 158. 但是他的「新」皇冠仍是魯道夫二世的那一頂。
19. 19. Telesko, *Geschichtsraum* Österreich, 47–48, 203.
20. Franz Sartori, *Länder-und Völker-Merkwürdigkeiten des* österreichischen *Kaiserthumes*, 4 vols. (Vienna: A. Doll, 1809); Sartori, *Naturwunder des* österreichischen *Kaiserthumes*, 4 vols. (Vienna: A. Doll, 1807).
21. Sartori, *Historisch-ethnographische* Übersicht *der wissenschaftlichen Cultur, Geistes-thätigkeit, und Literatur des* österreichischen *Kaiserthums*, vol. 1 (Vienna: C. Gerold, 1830), ix., xiv; cf. Telesko, *Geschichtsraum*, 52–54.
22. Andrian-Werburg, Österreich *und dessen Zukunft*, 2nd ed. (Hamburg, 1843), 201.
23. Penck, *Simony*, 12.
24. Cf. Charlotte Bigg, "The Panorama, or La Nature à Coup d'Œil," in *Observing Nature—Representing Experience: The Osmotic Dynamics of Romanticism, 1800–1850*, 73–95 (Berlin: Reimer, 2007).
25. Penck, Simony, 10–12.
26. 同前注，29.
27. Thomas Hellmuth, "Die Erzählung des Salzkammerguts: Entschlüsselung einer Landschaft," in *Die Erzählung der Landschaft*, ed. Dieter Binder et al., 43–68 (Vienna: Böhlau, 2011).
28. Charlotte Klonk, *Science and the Perception of Nature: British Landscape Art in the Late Eighteenth and Early Nineteenth Centuries* (New Haven, CT: Yale University Press, 1996).
29. Simony, "Das wissenschaftliche Element in der Landschaft II. Luft und Wolken," *Schr. d. Ver. z. Verbr. naturw. Kenntn.* 17 (1877): 511–47，第522頁尤其重要。
30. 同前注，511. 他還向奧地利氣象學會發表了題為〈風景畫中的氣象元素〉（*Das meteorologische Element in der Landschaft*）的演講，指出藝術與科學應該相互學習。
31. Stifter, *Der Nachsommer*, 2:48.
32. Wilhelm Haidinger, *Bericht* über *die geognostische* Übersichts-Karte *der* Österreichischen *Monarchie* (Vienna: Hof-und Staatsdruckerei,

1847), 22.
33. 同前注，24.
34. 同前注，42–43, 32.
35. Haidinger, "Die K.K. Geologische Reichsanstalt in Wien und ihre bisherigen Leistungen," *Mittheilungen aus Justus Perthes' Geographischer Anstalt* (1863): 428–44，第432、443頁尤其重要。
36. Haidinger, "Die Aufgabe des Sommers 1850 für die k.k. geologische Reichsanstalt in der geologischen Durchforschung des Landes," *Jahrbuch der Geologischen Bundesanstalt* 1 (1850): 6–16，第7頁尤其重要。
37. A. H. Robinson and H. M. Wallis, "Humboldt's Map of Isothermal Lines: A Milestone in Thematic Cartography," *Cartographic Journal* 4 (1967): 119–23.
38. Mott Greene, "Climate Map," in History of Cartography, ed. Mark Monmonier, vol. 6, *Cartography in the Twentieth Century* (Chicago: University of Chicago Press, 2015).
39. Hettner, *Die Gewässer des Festlandes: Die Klimate der Erde* (Leipzig: Teubner, 1934), 158.
40. Alexander Supan, *Grundzüge der physischen Erdkunde* (Leipzig: Veit, 1911), 231.
41. 關於早期天氣圖（不是氣候圖）的繪製，請參考：Mark Monmonier, *Air Apparent: How Meteorologists Learned to Map, Predict, and Dramatize Weather* (Chicago: University of Chicago Press, 1999)，第二章：Eckert, *Kartenwissenschaft*, vol. 2, 336頁尤其重要。
42. Friedrich Umlauft, ed., "Länderkunde von Österreich-Ungarn," in *Die Pflege der Erdkunde in* Österreich*, 1848–1898*, 132–60 (Vienna: Lechner, 1898), 132.
43. *Physikalisch-statistischer Handatlas von* Österreich-Ungarn (Vienna: E. Hölzel, 1882–87).一八七六—七八年曾出版了一本德意志帝國之自然地理與統計的地圖集。
44. C. H. Haskins and R. H. Lord, *Some Problems of the Peace Conference* (Cambridge, MA: Harvard University Press, 1922), 228.
45. *Physikalisch-statistischer Handatlas*, ix.
46. Eckert, *Kartenwissenschaft*, vol. 1, pt. 4.
47. Ingrid Kretschmer, "The First and Second Austrian School of Layered Relief Maps in the Nineteenth and Early Twentieth Centuries," *Imago Mundi* 40 (1988): 2, 9–14，第11頁尤其重要：Kretschmer, Dörflinger, and Wawrik, Österreichische *Kartographie*, 261–63.

48. William Rankin, *After the Map: Cartography, Navigation, and the Transformation of Territory in the Twentieth Century* (Chicago: University of Chicago Press, 2016), 35–38.
49. *Physikalisch-statistischer Handatlas*, xv，粗體字是我強調的部分。
50. 同前注，viii, 粗體字是我強調的部分。
51. Chavanne, *Die Temperatur-Verhältnisse*, 19.
52. Klein, *Klimatographie von Steiermark*, 7.
53. Alexander Supan, "Die Vertheilung der jährlichen Wärmeschwankung auf der Erdoberfläche," *Zeitschrift für wissenschaftliche Geographie* 1 (1880): 141–56，第146頁尤其重要。
54. Eckert, *Kartenwissenschaft*, 2:339.
55. "Versuch einer Übersicht der geographischen Verbreitung der Gewitter," in *Physikalischer Atlas*, 2nd ed. (Gotha: Berghaus, 1852), xxxv.
56. Julius Hann, *Atlas der Meteorologie* (Gotha: Justus Perthes, 1887), 5.
57. 同前注，3.
58. Valentin, "Der tägliche Gang der Lufttemperatur in Österreich," *Denk. Akad. Wiss. math-nat.* 73 (1901): 133–229，第133頁尤其重要。
59. 同前注，201.
60. Rudolf Spitaler, *Klima des Eiszeitalters* (Prague: self-published, 1921); cf. John E. Kutzbach, "Steps in the Evolution of Climatology: From Descriptive to Analytic," in *Historical Essays on Meteorology*, 1919–1995, 353–77 (Boston: American Meteorological Society, 1996), 358.

第六章　氣候書寫的發明

1. Heinrich von Ficker, *Die Zentralanstalt für Meteorologie und Geodynamik in Wien, 1851–1951* (Vienna: Springer, 1951), 6.
2. *Almanach der Akademie der Wissenschaften* (Vienna, 1902), 371–74.
3. Fasz. 680/Sig. 4A/Nr. 12192: 17 March 1911, MCU; Österreichische *Statistik* 65 (1904): xli.
4. Fasz. 681/Sig. 4A/Nr. 29356: 1 August 1918, SAU.
5. 有關卡尼奧拉部分：Fasz. 680/Sig. 4A/Nr. 42581: 17 September 1914, MCU.
6. J. M. Pernter, foreword to Hann, *Klimatographie von Niederösterreich*, i.

7. 這裡舉出一個例子以供比較：美國氣象局於一九〇六年出版一部單冊的《美國氣候學》(*Climatology of the United States*)，但其研究方法令人懷疑：我們甚至不清楚數據是否都取自統一的時間段。參見：Robert DeCourcy Ward, *BAGS* 38 (1906): 709–11.
8. John Frow, *Genre: The New Critical Idiom* (New York: Routledge, 2006), 16. Geoffrey C. Bowker and Susan Leigh Star, *Sorting Things Out: Classification and Its Consequences* (Cambridge, MA: MIT Press, 1999).
9. Paul N. Edwards, A *Vast Machine: Computer Models, Climate Data, and the Politics of Global Warming* (Cambridge, MA: MIT Press, 2010), 32–33; David Cassidy, "Meteorology in Mannheim: The Palatine Meteorological Society, 1780–1795," *Sudhoffs Archiv* 69 (1985): 8–25.
10. Mitchell Thomashow, *Bringing the Biosphere Home* (Cambridge, MA: MIT Press, 2002), 98.
11. William Morris Davis, "The Relations of the Earth Sciences in View of their Progress in the Nineteenth Century," *Journal of Geology* 12 (1904): 669–87. 另有一個相關的術語topography，在德語中可用來表示對於土地及其居民的描述，涵義類似於「風土志」。
12. Rob Nixon, *Slow Violence and the Environmentalism of the Poor* (Cambridge, MA: Harvard University Press, 2011), 10.
13. 麥克．甘珀（Michael Gamper）特別注意「天氣知識」在施蒂弗特小說中的角色，並總結認為，那既不全然是嚴格的在地民間知識也不是普世的科學。參見：Gamper, "Literarische Meteorologie: Am Beispiel von Stifters 'Das Haidedorf,'" in *Wind und Wetter: Kultur—Wissen—*Ästhetik*, ed. Georg Braungart and Urs Büttner*, 247–63 (forthcoming), 262; "Wetterrätsel: Zu Adalbert Stifters 'Kazensilber,'" in *Literatur und Nicht-Wissen: Historische Konstellationen, 1730–1930*, ed. Michael Bies and Michael Gamper, 325–38 (Zurich: Diaphanes, 2012).
14. María M. Portuondo, *Secret Science: Spanish Cosmography and the New World* (Chicago: University of Chicago Press, 2009), 9; Ayesha Ramachandran, *The Worldmakers: Global Imagining in Early Modern Europe* (Chicago: University of Chicago Press, 2015).
15. Humboldt, *Cosmos*, 1:3. Useful analyses of Humboldtian cosmography include Joan Steigerwald, "The Cultural Enframing of Nature: Environmental Histories during the Early German Romantic Period," *Environment and History* 6 (2000): 451–96, and Laura Dassow Walls, *The Passage to Cosmos: Alexander von Humboldt and the Shaping of America* (Chicago: University of Chicago Press, 2009).
16. Humboldt, *Kosmos: Entwurf einer physischen Weltbeschreibung*, vol. 1 (Philadelphia: F. W. Thomas, 1869), iv, 我自己的翻譯。
17. 不過，值得注意的是，由於洪堡德在逝世時並未完成《宇宙》(*Cosmos*)系列中的最後一冊《空氣和海洋》，因此《宇宙》最終並未提供任何對大氣進行物理描述的具體模型。

18. Hann, Diary A, 73; Diary B, 56, JH.
19. Humboldt, *Kosmos*, 37.
20. 同前注，24, 我自己的翻譯。
21. Adalbert Stifter, *Wien und die Wiener in Bildern aus dem Leben, ed. Elisabeth Buxbaum* (Vienna: LIT, 2005), 1.
22. Stifter, “Aussicht und Betrachtungen von der Spitze des St. Stephansthurms,” in *Wien und die Wiener*, 3–21，第9，13頁尤其重要。粗體字是我強調的部分。
23. 同前注，3, 11, 17.
24. Stifter, “Wiener=Wetter,” in *Wien und die Wiener*, 263–80, on 263, 267; cf. Vladimir Janković, “A Historical Review of Urban Climatology and the Atmospheres of the Industrialized World,” *WIREs Climate Change* 4 (2013): 539–53.
25. “Wiener=Wetter,” 263, 265, 269.
26. Stifter, “Die Sonnenfinsternis am 8. Juli 1842,” *Schweizer Monatshefte* 72 (1992): 603–10, 604，605，606頁尤其重要。
27. Stifter, *Bunte Steine: Eine Festgeschenk*, vol. 1 (Pest: Heckenast, 1853), 1.
28. Wiedemann, *Stifters Kosmos*, 85n272.
29. Kenner, “Karl Kreil,” 360.
30. Kreil, *Klimatologie von Böhmen*, 4.
31. 同前注，2.
32. Wladimir Köppen, *Klimakunde*, vol. 1 (Leipzig: G. J. Göschen, 1906), 8.
33. Blanford, *Practical Guide*, viii.
34. Komlosy, *Grenze*, 164.
35. Kreil, *Klimatologie von Böhmen*, 2.
36. Coen, *Vienna in the Age of Uncertainty* (Chicago: University of Chicago Press, 2007)，第八章。
37. Kreil, *Klimatologie von Böhmen*, 3.
38. 施蒂弗特談到西蒙尼的圖像及描述與他自己的版本之間的相似性。Michael Kurz, “Maler — Dichter — Pädagoge — Konservator: Adalbert Stifter und das Salzkammergut,” *Oberösterreichische Heimatblätter* 3 (2005): 115–59，第120–21頁尤其重要。

39. Stifter, *Nachsommer*, 1:175–82, 337.
40. Amitav Ghosh, *The Great Derangement: Climate Change and the Unthinkable* (Chicago: University of Chicago Press, 2016), pt. 1.
41. Stifter, "Der Hagestolz" (1844) in *Studien*, vol. 3, 5th ed., 1–110 (Pest: Hackenast, 1863), 4.
42. Stifter, "Zwei Schwester" (1850) in *Studien*, 3:169–204，第193頁尤其重要。
43. Elisabeth Strowick, "Poetological-Technical Operations: Representation of Motion in Adalbert Stifter," *Configurations* 18 (2011): 273–89.
44. Stifter, "Der Kuss von Sentze," http://gutenberg.spiegel.de/buch/der-kuss-von-sentze-200/1.
45. 此段話被翻譯並引述於：Strowick, "Poetological-Technical Operations," 274
46. Rilke to Helmuth Westhoff, 12 November 1901, in *Letters of Rainer Maria Rilke, 1892–1910*, trans. Jane Bannard Greene and M. D. Herter Norton (New York: Norton, 1945), 59
47. Rainer Maria Rilke, *Rilke's Book of Hours: Love Poems to God*, trans. Anita Barrows and Joanna Macy (New York: Penguin, 1996), 171
48. Robert DeCourcy Ward, review of Hann, *Klimatographie von Niederösterreich*, *BAGS* 36 (1904): 569
49. Hann, *Klimatographie von Niederösterreich*, 3.
50. Heinrich von Ficker, *Klimatographie von Tirol und Vorarlberg* (Vienna: Gerold, 1909), 2, 7, 135；亦請參考：Hann, *Klimatographie von Niederösterreich*, 18.
51. Dana Phillips, *The Truth of Ecology: Nature, Culture, and Literature in America* (Oxford: Oxford University Press, 2003).
52. Stifter, *Nachsommer*, 2:135.
53. *Die* österreichisch-ungarische *Monarchie in Wort und Bild*, 1:158.
54. Joseph Roth, "The Bust of the Emperor," in *The Collected Stories of Joseph Roth*, trans. Michael Hofmann (New York: Norton, 2002), 228.
55. *Die* österreichisch-ungarische *Monarchie in Wort und Bild*, 1:148, 149, 153.
56. Klein, *Klimatographie von Steiermark*, 1.
57. Umlauft, *Wanderungen durch die Oesterreichisch-Ungarische Monarchie* (Wien: Carl Graeser, 1879), v, vi, 34.
58. Ficker, *Klimatographie von Tirol*, 1, 39, 96, 107, 116.
59. Klein, *Klimatographie von Steiermark*, 4–5.
60. A. Hahlmann et al., "A Reanalysis System for the Generation of Mesoscale Climatographies," *Journal of Applied Meteorology and*

Climatology 49 (2010): 954–72.

61. Intergovernmental Panel on Climate Change, *Managing the Risks of Extreme Events and Disasters to Advance Climate Change*, ed. C. B. Field et al. (Cambridge: Cambridge University Press, 2012), 39. 關於影響評估，參閱：Michael Bravo, "Voices from the Sea Ice: The Reception of Climate Impact Narratives," *Journal of Historical Geography* 35 (2009): 256–78.

62. Yates McKee, "On Climate Refugees: Biopolitics, Aesthetics, and Critical Climate Change," *Qui Parle* 19 (2011): 309–25, on 313; https://www.amazon.com/Climate-Refugees-Press-Collectif-Argos/dp/0262514397，網路查詢日期：二〇一七年五月十七日。

第七章　地方差異之威力

1. Supan, *Grundzüge*, 63. 蘇潘出生於提洛省，在盧布爾雅那受教育。他於一八七七年至一九〇九年間在車尼夫契任教。
2. Hans-Günther Körber, *Vom Wetteraberglaube zur Wetterforschung* (Innsbruck: Pinguin, 1987), 59.
3. Thomas Stevenson, "The Intensity of Storms Referred to a Numerical Value by the Calculation of Barometric Gradients," *Meteorological Magazine* 3 (1869): 184.
4. A. Achbari and F. van Lunteren, "Dutch Skies, Global Laws: The British Creation of 'Buys Ballot's Law,'" *HSNS* 46 (2016): 1–43.
5. Wladimir Köppen, "Untersuchungen von Prof. Erman und Dr. Dippe aus den Jahren 1853 und 1860 über das Verhältniss des Windes zur Vertheilung des Luftdruckes," *Zs. Ö. G. Meteo.* 13 (1878): 374–79，第379頁尤其重要。
6. Hann, *Vertheilung des Luftdruckes*, 24.
7. Wladimir Köppen, "Ueber die Abhängigkeit des klimatischen Charakters der Winde von ihrem Ursprunge," *Repertorium für Meteorologie* 4 (1874).
8. Hann, *Vertheilung des Luftdruckes*, 2.
9. 同前注，5.
10. 同前注，25–28.
11. Hann, *Klimatographie von Niederösterreich*, 4.
12. Ficker, *Zentralanstalt*, 21.
13. *Salzburger Volksblatt*, 13 November 1886, 2.

14. Josef Roman Lorenz and Carl Rothe, *Lehrbuch der Klimatologie mit besonderer Rücksicht auf Land-und Forstwirthschaft* (Vienna: Braumüller, 1874), 7.
15. 同前注，198.
16. Dr. Samuely, "Die Meteorologische Stationen, deren Wesen und Bedeutung," *Teplitzer Anzeiger*, 31 July 1880, 2–4; 7 August 1880, 2–7.
17. F. Waŕéka, "Ueber Wettertelegraphie," *Wiener Landwirtschaftiiche Zeitung*, 16 May 1885, 314–15，第315頁尤其重要。
18. Mach and Odstrcil, *Grundrisse der Naturlehre* (1886)，引述於：Ernst Kaller, "Das Teschner Wetter im Zusammenhange mit der allgemeinen Wetterlage," *Programm der k.k. Staatsoberrealschule in Teschen* 28 (1900): 3–23，第7頁尤其重要。
19. *Instructionen für den Unterricht an den Realschulen in* Österreich (1899), 15, 引述於：Kaller, "Teschner Wetter," 8.
20. 例如可以參考如下著作：Otto Rühle, "Drei gestrenge Herren," *Linzer Tagespost*, 7 May 1899, 1–2.
21. 有關最近對此類「奇特點」（singularities）之證據的評估，請參閱：Michaela Radová and Jan Kyselý, "Temporal Instability of Temperature Singularities in a Long-Term Series at Prague-Klementinum," *Theoretical Applied Climatolology* 95 (2009): 235–43.
22. Robert Billwiller, "Die Kälterückfälle im Mai," *Zs. Ö. G. Meteo.* 19 (1884): 245–46; August Petermann, "Die Kälterückfälle im Mai," *Die Presse*, 21 May 1885, 1–2.
23. "Die Eismänner," *Innsbrucker Nachrichten*, 12 May 1887, 7–8, on 7.
24. Dove, "Über die kalte Tage im diesjährigen Mai," *Monatsberichte der Königlich Preussischen Akademie der Wissenschaften zu Berlin* (1859): 426–31.
25. Sigmund Günther, *Lehrbuch der Geophysik und physikalischen Geographie*, vol. 2 (Stuttgart: F. Enke, 1884), 204, 207.
26. "Die Kälterückfälle zu Beginn des Sommers," *Linzer Tagespost* 2 July 1884, 1–2，第2頁尤其重要。
27. "Die Eismänner," *Innsbrucker Nachrichten*, 12 May 1887, 7–8，第7頁尤其重要。
28. Ludwig Reissenberger, "Ueber die Kälte-Rückfälle im Mai mit Beziehung auf Hermannstadt und Siebenbürgen," *Verhandlungen und Mitteilungen des Siebenbürgischer Vereins für Naturwissenschaften* 37 (1887): 6–26，第15頁尤其重要。
29. W. Prausnitz, *Grundzüge der Hygiene* (Munich: Lehmann, 1892), "Vorwort."
30. Carl Odehnal, "Ein Besuch in der Centralanstalt für Meteorologie und Erdmagnetismus," *Drogisten-Zeitung* 15 (July 1901): 378–79，第378頁尤其重要。

31. Wilhelm Schmidt and Ernst Brezina, "Relations between Weather and Mental and Physical Condition of Man," *MWR* 49 (1917): 293–94; Schmidt and Brezina, "Witterung und Befinden des Menschen," *MZ* 32 (1915): 43–44.
32. Carl Sigmund, "Unsere Ziele. Einleitendes Wort an den Leser," *Vierteljahrschrift für Klimatologie* 1 (1876): 1.
33. Kisch, *Klimatotherapie,* 654; Prausnitz, *Grundzüge der Hygiene*, 111.
34. Marcel Chahrour, "'A civilizing mission'? Austrian Medicine and the Reform of Medical Structures in the Ottoman Empire, 1838–1850," *SHPBBS* 38 (2007): 687–705.
35. Kisch, *Klimatotherapie*, 660.
36. 同前注，661.
37. 同前注，661; Karl Weyprecht, "Bilder aus dem hohen Norden: Unser Matrose im Eise," Mittheilungen aus Justus Perthes' *Geographischer Anstalt* 22 (1876): 341–47，第341頁尤其重要。
38. Prausnitz, *Grundzüge der Hygiene*, 111.
39. Kisch, *Klimatotherapie*, 655.
40. Lorenz and Rothe, *Lehrbuch der Klimatologie*, 190, 413–20, 422.
41. Friedrich Umlauft, *Die osterreichisch-ungarische Monarchie: Geographisch-statistisches Handbuch* (Vienna: Hartleben, 1876), 1.
42. 同前注，376, 374, 2.
43. Felix Exner, *Dynamische Meteorologie*, 2nd ed. (Vienna: Springer, 1925), 131.
44. Carl Ritter, *Einleitung zur allgemeinen vergleichenden Geographie* (Berlin: Reimer, 1852) , 160–61.
45. Schmidt, "Ausfüllende, im Sinne des Druckgefälles verlaufende Luftströmungen unter verschiedenen Breiten," *Ann. Hyd.* 46 (1918): 130–32
46. Supan, *Statistik der unteren Luftströmungen* (Leipzig: Duncker & Humblot, 1881). Hann's *Handbuch der Klimatologie* appeared in 1883; Voeikov's *Climates of the Earth* in 1887.
47. Hettner, *Gewässer des Festlandes*, 94.我們不妨拿古爾德伯格（Guldberg）和莫恩（Mohn）的《大氣運動》（*Les mouvements de l'atmosphere*）（1876）來和這本書做比較，前者是以數學方式處理大氣動力學，並應用在暴風雨的研究上，然而並企圖解釋長期氣候。

48. V. Lenin, *Imperialism: The Highest Stage of Capitalism* (Sydney: Resistance Books, 1999; orig. 1916), 82; David T. Murphy, *The Heroic Earth: Geopolitical Thought in Weimar Germany, 1918–1933* (Kent, OH: Kent State University Press, 1997), 141.
49. Supan, "Über die Aufgaben der Spezialgeographie und ihre gegenwärtige Stellung in der geographischen Litteratur," *Verhandlungen des 7. Deutschen Geographentages zu Karlsruhe* (Berlin: Dietrich Reimer, 1887), 76–85，第83頁尤其重要。
50. 50. Alexander Supan, Österreich-Ungarn (Vienna, 1889), 324.
51. Supan, "Über die Aufgaben," 85.
52. Cited in Cordileone, *Alois Riegl*, 99.
53. Andrássy, *Ungarns Ausgleich*, 41, 124.
54. Emanuel Herrmann, *Miniaturbilder aus dem Gebiete der Wirthschaft* (Halle: L. Nebert, 1872), 60; Heinrich Wiskemann, *Die antike Landwirtschaft und das von Thünen'sche Gesetz* (Leipzig: Hirzel, 1859), 3; Wilhelm Roscher, *Ansichten der Volkswirthschaft*, vol 2., 3rd ed. (Leipzig: Winter, 1878), 27–30.
55. Slobodian, "How to See the World Economy: Statistics, Maps, and Schumpeter's Camera in the First Age of Globalization," *Journal of Global History* 10 (2015): 307–32.
56. Neumann-Spallart, Übersichten über *Produktion, Verkehr und Handel in der Weltwirthschaft* (Stuttgart: Julius Maier, 1878), 19.
57. P Herrmann, *Miniaturbilder*, 59.
58. 有關Herrmann對於發明明信片，請見同前注第二章，請注意他賦與信函在歐洲流通時產生的文化影響力。
59. 同前注，69.
60. Emil Sax, *Die Verkehrsmittel in Volks-und Staatswirtschaft*, vol. 1 (Vienna: Hölder, 1878), 48.
61. 譯自並且引用自Alexander Gerschenkron, *An Economic Spurt That Failed* (Princeton, NJ: Princeton University Press, 1977), 30.
62. Rudolf Springer (pseud. Karl Renner), *Grundlagen und Entwicklungsziele der* österreichischungarischen *Monarchie* (Vienna: Deuticke, 1906), 172. 倫納認為，這條鐵路並未使維也納從哈布斯堡堡的貿易中心偏移。（同前注，171）。
63. 同前注，202–3.
64. Karl Rabe, "Zur Apologie der stehenden Heere," *Militär-Zeitung*, 2 June 1866, 351–53，第352頁尤其重要。
65. Heiderich, *Beiträge zur Wirtschaftskunde* Österreichs, 2–3.

66. Alexander von Peez, *Europa aus der Vogelschau* (Vienna, 1916 [1889]), 119. 亦請參考：Norbert Krebs, *Länderkunde der* österreichischen *Alpen* (Stuttgart, 1913), 3.

67. Emanuel Herrmann, *Sein und Werden in Raum und Zeit: Wirthschaftliche Studien*, 2nd ed. (Berlin: Allgemeiner Verein für Deutsche Litteratur, 1889), 337.

68. Wilhelm Schmidt, "Ausfüllende, im Sinne des Druckgefälles verlaufende Luftströmungen."

69. 在物理化學家的圈子中，他還因其混合液體溶液的理論而聞名，該問題類似於下文所述之氣團的混合。Jaime Wisniak, "Max Margules: A Cocktail of Meteorology and Thermodynamics," *Journal of Phase Equilibria* 24 (2003): 103–9.

70. John M. Wallace and Peter V. Hobbs, *Atmospheric Science: An Introductory Survey*, 2nd ed. (Amsterdam: Elsevier, 2006), 294.

71. "Bericht über die Leistungen der österreichischen Staats-Institute und Vereine im Gebiete der geographischen oder verwandten Wissenschaften für das Jahr 1885," *Mitteilungen der Geographischen Gesellschaft Wien* 29 (1886): 290–312，第295頁尤其重要；Max Margules, "Errichtung meteorologischer Beobachtungsstationen in Russisch-Polen," *Zs. Ö. G. Meteo.* 20 (1885): 534–35.

72. [Max Margules], "Ergebnisse aus den Regenaufzeichnungen der Forstlich-Meteorologischen Stationen," *Jb. ZAMG* 28 (1891): 62–70，第62頁尤其重要。

73. Fasz. 683/Sig. 4A/Nr. 14516: 7 July 1888; Fasz. 684/Sig. 4A/Nr. 32454: 28 October 1901, MCU.

74. [Max Margules], "Niederschlagsbeobachtungen in Crkvice," *MZ* 14 (1897): 156–57.

75. Max Margules, "Temperatur-Mittel aus den Jahren 1881–1885 and 30 jährige TemperaturMittel 1881–1880 für 120 Stationen in Schlesien, Galizien, Bukowina, Ober-Ungarn und Siebenbürgen," *Jb. ZAMG* 23 (1886): 109–26.

76. Gerhard Oberkofler and Peter Goller, "Von der Lehrkanzel für kosmische Physik zur Lehrkanzel für Meteorologie und Geophysik," in *100 Jahre Institut für Meteorologie und Geophysik,* Veröffentlichungen der Universität Innsbruck 178 (Innsbruck: Universität Innsbruck, 1990), 11–96，第24頁尤其重要。

77. Chavanne, *Temperatur-Verhältnisse*, 13.

78. Cf. Kutzbach, *Thermal Theory*, 195. 柯本和杜蘭德—格雷維爾（Durand-Greville）之前對如此規模之颮線所做的早期分析全依賴先前即已存在的觀測站。

79. Max Margules, "Über die Beziehung zwischen Barometerschwankungen und Kontinuitätsgleichung," *Festschrift Ludwig Boltzmann*

(Leipzig: J. A. Barth, 1904), 585–89. PeterLynch, "Max Margules and His Tendency Equation," *Irish Meteorological Service Historical Notes* 5 (2001): 1–18. "Margules' Tendency Equation and Richardson's Forecast," *Weather* 58.

80. (2003): 186–93.

81. Exner, "Über eine erste Annäherung zur Vorausberechnung synoptischer Wetterkarten," *MZ* 25 (1908): 57–67.

82. 此段文字被引述於：Heinz Fortak, "Felix Maria Exner und die österreichische Schule der Meteorologie," in *Hammerl, Zentralanstalt*, 354–86.

83. Max Margules, "On the Energy of Storms," in *The Mechanics of the Earth's Atmosphere*, ed. and trans. Cleveland Abbe, 533–95 (Washington, DC: Smithsonian, 1910 [1903]).

84. 同前注，538–39; Wisniak, "Margules."一直到二十世紀中葉，一般認為斜壓的不穩定和對流類似，但今天這種觀念已不再被認為適切。參見：Isaac Held, "The Macroturbulence of the Troposphere," *Tellus* (1999): 51A-B, 59–70, on 64.

85. Wilhelm Trabert, "Der tägliche Luftdruckgang in unserer Atmosphäre," *MZ* 25 (1908): 39–40，第40頁尤其重要。

86. Margules nuanced that claim in his last meteorological publication, "Zur Sturmtheorie," *MZ* 23 (1906): 481–97.

87. Napier Shaw, *Manual of Meteorology*, vol. 4 (Cambridge: Cambridge University Press, 1919), 297, 347.

88. 有關氣旋生成原因的爭論，請參考：Friedman, *Appropricting*, 199; Coen, *Vienna in the Age of Uncertainty*, 289–92.

89. Edward N. Lorenz, "Available Potential Energy and the Maintenance of the General Circulation," *Tellus* 7 (1955): 157–67.

90. Fasz. 683/Sig. 4A/Nr. 7971: 2 May 1885; Fasz. 683/Sig. 4A/Nr. 14516/1888: 7 July 1888; Fasz. 684/Sig. 4A/Nr. 29371: 4 October 1901; Fasz. 684/Sig. 4A/Nr. 32454: 28 October 1901, MCU.

91. Margules, "Zur Sturmtheorie," 483.

92. Oberkofler and Goller, "Von der Lahrkanzel," 18.

93. Fasz. 684/Sig. 4A/Nr. 25971: 20 June 1906; Fasz. 684/Sig. 4A/Nr. 43999: 14 November 1906, MCU.

94. Oberkofler and Goller, "Von der Lahrkanzel," 24.

95. 此段話被翻譯並引述於：Wisniak, "Margules," 104.

96. Wisniak, "Margules," 104.

第八章　全球範圍的擾動

1. 亂流可以定義為流體運動，而它是如此復雜，以至於流速不會從一個點到另一個點連續變化。這在我們眼中似乎是隨機的。
2. Körber, *Vom Wetteraberglaube*, 167.
3. William Ferrel, *The Motions of Fluids and Solids on the Earth's Surface* (Washington, DC: Office of the Chief Signal Officer, 1882), 38, cited in Kutzbach, *Thermal Theory*, 39.
4. Supan, *Statistik*, 12.
5. Hann, *Atlas der Meteorologie*, 5; 亦請參考：Hann, *Vertheilung des Luftdruckes*, 1.
6. Hann, *Lehrbuch der Meteorologie*, 1st ed. (Leipzig: Tauchnitz, 1901), 578.
7. 此段話被翻譯並引述於：Kutzbach, *Thermal Theory*, 138.
8. Davis, "Notes on Croll's Glacier Theory," *American Meteorological Journal* 11 (1895): 441–44, on 442.
9. Supan, *Statistik*, 12.
10. Trabert, "Die Luftdruckverhältnisse in der Niederung und ihr Zusammenhang mit der Verteilung der Temperatur," *MZ* 25 (1908): 103–8，第104頁尤其重要。
11. J. Hann et al., *Allgemeine Erdkunde* (Prague: Tempsky, 1872), 61.
12. Wilhelm Schmidt, *Der Massenaustausch in freier Luft und verwandte Erscheinungen* (Hamburg: Henri Grand, 1925), 5.
13. Hann, "Studien über die Luftdruck-und Temperaturverhältnisse auf dem Sonnblickgipfel," *Wiener Berichte IIa* 100 (1891): 367–452，第444頁尤其重要。
14. Hann, *Lehrbuch der Meteorologie*, 1st ed., 485–86, 粗體字表示原文強調之處。
15. 實際上，二十世紀的科學家發現了漢恩從未懷疑過的熱帶變異源，例如季內振盪（intraseasonal oscillations）。
16. 「這些干擾大氣的能量等同於較高層空氣循環旋轉速度的損失」（Hann, *Lehrbuch der Meteorologie*, 1st ed., 585）。渦流對大氣環流的實際影響今天仍未有定論。
17. Schmidt, *Massenaustausch*, 5.
18. Olivier Darrigol, *Worlds of Flow: A History of Hydrodynamics from the Bernoullis to Prandtl* (Oxford: Oxford University Press, 2005), 172–73.

19. 此段話被引述於：Olivier Darrigol, "Turbulence in 19th-Century Hydrodynamics," *Historical Studies in the Physical and Biological Sciences* 32 (2002): 207–62，第247頁尤其重要。
20. 同前注，259–60.
21. Peter Galison, *Image and Logic: A Material Culture of Microphysics* (Chicago: University of Chicago Press, 1997)，見第二章。
22. Naomi Oreskes, "From Scaling to Simulation: Changing Meanings and Ambitions of Models in Geology," in *Science without Laws: Model Systems, Cases, Exemplary Narratives*, ed. A. Creager, E. Lunbeck, and M. N. Wise, 93–124 (Durham, NC: Duke University Press, 2007).
23. Schmidt, "Gewitter und Böen, rasche Druckanstiege," *Wiener Berichte IIa* 119 (1910): 1101–213，第1135頁尤其重要。
24. Vettin, "Experimentelle Darstellung von Luftbewegungen unter dem Einflusse von Temperatur-Unterschieden und Rotations-Impulsen," *MZ* 1 (1884): 227–30, 271–76. 施密特只在他第一篇研究即將出版時才讀到此書。一九二四年，弗里德里希・艾爾伯恩（Friedrich Ahlborn）發表了對大氣環流模擬的評論，兩年後施密特曾向普蘭特（Prandtl）提到了此一評論。
25. Coen, *Vienna in the Age of Uncertainty*，參見第八章。
26. Schmidt, "Gewitter und Böen," 1135，粗體字代表本人強調之處。
27. Schmidt, "Zur Mechanik der Böen," *MZ* 28 (1911): 355–62，第355頁尤其重要。
28. Schmidt, "Weitere Versuche über den Böenvorgang und das Wegschaffen der Bodeninversion," *MZ* 48 (1913): 441–47.
29. 同前注，447.
30. Ficker, *Die Zentralanstalt für Meteorologie und Geodynamik in Wien, 1851–1951* (Vienna: Springer, 1951), 8. 31. *Jb. ZAMG* 50 (1913, printed 1917): 10. 32. Alon Rachamimov, *POWs and the Great War: Captivity on the Eastern Front* (Oxford: Berg, 2002), 37.
31. *Jb. ZAMG* 50 (1913, printed 1917): 10.
32. Alon Rachamimov, *POWs and the Great War: Captivity on the Eastern Front* (Oxford: Berg, 2002), 37.
33. Michael Eckert, *The Dawn of Fluid Dynamics: A Discipline between Science and Technology* (Weinheim: Wiley, 2006), 參見第二、三章。
34. 參見施密特寫給普朗特的信，5 June 1926, LP.
35. Cf. Galison, *Image and Logic*，參見第三章。
36. Exner, "Über die Bildung von Windhosen und Zyklonen," *Wiener Berichte IIa* 132 (1923): 1–16，第2–3頁尤其重要。
37. 同前注，4.

38. 同前注，2, 6. 有關皮耶克尼斯當年發表的理論，請參閱：Friedman, *Appropriating*，第十一章。
39. Mott Greene, *Alfred Wegener: Science, Exploration, and the Theory of Continental Drift* (Baltimore: Johns Hopkins University Press, 2015), 340–41, 516–17.
40. James Rodger Fleming, *Inventing Atmospheric Science: Bjerknes, Rossby, Wexler, and the Foundations of Modern Meteorology* (Cambridge, MA: MIT Press, 2016)，第三章。
41. Felix M. Exner, "Dünen und Mäander, Wellenformen der festen Erdoberfläche, deren Wachstum und Bewegung," *Geografiska Annaler* 3 (1921): 327–35.
42. Wilhelm Schmidt, "Modellversuche zur Wirkung der Erddrehung auf Flußläufe," in *Festschrift der Zentralanstalt für Meteorologie und Geodynamik zur Feier ihres 75 jährigen Bestandes* (Vienna: ZAMG, 1926), 187–95，第195頁尤其重要。
43. Felix M. Exner, "Zur Wirkung der Erddrehung auf Flussläufe," *Geografiska Annaler* 9 (1927): 173–80.
44. Albert Einstein, "Die Ursache der Mäanderbildung der Flußläufe und des sogenannten Baerschen Gesetzes," *Die Naturwissenschaften* 11 (1926): 223–24.
45. Subhasish Dey, *Fluvial Hydrodynamics: Hydrodynamic and Sediment Transport Phenomena* (Berlin: Springer, 2014), 539–42.
46. Exner, "Zur Wirkung der Erddrehung,"第173、178頁尤其重要。
47. Johanna Vogel-Prandtl, *Ludwig Prandtl: Ein Lebensbild; Erinnerungen, Dokumente* (Göttingen: Universitätsverlag, 2005), 94–95.
48. 普朗特寫給施密特的信，11 June 1926, LP.
49. 施密特寫給普朗特的信，17 June 1926, LP. 針對信中提及的埃克斯納的研究，普朗特在旁邊的空白處草草寫下「在哪裡？」（Wo?）的字樣。
50. 有關普朗特對皮耶克尼斯之氣旋生成理論的質疑，請參閱：Eckert, *Dawn of Fluid Dynamics*, 168.
51. 施密特寫給普朗特的信，28 October 1926, LP.
52. 施密特寫給普朗特的信,17 June 1926, LP.
53. Schmidt, "Der Massenaustausch bei der ungeordneten Strömung in freier Luft und seine Folgen," *Wiener Berichte IIa* 126 (1917): 757–804，第757頁尤其重要。
54. Prandtl, "Meteorologische Anwendungen der Strömungslehre," *Beiträge zur Physik der freien Atmosphäre* 19 (1932): 188–202, reprinted in

Ludwig Prandtl, *Gesammelte Abhandlungen* 3, ed. Walther Tollmien et al. (Berlin: Springer, 1961), 1081–97，第1106頁尤其重要。

55. Richardson, *Weather Prediction by Numerical Process* (Cambridge: Cambridge University Press, 1922), 220.

56. Dave Fultz, Robert R. Long, et al., "Studies of Thermal Convection in a Rotating Cylinder with some Implications for Large-Scale Atmospheric Motions," *Meteorological Monographs* 4 (1959): 1–105; Fleming, *Inventing*, 81.

57. Fultz et al., "Rotating Cylinder," 2.

58. 同前注，3. Edward Lorenz 指出這些實驗作為在大尺度大氣運動循環中，研究「理想化的大氣」（dealization of the atmosphere）之策略的重要性(Cambridge. MA: MIT Press, 1966), 95–109，第99頁尤其重要。

59. Fultz et al., "Rotating Cylinder," 4.

60. Isaac Held, "The Gap between Simulation and Understanding in Climate Modeling," *BAMS* 86 (2005): 1609–14，第1610頁尤其重要。

61. Schmidt, "Luftwogen im Gebirgstal," *Wiener Berichte IIa* 122 (1913): 835–911，第839頁尤其重要。

62. 62. Wilhelm Schmidt, "Zur Frage der Verdunstung," *Ann. Hyd.* 44 (1916): 136–45，第443頁尤其重要。

63. Schmidt, "Der Massenaustausch bei der ungeordneten Strömung."

64. 後來發現，對於海洋中的熱和動量傳遞而言，A並不相同。Bernhard Haurwitz, *Dynamic Meteorology* (New York: McGraw Hill, 1941), 220. 關於英語中Austausch的派生詞，請參考同前注，第十一章。

65. Schmidt, *Massenaustausch*, 113.

66. 同前注，111. 這些值主要是透過風速計或觀察花粉及煙霧的散布所取得。

67. John M. Lewis, "The Lettau-Schwerdtfeger Balloon Experiment: Measurement of Turbulence via Austausch Theory," *BAMS* 78 (1997): 2619–35.

68. Anders Ångström, review of Schmidt, Massenaustausch, *Geografiska Annaler* 8 (1926): 250–51.

69. 普朗特寫給施密特的信，29 June 1926, LP.

70. Schmidt, *Massenaustausch*, 26.

71. Henri Grand, review of Schmidt, *Massenaustausch, Quarterly Journal of the Royal Meteorological Society* 53 (1927): 93–94，第93頁尤其重要。

72. Schmidt, *Massenaustausch*, 110.

73. Schmidt, "Messungen des Staubkerngehalts der Luft am Rande einer Großstadt," *Meteorologische Zeitschrift* 35 (1918): 281–85.
74. Schmidt, *Massenaustausch*, 109.
75. Schmidt, "Der Massenaustausch bei der ungeordneten Strömung," 804.
76. Albert Defant, "Die Zirkulation der Atmosphäre in den Gemässigten Breiten der Erde," *Geografiska Annaler* 3 (1921): 209–66.
77. 77. Harold Jeffreys, "On the Dynamics of Geostrophic Winds," *Quarterly Journal of the Royal Meteorological Society* 52 (1926): 85–104.
78. Defant, "Zirkulation der Atmosphäre," 212.
79. 同前注，213; Greene, *Wegener*, 316–17.
80. Defant, "Zirkulation der Atmosphäre," 213.
81. 同前注，218–22, 214.
82. Eduard Brückner, *Klimaschwankungen seit 1700, nebst Bemerkungen* über *die Klimaschwankungen der Diluvialzeit* (Vienna: Hölzel, 1890); James Croll, *Climate and Time in Their Geological Relations; A Theory of Secular Changes of the Earth's Climate* (London: Daldy, Isbister, 1875).
83. Defant, "Zirkulation der Atmosphäre," 260.
84. 同前注，264.
85. 同前注，232.
86. Trabert, "Luftdruckverhältnisse in der Niederung," 107.
87. Tor Bergeron, "Richtlinien einer dynamischen Klimatologie," *MZ* 4 (1930): 246–62.
88. Kenneth Hare, "Dynamic and Synoptic Climatology," *Annals of the Association of American Geographers* 45 (1955): 152–62.
89. Sergei Chromow, "'Dynamische Klimatologie' und Dove," *Zeitschrift für angewandte Meteorologie, Das Wetter*, (1931): 312–14，第313頁尤其重要。
90. Arnold Court, "Climatology: Complex, Dynamic, and Synoptic," *Annals of the Association of American Geographers* 47 (1957): 125–36，第134–35頁尤其重要。
91. Hare, "Dynamic and Synoptic," 1955.
92. Köppen, "Die gegenwärtige Lage und die neueren Fortschritte der Klimatologie," 627.

第九章　森林氣候問題

1. James Strachey, ed., *The Standard Edition of the Complete Psychological Works of Sigmund Freud*, vol. 21 (London: Hogarth, 1961), 68.
2. Friedrich Simony, *Schutz dem Walde!* (Vienna: Verein zur Verbreitung naturwissenschaftlicher Kenntnisse, 1878), 19.
3. Brückner, *Klimaschwankungen seit 1700*, 290.
4. Max Endres, *Handbuch der Forstpolitik* (Berlin: Spring, 1905), 137.
5. Emanuel Purkyně, "Ueber die Wald und Wasserfrage," pt. 1, *Oesterreichische Monatsschrift für Forstwesen* 25 (1875): 479–525，第488頁尤其重要。
6. Review of Lorenz, *Wald, Klima, und Wasser, Neue Freie Presse* 19 March 1879, 4.
7. Endres, *Handbuch der Forstpolitik*, 160.
8. Ludwig Landgrebe, "The World as a Phenomenological Problem," *Philosophy and Phenomenological Research* 1 (1940): 38–58，第47–49頁尤其重要。
9. Grove, *Green Imperialism*，第四章；Jorge Cañizares-Esguerra, "How Derivative Was Humboldt?," *in Nature, Empire, and Nation: Explorations of the History of Science in the Iberian World* (Stanford, CA: Stanford University Press, 2006), 112–28.
10. Fabien Locher and Jean-Baptiste Fressoz, "Modernity's Frail Climate: A Climate History of Environmental Reflexivity," *Critical Inquiry* 38 (2012): 579–98; Aaron Sachs, *The Humboldt Current: Nineteenth-Century Exploration and the Roots of American Environmentalism* (New York: Viking, 2006); Diana Davis, *Resurrecting the Granary of Rome: Environmental History and French Colonial Expansion in North Africa* (Athens: Ohio University Press, 2007).
11. Ferdinand Wang, *Grundriss der Wildbachverbauung*, vol. 1 (Vienna: Hirzel, 1901), 78.
12. Moon, *Plough That Broke*; 也可見A. A. Fedotova and M. V. Loskutova, "Forests, Climate, and the Rise of Scientific Forestry in Russia: From Local Knowledge and Natural History to Modern Experiments (1840s–Early 1890s)," in Phillips and Kingsland, *Life Sciences and Agriculture*, 113–38; A. A. Fedetova, "Forestry Experimental Stations: Russian Proposals of the 1870s," *Centaurus* 56 (2014): 254–74.
13. *Die* österreichisch-ungarische *Monarchie in Wort und Bild*, vol. 15, *Böhmen*, vol. 2 (1896), 502–3.
14. Review of Lorenz, *Wald, Klima, und Wasser, Neue Freie Presse*, 19 March 1879, 4.
15. Brückner, *Klimaschwankungen seit 1700*, 29.

16. Holly Case, "The 'Social Question,' 1820–1920," *Modern Intellectual History* 13 (2016): 747–75, on 第753頁尤其重要。
17. Joachim Radkau, "Wood and Forestry in German History: In Quest of an Environmental Approach," *Environment and History* 2 (1996): 63–76，第67頁尤其重要。
18. Gerhard Weiss, "Mountain Forest Policy in Austria: A Historical Policy Analysis on Regulating a Natural Resource," *Environment and History* 7 (2001): 335–55.
19. 同前注，Ibid., 343–44; Feichter, "Öffentliche und private Interessen an der Waldbewirtschaftung im Zusammenhang mit der Entstehung des österreichischen Reichsforstgesetzes von 1852," *Forstwissenschaftliche Beiträge* 16 (1996): 42–63.
20. A. C. Becquerel, *Mémoire sur les forêts et leur influence climatérique* (Paris: Academie des sciences, 1865).
21. Killian, *Der Kampf gegen Wildbäche und Lawinen im Spannungsfeld von Zentralismus und Föderalismus*, vol. 2, *Das Gesetz*, Mitteilungen der forstlichen Bundesversuchsanstalt 164 (Vienna: Bundesforschungszentrum für Wald, 1990).
22. 如下著作是一例外：Adolph Hohenstein, *Der Wald sammt dessen wichtigem Einfluss auf das Klima der Länder, Wohl der Staaten und Völker, sowie die Gesundheit der Menschen* (Vienna: Carl Gerold's Sohn, 1860).
23. Hann, "Ueber den Wolkenbruch, der am 25. Mai 1872 in Böhmen niederging," *Zs. Ö. G. Meteo*. 8 (1873): 234–35.
24. Micklitz, "Die Forstwirtschaft," in *Die Bodenkultur auf der Wiener Weltausstellung*, vols. 2–3, ed. Josef Roman Lorenz (Vienna: Faesy und Frick, 1874), 4. 普基尼做這些測量時只有學生充當助手，這點令米克尼茲（Micklitz）印象深刻。
25. Walter Schiff, *Geschichte der* Österreichischen *Land-und Forstwirtschaft und ihrer Industrien, 1848–1898* (Jena: Fischer, 1901), 557. Killian, *Kampf gegen Wildbäche*, vol. 2.
26. Killian, *Der Kampf gegen Wildbäche und Lawinen im Spannungsfeld von Zentralismus und Föderalismus*, vol. 1, *Die historischen Grundlagen* (Vienna: Bundesforschungszentrum für Wald, 1990), 95–96.
27. Cf. Kieko Matteson, *Forests in Revolutionary France: Conservation, Community, and Conflict, 1669–1848* (New York: Cambridge University Press, 2015), 11.
28. Killian, *Kampf gegen Wildbäche*, 2:76.
29. Stenographische Protokolle des Abgeordnetenhauses 1882, 9 March, 7347；亦請參閱：Stenographische Protokolle des Abgeordnetenhauses 1876, 17 December, 7639.

30. Stenographische Protokolle des Abgeordnetenhauses 1907, 21 December, 3877.
31. Killian, *Kampf gegen Wildbäche*, 2:63.
32. Walter Schiff, Österreichs *Agrarpolitik seit der Grundentlastung*, vol. 1 (Tübingen: H. Laupp, 1898), 618.
33. Endres, *Handbuch der Forstpolitik*, 306.
34. 葉卡捷琳娜・普拉維洛娃（Ekaterina Pravilova）認為，在此期間，「公共財」（public property）的概念在俄羅斯獲得充分的融合，部分原因來自森林作為公共利益的辯論。參閱：*A Public Empire: Property and the Quest for the Common Good in Imperial Russia* (Princeton, NJ: Princeton University Press, 2014)，第51頁尤其重要。
35. "Zweite Sitzung," *Verhandlungen des Forstvereins der* österreichischen *Alpenländer* 1 (1852): 33–75，第35頁尤其重要。
36. David Ricardo, *On the Principles of Political Economy, and Taxation* (London: John Murray, 1821), 56.
37. Alexandre Moreau de Jonnès, *Quels sont les changements que peut occasioner le déboisement de forêts?* (Bruxelles: P. J. de Mat, 1825).
38. Gottlieb von Zötl, *Handbuch der Forstwirtschaft im Hochgebirge* (Vienna: C. Gerold, 1831), 54–61.
39. Josef Roman Lorenz, Über *Bedeutung und Vertretung der land-und forstwirthschaftlichen Meteorologie* (Vienna: Faesy & Frick, 1877), 4.
40. "Zur forstlichen Standortslehre," *Allgemeine Land-und Forstwirthschaftliche Zeitung*, 14 May 1853, 157.
41. Hann, "Thatsachen und Bemerkungen über einige schädliche Folgen der Zerstörung des natürlichen Pflanzkleides . . . ," *Zs. Ö. G. Meteo*. 4 (1869): 18–22，第21頁尤其重要。
42. Ernst Ebermayer, *Die physikalischen Einwirkungen des Waldes auf Luft und Boden und seine klimatologische und hygienische Bedeutung* (Aschaffenberg: C. Krebs, 1873).
43. Lorenz, Über *Bedeutung und Vertretung*, 18, 23.
44. 洛倫茲寫給普基尼的信件, 22 September 1876, EP.
45. 同前注。
46. "Propositions of the Fourth Section of the International Statistical Congress at BudaPesth, in 1876, Relative to Agricultural Meteorology," *Report of the Permanent Committee of the First International Meteorological Congress at Vienna* (London: J. D. Potter, 1879), 13.
47. "Zum dritten Programmspunkte der V. Versammlung deutscher Forstwirthe in Eisenach," *Centralblatt für das gesamte Forstwesen* 2 (1876): 480–82，第480、481頁尤其重要。

48. Lorenz von Liburnau, *Resultate Forstlich-Meteorologischer Beobachtungen, Mittheilungen aus dem forstlichen Versuchswesen Oesterreichs XII,* vol. 1 (Vienna: k.k. Hof-und Staatsdrückerei, 1890), 4
49. 該段引文出現於如下資料：Lorenz, *Bedeutung und Vertretung*, 34.
50. 洛倫茲寫給普基尼的信件，undated, EP.
51. 韋塞利寫給普基尼的信件，undated, EP.
52. 同前注。
53. Bernhard Eduard Fernow, *Economics of Forestry: A Reference Book for Students of Political Economy* (New York: Thomas Crowell, 1902), 495。
54. Lorenz, *Wald, Klima, und Wasser*, 49.
55. 同前注，272–74.
56. 同前注，275–83.
57. Review of Lorenz, *Wald, Klima, und Wasser, Neue Freie Presse*, 19 March 1879, 4.
58. Anon., review of *Wald, Klima, und Wasser, Wiener Landwirtschaftliche Zeitung*, 22 March 1879, 5.
59. Jan Evangelista Purkyně, *Austria Polyglotta* (Prague: Ed. Grégr, 1867); 同時出版德文和捷克文版本。
60. Bernard Borggreve, "Dr. Emanuel Ritter von Purkyně, Nekrolog," *Forstliche Blätter* 19 (1882): 214–18，第214頁尤其重要。
61. Janko and Štrbáňová, *Věda Purkyňovy doby*, 200.
62. Krška and Šamaj, *Dějiny meteorologie*, 187.
63. Borggreve, "Nekrolog," 214.
64. V. Krečmer, "Přispěvek k Historii Užité Meteorologie," *Meteorologické zprávy* 16 (1963): 8–12，第9頁尤其重要。
65. 事實上，埃伯邁耶曾向一位奧地利的同事請求建議：埃伯邁耶寫給克納的信，1 March 1865, in Kronfeld, *Anton Kerner von Marilaun*, 292–94.
66. "Plenar-Versammlung des böhmischen Forstvereines in Böhmisch-Skalitz am 7. August 1878," *Vereinsschrift für Forst-, Jagd-und Naturkunde* 105 (1879): 5–27，第12頁尤其重要。
67. Krečmer, "Přispěvek k Historii Užité Meteorologie," 10.

68. 普基尼寫給恩格曼的信，27 May 1878, EP-GE.
69. "Plenar-Versammlung am 7. August 1878," 15, 16. Cf. Matthew Maury, *Investigations of the Wind Currents of the Sea* (Washington, DC: C. Alexander, 1851), 8.
70. Purkyně, "Wald und Wasserfrage," pt. 1, 500–501, 520–21.
71. 同前注，521.
72. 同前注，495.
73. 普基尼寫給恩格曼的信，2 February 1877, EP-GE.
74. Hann, Diary B, 40, 54, JH.
75. 普基尼寫給恩格曼的信，20 August 1875, EP-GE.
76. *Písemná pozůtalost Emanuel Purkyně* (Prague: Literární Archiv PNP, 1988), 4.
77. F. J. Studnička, *Z pozemské přírody: Sebrané výklady a* úvahy (Prague: Dr. Frant. Bačkovský, 1893), 7.
78. 同前注，30.
79. Emanuel Purkyně, "Vylet do Tater," Živa 1 (1853): 245–53，第245頁尤其重要。
80. Studnička, *Z pozemské přírody*, 27, 100.
81. 同前注，31.
82. 同前注，54.
83. Hann, "Ueber den Wolkenbruch, der am 25. Mai 1872 in Böhmen niederging," 第235頁尤其重要。
84. Josef Roman Lorenz, ed., *Die Bodencultur auf der Wiener Weltaustellung 1873*, vol. 2, *Das Forstwesen* (Vienna: Faesy & Frick, 1874), 4.
85. 普基尼寫給恩格曼的信，18 March 1876, EP-GE.
86. 普基尼寫給恩格曼的信，27 May 1878, EP-GE.
87. Tomás Hermann, "Originalita vědy a problém plagiátu (Tři výstupy E. Rádla k jazykové otázce ve vědě z let 1902–1911)," in *Místo národních jazyků ve výchově,* školství *a vědě v Habsburské monarchii 1867–1918*, ed. Harald Binder et al. (Prague: Výzkumné centrum pro dějiny vědy, 2003), 441–68.
88. 漢恩寫給普基尼的信，28 August 1873, 15 December 1874, 7 December 1875, 11 July 1877, EP.

89. 耶利內克寫給普基尼的信，21 January 1874, 5 May 1875, EP.
90. 韋塞利寫給普基尼的信，9 May 1875, EP.
91. 洛倫茨寫給普基尼的信，all undated, EP.
92. 洛倫茨寫給普基尼的信，undated, EP.
93. 韋塞利寫給普基尼的信，17 January 1874 and undated, EP.
94. 洛倫茨寫給普基尼的信，undated, EP.
95. 韋塞利寫給普基尼的信，15 August 1875, EP.
96. Emanuel Purkyně, "Ueber die Wald und Wasserfrage," *Oesterreichische Monatsschrift für Forstwesen* 25 (1875): 479–525; 26 (1876): 136–51; 161–204; 209–51; 267–91; 327–49; 405–26; 473–98; 27 (1877): 102–43.
97. 韋塞利寫給普基尼的信，15 August 1875, EP.
98. 例如：Julius Micklitz, "Über die Einwirkungen des Waldes auf Luft und Boden," *Centralblatt für das gesammte Forstwesen* 3 (1877): 495–503.
99. 普基尼寫給恩格曼的信，27 May 1878, EP-GE.
100. 洛倫茨寫給普基尼的信，24 September 1876, EP.
101. 有人甚至聲稱斯圖尼奇卡燒毀了普基尼最初的氣候觀測資料：Krška and Šamaj, *Dějiny meteorologie*, 89.
102. Steven Beller, "Hitler's Hero: Georg von Schönerer and the Origins of Nazism," in *In the Shadow of Hitler: Personalities of the Right in Central and Eastern Europe*, ed. Rebecca Haynes and Martyn Rady, 38–54 (New York: Palgrave Macmillan, 2011).
103. "Generalversammlung des Manhartsberger Forstvereines in Gmünd," *Landwirthschaftliches Vereinsblat*, 1 August 1876, 61–62.
104. Stenographische Protokolle des Abgeordnetenhauses, vol. 7, 16 December 1876, 7623.
105. Killian, *Kampf gegen Wildbäche*, 2:99–112.
106. 同前注，2:102.
107. Schiff, Österreichs *Agrarpolitik seit der Grundentlastung*; Otto Bauer, *Der Kampf um Wald und Weide: Studien zur* österreichischen *Agrargeschichte und Agrarpolitik* (Vienna: Volksbuchhandlung, 1925).
108. Killian, *Kampf gegen Wildbäche*, 2:69：維也納將權力下放（devolution of power）到皇冠領地（crown land）與其他省會，以及現代

化的市政計畫，均發生在十九世紀最後二十五年間，請見Judson, *Habsburg Empire*, 341–63.

109. "Allgemeiner Operations-und Organisationsplan für das forstliche Versuchswesen," in *Taschenausgabe der* österreichischen *Gesetze*, vol. 8, *Forstwesen*, 778–92 (Vienna: Manz, 1906)，第786頁尤其重要。

110. Jürgen Büschenfeld, *Flüsse und Kloaken: Umweltfragen im Zeitalter der Industrialisierung* (Stuttgart: Klett-Cotta, 1997), 415.

111. Lorenz von Liburnau, *Resultate forstlich-meteorologischer Beobachtungen*, 1: 3, 139.

112. Eckert, "Die Vegetationsdecke als Modificator des Klimas mit besonderer Rücksicht auf die Wald-und Wasserfrage," Österreichische *Vierteljahresschrift für Forstwesen* 11 (1893): 254–70，第258、269、270頁尤其重要。

113. Frank Uekötter, *The Age of Smoke: Environmental Policy in Germany and the United States* (Pittsburgh: University of Pittsburgh Press, 2009), 18.

114. Büschenfeld, *Flüsse und Kloaken*.

115. Ernst Brezina, "Die Donau vom Leopoldsberge bis Preßburg, die Abwässer der Stadt Wien und deren Schicksal nach ihrer Einmündung in den Strom," *Zeitschrift für Hygiene und Infektionskrankheiten 53* (1906): 369–503，第490頁尤其重要。

116. Christiane W. Runyan et al., "Physical and Biological Feedbacks of Deforestation," *Reviews of Geophysics* 50 (2012): 1–32，第5頁尤其重要。

117. Roger G. Barry, "A Framework for Climatological Research with Particular Reference to Scale Concepts," *Transactions of the Institute of British Geographers* 49 (1970): 61–70，第65頁尤其重要。

118. Locher and Fressoz, "Modernity's Frail Climate."

119. Edwards, *Vast Machine*.

120. Ghosh, *Great Derangement*, 30.

第十章　花卉檔案

1. Anton Kerner, "Beiträge zur Geschichte der Pflanzenwanderungen," *Deutsche Revue* 2 (1879): 104–13，第107頁尤其重要。

2. 關於植物生態學與氣候變化知識的歷史關係，參見：Christophe Masutti, "Frederic Clements, Climatology, and Conservation in the 1930s," *Historical Studies in the Physical and Biological Sciences* 37 (2006): 27–48.

3. Alexander von Humboldt, review of Thaddäus Haenke, *Beobachtungen auf Reisen nach dem Riesengebirge* (Dresden: Walther, 1791), *Annalen der Botanick* 1 (1791): 78–83，第79頁尤其重要。
4. Kerner, *Pflanzenleben der Donauländer*, 3. 同樣，弗里德里希．西蒙尼寫道，樹齡學講述「古樹和灌木的生長和受苦的全部故事」，並揭示「尚未進行氣象觀測之地方和時代的氣候特徵」。*Zs. Ö. G. Meteo.* 1 (1866): 52.
5. Otto Sendtner, "Bemerkungen über die Methode, die periodischen Erscheinungen an den Pflanzen zu beobachten," reprinted in *Jb. ZAMG* 4 (1856): 30–48，第30頁尤其重要。
6. Klemun, "National 'Consensus,'" 96：她指出，這會導致將第四紀層定為第三紀層。
7. 此段文字被引述於：Maria Petz-Grabenbauer and Michael Kiehn, eds., *Anton Kerner von Marilaun* (Vienna: Österreichische Akademie der Wissenschaften, 2004), 21.
8. 克納在這份出版物中看不到獲利的機會，不過它會在一九五一年以《植物生態學之背景》的壯觀標題重新印行。相比之下，克納的那具有紀念意義的通俗論文《植物的生命》(*Das Pflanzenleben*) 在一八八八年和一八九〇年分上下兩冊出版，則商業上獲得了成功 (Kronfeld, *Anton Kerner von Marilaun*, 368).
9. 查理．達爾文寫給克納的信，被引述於如下著作：Kronfeld, *Kerner von Marilaun*, 156–57; 以及達爾文寫給威廉．奧格爾的信：Darwin to William Ogle, 17 August 1878, Darwin Correspondence.
10. Fritz Kerner von Marilaun, *Die Paläoklimatologie* (Berlin, 1930). 有關兒子延續父親研究工作的例子，參見：Fritz Kerner, "Untersuchungen über die Schneegrenze im Gebiete des Mittleren Innthales," *Denk. Akad. Wiss. math-nat*. 54 (1889)，第17頁尤其重要。
11. Dvorak, *Denkmale Krems*.
12. Karl Fritsch, "Nachruf an Anton Kerner von Marilaun," 694.
13. Anton Kerner, "Ueber eine neue Weide, nebst botanische Bemerkungen," *Verh. Zool.-Bot*. Ver. 2 (1852): 61–64，第62頁尤其重要。
14. Cf. Georg Grabherr, "Vegetationsökologie und Landschaftsökologie," in *Geschichte der* österreichischen *Humanwissenschaften*, vol. 2, ed. Karl Acham, 149–85 (Vienna: Passagen, 2001), 150–60.
15. Marie Petz-Grabenhuber, "Anton Kerner von Marilaun," in Grabenbauer and Kiehn, *Kerner von Marilaun*, 7–23，第9頁尤其重要。
16. Kerner, "Ueber eine neue Weide," 63.
17. Petz-Grabenhuber, "Anton Kerner von Marilaun," 9.

18. Kronfeld, *Anton Kerner von Marilaun*, 249.
19. Rácz, *Steppe to Europe*, 182–226.
20. Anton Kerner, "Die Steppenvegetation des ungarischen Tieflandes," *Wiener Zeitung*, 27 January 1859, 6.
21. Anton Kerner, "Die Entsumpfungsbauten in der Nieder-Ungarischen Ebene und ihre Rückwirkung auf Klima und Pflanzenwelt," *Wiener Zeitung* 8 April 1859, 4–5, and 17 April 1859, 6.
22. Anton Kerner, "Studien über die oberen Grenzen der Holzpflanzen in den österreichischen Alpen," in *Der Wald und die Alpenwirtschaft in* Österreich *und Tirol*, ed. Karl Mahler (Berlin: Gerdes & Hödel, 1908), 20–121，第22頁尤其重要；該文最初發表於如下刊物中：Österreichische *Revue*, 1865.
23. Anton Kerner, "Niederösterreichische Weiden," pt. 1, *Verh. Zool.-Bot. Ver.* 10 (1860): 3–56，第40頁尤其重要。
24. Kerner, *Das Pflanzenleben* (Leipzig and Vienna: Bibliographisches Institut, 1891), 2:815.
25. Kerner, "Österreichs waldlose Gebiete," in *Wald und Alpenwirtschaft*, 5–19，第8頁尤其重要；該文最初發表於如下刊物中：Österreichische *Revue*, 1863.
26. 同前注，7.
27. Kerner 區別 waldlos（森林減少，forestless）與 entwaldet（砍伐森林，deforested）兩者，同前注，7.
28. Kerner, *Wald und Alpenwirtschaft*, 24–25.
29. Kerner, *Pflanzenleben der Donauländer*, 86.
30. 同前注，89.
31. Kerner, "Österreichs waldlose Gebiete," 10.
32. Kerner, *Pflanzenleben der Donauländer*, 28.
33. Cf. Michael Gubser, *Time's Visible Surface: Alois Riegl and the Discourse on History and Temporality in Fin-de-Siècle Vienna* (Detroit: Wayne State University Press, 2006).
34. 關於十九世紀晚期將俄羅斯草原景觀加以美學化的努力，參見：On late nineteenth-century efforts to aestheticize the landscape of the Russian steppes, Christopher Ely, *This Meager Nature: Landscape and National Identity in Imperial Russia* (De Kalb: Northern Illinois University Press, 2002).

35. Kerner, *Pflanzenleben der Donauländer*, 27.
36. Folders "Phaenologische Notizen, Ofen-Pest, 1856," "Ung. Tiefland. Verschiedene Notizen," "Höhen aus dem ungar. Tieflande: Notizen zur orografische hydograf. u. geologische Schilderung zu meteorolog[ischen Zwecken]," "Ung. Tiefen Geologie u. Orografie," and "Obere Grenzen," Box 305, 315, AK.
37. 此段文字被引述於：Kronfeld, *Anton Kerner von Marilaun*, 310.
38. Larry Wolff, *Inventing Eastern Europe: The Map of Civilization on the Mind of the Enlightenment* (Stanford, CA: Stanford University Press, 1994).
39. A. Kerner, "Reiseskizzen aus dem ungarisch-siebenbürgischen Grenzgebirge," pt. 4, in subfolder "Wandern u. Wiener Zeitung," 131.33.5.2, AK.
40. Simon Schama, *Landscape and Memory* (New York: Vintage, 1996), pt. 1; Jane Costlow, *Heart-Pine Russia: Walking and Writing the Nineteenth-Century Forest* (Ithaca, NY: Cornell University Press, 2013).
41. 此段文字被引述於：Kronfeld, *Kerner von Marilaun*, 191.
42. Kerner von Marilaun, "Goethes Verhältnis zur Pflanzenwelt," reprinted in *Kronfeld, Kerner von Marilaun*, 240–43.
43. 此段文字被引述於：Kronfeld, *Kerner von Marilaun*, 193.
44. 或許受到克納的啟發，哈布斯堡其他的研究人員（例如切拉科夫斯基〔Čelakovský〕、奧古斯特・尼賴希〔August Neireich〕）隨後在帝國其他地方（分別為波希米亞和下奧地利）發表了關於長穗醉馬草的文章。
45. Kerner, "Das ungarische 'Waisenmädchenhaar,'" Die Gartenlaube 10 (1862): 44–46, reprinted in Kronfeld, *Kerner von Marilaun*, 203–10，第205、206、207、210頁尤其重要。
46. 同前注，206.
47. Kerner, *Pflanzen der Donauländer*, 90, 20, 25.
48. László Kürti, trans., *The Remote Borderland: Transylvania in the Hungarian Imagination* (Albany: SUNY Press, 2001), 84.
49. Janet Browne, *The Secular Ark: Studies in the History of Biogeography* (New Haven, CT: Yale University Press, 1983), 175.
50. Kerner, "Gute und schlechte Arten," pt. 1, Öst. *Bot. Z.* 15 (1865): 6–8，第7頁尤其重要。
51. Kronfeld, *Kerner von Marilaun*, 98.

52. Endersby, *Imperial Nature*.
53. Kerner, “Gute und schlechte Arten,” pt. 8, Öst. *Bot. Z.* 16 (1866): 51–57，第51、54頁尤其重要。
54. Kerner, *Pflanzenleben der Donauländer*, 239.
55. Frank N. Egerton, “History of Ecological Sciences, Part 54: Succession, Community, and Continuum,” *Bulletin of the Ecological Society of America* 96 (2015): 426–74，第441頁尤其重要。
56. Kerner, *Pflanzenleben der Donauländer*, 244.
57. 同前注，247–49.
58. 同前注，5–6.
59. Kronfeld, *Anton Kerner von Marilaun*, 121; *Botanik und Zoologie in* Österreich *in den Jahren 1850 bis 1900* (Vienna: Hölder, 1901).
60. Richard Wettstein，引述於 Kronfeld, *Anton Kerner von Marilaun*, 121.
61. Kronfeld, *Anton Kerner von Marilaun*, 82.
62. Kerner, *Pflanzenleben der Donauländer*, 4.
63. Kerner, “Beiträge zur Geschichte der Pflanzenwanderung,” pt. 1, Öst. *Bot. Z.* 29 (1879): 174–82，第176頁尤其重要。
64. Kerner von Marilaun, *Das Pflanzenleben* (Leipzig and Vienna: Bibliographisches Institut, 1891), 2:4.
65. August Grisebach, D*ie Vegetation der Erde nach ihrer Klimatischen Anordnung*, 2nd ed. (1884)，此書從「創造中心」（centers of creation）的角度解釋植物分布。
66. Nils Güttler, *Das Kosmoskop: Karten und ihre Benutzer in der Pflanzengeographie des 19. Jahrhunderts* (Göttingen: Wallstein, 2014).
67. Sander Gliboff, “Evolution, Revolution, and Reform in Vienna: Franz Unger’s Ideas on Descent and Their Post-1848 Reception,” *Journal of the History of Biology* 31 (1998): 179–209，第185頁尤其重要。
68. Franz Unger, *Versuch einer Geschichte der Pflanzenwelt* (Vienna: Braumüller, 1852), 254.
69. 同前注，5, 347–49.
70. Martin J. Rudwick, trans., *Scenes from Deep Time: Early Pictorial Representations of the Prehistoric World* (Chicago: University of Chicago Press, 1995), 101.
71. Marianne Klemun, “Franz Unger and Sebastian Brunner on Evolution and the Visualization of Earth History; A Debate between Liberal and

Conservative Catholics," in *Geology and Religion: A History of Harmony and Hostility, ed. M. Kölbl-Ebert* (London: Geological Society, 2009), 259–67.

72. Edward Forbes, "On the Connexion between the Distribution of the Existing Fauna and Flora of the British Isles, and the Geological Changes Which Have Affected Their Area," *Memoirs of the Geological Survey of England and Wales* 1 (1846): 336–432.
73. 同前注，397.
74. A. Grisebach, "Der gegenwärtige Stand der Geographie der Pflanzen," *Geographisches Jahrbuch* 1 (1866): 373–402，第379–91頁尤其重要；Nicolaas Rupke, "Neither Creation nor Evolution," *Annals of the History and Philosophy of Biology* 10 (2005): 143–72.
75. 洛倫茲寫給普基尼的信件，20 September 1878, EP.
76. Kronfeld, *Anton Kerner von Marilaun*, 358, 89.
77. Anton Kerner, "Chronik der Pflanzenwanderungen," Öst. *Bot. Z.* 21 (1871): 335–40，第335，336頁尤其重要。
78. Kerner, "Chronik der Pflanzenwanderungen," 336.
79. Fritsch, "Kerner von Marilaun," 11.
80. 同前注，20.
81. "Ein vaterländisches wissenschaftliches Unternehmen," *Neue Freie Presse*, 23 July 1886, 4.
82. Endersby, *Imperial Nature*; Güttler, *Das Kosmoskop*.
83. Kerner von Marilaun, *Das Pflanzenleben*, 1:18.
84. Kerner, *Das Pflanzenleben der Donauländer*, 197.
85. "Diluvialesfestland," 131.33.5.8, AK; cf. *Pflanzenleben der Donauländer*, 194.
86. Browne, *Secular Ark*, 200.
87. Lynn Nyhart, "Emigrants and Pioneers: Moritz Wagner's 'Law of Migration' in Context," in *Knowing Global Environments: New Historical Perspectives in the Field Sciences*, ed. Jeremy Vetter (New Brunswick, NJ: Rutgers University Press, 2010), 39–58.
88. Anton Kerner, "Können aus Bastarten Arten werden?," Öst. *Bot. Z.* 21 (1871): 34–41.
89. Anton Kerner, "Abhängigkeit der Pflanzengestalt vom Klima und Boden," in *Festschrift der 43. Versammlung Deutscher Naturforscher und Ärzte*, 1–38 (Innsbruck: Wagner, 1869), 30.

90. 同前注，48.
91. Darwin, *Origin of Species*, chapter 12; Browne, Secular Ark, 199.
92. Kerner, "Beiträge zur Geschichte der Pflanzenwanderungen," 110; Anton Kerner, "Der Einfluß der Winde auf die Verbreitung der Samen im Hochgebirge," *Z. d. ö. AV* 2 (1871): 144–72，第51頁尤其重要。
93. Alphonse de Candolle, introductory note to "Expériences sur les graines de diverses espèces plongées dans de l'eau de mer," *Archives des sciences physiques et naturelles* 47 (1873): 177–79.
94. 此段文字被引述於：Kronfeld, *Kerner von Marilaun*, 278.
95. 此段文字被引述於同前注著作：255.
96. "Ein Instrument zur Messung des Thauniederschlages," *Centralblatt für das gesamte Forstwesen* 19 (1893): 185–86，第186頁尤其重要。
97. Kerner, "Einfluß der Winde," 144, 159–60.
98. Kerner, "Studien über die Flora der Diluvialzeit in den östlichen Alpen," *Wiener Berichte II* 97 (1888): 7–39，第15頁尤其重要。
99. Kerner, "Einfluß der Winde," 162.
100. 同前注，162–65.
101. 同前注，165.
102. Christian Körner, *Alpine Plant Life: Functional Plant Ecology of High Mountain Ecosystems* (Berlin: Springer, 1999), 275.
103. Kerner, "Einfluß der Winde," 171–72.
104. Kerner, "Flora der Diluvialzeit."
105. 同前注，33; Eduard Brückner, "Entwicklungsgeschichte des kaspischen Meeres und seiner Bewohner," *Humboldt* 7 (1889): 209–14.
106. Kerner, "Flora der Diluvialzeit," 33.
107. Kerner, "Beiträge zur Geschichte der Pflanzenwanderungen," 181.
108. Kerner, "Flora der Diluvialzeit," 12.
109. Kerner, *Pflanzenleben*, 17–18.
110. Hanns Kerschner et al., "Paleoclimatic Interpretation of the Early Late-Glacial Glacier in the Gschnitz Valley, Central Alps, Austria," *Annals of Glaciology* 28 (1999): 135–40.

111. E. Schwienbacher et al., "Seed Dormancy in Alpine Species," *Flora* 206 (2011): 845–56. 報春花並沒有包含在這項研究中。
112. 此段文字被引述於：Kronfeld, *Kerner von Marilaun*, 200–202.
113. Kerner, *Pflanzenleben*, 18.
114. Kerner, "Chronik der Pflanzenwanderungen," 336.

第十一章 慾望風景

1. Stifter, *Nachsommer*, 1:338.
2. Julius Hann, Diary A, 4–6, JH.
3. Alois Topitz, "Julius Hann, ein großer Oberösterreicher, zu seinem 50. Todestag," *Oberösterreichische Heimatblätter* 3 (1971): 126–29; Alois Topitz, "Der Meteorologe Julius Hann," *Historisches Jahrbuch der Stadt Linz* (1959): 431–44.
4. Diary A, 70, JH.
5. Diary A, 97, JH.
6. Topitz, "Der Meteorologe Julius Hann," 432.
7. N. Pärr, "P. Gabriel Strasser," in Österreichisches *Biographisches Lexicon, 1815–1950*, vol. 13 (Vienna: Österreichische Akademie der Wissenschaften, 1954), 362.
8. Hann, Diary A, 73, JH.
9. Hann, Diary A, 124, JH.
10. Hann, Diary A, 76, JH.
11. Carl Gustav Carus, *Nine Letters on Landscape Painting*, trans. David Britt (Los Angeles: Getty, 2002), 115.
12. 例如，Diary A, 136, JH.
13. Felix Exner, "Julius von Hann," *MZ* 38 (1921): 321–27，第326頁尤其重要。
14. Hann, Diary B, 54, JH.
15. Hann, Diary A, 89, 93, JH.
16. Andreas von Baumgartner, *Die Stellung der Astronomie im Reiche der Menschheit* (Brno: Carl Winiker, 1850), 6（引述Jean Paul）。

17. Humboldt, *Kosmos*, 2:8.
18. Hann, Diary B, 30, 31, and Diary A, 86, JH.
19. Carl Ritter, *Einleitung zur allgemeinen vergleichenden Geographie* (Berlin: Reimer, 1852), 186; Hann, Diary B, 5b.
20. Hann, Diary B, 29, JH.
21. Hann, Diary A, 85, 89, 113, JH.
22. Hann, Diary A, 113, JH.
23. Hann, Diary C, 105, JH.
24. Hann, Diary A, 33, JH.
25. "Ich blick' in mein Herz und ich blick' in die Welt, / Bis vom Auge die brennende Träne mir fällt, / Wol leuchtet die Ferne mit goldenem Licht, / Doch hält mich der Nord — ich erreiche sie nicht. / O die Schranken so eng, und die Welt so weit, / Und so flüchtig die Zeit!"
26. Hann, Diary A, 50, JH.
27. Hann, Diary A, 116, JH.
28. Hann, Diary A, 128, JH.
29. Hann, Diary A, 58–59, JH.
30. Hann, Diary A, 120, JH.
31. Hann, Diary B, 50, JH.
32. Hann, Diary B, 90, JH.
33. Hann, Diary C, 40, JH.
34. Hann, Diary A, 130, JH.
35. Hann, Diary A, 132, JH.
36. Hann, Diary B, 68, 74, JH.
37. Hann, Diary B, 83, JH.
38. Hann, Diary C, 109, JH.
39. Cornelia Lüdecke, "East Meets West: Meteorological Observations of the Moravians in Greenland and Labrador since the 18th Century,"

History of Meteorology 2 (2005): 123–32.

40. 參見：Andreas Hense and Rita Glowienka-Hense, "Comments On: On the Weather History of North Greenland, West Coast by Julius Hann," *MZ* 19 (2010): 207–11; Hew Davies, "Vienna and the Founding of Dynamical Meteorology," in Hammerl, *Zentralanstalt*, 301–12.

41. Hann, "Der Pulsschlag der Atmosphäre," *MZ* 23 (1906): 82–86，第82頁尤其重要。

42. Hann, Diary C, 47, JH.

43. Hann, Diary C, 67, JH.

44. Hann, Diary C, 69, JH.

45. Hann, Diary C, 85, 110, JH.

46. Topitz, "Hann, ein großer Oberösterreicher," 129.

47. Johann Heiss and Johannes Feichtinger, "Distant Neighbors: Uses of Orientalism in the Late Nineteenth-Century Austro-Hungarian Empire," in *Deploying Orientalism in Culture and History: From Germany to Central and Eastern Europe*, ed. James Hodkinson and John Walker, 148–65 (Rochester: Camden House, 2013).

48. 例如：Moritz Deutsch, *Die Neurasthenie beim Manne* (Berlin: H. Steinitz, 1907), 168; A. Eulenberg, "Die Balneologie in der Nervenheilkunde," *Berliner klinische Wochenschrift* 42 (1905): 589–93; 更廣泛討論氣候理論與性功能請見Cheryl A. Logan, *Hormones, Heredity, and Race: Spectacular Failure in Interwar Vienna* (New Brunswick, NJ: Rutgers University Press, 2013)，第四章。

49. Freud, *Three Essays on the Theory of Sexuality*, trans. James Strachey (New York: Basic, 1962), 5.

50. Richard Burton, *The Sotadic Zone* (New York: Panurge, ca. 1934), 18, 23.

51. Ellsworth Huntington, *Civilization and Climate* (New Haven, CT: Yale University Press, 1915), 46.

52. Leopold von Sacher-Masoch, *Venus im Pelz* (Berlin: Globus, 1910), 7, 40, 34.

53. Allan Janik and Stephen Toulmin, *Wittgenstein's Vienna* (New York: Simon and Schuster, 1973).

54. Laurence Cole, *Für Gott, Kaiser, und Vaterland: Nationale Identität der deutschsprachigen Bevölkerung Tirols, 1860–1914* (Frankfurt: Campus Verlag, 2000).

55. L. Ficker to C. Dallago, 26 April 1910, in Ludwig Ficker, *Briefwechsel*, vol. 1, ed. Ignaz Zangerle (Salzburg: O. Müller, 1986), 26.

56. C. Dallago to L. Ficker, 9 April 1910, in Ficker, *Briefwechsel*, 1:24.

57. Richard Huldschiner to L. Ficker, 6 May 1910, in Ficker, *Briefwechsel*, 1:27.
58. Ficker, *Klimatographie von Tirol*, 116.
59. Heinrich von Ficker, "Die Erforschung der Föhnerscheinungen in den Alpen," *Z. d. ö. AV* 43 (1912): 53–77，第53頁尤其重要。
60. Jim Doss and Werner Schmitt, trans., http://www.literaturnische.de/Trakl/english /ged-e.htm.
61. Ficker, "Erforschung der Föhnerscheinungen," 54.
62. Otto Marschalek, Österreichische *Forscher: Ein Beitrag zur Völker-und Länderkunde* (Mödling bei Wien: St. Gabriel, 1949), 124.
63. H. von Ficker, "Östliche Geschichte," 84–85, F1f 1909, LD.
64. 同前注，75.
65. Afsaneh Najmabadi, *Women with Mustaches and Men without Beards: Gender and Sexual Anxieties of Iranian Modernity* (Berkeley: University of California Press, 2005), 34.
66. Ficker, "Östliche Geschichte," 77, F1f 1909, LD.
67. 同前注，83.
68. Ficker, "Zur Meteorologie von West-Turkestan," *Denk. Akad. Wiss. math-nat.* 81 (1908): 533–59，第558頁尤其重要。
69. Ficker, "Untersuchungen über die meteorologischen Verhältnisse der Pamirgebiete," *Denk. Akad. Wiss. math-nat.* 97 (1921): 151–255，第246頁尤其重要。
70. Willi Rickmers, *Alai! Alai! Arbeiten und Erlebnisse der Deutsch-Russischen Alai-Pamir Expedition* (Leipzig: Brockhaus, 1930), 240.
71. Willi Rickmers, "Vorläufiger Bericht über die Pamirexpedition des Deutschen und Österreichischen Alpenvereins," *Z. d. ö. AV* 45 (1914): 1–51，第27頁尤其重要。
72. Deborah R. Coen, "Imperial Climatographies from Tyrol to Turkestan," *Osiris* 26, *Klima* (2011): 45–65.
73. Sverker Sörlin, "Narratives and Counter-Narratives of Climate Change: North Atlantic Glaciology and Meteorology, c. 1930–1955," *Journal of Historical Geography* 35 (2009): 237–55.
74. Rickmers, "Vorläufiger Bericht," 51.
75. Carl Dallago, "Nietzsche und der Philister," *Der Brenner* 1 (1910): 26.
76. Ludwig Wittgenstein, "Tractatus Logico-Philosophicus," *Annalen der Naturphilosophie* 14 (1921): 185–262，第262頁尤其重要。

77. H. von Ficker, "Östliche Geschichte," 79–81, F1f 1909, LD.

結論 帝國之後

1. Petra Svatek, "Hugo Hassinger und Südosteuropa: Raumwissenschaftliche Forschungen in Wien (1931–1945)," in *"Mitteleuropa" und "Südosteuropa" als Planungsraum*, ed. Carola Sachse, 290–311 (Göttingen: Wallstein, 2010).
2. Hugo Hassinger, Österreichs *Wesen und Schicksal, verwurzelt in seiner geographischen Lage* (Vienna: Freytag-Berndt, 1949), 10.
3. 同前注，7，粗體字為原文強調的部分。
4. Ludwig von Mises, "Vom Ziel der Handelspolitik," *Archiv für Sozialwissenschaft und Sozialpolitik* 42 (1916): 561–85, e.g., 562–63.
5. Oszkár Jászi, *The Dissolution of the Habsburg Monarchy* (Chicago: University of Chicago Press, 1929), 185.
6. 同前注，188.
7. Robert Sieger, *Die geographischen Grundlagen der* österreichisch-ungarischen *Monarchie und ihrer Außenpolitik* (Leipzig: Teubner, 1915), 3; Robert Sieger, *Der* österreichische *Staatsgedanke und seine geographischen Grundlagen* (Vienna: C. Fromme, 1918), 5; Hans-Dietrich Schulze, "Deutschlands natürliche Grenzen: Mittellage und Mitteleuropa in der Diskussion der Geographen seit dem Beginn des 19. Jahrhunderts," *Geschichte und Gesellschaft* 15 (1989): 248–81，第263頁尤其重要。
8. Norbert Krebs, *Länderkunde der* österreichischen *Alpen* (Stuttgart: Engelhorn, 1913), 3.
9. Sieger, *Geographische Grundlagen*, 22, 44.
10. Richard von Coudenhove-Kalergi, *Apologie der Technik* (Leipzig: P. Reinhold, 1922), 8, 41.
11. Katiana Orluc, "A Wilhelmine Legacy? Coudenhove-Kalergi's Pan-Europe and the Crisis of European Modernity, 1922–1932," in *Wilhelminism and Its Legacies,* ed. Geoff Eley and James Retallack, 291–34 (New York: Berghahn, 2003); Marco Duranti, "European Integration, Human Rights, and Romantic Internationalism," in *The Oxford Handbook of European History, 1914–1945*, ed. Nicholas Doumanis (Oxford: Oxford University Press, 2016), 440–58.
12. 關於漢斯利克，請參考：Norman Henniges, "'Naturgesetze der Kultur': Die Wiener Geographen und die Ursprünge der Volks-und Kulturbodentheorie," *ACME* 14 (2015): 1309–51.
13. Jeremy King, *Budweisers into Czechs and Germans* (Princeton, NJ: Princeton University Press, 2002).

14. Erwin Hanslik, "Kulturgeographie der deutsch-slawischen Sprachgrenze," *Vierteljahrschrift für Sozial-und Wirtschaftsgeschichte* 8 (1910): 103–27, 445–75，第470頁尤其重要。
15. Erwin Hanslik, *Oesterreich als Naturförderung* (Vienna: Institut für Kulturforschung, 1917), 36.
16. Hanslik, "Deutsch-slawischen Sprachgrenze," 117.
17. 例如：Hanslik, Österreich, *Erde und Geist* (Vienna: Institut für Kulturforschung, 1917).
18. Erwin Hanslik, "Die Karpathen," in *Mein* Österreich, *Mein Heimatland*, vol. 1, ed. Siegmund Schneider and Benno Immendörfer, 76–82 (Vienna: Verlag für vaterländische Literatur, 1915).
19. Sieger, *Geographische Grundlage*, 40, 24n1; Wolff, *Inventing Eastern Europe*.
20. Max Bergholz, "Sudden Nationhood: The Microdynamics of Intercommunal Relations in Bosnia-Herzegovina after World War II," *AHR* 118 (2013): 679–707，第684頁尤其重要。
21. 克雷布斯寫給赫特納的信，3 November 1915 and 4 December 1919, D II 73, AH.
22. 希格寫給威廉・莫里斯・戴維斯的信，11 November 1919, folder 438; Brückner to W. M. Davis, 17 September 1922, folder 73, WMD.
23. 有關為科學認知多元主義辯護的著作，參見：Hasok Chang, *Is Water H2 0? Evidence, Realism and Pluralism* (Boston: Springer, 2012), 253–301.
24. 根據*Jb. ZAMG* (1919) 4，中的報告，這些站點分布的情況如下：波希米亞二十八個、摩拉維亞十八個、西利西亞七個、加利西亞二個，卡尼奧拉三個、達爾馬提亞二個。參見：Coen, *Earthquake Observers*，第七章。
25. ZAMG聲稱該機構的儀器設置和數據紀錄都是「日耳曼學者」的功勞。在這背景下，我們就不難理解為何產生關於那批儀器和資料所有權歸屬的糾紛。Fasz. 681/Sig. 4A/Nr. 1277: 23 November 1918; Fasz. 686/Sig. 4A/Nr. 1340: 6 December 1918, SAU.
26. Michael Gordin, *Scientific Babel: How Science Was Done Before and After Global English* (Chicago: University of Chicago Press, 2015), and Surman, *Biography of Habsburg Universities*.
27. Jiří Martínek, "Radost z poznání nemusí vést k uznání. Julie Moschelesová," in Martínek, *Cesty k samostatnosti: Portréty* žen *v* éře *modernizace* (Prague: Historický ústav, 2010), 176–89.
28. Julie Moscheles to William Morris Davis, 15 August 1919, 15 November (no year), folder 336, WMD.
29. Fasz. 682/Sig. 4A/Nr. 20375: 23 June 1934, SAU，粗體字是本人強調的部分。

30. Pollak, "Über die Verwendung des Lochkartenverfahrens in der Klimatologie," *Zeitschrift für Instrumentenkunde* 47 (1927): 528–32.
31. Helmut Landsberg, quoted in F. W. Kistermann, "Leo Wenzel Pollak (1888–1964): Czechoslovakian pioneer in Scientific Data Processing," *IEEE Annals of the History of Computing* 2 (1999): 62–68，第65頁尤其重要。
32. Edwards, *Vast Machine*, 99.
33. Robert Sieger to William Morris Davis, 26 January 1920, folder 438, WMD.
34. Heinrich Ficker, "Wo findet man in den deutsch-österreichischen Alpen einen Ersatz für Davos?," *MZ* 38 (1921): 307–9，第309頁尤其重要。
35. Alois Gregor, "Moderní klimatologie," *Spirála* 1 (1936): 449–75，第466頁尤其重要。
36. Klimatische Beobachtungsstationen 1930/Nr. 51584; Kurorte 1927/Nr. 21913, VG.
37. Ernst Brezina and Wilhelm Schmidt, *Das künstliche Klima in der Umgebung des Menschen* (Stuttgart: Enke, 1937), 207.
38. Alois Gregor, "Problémy velkoměstské klimatologie," *Sborník* IV. *sjezdu* československých *Geografů v Olomouci 1937* (Brno: Československá společnost zeměpisné, 1938), 82–85，第82頁尤其重要。
39. Steinhauser, "Großstadttrübung und Strahlungsklima," *Biokl. Beibl.* 3 (1934): 105–11，第105頁尤其重要。
40. Brezina and Schmidt, *Das künstliche Klima*, 3.
41. Gregor, "Problémy velkoměstské klimatologie," 84.
42. Brezina and Schmidt, *Das künstliche Klima*, 207.
43. Franz Linke, "Zur Einführung der 'Bioklimatischen Beiblätter der Meteorologischen Zeitschrift,'" *Biokl. Beibl.* 1 (1934): 1–2.
44. 參見在巴登舉行之第四十三屆浴療學大會的報告：Kurorte 1928/Nr. 17591；參見一九三三年國際氣象組織（International Meteorological Organization）輻射委員會的會議報告：Kl. Beob. St. 1933; Walter Hausmann, "Grundlagen und Organisation der lichtklimatischen Forschung in ihrer Beziehung zur öffentlichen Gesundheitspflege," *Mitteilungen des Volksgesundheitsamtes* (1932): 1–20.
45. Wilhelm Schmidt, "Das Bioklima als Kleinklima und Mikroklima," *Biokl. Beibl.* 1 (1934): 3–6.
46. Geiger and Schmidt, "Einheitliche Bezeichnungen in kleinklimatischer und mikroklimatischer Forschung," *Biokl. Beibl.* 4 (1934): 153–56.
47. Gregor, "Moderní klimatologie," 466.
48. Schmidt, "Kleinklimatische Beobachtungen in Österreich," *Geographischer Jahresbericht aus* Österreich 16 (1933): 42–72，第43頁尤其重要。

49. Bohuslav Hrudička, "Má dynamická klimatologie význam i pro geografický výklad?," *Sborník* IV. *sjezdu* československých *Geografů v Olomouci 1937* (Brno: Československá společnost zeměpisné, 1938), 90–92，第90–91頁尤其重要。
50. David Luft, ed. and trans., *Hugo von Hofmannsthal and the Austrian Idea: Selected Essays and Addresses, 1906–1927* (West Lafayette, IN: Purdue University Press, 2011), 99–102.
51. "Der Spätzünder," *Der Spiegel* 23 (1957): 53–58，第57頁尤其重要。
52. Heimito von Doderer, *Die Strudlhofstiege, oder Melzer und die Tiefe der Jahre* (Munich: C. H. Beck, 1995), 104.
53. Rudolf Brunngraber, *Karl und das 20. Jahrhundert* (Göttingen: Steidl, 1999), 162, 227; Rudolf Brunngraber, *Karl und das 20. Jahrhundert* (Kronberg: Scriptor, 1978), 66.
54. Robert Musil, *The Man without Qualities*, vol. 1, trans. Sophie Wilkins (New York: Vintage, 1996), 3.
55. Robert Musil, "The 'Nation' as Ideal and as Reality," in Musil, Precision and Soul: Essays and *Addresses*, ed. and trans. Burton Pike and David S. Luft, 101–16 (Chicago: University of Chicago Press, 1990), 103 and 111.
56. 此段文字被引述於：Stephen Walsh, "Between the Arctic and the Adriatic" (PhD diss., Harvard University, 2014), 221.
57. Emanuel Herrmann, *Cultur und Natur: Studien im Gebiete der Wirthschaft* (Berlin: Allgemeiner Verein für Deutsche Literatur, 1887), 320.
58. Purkyně: 參見第九章；Ficker: 參見第十一章；J. Moscheles, "Logická soustava zeměpisu člověka," *Sborník* Československé *společnosti zeměpisné* 31 (1925): 247–56, on 252; Supan, *Die territoriale Entwicklung der europäischen Kolonien* (Gotha: Perthes, 1906), 313.
59. Supan, *Territoriale Entwicklung*, 322.
60. Claudia Ho-Lem et al., "Who Participates in the Intergovernmental Panel on Climate Change and Why," *Global Environmental Change 21* (2011) 1308–17; "Activities," http://www.ipcc.ch/activities/activities.shtml，網路查詢日期：2017年5月24日。
61. M. Hulme and M. Mahony, "What Do We Know about the IPCC?," *Prog. Phys. Geogr.* 34 (2010): 705–18; Thaddeus R. Miller et al., "Epistemological Pluralism: Reorganizing Interdisciplinary Research," *Ecology and Society 13* (2008): art. 46.
62. Elisabeth Nemeth and Friedrich Stadler, eds., *Encyclopedia and Utopia: The Life and Work of Otto Neurath* (Dordrecht: Kluwer, 1996), 334.
63. Hann, "Thatsachen und Bemerkungen über einige schädliche Folgen der Zerstörung des natürlichen Pflankleides," *Zs. Ö. G. Meteo.* 4 (1869): 18–22，第22頁尤其重要。

64. Martin Bressani, *Architecture and the Historical Imagination: Eugène-Emmanuel Viollet-le-Duc, 1814–1879* (New York: Routledge, 2016), 481.

65. Eugène-Emmanuel Viollet-le-Duc, L*e Massif du Mont Blanc* (Paris: J. Baudry, 1876), 254. Cf. George Perkins Marsh, *Man and Nature, or Physical Geography as Modified by Human Action* (1864), 127.

66. Prosper Demontzey, *Studien* über *die Arbeiten der Wiederbewaldung und Berasung der Gebirge* (Vienna: C. Gerold, 1880), i; Ferdinand Wang, "Über Wildbachverbauung und Wiederbewaldung der Gebirge," Österreichische *Vierteljahresschrift für Forstwesen* 9 (1891): 219–37，第227頁尤其重要。

67. Dale Jamieson, *Reason in a Dark Time: Why the Struggle against Climate Change Failed—and What It Means for Our Future* (Oxford: Oxford University Press, 2014), 103;其他例子可見Brace and Geoghegan, "Human Geographies of Climate Change: Landscape, Temporality, and Lay Knowledges," *Progress in Human Geography* 35 (2010): 284–302, on 292; Birgit Schneider and Thomas Nocke, "Introduction," in *Image Politics of Climate Change: Visualizations, Imaginations, Documentations*, ed. Schneider and Nocke, 9–25 (Bielefeld: transcript, 2014), 13.針對心理學部分的討論，可見 Scott Slovic and Paul Slovic, *Numbers and Nerves: Information, Emotion, and Meaning in a World of Data* (Corvallis: Oregon State University Press, 2015).

參考書目

所有引用作品在首次提及時均已加上注釋。下列書目包括館藏檔案、多次引用的期刊以及最主要的專著文獻。

館藏檔案

Correspondence of Emanuel Purkyně and George Engelmann, 1875–81, Biodiversity Heritage Library (EP-GE)

Nachlass Albrecht Penck, 871/3, Archiv für Geographie, Leibniz-Institut für Länderkunde, Leipzig (AP)

Nachlass Alfred Hettner, Heid. Hs. 3929, Universitätsbibliothek Heidelberg (AH)

Nachlass Anton Kerner, Sig. 131.33, Archive of the University of Vienna (AK)

Nachlass Julius Hann, Oberösterreichisches Landesarchiv, Linz (JH)

Nachlass Ludwig Ficker, Brenner-Archiv, University of Innsbruck (LF)

Nachlass Ludwig Prandtl, Archiv der Max-Planck-G esellschaft, III. Abt., Rep. 61 (LP)

Nachlass Wladimir Köppen, Ms. 2054, Universitätsbibliothek Graz (WK)

Österreichisches Staatsarchiv, Allgemeine Verwaltungsarchiv, Ministerium für Cultus und Unterricht: Meteorologische Zentralanstalt (MCU)
Österreichisches Staatsarchiv, Archiv der Republik, Bundesministerium für soziale Verwaltung: Volksgesundheit (VG)
Österreichisches Staatsarchiv, Archiv der Republik, Deutsch-österreichisches Staatsamt für Unterricht: Meteorologische Zentralanstalt (SAU)
Písemná pozůtalost Emanuel Purkyně, Literární archiv PNP, Prague (EP)
Sammlung Ludwig Darmstaedter, Staatsbibliothek zu Berlin, Handschriftenabteilung (LD)
Teilnachlass Friedrich Simony, Geographisches Institut, University of Vienna (FS)
William Morris Davis Papers, Ms. Am. 1798, Houghton Library, Cambridge, MA (WMD)

重要引用期刊

American Historical Review (AHR)
Annalen der Hydrographie und maritimen Meteorologie (Ann. Hyd.)
Austrian History Yearbook (AHY)
Bioklimatische Beiblätter (Biokl. Beibl.)
British Journal for the History of Science (BJHS)
Bulletin of the American Geographical Society (BAGS)
Bulletin of the American Meteorological Society (BAMS)
Denkschriften der kaiserlichen Akademie der Wissenschaften, mathemathisch-naturwissenschaftliche Klasse (Denk. Akad. Wiss. math-nat.)
Historical Studies in the Natural Sciences (HSNS)
Jahrbuch der k.k. Central-Anstalt für Meteorologie und Erdmagnetismus (Geophysik) (Jb. ZAMG)

Meteorologische Zeitschrift (MZ)
Mittheilungen der Geographischen Gesellschaft zu Wien (Mitt. Geog. Ges.)
Monthly Weather Review (MWR)
Österreichische Botanische Zeitschrift (Öst. Bot. Z.)
Schriften des Vereines zur Verbreitung naturwissenschaftlicher Kenntnisse in Wien (Schr. d. Ver. z. Verbr. naturw. Kenntn.)
Sitzungsberichte der kaiserlichen Akademie der Wissenschaften zu Wien, mathematisch-naturwissenschaftliche Klasse (*Wiener Berichte* II/IIa)
Studies in History and Philosophy of Biological and Biomedical Sciences (SHPBBS)
Verhandlungen des Zoologisch-Botanischen Vereins in Wien (Verh. Zool.-Bot. Ver.)
Zeitschrift der Österreichischen Gesellschaft für Meteorologie (Zs. Ö. G. Meteo.) Zeitschrift des deutschen und österreichischen Alpenvereins (Z. d. ö. AV)

文獻節選

第一手引用資料

Andrássy, Julius. *Ungarns Ausgleich mit* Österreich *vom Jahre 1867*. Leipzig: Duncker & Humblot, 1897.
Blodget, Lorin. *Climatology of the United States*. Philadelphia: J. B. Lippincott and Co., 1857.
Brezina, Ernst, and Wilhelm Schmidt. *Das künstliche Klima in der Umgebung des Menschen*. Stuttgart: Enke, 1937.
Brückner, Eduard. *Klimaschwankungen seit 1700, nebst Bemerkungen* über *die Klimaschwankungen der Diluvialzeit*. Vienna: Hölzel, 1890.
Charmatz, Richard. *Minister Freiherr von Bruck, der Vorkämpfer Mitteleuropas: Sein Lebensgang und seine Denkschriften*. Leipzig: S. Hirzel, 1916.

Chavanne, Josef, ed. *Physikalisch-statistischer Handatlas von* Österreich-*Ungarn*. Vienna: E. Hölzel, 1887.

Chavanne, Josef. *Die Temperatur-Verhältnisse von* Österreich-*Ungarn dargestellt durch Isothermen*. Vienna: Gerold's Sohn, 1871.

Ficker, Heinrich von. *Die Zentralanstalt für Meteorologie und Geodynamik in Wien, 1851–1951*. Vienna: Österreichische Akademie der Wissenschaften, 1951.

Habsburg, Rudolf von, et al. *Die* österreichisch-*ungarische Monarchie in Wort und Bild*. 24 vols. Vienna: k.k. Hof-und Staatsdruckerei, 1886–1902.

Hann, Julius. *Atlas der Meteorologie*. Gotha: Justus Perthes, 1887.

Hann, Julius. *Handbuch der Klimatologie*. Stuttgart: Engelhorn, 1883.

Hann, Julius. *Klimatographie von Niederösterreich*. Vienna: Braumüller, 1904.

Hann, Julius. *Lehrbuch der Meteorologie*. 3rd ed. Leipzig: Tauchnitz, 1915.

Hann, Julius. *Die Vertheilung des Luftdruckes* über *Mittel-und Süd-Europa*. Vienna: Hölzel, 1887.

Hann, Julius von, et al. *Klimatographie von* Österreich. 11 vols. Vienna: Braumüller, 1904–30.

Hassinger, Hugo. Österreichs *Wesen und Schicksal, verwurzelt in seiner geographischen Lage*. Vienna: Freytag-Berndt, 1949.

Herrmann, Emanuel. *Cultur und Natur: Studien im Gebiete der Wirthschaft*. Berlin: Allgemeiner Verein für Deutsche Literatur, 1887.

Herrmann, Emanuel. *Miniaturbilder aus dem Gebiete der Wirthschaft*. Halle: L. Nebert, 1872.

Hettner, Alfred. *Vergleichende Länderkunde*, vol. 3, *Die Gewässer des Festlandes: Die Klimate der Erde*. Leipzig: Teubner, 1934.

Humboldt, Alexander von. *Cosmos*. Translated by E. C. Otte. New York: Harper and Brothers, 1858.

Kerner, Anton. *Die Botanischen Gärten, ihre Aufgabe in der Vergangenheit, Gegenwart und Zukunft*. Innsbruck: Verlag der Wagnerschen Universitätsbuchhandlung, 1874.

Kerner, Anton. *Das Pflanzenleben der Donauländer*. Innsbruck: Wagner, 1863.

Kerner von Marilaun, Anton. *Das Pflanzenleben*. 2 vols. Leipzig and Vienna: Bibliographisches Institut, 1888–91.

Kisch, Enoch. *Klimatotherapie*. Berlin: Urban and Schwarzenberg, 1898.

Kreil, Karl. *Die Klimatologie von Böhmen*. Vienna: Gerold's Sohn, 1865.

Lorenz, Josef Roman, and Carl Rothe. *Lehrbuch der Klimatologie mit besonderer Rücksicht auf Land-und Forstwirthschaft*. Vienna: Braumüller, 1874.

Lorenz von Liburnau, Josef Roman. *Wald, Klima, und Wasser*. Munich: R. Oldenbourg, 1878.

Penck, Albrecht. *Friedrich Simony: Leben und Wirken eines Alpenforschers*. Vienna: Hölzel, 1898.

Schmidt, Wilhelm. *Der Massenaustausch in freier Luft und verwandte Erscheinungen*. Hamburg: Henri Grand, 1925.

Sieger, Robert. *Die geographischen Grundlagen der* österreichisch-*ungarischen Monarchie und ihrer Außenpolitik*. Leipzig: Teubner, 1915.

Stifter, Adalbert. *Bunte Steine*. 4th ed. Pest: Hackenast, 1870.

Stifter, Adalbert. *Der Nachsommer: Eine Erzählung*. 2 vols. Pest: Heckenast, 1865.

Stifter, Adalbert. *Wien und die Wiener in Bildern aus dem Leben*. Edited by Elisabeth Buxbaum. Vienna: LIT, 2005.

Suess, Eduard. *Erinnerungen*. Leipzig: Hirzel, 1916.

Supan, Alexander. *Grundzüge der physischen Erdkunde*. Leipzig: Veit, 1911.

Supan, Alexander. *Statistik der unteren Luftströmungen*. Leipzig: Duncker & Humblot, 1881.

二手引用資料

Anderson, Katharine. *Predicting the Weather: Victorians and the Science of Meteorology*. Chicago: University of Chicago Press, 2005.

Ash, Mitchell, and Jan Surman, eds., *The Nationalization of Scientific Knowledge in the Habsburg Empire, 1848–1918*. New York: Palgrave, 2012.

Bachl-Hofmann, Christina, ed. *Die Geologische Bundesanstalt in Wien: 150 Jahre Geologie im Dienste* Österreichs. Vienna: Böhlau, 1999.

Cooper, Alix. *Inventing the Indigenous: Local Knowledge and Natural History in Early Modern Europe*. Cambridge: Cambridge University Press, 2007.

Cordileone, Diana Reynolds. *Alois Riegl in Vienna, 1875–1905: An Institutional Biography*. Burlington, VT: Ashgate, 2014.

Darrigol, Olivier. *Worlds of Flow: A History of Hydrodynamics from the Bernoullis to Prandtl*. Oxford: Oxford University Press, 2005.

Dörflinger, Johannes. *Descriptio Austriae: Osterreich und seine Nachbarn im Kartenbild von der Spatantike bis ins 19. Jahrhundert*. Vienna: Edition Tusch, 1977.

Eckert, Max. *Die Kartenwissenschaft: Forschungen und Grundlagen zu einer Kartographie als Wissenschaft*. Berlin: De Gruyter, 1921.

Edwards, Paul N. *A Vast Machine: Computer Models, Climate Data, and the Politics of Global Warming*. Cambridge, MA: MIT Press, 2010.

Fichtner, Paula Sutter. *Emperor Maximilian II*. New Haven, CT: Yale University Press, 2001.

Fleming, James R. *Historical Perspectives on Climate Change*. Oxford: Oxford University Press, 1998.

Friedman, Robert Marc. *Appropriating the Weather: Vilhelm Bjerknes and the Construction of a Modern Meteorology*. Ithaca, NY: Cornell University Press, 1989.

Good, David F. *The Economic Rise of the Habsburg Empire, 1750–1914*. Berkeley: University of California Press, 1984.

Grove, Richard. *Green Imperialism: Colonial Expansion, Tropical Island Edens and the Origins of Environmentalism*. Cambridge: Cambridge University Press, 1995.

Hammerl, Christa, et al., eds. *Die Zentralanstalt für Meteorologie und Geodynamik, 1851–2001*. Graz: Leykam, 2001.

Hanik, Jan. *Dzieje meteorologii i obserwacji meteorologicznych w Galicji od XVIII do XX wieku*. Wrocław: Zakład Narodowy im. Ossolińskich, 1972.

Imbrie, John, and Katherine Palmer Imbrie. *Ice Ages: Solving the Mystery*. Cambridge, MA: Harvard University Press, 1979.

Janko, Jan, and Soňa Štrbáňová. *Věda Purkyňovy doby*. Prague: Academia, 1988.

Judson, Pieter. *The Habsburg Empire: A New History*. Cambridge, MA: Harvard University Press, 2016.

Kaufmann, Thomas DaCosta. *The Mastery of Nature: Aspects of Art, Science, and Humanism in the Renaissance*. Princeton, NJ: Princeton University Press, 1993.

Khrgian, A. Kh. *Meteorology: A Historical Survey*. Edited by Kh. P. Pogosyan. Jerusalem: Israel Program for Scientific Translations, 1970.

Klemm, Fritz. *Die Entwicklung der meteorologischen Beobachtungen in* Österreich *einschließlich Böhmen und Mähren bis zum Jahr 1700*. *Annalen der Meteorologie* 21. Offenbach am Main: Deutscher Wetterdienst, 1983.

Komlosy, Andrea. *Grenze und ungleiche regionale Entwicklung: Binnenmarkt und Migration in der Habsburgermonarchie*. Vienna: Promedia, 2003.

Kronfeld, E. M. *Anton Kerner von Marilaun*. Leipzig: Tauchnitz, 1908.

Krška, Karel, and Ferdinand Šamaj. *Dějiny meteorologie v* českých *zemích a na Slovensku*.

Prague: Karolinium, 2001.

Krueger, Rita. *Czech, German, and Noble: Status and National Identity in Habsburg Bohemia*. Oxford: Oxford University Press, 2009.

Kutzbach, Gisela. *The Thermal Theory of Cyclones: A History of Meteorological Thought in the Nineteenth Century*. Boston: American Meteorological Society, 1979.

Martin, Craig. *Renaissance Meteorology: Pomponazzi to Descartes*. Baltimore: Johns Hopkins Press, 2011.

Moon, David. *The Plough That Broke the Steppes: Agriculture and Environment on Russia's Grasslands, 1700–1914*. Oxford: Oxford University Press, 2013.

Phillips, Denise, and Sharon Kingsland, eds. *New Perspectives on the History of Life Sciences and Agriculture*. New York: Springer, 2015.

Przybylak, Rajmund, et al., eds. *The Polish Climate in the European Context: An Historical Overview*. Dordrecht: Springer, 2010.

Rácz, Lajos. *The Steppe to Europe: An Environmental History of Hungary in the Traditional Age*. Cambridge: White Horse Press, 2013.

Raffler, Marlies. *Museum— Spiegel der Nation? Zugänge zur Historischen Museologie am Beispiel der Genese von Landes-und Nationalmuseen in der Habsburgermonarchie*.

Vienna: Böhlau, 2008.

Rampley, Matthew. *The Vienna School of Art History: Empire and the Politics of Scholarship, 1847–1918*. University Park: Penn State Press, 2013.

Singh, Simron Jit, et al., eds. *Long Term Socio-Ecological Research: Studies in Society-Nature Interactions across Spatial and Temporal Scales*. Dordrecht: Springer, 2013.

Surman, Jan. *Biography of Habsburg Universities, 1848–1918*. West Lafayette, IN: Purdue

University Press, forthcoming.

Telesko, Werner. *Geschichtsraum* Österreich*: Die Habsburger und ihre Geschichte in der bildenden Kunst des 19. Jahrhunderts*. Vienna: Böhlau, 2006.

Telesko, Werner. *Kulturraum* Österreich*: Die Identität der Regionen in der bildenden Kunst des 19. Jahrhunderts*. Vienna: Böhlau, 2008.

Wawrik, Franz, and Elisabeth Zeilinger, eds. *Austria Picta:* Österreich *auf alten Karten und Ansichten*. Graz: Akademische Druck- und Verlagsanstalt, 1989.

Wolff, Larry. *Inventing Eastern Europe: The Map of Civilization on the Mind of the Enlightenment*. Stanford, CA: Stanford University Press, 1994.

圖片版權說明

圖一 庫普雷斯科—波列（波士尼亞和赫塞哥維納）的喀斯特景觀。齊格蒙特・阿伊杜基維奇（Zygmunt Ajdukiewicz）繪。出處：*Die österreichisch-ungarische Monarchie in Wort und Bild*, vol. 22, *Bosnien und Herzegowina* (Vienna: k.k. Hof-und Staatsdruckerei, 1901), 9.Austria-Forum.（公共領域）第四十四頁。

圖二 *Angyalháza puszta.* 作者未知。出處：*Die österreichisch-ungarische Monarchie in Wort und Bild*, vol. 9, *Ungarn*, vol. 2 (Vienna: k.k. Hof-und Staatsdruckerei,1891), 333. 第四十六頁。

圖三 報春花的插圖。克勞修斯（Clusius）繪，一六〇一年。出處：Carolus Clusius, *Rariorum Plantarum Historia.* Wikimedia. 第六十頁。

圖四 《維也納的奧地利四泉街景》（*Wien, Freyung mit Austriabrunnen*），魯道夫・馮・阿爾特（Rudolf von Alt）作，一八四七年。出處：Wikimedia. 第六十六頁。

圖五 約翰大公（Erzherzog Johann am Hochschwab）。約翰・胡伯（Johann Huber, after Johann Peter Krafft)繪，一八三九年。出處：I/Leinwand, Inv. Nr. I/2638; Photo: UMJ/J. Koinegg © UMJ/Neue Galerie Graz. 第八十二頁。

圖六 奧地利帝國全覽地圖，顯示最新的邊界和分區以及鄰近德意志的領土。K・J・吉費林（K. J. Kipferling）繪製。(Vienna: Kunst und Industrie Comptoirs, 1803). 第九十八頁。

圖七 卡爾・克雷爾（Karl Kreil）。石版畫，一八四九年，L・貝爾卡（L. Berka）作。© Bildarchiv der Österreichischen Nationalbibliothek. 第二二〇頁。

圖八 布拉格克萊門特學院（Clementinum）。出處：Vojtěch Kubašta and Zdeněk Kalista, *Klementinum* (Prague: Aventinum, 1945). 第二二九頁。

圖九 哈布斯堡王朝奧地利地區之氣象觀測站分布，一八七六年。出處：Christa Hammerl, W. Lenhardt, R. Steinacker, and P. Steinhauser, eds., *Die Zentralanstalt für Meteorologie und Geodynamik,1851–2001* (Graz: Leykam,001), 57. 版權：Zentralanstalt für Meteorologie und Geodynamik, Vienna. 第一八〇頁。

圖十 朱利葉斯・漢恩（Julius Hann）手繪松布利克觀測站，一八八六年八月十五日。出處：漢恩寫給柯本（Köppen）的信，Letter 615, WK. 第一九三頁。

圖十一 卡林西亞省的松布利克觀測站，約攝於一九一五年。出處：Siegmund Schneider andBenno Immendörffer, *Mein Österreich, Mein Heimatland*, vol. 1 (Vienna: Verlag für Väterländische Literatur, 1915), 361. Austria Forum.（公共領域）第一九五頁。

圖十二 波希米亞省唐納山／米列索夫卡觀測站，明信片，一九一〇年。出處：Brück &Sohn Kunstverlag, Meissen. 第一九八頁。

圖十三 波士尼亞與赫塞哥維納的別拉什尼察觀測站，約攝於一九〇四年。出處：K. Kaßner,"Vom Äolosturm zum Bjelasnica-Observatorium," *Das Wetter* 21 (1904): 25–37, on 36. 第二〇一頁。

圖十四 弗里德里希・西蒙尼（Friedrich Simony）肖像照，一八九〇年九月二十七日，F S。版權：Geographische Institut, University of Vienna. 第二〇六頁。

圖十五 帝國—王國領土的郵務驛車局部路線圖（*Post-Charte der Kaiserl. Königl. Erblanden*），喬治・伊格納茲・馮・梅茨堡（Georg Ignaz von Metzburg）作，一七八二年。出處：Franz Wawrik and Elisabeth Zeilinger, eds., *Austria Picta: Österreich auf alten Karten und Ansichten* (Graz: Akademische Druck-und Verlagsanstalt,(1989), fig. 47. 版權：

ADEVA, Graz. 第二一二頁。

圖十六 卡尼奧拉的經濟地圖（N atur und Kunst Producten Karte von Krain），海因里希・威廉・馮・布盧姆（Heinrich Wilhelm von Blum）製作，約一七九五年。出處：*Natur und Kunst Producten Atlas Der Oestreichischen, Deutschen Staaten* (Vienna: Johann Otto, 1796). 第二一三頁。

圖十七 奧塞市集（Markt Aussee），弗里德里希・西蒙尼繪製，未註明日期。版權：Graphische Sammlung, Geologische Bundesanstalt Wien. 第二一九頁。

圖十八 《以帝國—王國地質研究所之調查為基礎的奧地利—匈牙利地質地圖》，弗朗茨・馮・豪爾（Franz von Hauer）製作，一八六七年。第二二三頁。

圖十九 第一張全球等溫線圖，約一八二三年。出處："Isothermal Chart, or View of Climates &Production, Drawn from the Accounts of Humboldt & Others," by W. C.Woodbridge, ca. 1823, in *Woodbridge's School Atlas*. 版權：Princeton University Library Graphic Arts Collection. 第二二六頁。

圖二十 〈一月等溫線〉，朱利葉斯・漢恩。出處：《氣象地圖集》（*Atlas der Meteorologie,* Gotha: Justus Perthes, 1887). 第二三五頁。

圖二十一 《運動I》（*Die Bewegung I*），阿達爾貝特・施蒂弗特（Adalbert Stifter）繪，約一八五八至一八六二年之間完成。出處：Zeno .org. 第二六八頁。

圖二十二 《春之勃發：西利西亞》（*Die Frühlings-Vegetation in Schlesien*），作者埃米爾・雅各布・辛德勒（Jakob Emil Schindler）。出處：*Die österreichisch-ungarische Monarchie in Wort und Bild*, vol. 1, *Naturgeschichtlicher Theil* (Vienna: k.k. Hof-und Staatsdruckerei, 1887), 137. 第二七一頁。

圖二十三 《春之勃發：拉克羅瑪島》（*Die Frühlings-Vegetation auf der Insel Lacroma bei Ragusa*），作者埃米爾・雅各布・辛德勒（Jakob Emil Schindler）。出處：*Die österreichisch-ungarische Monarchie in Wort und Bild*, vol. 1, *Naturgeschichtlicher Theil* (Vienna: k.k. Hof-und Staatsdruckerei,1887), 143. 第二七二頁。

圖二十四　德國西北部的風玫瑰圖，一八六一年。出處：In M. A. F. Prestel, *Die thermische Windrose für Nordwest-Deutschland* (Jena: F. Frommann, 1861). 第二八一頁。

圖二十五　明信片上呈現格拉茨市區公園裡的「天氣小屋」，一八九八年。出處：www.delcampe .net. 第二八六頁。

圖二十六　布拉風來襲時的達爾馬提亞海岸（*Eine dalmatinische Landschaft während der Bor*），埃米爾・雅各布・辛德勒（Jakob Emil Schindler）繪。出處：*Die österreichisch-ungarische Monarchie in Wort und Bild*, vol. 1, *Naturgeschichtlicher Theil* (Vienna: k.k. Hof-und taatsdruckerei, 1887), 169. 第二九八頁。

圖二十七　馬克斯・馬格斯（Max Margules,1856–1920）© ZAMG. 第三一五頁。

圖二十八　計算可用位能：氣室的初始狀態與分隔牆消除後之最終狀態。出處：Margules, "Über die Energie der Strürme," *Jb.ZAMG* (1903): app., 2. 第三二一頁。

圖二十九　大氣環流示意圖，威廉・費雷爾繪。出處："The Motion of Fluids and Solids Relative to the Earth's Surface," *Mathematical Monthly* 1 (1859): 140–48, 210–16, 300–307, 366–73, 397–406, on 367. 第三三一頁。

圖三十　進行有關風暴的實驗，「頭部」的傳播情況。出處：Wilhelm Schmidt,"Gewitter und Böen, rasche Druckanstiege," *Wiener Berichte* IIa 119 (1910):1101–213, plate 2, fig. 3. 第三四四頁。

圖三十一　大氣環流的旋轉桶模型，從上方取景拍攝。出處：Felix Exner, "Über die Bildung von Windhosen und Zyklonen," *Wiener Berichte* IIa 132 (1923): 1–16. 第三四九頁。

圖三十二　伊曼紐爾・普基尼（Emanuel Purkyně）肖像。版權：Literární archiv PNP, Prague. 第三九九頁。

圖三十三　安東・克納・馮・馬里勞恩（Anton Kerner von Marilaun）肖像，朱利葉斯・維克多・伯格（Julius Viktor Berger, 1850–1902）繪。出處：Archiv der Universität Wien/Sig. 105.P 142. 版權：Archive of the University of Vienna. 第四三三頁。

圖三十四　瓦豪河谷（Wachau Valley），水彩畫。安東・克納（Anton Kerner）繪，約一八五二年。出處：131.33.6.1, AK. 版權：Archive of the University of Vienna. 第四三四頁。

圖三十五　匈牙利布爾根蘭（Burgenland）地區的沼澤。安東・克納（Anton Kerner）繪，約於一八五五至一八六〇年間。出處：131.33.6.1, AK. 版權：Archive of the University of Vienna. 第四四三頁。

圖三十六　長穗醉馬草（*Stipa pennata*），水彩，安東・克納（Anton Kerner）繪，約一八六〇年。出處：Folder 131.33.6.1, AK. 版權：Archive of the University of Vienna. 第四四七頁。

圖三十七　匈牙利大平原（*Alföld*）上的複雜蜃景（*Délibáb*〔*fata morgana*〕），保羅・瓦哥（Paul Vago）繪。出處：*Die österreichischungarische Monarchie in Wort und Bild*, vol. 9, *Ungarn*, vol. 2 (Vienna: k.k.Hof-und Staatsdruckerei, 1891), 13. 第四四八頁。

圖三十八　《奧匈帝國植物地圖》（*Floral Map of Austria-Hungary*,1888）細部圖，作者安東・克納・馮・馬里勞恩（Anton Kerner von Marilaun），顯示瓦蕭河谷。出處：*Physikalisch-statistischer Handatlas von Österreich-Ungarn* (Vienna: E. Hölzel, 1882–87). 第四六九頁。

圖三十九　克納有關大氣動力學之未發表的筆記，圖中顯示山谷氣流的方向。未命名資料檔，無註明日期。出處：131.33.5.18, AK. 版權：Archive of the University of Vienna. 第四七六頁。

圖四十　朱利葉斯・漢恩照片。© ZAMG. 第四八七頁。

圖四十一　《從克雷姆斯明斯特附近眺望法爾肯卯爾》（*View of the Falkenmauer from near Kremsmünster*），阿達爾貝特・施蒂弗特（Adalbert Stifter）繪，約一八二五年。出處：Zeno .org. 第四九五頁。

圖四十二　海因里希・馮・菲克爾（Heinrich von Ficker），約一九二〇年。出處：M023, LF. 版權：Brenner-Archiv, Innsbruck. 第五〇九頁。

圖四十三　漢斯利克發表在《吾之奧地利，吾之祖國》有關喀爾巴阡山脈之文章中的隨附照片。出處：*Mein Österreich, Mein Heimatland*, vol. 1 (Vienna: Verlag für Väterländische Literatur, 1915), 76. 第五三三頁。

圖四十四　朱莉・莫舍萊斯（Moscheles/Moschelesová）肖像，茲登卡・蘭多瓦（Zdenka Landová）繪。版權：Archiv Knihovny geografie PřF UK. 第五三七頁。

彩圖一　克雷姆斯明斯特（Kremsmünster）及其周邊地區（以天文塔為中心），阿達爾貝特·施蒂弗特繪，約於一八二三至一八二五年。出處：Linz, Adalbert-Stifter-Institut.Zeno .org.

彩圖二　韋內迪格山脈（Venedigergruppe），弗里德里希·西蒙尼繪。出處：*Physiognomischer Atlas der österreichischen Alpen* (Gotha: Justus Perthes 1862). 版權：Fachbereichsbibliothek für Geographie und Regionalforschung, University of Vienna.

彩圖三　〈七月份的熱分布〉，作者約瑟夫·夏萬尼。出處：*Physikalisch-statistischer Handatlas von sterreich-Ungarn* (Vienna: E. Hölzel, 1882–87).

彩圖四　匈牙利牧原的植被，安東·克納繪，約於一八五五至一八六〇年間。出處：131.33.6.1, AK. 版權：Archive of the University of Vienna.

彩圖五　《奧匈帝國花卉地圖》，安東·克納·馮·馬里勞恩繪，一八八八年。出處：*Physikalisch-statistischer Handatlas von Österreich-Ungarn* (Vienna: E. Hölzel,1882–87).

名詞對照表

中文	原文
二劃	
二元君主制	Dual Monarchy
人類世	anthropocene
《人類的無意識》	*The Unconscious in Man*
三劃	
《下奧地利省的地形》	*Topographie von Niederösterreich*
久洛・安德拉希	Gyula Andrássy
凡妮莎・奧格	Vanessa Ogle
大氣的不連續性	atmospheric discontinuities
大氣環流	general circulation
大衛・李嘉圖	David Ricardo
大衛・穆恩	David Moon
山多爾・裴多菲	Sándor Petőfi
山岳形態學	orography
中央氣象與地磁研究所	Zentral anstalt fur Meteorologie und Geomagnetismus
四劃	
介質	medium
內萊塔尼亞	Cisleithania
分形模式	fractal pattern
切拉科夫斯基	Čelakovský
厄溫・比爾（E・比爾）	E. Biel (Erwin Biel)
厄徹峰	Ötscher
厄爾士山脈	Erzgebirge
反氣旋	anticyclone
天氣圖	synoptic maps
天體氣象學	astrometeorology
《太子全集》	*Kronprinzenwerk*
太陽氣候	solar climate
尤金・馮・菲利普波維奇	Eugen von Philippovich
尺度分析	scale analysis
巴納特	Banat
巴爾幹研究所	Institute for Balkan Studies

中文	原文
戈特利布・馮・佐特爾	Gottlieb von Zötl
方法論爭	Methodenstreit
月見草	evening primrose
比哈爾	Bihar
比壓力	specific pressure
水文局	Hydrographic Bureau
水平截面法	horizontal cross-section
水調節	water regulation
五劃	
加布里埃爾・斯特拉瑟	Gabriel Strasser
加利西亞	Galicia
北大西洋震盪	North Atlantic Oscillation
占星曆	astrological calendars
卡尼奧拉	Carniola
卡林西亞	Carinthia
卡洛盧斯・克盧修斯	Carolus Clusius
卡斯珀・施萬克費爾德	Caspar Schwenckfeld
卡斯珀・馮・斯特恩伯格	Kaspar von Sternberg
卡爾・古斯塔夫・洛斯比	Carl-Gustaf Rossby
卡爾・弗里奇	Karl Fritsch
卡爾・弗里德里希・高斯	Karl Friedrich Gauss
卡爾・皮克	Karl Peucker
卡爾・多諾	Carl Dorno
卡爾・克勞斯	Karl Kraus
卡爾・克雷爾	Karl Kreil
卡爾・里特	Carl Ritter
卡爾・門格爾	Carl Menger
卡爾・科里斯卡	Karl Kořistka
卡爾・耶利內克	Carl Jelinek
卡爾・韋普雷希特	Karl Weyprecht
卡爾・倫納	Karl Renner
卡爾・馮・切爾尼格	Karl von Czoernig
卡爾・馮・松克拉	Carl von Sonklar
卡爾・馮・松克拉	Carl von Sonklar
卡爾・馮・羅基坦斯基	Karl von Rokitansky
卡爾・路德維希・馮・布魯克	Carl Ludwig von Bruck
卡爾・達拉戈	Carl Dallago
卡爾斯巴德	Karlsbad
古斯塔夫・卡魯斯	Gustav Carus
古斯塔夫・施莫勒	Gustav Schmoller
可用位能	available potential energy

中文	原文
可變電阻	variable resistance
史泰利亞	Styria
《史泰利亞氣候志》	*Climatography of Styria*
外西凡尼亞	Transylvania
尼爾斯·格特勒	Nils Güttler
布拉風	Bora winds
布科維納	Bukovina
布倫納山口	Brenner Pass
布雷根茲	Bregenz
布雷斯勞	Breslau
布爾巴曲	Peurbach
布爾根蘭	Burgenland
布爾諾	Brno
布魯斯·莫蘭	Bruce Moran
布魯諾·拉圖爾	Bruno Latour
弗里茨·克納·馮·馬里勞恩	Fritz Kerner von Marilaun
弗里德里希·西蒙尼	Friedrich Simony
弗里德里希·李斯特	Friedrich List
弗里德里希·拉茨爾	Friedrich Ratzel
弗里德里希·施泰因豪瑟	Friedrich Steinhauser
弗里德里希·烏姆勞夫特	Friedrich Umlauft
弗里德里希·黑貝爾	Friedrich Hebbel
弗里德里希·維京	Friedrich Vettin
弗拉迪米爾·柯本	Wladimir Köppen
弗朗茨·昂格	Franz Unger
弗朗茨·林克	Franz Linke
弗朗茨·約瑟夫	Franz Josef
弗朗茨·埃克特	Franz Eckert
弗朗茨·海德里希	Franz Heiderich
弗朗茨·勒·蒙尼爾	Franz le Monnier
弗朗茨·馮·豪斯拉布	Franz von Hauslab
弗朗茨·馮·豪爾	Franz von Hauer
弗朗茨·塞拉芬·埃斯特納	Franz Serafin Exner
弗朗茨·諾伊曼·斯帕拉爾特	Franz Neumann-Spallart
弗朗茨·薩托里	Franz Sartori
弗朗提賽克·帕拉奇	František Palacký
弗朗提賽克·約瑟夫·斯圖尼奇卡	František Josef Studnička
弗朗提賽克·奧古斯丁	František Augustin
弗雷德里希·瑙曼	Fredrich Naumann
弗爾茨	Fultz
本體書寫	ontography

中文	原文
正回饋	Positive feedbacks
民族思想流派	national schools of thought
瓦西里・道庫恰耶夫	Vasilii Dokuchaev
《生活》	*Živa*
白貝羅定律	Buys Ballot's law
六劃	
伊曼紐爾・普基尼	Emanuel Purkyně
伊曼紐爾・蓋貝爾	Emanuel Geibel
伊曼紐爾・赫爾曼	Emanuel Herrmann
伊斯特里亞	Istria
全球大氣環流	global circulation of the atmosphere
全球氣候	global climate
全球海平面變化	eustatic
冰川漂礫	erratic
冰蓋	Ice sheet
冰磧	moraine
冰磧土	till
列支敦士登宮	Lichtenstein (Palais)
匈牙利中央氣象研究所	Hungarian Central Institute for Meteorology
《印度氣候與天氣實用指南》	*Practical Guide to the Climates and Weather of India*
吉塞拉・庫茨巴赫	Gisela Kutzbach
因斯布魯克	Innsbruck
地方氣候	local climate
地形測量	topographic survey
地域研究	Länderkunde
《地球平均壓力與盛行風》	*Mean Pressure and Prevailing Winds of the Globe*
地球構造學的	geognostic
地理變異	geographic variation
地磁場	geomagnetic field
地轉流	geostrophic flow
多尺度的	multiscalar
多成因的	multicausal
多米尼克・科倫巴斯	Dominik Columbus
多庫恰耶夫	Dokuchaev
夸美紐斯	Comenius
宇宙圖	cosmograms
安東・克納・馮・馬里勞恩	Anton Kerner von Marilaun
安娜・漢奇曼	Anna Henchman
安端・貝克勒爾	Antoine Becquerel
安德里亞・科姆洛西	Andrea Komlosy
安德烈亞斯・馮・保加拿	Andreas von Baumgartner

中文	原文
安賽姆・博提宇斯・德・布特	Anselm Boethius de Boodt
托馬斯・馬薩里克	Tomáš Masaryk
托馬斯・赫爾穆特	Thomas Hellmuth
托爾・伯格朗	Tor Bergeron
朱利葉斯・漢恩	Julius Hann
朱利葉斯・薩克斯	Julius Sachs
朱莉・莫舍萊斯	Julie Moscheles
朱爾斯・查尼	Jules Charney
米列索夫卡	Milešovka
米特西爾	Mittersill
米勒肖爾	Milleschauer
米盧廷・米蘭科維奇	Milutin Milanković
自由大氣	free atmosphere-
自由空氣	free air
《自然地理原理》	*Principles of Physical Geography*
自然科學之友協會	Society of Friends of the Natural Sciences
自然區域	natural regions
艾倫・約翰・珀西瓦爾・泰勒（A. J. P. 泰勒）	A. J. P. Taylor
艾莉森・弗蘭克・約翰遜	Alison Frank Johnson
艾森納赫	Eisenach
艾德華德・馬澤爾（E. 馬澤爾）	E.Mazelle(Eduard Mazelle)
艾薩克・霍爾德	Isaac Held
西利西亞	Silesia
西洛可風	sirocco
西格蒙德・佛洛伊德	Sigmund Freud
西蒙・塔迪亞斯・布迭克	Šimon Tadeáš Budek
亨利・A・哈森	Henry A. Hazen
亨利・法蘭西斯・布蘭福德	Henry Francis Blanford
亨利・赫爾姆・克萊頓	Henry Helm Clayton
七劃	
伯納德・博爾扎諾	Bernard Bolzano
低壓槽	low-pressure troughs
克里斯蒂安・沃爾夫	Christian Wolff
克里斯蒂娜・奧特納	Christine Ottner
克拉科夫	Kraków
克萊因	Klein
克萊門特學院	Clementinum
克雷姆斯	Krems
克雷姆斯明斯特修道院	Kremsmünster Abbey
克雷爾	Kreil

中文	原文
克魯什內山脈	Krušné hory
冷凝室	condensation chamber
利本尼亞	Liburnia
利托梅日采	Litoměřice
利奧・文澤爾・波拉克	Leo Wenzel Pollak
利奧波德・馮・布赫	Leopold von Buch
利奧波德・馮・薩克—馬索克	Leopold von Sacher-Masoch
別拉什尼察	Bjelašnica
吸收率	absorptivity
局部植被線	örtliche Vegetationslinie (local vegetation line)
希格	Sieger
沃納・特萊斯科	Werner Telesko
沃爾特・希夫	Walter Schiff
〈禿鷹〉	*The Condor*
罕見標本	naturalia
角動量	angular momentum
車尼夫契	Chernivtsi
里格爾	Riegl
里奧・馮・霍恩斯坦	Leo von Hohenstein
八劃	
亞瑟・瓦格納	Arthur Wagner
亞瑟・坦斯利	Arthur Tansley
亞歷山大・布坎	Alexander Buchan
亞歷山大・沃耶伊科夫	Alexander Voeikov
亞歷山大・莫羅・德・約翰內斯	Alexandre Moreau de Jonnès
亞歷山大・馮・洪堡德	Alexander von Humboldt
亞歷山大・蘇潘	Alexander Supan
《兩姐妹》	*Two Sisters*
坦尼斯瓦夫・米羅斯羅夫斯基	Stanisław Mieroszowski
奇特點	singularities
季內振盪	intraseasonal oscillations
官房主義	cameralism
帕拉塞爾蘇斯	Paracelsus
彼得・加里森	Peter Galison
彼得・賈德森	Pieter Judson
彼得斯	Peters
拉里・沃爾夫	Larry Wolff
拉采爾	Ratzel
拉迪斯拉夫・切拉科夫斯基	Ladislav Čelakovský
松文德施泰因	Sonnwendstein
松布利克	Sonnblick

中文	原文
《林業季刊》	*Vierteljahresschrift für Forstwesen*
法比安・洛薛	Fabien Locher
法布里修斯	Fabricius
法弗利登街	Favoritenstraße
法特・狄耶摩・施瓦茲（P. T. 施瓦茲）	P. T. Schwarz (Frater Thiemo Schwarz)
法蘭西斯・培根	Francis Bacon
法蘭茲一世	Francis I
《波希米亞氣候志》	*Climatology of Bohemia*
波胡斯拉夫・赫魯迪契卡	Bohuslav Hrudička
物種恆定論	fixity of species
的里雅斯特港／的港	Trieste
社會政策學會	Verein fur Sozialpolitik
肯尼斯・黑爾	Kenneth Hare
虎耳草	Saxifrage
邱區	Kew
金光菊	Rudbeckia laciniata
長穗醉馬草	Stipa pennata
阜姆	Fiume
阿方斯・德・康多爾	Alphonse de Candolle
阿米塔夫・戈什	Amitav Ghosh
阿洛伊斯・里格	Alois Riegl
阿洛伊斯・格雷戈爾	Alois Gregor
阿洛伊斯・菲斯勒（A. 菲斯勒）	A. Fessler
阿道夫・凱特勒	Adolphe Quetelet
阿達爾貝特・施蒂弗特	Adalbert Stifter
阿爾布雷希特・彭克	Albrecht Penck
阿爾弗雷德・格倫德	Alfred Grund
阿爾弗雷德・赫特納	Alfred Hettner
阿爾弗雷德・羅素・華萊士	Alfred Russell Wallace
阿爾伯特・德芬	Albert Defant
阿爾卑斯山地區的氣候與環境	CLEAR (Climate and Environment in the Alpine Region)
阿爾卑斯玫瑰	Rhododendron ferrugineum
阿爾欽博托	Arcimboldo
雨果・哈辛格	Hugo Hassinger
雨果・馮・霍夫曼史塔	Hugo von Hofmannsthal
非地轉成分	ageostrophic component
九劃	
《俄羅斯帝國的氣溫條件》	*Temperature Conditions in the Russian Empire*
保羅・愛德華茲	Paul Edwards
保羅・德・拉加德	Paul de Lagarde

中文	原文
冠蓋逆溫	capping inversion
哈布斯堡	Habsburg
哈里特・瑞特沃	Harriet Ritvo
哈德里環流圈	Hadley model of the general circulation
哈羅德・傑佛里斯	Harold Jeffreys
威利・里克默・里克默斯	Willi Rickmer Rickmers
威廉・皮耶克尼斯	Vilhelm Bjerknes
威廉・貝佐爾德	Wilhelm Bezold
威廉・施密特	Wilhelm Schmidt
威廉・海丁格	Wilhelm Haidinger
威廉・特拉伯特	Wilhelm Trabert
威廉・莫里斯・戴維斯	William Morris Davis
威廉・普勞斯尼茨	Wilhelm Prausnitz
威廉・費雷爾	William Ferrel
威廉・雅各・范・貝伯（W. J. 范・貝伯）	W. J. van Bebber (Wilhelm Jacob van Bebber)
威廉・馮・哈特爾	Wilhelm von Hartel
威廉・奧格爾	William Ogle
帝國—王國	kaiserlich-königlich
帝國—王國軍事地理學院	Imperial-Royal Military-Geographic Institute
《政治經濟學基礎》	*Foundations of Political Economy*
施塔爾亨貝格城堡	Schloss Starhemberg
柯尼斯堡	Königsberg
段義孚	Yi-Fu Tuan
洛林・布洛傑	Lorin Blodget
洛斯比波	Rossby waves
《皇帝的半身像》	*The Bust of the Emperor*
相位延遲	phase delay
科里奧利力	Coriolis force
突厥斯坦	Turkestan
約瑟夫・瓦倫丁	Josef Valentin
約瑟夫・杜迪克	Josef Durdík
約瑟夫・奇梅爾	Joseph Chmel
約瑟夫・胡克	Joseph Hooker
約瑟夫・胡克	Joseph Hooker
約瑟夫・韋塞利	Josef Wessely
約瑟夫・夏萬尼	Josef Chavanne
約瑟夫・斯托澤	Josef Stoiser
約瑟夫・斯特凡	Josef Stefan
約瑟夫・瑪利亞・佩恩特	Josef Maria Pernter
約瑟夫・羅曼・洛倫茲・馮・利本瑙	Josef Roman Lorenz von Liburnau
約瑟夫・羅斯	Joseph Roth

中文	原文
約瑟夫調查計畫	Josephine Survey
約翰・丁達爾	John Tyndall
約翰・弗朗茲・恩克	Johann Franz Encke
約翰・艾希霍茲	Johann Aichholz
約翰・哈布斯堡	John Habsburg
約翰・海因里希・馮・圖嫩	Johann Heinrich von Thünen
約翰・特雷施	John Tresch
約翰・福斯特	Johann Forster
約翰尼斯・克卜勒	Johannes Kepler
約翰尼斯・法布里休斯	Johannes Fabricius
約翰博物館	Joanneum
《美國氣候學》	*Climatology of the United States*
美國氣象局	US Weather Service
耶利內克	Jelinek
耶羅尼繆斯・洛姆	Hieronymus Lorm
英國氣象局	Met Office
重力位	gravitational potential
降尺度	downscaling
韋爾斯	Wels
風分量	wind component
風切	wind shear
風格主義風格的	mannerist
風場	Wind Field
十劃	
班納迪克・安德森	Benedict Anderson
修改因子	modifying factors
倫貝格	Lemberg
倫韋格	Renweg
哥廷根	Göttingen
唐納山	Donnersberg
埃伊薩克河谷	Eisack Valley
埃米爾・薩克斯	Emil Sax
埃伯邁耶	Ebermayer
埃克納	Exner
埃根堡	Eggenburg
埃爾文・納斯維特	Erwin Naswetter
埃爾文・漢斯利克	Erwin Hanslik
埃爾斯沃思・亨廷頓	Ellsworth Huntington
埃德蒙德・胡塞爾	Edmund Husserl
《夏暮初秋》	*Der Nachsommer*
娜歐米・歐瑞斯科	Naomi Oreskes

中文	原文
庫多瓦	Kudowa
恩斯特·布雷齊納	Ernst Brezina
恩斯特·布魯克	Ernst Brücke
恩斯特·莫里茨·克朗菲爾德	Ernst Moritz Kronfeld
恩斯特·馮·施瓦澤	Ernst von Schwarzer
恩斯特·馮·科伯	Ernst von Koerber
格拉茨	Graz
格施尼茨	Gschnitz
格奧爾格·阿格里科拉	Georg Agricola
格奧爾格·特拉克爾	Georg Trakl
格雷戈爾·克勞斯	Gregor Kraus
格雷戈爾·孟德爾	Gregor Mendel
格蒙登	Gmunden
桑德·格里博夫	Sander Gliboff
氣流型態	wind pattern
氣候計	Klimamesser
《氣候學手冊》	*Handbook of Climatology*
《氣候學教科書／特別著眼於農業與林業》	*Textbook of Climatology, With Particular Attention to Agriculture and Forestry*
氣候療法	climatotherapy
氣旋生成	cyclogenesis
《氣象地圖集》	*Atlas of Meteorology*
氣象要素	meteorological elements
氣象學	Meteorology
《氣象學教科書》	*Lehrbuch der Meteorologie*
《氣象學雜誌》	*Meteorologische Zeitschrift*
氣溫垂直遞減率	lapse rate
《氣壓分布》	*Distribution of Air Pressure*
氣體動力論	kinetic gas theory
浴療學委員會	Balnealogical Commission
海因里希·多夫	Heinrich Dove
海因里希·馮·菲克爾	Heinrich von Ficker
海因里希·懷爾德	Heinrich Wild
海因茨·菲克爾	Heinz Ficker
海倫·提裡	Helen Tilley
特拉伯	Trabert
《特普利策—舍瑙導報》	*Teplitz-Schönauer Anzeiger*
《祖國畫報》	*Vaterländische Blätter*
納皮爾·蕭	Napier Shaw
納達斯迪伯爵	Count Nádasdy
紐邁爾	Neumayr

中文	原文
索馬魯加	Sommaruga
索爾費里諾	Solferino
索緒爾	Saussure
荒原	oede (öde)
逆溫	inversions
馬丁・邁利烏斯	Martin Mylius
馬克西米利安一世	Maximilian I
馬克西米利安二世	Maximilian II
馬克斯・伯格霍爾茲	Max Bergholz
馬克斯・馬格斯	Max Margules
馬克斯・德沃拉克	Max Dvorak
馬里安・科勒	Marian Koller
馬達莉娜・瓦萊里亞・韋雷斯	Madalina Valeria Veres
高地陶恩山脈	Hohe Tauern
莫伊斯瓦爾	Moisvar
莫里茨・瓦格納	Moritz Wagner
莫斯汀伯爵	Count Morstin
連續膜	continuous membrane
陸地氣候	terrestrial climate
十一劃	
動力氣候學	dynamic climatology
《動力氣象學》	*Dynamic Meteorology*
動力機制	forcing mechanisms
動量守恆	conservation of momentum
動量通量	momentum flux
區域科學	vlastivěda
唯心主義	idealism
基本方程式	fundamental equation
《彩石》	*Bunte Steine*
斜壓不穩度	baroclinic instability
斜壓區	baroclinic zones
旋風	whirl
旋捲圈	convolutions
混合長度	mixing length
理查・尼古拉斯・庫登霍夫—卡勒吉	Richard Nikolaus Coudenhove-Kalergi
理查・伯頓爵士	Sir Richard Burton
理查・韋特斯坦	Richard Wettstein
理查・格羅夫	Richard Grove
理查・懷特	Richard White
第谷・布拉赫	Tycho Brahe
第拿里阿爾卑斯山脈	Dinaric Alps

中文	原文
傑弗瑞・英格姆・泰勒（G.I. 泰勒）	G.I.Taylor (Geoffrey Ingram Taylor)
十二劃	
傑西・奧克・泰勒	Jesse Oak Taylor
凱瑟琳・安德森	Katharine Anderson
凱瑟琳・埃夫圖霍夫	Catherine Evtuhov
勞里斯	Rauris
勞埃德	Lloyd
博尼法齊烏斯・施瓦岑布倫納	Bonifazius Schwarzenbrunner
〈喬木林〉	*Der Hochwald*
喬治・巴薩拉	George Basalla
喬治・比德爾・艾里	George Biddell Airy
喬治・哈德利	George Hadley
喬治・恩格曼	George Engelmann
喬治・霍夫納格爾	Georg Hoefnagel
喬納森・斯威夫特	Jonathan Swift
喬萬・奇維奇	Jovan Cvijić
《單身漢》	*Der Hagestolz*
報春花	Auricula
提洛	Tyrol
揚・帕托什卡	Jan Patočka
揚・阿摩司・寇免斯基	Jan Amos Komensky
揚・埃文格里斯塔・普基尼	Jan Evangelista Purkyně
揚・蘇爾曼	Jan Surman
斐迪南・喬治・沃爾德米勒	Ferdinand Georg Waldmüller
斐迪南・史坦姆	Ferdinand Stamm
斐迪南一世	Ferdinand I
普拉特	Prater
普遍流動	general flow
普魯士皇家氣象研究所	Royal Prussian Meteorological Institute
植物群落	plant association
植物種類地理學	floristics
欽諾克風	chinook
渦流	eddy
渦流黏度	eddy viscosity
渦量	vorticity
測定值	measured values
湯馬斯・曼	Thomas Mann
發射係數	coefficient of emission
等值線	isoline
絕對重量	absolute weight
腓特烈三世	Frederick III

中文	原文
菲克爾	Ficker
菲利普・巴利夫	Philipp Ballif
萊昂哈德・杜尼瑟	Leonhard Thurneysser
萊納・瑪利亞・里爾克	Rainer Maria Rilke
萊爾	Lyell
費利克斯・埃克斯納	Felix Exner
費希特	Fichte
超民族帝國	supranational empire
進動	precession
量化測量	quantitative measures
順應理論	theories of acclimatization
馮・塔菲	von Taaffe
十三劃	
傾向方程	tendency equation
塔西佗	Tacitus
塔特拉山脈	Tatras
塔道斯・漢克	Thaddaus Haenke
塔爾努夫	Tarnow
奧古斯丁・雷蘇赫伯	Augustin Reslhuber
奧古斯特・尼賴希	August Neireich
奧古斯特・格里瑟巴赫	August Grisebach
奧匈折衷方案	Austro-Hungarian Compromise
《奧匈圖文全集》	*Austria Hungary in Word and Picture*
奧吉爾・吉斯林・德・布斯貝克	Ogier Ghiselin de Busbecq
奧地利民族志學會	Austrian Society for Ethnography
《奧地利民族志雜誌》	*Journal for Austrian Ethnography*
《奧地利帝國土地與人民的非凡之處》	*Marvels of the Lands and Peoples of the Austrian Empire*
奧地利帝國的自然奇觀	Natural Wonders of the Austrian Empire
《奧地利氣候志》	*Klimatographie von Österreich*
奧地利氣象學會	Austrian Meteorological Society
《奧地利氣象學會雜誌》	*Zeitschrift der österreichischen Gesellschaft für Meteorologie*
《奧地利國之理念》	*The Idea of the Austrian State*
《奧地利評論》	*Austrian Review*
《奧地利濱海領土》	*The Austrian Coastal Land*
奧地利藥劑師協會	Austrian Society of Apothecaries
奧托・沃爾格	Otto Volger
奧托・紐拉特	Otto Neurath
奧托・鮑爾	Otto Bauer
奧利佛・雷諾・伍爾夫（O. R. 伍爾夫）	O. R. Wulf (Oliver Reynolds Wulf)

中文	原文
奧利維爾・達里戈爾	Olivier Darrigol
奧斯卡・賈西	Oszkár Jászi
奧斯鮑恩・雷諾	Osborne Reynolds
意義建構	meaning-making
愛國計畫	Vaterlandskunde
愛國經濟學會	Patriotic Economic Society
愛德華・布魯克納	Eduard Brückner
愛德華・芬茲	Eduard Fenzl
愛德華・阿爾弗雷德・馬特爾	Edouard-Alfred Martel
愛德華・洛倫茲	Edward Lorenz
愛德華・修斯	Eduard Suess
愛德華・馮・塔菲伯爵	Eduard von Taaffe Count
愛德華・福布斯	Edward Forbes
愛德華・霍澤爾	Eduard Hölzel
新專制主義	neoabsolutism
《新聞報》	*Die Presse*
極性	polarity
極面	polar front
準地轉	quasi-geostrophic
溫度梯度	temperature gradient
溫澤爾・卡茲羅夫斯基	Wenzel Katzerowsky
葉蒸作用	transpiration
蒂澤	Tietze
蒂薩河	Theiss
蛻變	transmutation
試驗粒子	test particle
詹姆斯・克羅爾	James Croll
詹姆斯・格萊舍	James Glaisher
詹姆斯・湯姆森	James Thompson
跨民族相互依存	transnational interdependence
路易斯・弗萊・理查遜	Lewis Fry Richardson
路德維希・博爾茲曼	Ludwig Boltzmann
路德維希・普朗特	Ludwig Prandtl
路德維希・菲克爾	Ludwig Ficker
路德維希・馮・米塞斯	Ludwig von Mises
路德維希・雷森伯格	Ludwig Reissenberger
路德維希・蘭德格雷貝	Ludwig Landgrebe
《農報》	*Landwirtschaftliche Zeitung*
過渡區	transition zones
達爾馬提亞	Dalmatia
達赫施泰因峰	Dachstein

中文	原文
雷吉奧蒙塔努斯	Regiomontanus
雷納大公	Archduke Rainer
雷諾數	Reynolds number
十四劃	
實例化	instantiation
實際氣候	physical climate
對流	convection
構成本能	Bildungstrieb
漢斯―根特・科爾伯	Hans-Günther Körber
瑪格麗特・沙巴斯	Margaret Schabas
瑪麗安・克萊蒙	Marianne Klemun
瑪麗亞・埃布納・馮・羅芬斯坦	Maria Ebner von Rofenstein
瑪麗亞・特雷莎	Maria Theresa
瑪麗亞布呂恩	Mariabrünn
福拉爾貝格	Vorarlberg
精神普世主義	spiritual universalism
《維也納日報》	*WienerZeitung*
《維也納農業報》	*Wiener Landwirtschaftliche Zeitung*
維克多・弗朗茲・弗賴爾黑爾・馮・安德里安・維爾伯格	Victor Franz Freiherr von Andrian Werburg
維克多・阿德勒	Victor Adler
維克多・康拉德	Victor Conrad
維克托・康拉德	Victor Conrad
蒸散作用	transpiration
蒺藜	tribulus
赫爾曼施塔特	Hermannstadt
赫曼・英格姆（H. 辛德勒）	H. Schindler(Hermann Schindler)
赫爾曼・馮・亥姆霍茲	Hermann von Helmholtz
赫爾曼・霍夫曼	Hermann Hoffmann
赫爾德	Herder
遙聯繫	teleconnection
颮線	squall lines
十五劃	
德拉瓦河	Drava
德堪多	De Candolle
德意志文化	Deutschtum
摩擦效應	frictional effect
歐仁―伊曼紐爾・維奧萊―勒―杜克	Eugene-Emmanuel Viollet-le-Duc
歐柏賓高	Oberpinzgau
《歐洲地域研究》	*Länderkunde von Europa*
潛熱	latent heat

中文	原文
熱平衡	thermal equilibrium
熱安定性	thermal stability
《熱氣球的焚風研究》	*Investigations of Föhn by Balloon*
熱舒適性	thermal comfort
熱輸送	transport of heat
熵	entropy
緯向風	zonal wind
《論焚風之起源》	*On the Origin of Föhn*
鋒面分析	frontal analysis
魯道夫・布倫嘉伯	Rudolf Brunngraber
魯道夫・法爾布	Rudolf Falb
魯道夫・斯皮塔勒	Rudolf Spitaler
魯道夫・馮・埃特爾伯格	Rudolf von Eitelberger
魯道夫・蓋格	Rudolf Geiger
魯道夫二世	Rudolf II
黎薩賀	Risach
十六劃	
凝結	condensation
劑量計	dosimeter
《整體來看地球》	*The Earth as a Whole*
樹線	tree lines
橫斷面	cross-sectional
歷史主義	historicist
濁度因數	turbidity factor
穆賈	Muggia
諾伯特・克雷布斯	Norbert Krebs
諾伯特・赫茲	Norbert Herz
諾曼・亨尼格斯	Norman Henniges
輻散	Divergence
錢奇	Cenzi
霍利希德	Holyhead
鮑什娜・聶姆曹娃	Božena Němcová
鮑姆加登	Baumgartner
默尼希基興	Mönichkirchen
龍膽	Gentiana
十七劃以上	
壓力分布	pressure distribution-
壓力梯度	pressure gradient
戴爾・傑米森	Dale Jamieson
濕球溫度計	wet-bulb thermometer
濱湖采爾	Zell am See

中文	原文
環境因素	physical factor
環境決定論	environmental determinism
謝爾蓋・克羅莫夫	Sergey Chromow
薩瓦河	Sava
薩爾茨堡	Salzburg
魏格納	Wegener
魏斯瓦瑟	Weiswasser
羅伯・尼克森	Rob Nixon
羅伯特・多尼亞	Robert Donia
羅伯特・希格	Robert Sieger
羅伯特・迪庫西・沃德	Robert DeCourcy Ward
羅伯特・穆齊爾	Robert Musil
羅亞徹	Rojacher
羅穆雅德・朗	Romuald Lang
邊界層亂流	boundary layer turbulence
邊際主義	marginalist
關稅同盟	Zollverein
寶拉・費希特納	Paula Fichtner
懸掛式滑翔	hang-gliding
礦石山脈	Ore mountains
礦業博物館	Montanisches Museum
鹹海—裏海盆地	Aralo-Caspian depression
露量計	drosometer
變動現象	fluctuation phenomena
讓—巴普提斯特・弗雷索茲	Jean-Baptiste Fressoz
《觀察員指導手冊》	*Instructions to Observers*
聯合國政府間氣候變遷專門委員會	Intergovernmental Panel on Climate Change (IPCC)

國家圖書館出版品預行編目資料

帝國、氣象、科學家：從政權治理到近代大氣科學奠基，奧匈帝國如何利用氣候尺度丈量世界／黛博拉・柯恩（Deborah R. Coen）作；翁尚均譯. -- 初版. -- 臺北市：麥田出版：英屬蓋曼群島商家庭傳媒股份有限公司城邦分公司發行，2021.12
面；　公分. --（Courant書系；9）
譯自：Climate in motion : science, empire, and the problem of scale.
ISBN 978-626-310-098-5（平裝）
1.氣象學　2.歷史　3.奧地利
328.09　110014457

Courant書系 09

帝國、氣象、科學家

從政權治理到近代大氣科學奠基，奧匈帝國如何利用氣候尺度丈量世界

Climate in Motion: Science, Empire, and the Problem of Scale

作　　者／黛博拉・柯恩（Deborah R. Coen）
譯　　者／翁尚均
責任編輯／許月苓
主　　編／林怡君

國際版權／吳玲緯
行　　銷／巫維珍　何維民　吳宇軒　陳欣岑　林欣平
業　　務／李再星　陳紫晴　陳美燕　葉晉源
編輯總監／劉麗真
總 經 理／陳逸瑛
發 行 人／凃玉雲
出　　版／麥田出版
10483臺北市民生東路二段141號5樓
電話：(886)2-2500-7696　傳真：(886)2-2500-1967
發　　行／英屬蓋曼群島商家庭傳媒股份有限公司城邦分公司
10483臺北市民生東路二段141號11樓
客服服務專線：(886) 2-2500-7718、2500-7719
24小時傳真服務：(886) 2-2500-1990、2500-1991
服務時間：週一至週五09:30-12:00・13:30-17:00
郵撥帳號：19863813　戶名：書虫股份有限公司
讀者服務信箱E-mail：service@readingclub.com.tw
麥田網址／https://www.facebook.com/RyeField.Cite/
香港發行所／城邦（香港）出版集團有限公司
香港灣仔駱克道193號東超商業中心1/F
電話：(852)2508-6231　傳真：(852)2578-9337
馬新發行所／城邦（馬新）出版集團Cite (M) Sdn Bhd.
41-3, Jalan Radin Anum, Bandar Baru Sri Petaling, 57000 Kuala Lumpur, Malaysia.
電話：(603)9056-3833　傳真：(603)9057-6622
讀者服務信箱：services@cite.my

封面設計／廖勁智
印　　刷／前進彩藝有限公司

■2021年12月　初版一刷

定價：750元
ISBN 978-626-310-098-5
其他版本ISBN 9786263100992 (EPUB)

城邦讀書花園
www.cite.com.tw
書店網址：www.cite.com.tw